复杂非线性系统的故障诊断与智能自适应容错控制

王占山　刘　磊　著

科　学　出　版　社
北　京

内 容 简 介

本书围绕复杂非线性系统的故障诊断和智能自适应容错控制问题做了相关研究。结合作者多年的研究工作，介绍故障诊断与智能容错控制的发展历史及演化趋势、容错控制与经典控制理论之间的关系；设计状态观测器和故障诊断观测器来实现故障检测和故障估计；研究基于模型驱动的智能自适应容错控制问题和基于数据驱动的最优容错控制问题。本书构建了一套集故障检测、故障估计、参数学习和性能学习为一体的自适应控制体系。选材上既考虑了问题本身的实用性和客观性，又注意到控制概念的可读性、认识方法的广泛性以及控制方法的新颖性和前瞻性。

本书可供高等院校自动化等相关专业本科生、研究生以及对故障诊断和容错控制感兴趣的科研工作者、工程技术人员参考。

图书在版编目(CIP)数据

复杂非线性系统的故障诊断与智能自适应容错控制/王占山，刘磊著. —北京：科学出版社，2018.7

ISBN 978-7-03-058217-1

Ⅰ. ①复…　Ⅱ. ①王…　②刘…　Ⅲ. ①控制系统-故障诊断　②自适应控制-容错技术　Ⅳ. ①TP271②TP273

中国版本图书馆 CIP 数据核字(2018) 第 141319 号

责任编辑：张海娜　赵微微 / 责任校对：何艳萍
责任印制：吴兆东 / 封面设计：蓝正设计

科学出版社 出版
北京东黄城根北街 16 号
邮政编码：100717
http://www.sciencep.com
北京凌奇印刷有限责任公司 印刷
科学出版社发行　各地新华书店经销
*
2018 年 7 月第　一　版　开本：720 × 1000 1/16
2021 年 9 月第四次印刷　印张：19 3/4
字数：398 000

定价：138.00 元

(如有印装质量问题，我社负责调换)

前　言

复杂非线性系统的故障诊断和容错控制是基于数学、控制论、系统论和矛盾论等方法，研究如何保证动态系统在异常情况下安全稳定运行的一个控制学科分支。如何提高日益复杂多变的控制系统运行的安全性和可靠性一直是控制界研究的重要问题。不论哪种控制方法，都是在限定的约束下 (如初始条件约束、边界条件约束和期望性能约束等) 进行的容许控制，由此来实现一种问题向另一种问题的映射和转化，进而实现“条条大路通罗马”的目的。从这个意义上来讲，控制方法就是一种策略、一种变换、一种映射、一种函数关系、一种算法、一种协议、一种规约等。控制方法既可以简单实现，又可以以复杂方式构造，有机嵌入被研究系统当中，如当前研究的帅博客学一样。能够被嵌入或被移植到被研究系统或对象中，并能够由此带来期望的性能或行为的方式方法，都可称为控制方法。故障诊断和容错控制理论就是研究受控系统在故障侵入或故障产生时如何主动或被动地采取一系列生成式、对抗式或忍让式等应对方式和策略的理论，来保证整个人机交互系统的安全、稳定、经济、高效和可靠运行。

故障诊断和容错控制理论作为一门独立的学科，从 20 世纪 70 年代发展至今已有近五十年的历史，但是追溯故障诊断和容错控制的思想和技术，其历史将更久远。人与自然的融合过程中，面对生存、生活、生产等问题，都要与自身和外界环境进行交互作用，逐渐形成了故障诊断经验或技术。在《道德经》第七十七章中就有“天之道，损有余而补不足” 的容错思想，并在社会管理系统中得到了充分发展。在自然科学领域，容错控制的思想最早可以追溯到 1971 年的“完整性控制” 的新概念，基于解析冗余的故障诊断技术被公认为起源于 Beard 在 1971 年发表的博士论文。由于涉及生活、生产各个方面的认识和利益，每年世界上都有大量关于故障诊断和容错控制的文章发表，并有一定数量的著作问世，从不同的研究层面和角度、采用不同的技术手段等来阐述作者相应的心得和认识，并普惠学界众多学者。

本书第一作者自 1998 年攻读硕士研究生以来，就一直从事故障诊断和容错控制理论的研究，从 2005 年开始研究时滞系统稳定性理论以及神经网络自适应学习和优化控制等，这些研究内容融会贯通，逐渐形成了以稳定性为基础、自动控制思想为主线、优化控制为目标、故障诊断和容错控制为保障的立体化研究格局。通过指导研究生从事故障诊断和容错控制方面的工作，累积了一些经验，进而在独立指导的第一个博士研究生刘磊的毕业论文基础上不断扩充、增补和完善，形成了本书，旨在将近二十年的研究成果记录下来，与大家分享。

总体来说，本书有如下特点：① 对容错控制与控制基础理论之间的关系进行了具体讨论，如对控制概念、控制系统、故障诊断和容错等的认识，这在以往的研究中是很少提及的；② 针对一类 Lipschitz 非线性系统的抗扰性能及其故障估计性能进行了基于 H_∞ 性能指标下的定量分析，进而为这类系统研究的广泛性和合理性给出基础认识；③ 针对数学模型和学习算法之间的关系进行了初步探讨，为故障诊断算法与原模型系统之间的深度融合提供了基础解释；④ 针对智能自适应容错控制给出了一些初步认识，对初始域和目标集通过评判性能来进行沟通，实现一类系统的最优容错控制；⑤ 通过大量的注释来说明研究问题的内在动机，而不是仅着重于公式的推导和仿真验证对比，体现学与思、术与问相结合的研究特点。

本书共 10 章。第 1~4 章介绍故障诊断，主要来自王占山的前期研究工作和近期学与思所得的总结；第 5~9 章介绍容错控制，第 10 章是问题与展望，主要是基于刘磊的博士学位论文内容而形成的。具体的章节安排如下。

第 1 章是绪论，给出与本书研究题目相关的一些讨论，注重于对某些问题认识见解的阐释。例如，对智能控制和自适应控制及其相互关系、容错控制与传统自动控制理论的关系进行分析，这在以往故障诊断和容错控制的书籍中是没有介绍过的，甚至在经典的控制理论的书籍中也是没有介绍过的。具体来说，探讨容错控制与复杂系统建模的关系、容错控制与自动控制器设计的关系、容错控制与稳定性研究的关系和控制系统的本质等问题。期望通过对这些问题的探讨，加深对本专业领域知识的认识，进而为“源头活水”提供动力。

第 2 章主要研究一类 Lipschitz 非线性系统的抗扰能力以及故障情况下的诊断观测器设计等综合问题。例如，通过引入 H_∞ 跟踪性能指标，分析一类自适应观测器的估计性能，并将这种观测器用在故障估计问题中；基于 PID 控制思想设计 PI 观测器，并利用该估计故障构成故障补偿控制律，使系统在故障情况下仍能较好地跟踪给定参考模型。

第 3 章研究一类具有未知输入干扰的奇异双线性系统的观测器设计问题，讨论分解后系统解的存在性和状态估计误差的吸引域问题。针对同时存在干扰和故障情况的奇异双线性系统构造奇异双线性故障检测观测器，并对此故障检测观测器的存在性、故障检测的鲁棒性、故障阈值的选取和故障检测观测器设计步骤进行讨论。

第 4 章首先利用递归神经网络的动力学特性，研究一类非线性系统的故障参数估计问题，将研究问题的性质转化为一类优化问题，进而用神经优化方法实现故障参数估计与优化问题的直接映射；阐明固定权值递归神经网络的模型设计本身就是一类优化学习算法，数学模型在某种意义下就是一种结构、一种范式和约定以及一类算法或规律；以复杂互联神经网络模型为研究对象，对具有时滞的复杂互联神经网络的容错同步问题进行研究，并针对自同步和给定同步态等情况，设计自适应观测器和容错控制器，实现在传感器故障下的容错同步。

第 5 章研究一类具有三角结构的不确定多输入单输出离散系统的自适应执行器容错控制，同时考虑执行器的失效和卡死两种故障，运用径向基神经网络和反步法，实现非线性离散系统的容错控制，解决现有反步法难以解决多变量离散系统的容错控制的难题。

第 6 章研究一类带有执行器故障的多输入多输出系统的分散式神经网络输出反馈容错控制问题。根据微分同胚映射理论，将初始系统转换成一个输入输出表达的系统，转换后的系统适合运用输出反馈控制方法且能避免非因果问题。接着通过调节神经网络权重的未知界来减少响应时间，实现该类系统的容错控制。

第 7 章研究一类多输入多输出非线性离散系统的容错控制问题，同时考虑缓变故障和突变故障两种故障类型。基于神经网络的逼近能力，将增强学习算法引入容错控制策略中，分别用执行网络和评判网络来逼近最优控制信号和花费函数，得到一个新的容错控制器，此控制器可使发生故障系统的性能指标最小，减少故障引起的破坏。

第 8 章研究一类多输入多输出非线性离散系统的容错控制问题，运用增强学习的自适应跟踪控制方法来解决容错问题，该方法具有较少的学习参数，从而减小计算量。

第 9 章研究一类无模型多输入单输出离散系统的自适应传感器故障检测和容错控制问题。主要工作是利用回声状态网实现对故障检测、故障函数进行估计以及设计容错控制器。在故障被检测出来后，基于回声状态网和最优性准则，提出容错控制策略，并证明包含跟踪误差在内的所有信号都有界。

第 10 章对未来可行的研究内容进行论述，以期对故障诊断和容错控制理论有更多的探讨。

本书中的部分研究成果得到了国家自然科学基金（61473070、61433004、61627809）、流程工业综合自动化国家重点实验室基础研究基金（2013ZCX01、2018ZCX22）以及中央高校基本科研业务费（N140406001）的资助，在此一并表示感谢。

随着网络化、人工智能化和帅博客学等的发展，现实世界中的复杂非线性系统不断出现新的问题和不同的表现形式，针对这类系统的安全可靠运行研究，具有重要的理论意义和实际意义。伴随这种变化，故障诊断和容错控制理论及其相关的研究内容在不断变化，研究方法和研究理念也在不断推陈出新。知识来源于生活，回归于生活，这其中的来去就是学习和认识。应对这些纷繁的变化，作者认为应该不执着于相，“应无所住，而生其心”，才会以不变应万变，直达本性。智慧是心的开放程度，是能动性的高度体现。作为人机和谐系统中的人，应该善于协调这些自控与他控、自力与他力、人与自然等关系，这样才能保证系统的容错控制，真正实现自动化控制，才能在故障情况下保证安全稳定运行，进而深刻认识研究课题的意义，激发研究问题的兴趣。基于这样的感悟，撰写成本书，并愿与读者共勉之。

限于作者的能力和水平，本书在对某些概念的认识和理解上可能存在一些局限，在内容的组合上可能存在一些不足，另外，书中难免存在疏漏之处，敬请读者批评指正。

王占山　　刘　磊
东北大学　辽宁工业大学
2018 年 3 月

目　录

第1章 绪 论

1.1 研究背景及意义

随着工业系统的复杂程度不断加深以及控制规模的不断扩大，多变量特性在许多实际的系统（如航空航天、核工业、机器人等高技术和民用工业领域技术）中越来越常见。这就使得传统的控制难以满足当今的许多工业生产的需求，也对现代的工业控制提出新的难题和挑战。很多针对单变量系统的控制是一种较低级的控制，只适合于结构简单的系统，如小型企业、家庭作坊等。当系统的自动化水平日益提高、投资越来越大时，如果出现故障而不能及时检测、定位、隔离和排除，就可能使整个系统失效、瘫痪以及造成人员、财产的巨大损失，甚至导致灾难性后果[1-4]。例如，2012 年 8 月，俄罗斯的携带两颗通信卫星上天的“质子-M”运载火箭在入轨过程中发生故障，从而导致卫星发送任务失败；2013 年 10 月 3 日，尼日利亚一架载有 20 人的私人飞机从拉各斯起飞后不久出现发动机故障，在机场附近的一个油库旁坠毁，事故造成 14 人死亡；2014 年 7 月 23 日，中国台湾复兴航空一架 GE222 班机从高雄小港机场飞往澎湖马公机场，由于天气原因在迫降着陆时发生重大事故坠毁，机上 48 名乘客全部遇难；2015 年 3 月 4 日，土耳其航空从伊斯坦布尔飞往加德满都的航班（载有 238 人的空中客车 A330-300 客机）在加德满都特里布万国际机场着陆后滑出跑道，虽无人受伤，但客机受损严重。除了在航空航天领域，石油化工生产过程、煤矿开采、核电设施等工业过程控制领域，多种故障的发生均会导致人力、财产和物力上的巨大损失[5]。因此，如何及时地发现和预测故障并保证系统在工作期间始终安全、有效、可靠地运行，是摆在人们面前的一项艰巨的任务。故障检测与诊断（fault detection and diagnosis，FDD）技术和容错控制（fault tolerant control，FTC）技术的出现和发展，为提高系统的可靠性与安全性开辟了一条新的途径。

自 20 世纪 70 年代，故障检测与诊断已经得到了迅速的发展。1971 年，美国麻省理工学院 Beard 博士首先提出了用解析冗余代替硬件冗余[6]，并通过系统自组织使系统闭环稳定，通过比较观测器的输出得到系统故障信息的思想，标志着故障诊断技术的开端。容错控制是伴随着基于解析冗余的故障诊断技术的发展而发展起来的。如果在执行器、传感器或元器件发生故障时，闭环系统仍是稳定的，并具有较理想的特性，就称此闭环系统为容错控制系统。容错控制的思想最早可以追溯到 Niederlinski[7] 在 1971 年提出完整性控制的概念。80 年代以来，每年的国际自动控制联合会（International Federation of Automatic Control，IFAC）、IEEE 控制与决策会议（IEEE Conference on Decision and Control）以及美国控制会议（American Control Conference）都把故障诊断和容错控制列为重要的讨论专题。1993 年，IFAC 成立了技术过程的故障诊断与安全性技术委员会，中国自动化学会也于 1997 年成立了技术过程的故障诊断与安全性专业委员会。在近几届的 IFAC 世界大会上，关于故障诊断与容错控制方面的论文在不断增加，并且有逐年升温的趋势，成为这几年最热门的几个研究方向之一。时至今日，不论是基于模型、信号、知识、智能还是基于数据的方法，故障诊断和容错控制已取得了很大的进展，国内外出版和发表了很多专著、学位论文和科技论文 [8-30]。但实际中对于被监测诊断的多变量系统不可能做到完全准确的建模，对多变量系统中一些复杂的动态行为、噪声、干扰等因素难以进行精确的描述，所应用的多变量模型不可避免地具有一定的不确定性或者未知动态，这将对复杂非线性系统的故障诊断与智能容错控制的结果产生重大影响。这样，针对不同工业过程以及不同的过程描述，关于故障诊断和容错控制的研究方兴未艾。

故障是指系统至少一个特性或参数出现较大偏差，超出了可接受的范围。此时系统的性能明显低于其正常水平，所以已难以完成其预期的功能。“故障”既可能是导致控制系统的性能下降到了不可接受的情形，也可能是系统元器件突然失效而导致系统根本不能继续正常运转。即使“故障”可能不会表现为系统的物理损坏或崩溃，但它会妨碍或扰乱自动控制系统的正常操作与运转，从而导致系统功能方面产生人们不期望的损坏，甚至导致异常危险的情况发生。应当尽快诊断出系统故障 (即使它在早期萌生阶段是可容许的)，以防止其进一步恶化而导致各种更严重的后果。

通常说的故障诊断是指基于系统模型或解析冗余，运用计算机进行系统的故障诊断，包括对系统是否发生故障、故障类型、故障原因、故障程度、故障后果等进行分析和判断，并得出结论。

控制系统中用来检测和诊断系统故障的发生位置以及轻重程度的整套系统称为故障诊断系统。该系统通常包含如下几种功能。

（1）故障检测：能够判断是某些部件发生了故障还是系统正常运转，这就要求故障诊断系统能及时地发现故障，给出故障信息。

（2）故障隔离：能够判断系统故障发生的位置，即判断是哪个传感器或哪个执行器发生了故障。

（3）故障识别：能够判断出故障的类型、性质或者轻重程度。

从主观需求方面来说，这三大功能的相对重要性都是不言而喻的。故障检测对于任何实际系统而言，都是必不可少的。故障隔离也同样重要，而故障识别虽然说对系统也是非常重要的，但是如果系统不需要重构估计故障，此项功能可有可无。因而，“故障诊断”在相关文献中通常是指故障检测和隔离（fault detection and isolation，FDI）。

1.2　故障诊断概述

故障（fault）是指系统的特性表现出任何不希望出现的异常现象，或因系统中的部分元器件功能失效而引起整个系统的性能出现异常。控制系统由于长时间高负荷工作不可避免地会出现故障。这里所说的故障诊断是指，计算机利用系统的解析能力完成工况分析，对生产是否正常、故障原因、故障的程度等问题进行分析、判断，得出结论。故障诊断技术是一门应用型的综合性技术，它的理论研究基础涉及多门学科，如现代控制理论、可靠性理论、计算机工程、数理统计、模糊集理论、信号处理、模式识别、人工智能等学科理论。

当系统发生故障时，系统中的各种量 (可测的或不可测的) 或其中部分量会表现出与正常状态不同的特性，这种特性差异就包含丰富的故障信息，如何找出这种故障的特征描述，并利用它来进行故障的检测与隔离就是故障诊断的任务。

故障可根据不同的标准进行分类，例如，根据故障发生的部位可分为传感器故障和执行器故障等；根据故障的性质可分为间歇性故障、突发性故障和缓变性故障等；根据故障持续的时间可分为永久性故障和间断性故障等；根据故障间的相互关系可分为单故障、多故障和局部故障等；根据故障发生的形式可分为加性故障和乘性故障等 [25]。系统一旦发生故障，系统的各种测量参数会表现出与正常状态不同的特性差异。由于实际工业过程规模庞大、结构复杂，且工业对象一般具有时变、非线性、多尺度多模态等复杂特性，这给如何及时检测故障的出现（即故障检测）以及如何准确定位故障原因并估计故障的严重程度（即故障分离和估计）提出了严峻的挑战。

为应对上述挑战，研究人员陆续提出了许多过程监控与故障诊断的方法。故障检测是指判断系统是否发生故障，故障隔离是指判定故障的发生部位及种类，故障估计 (也称故障辨识) 是指确定故障参数的大小及故障发生时间。当故障发生时，故障检测和故障隔离的目的是在一组可能发生的故障集合中确定具体哪个故障真正地发生了，故障估计的目的则是估计出故障的大小、类型。

在整个故障检测过程中，需要综合考虑几个重要的性能指标：灵敏性、鲁棒性、及时性以及故障的误报率和漏报率 [30]，如图 1.1 所示。

（1）灵敏性：故障检测系统对故障信号的检测能力。对于特定的系统，灵敏性越高，则检测能力越强。

（2）鲁棒性：故障检测系统在系统存在外部扰动、噪声及建模误差等情况下仍能保持一定的故障检测能力。对于特定的系统，鲁棒性越强，表明它受噪声、干扰、建模误差的影响越小，可靠性也就越高。

（3）及时性：可反映检测系统对故障形状、大小、发生时刻及时变特性估计的准确程度。故障检测越及时，表明检测系统对故障的估计越准确，也就越有利于故障的评价与决策。

（4）误报率和漏报率：误报是指系统没有发生故障却被错误判定出现故障的情形；漏报是指系统中发生了故障而故障检测系统却没有报警。在实际系统中，一个可靠的故障检测与隔离系统应当保持尽可能低的误报率及漏报率。

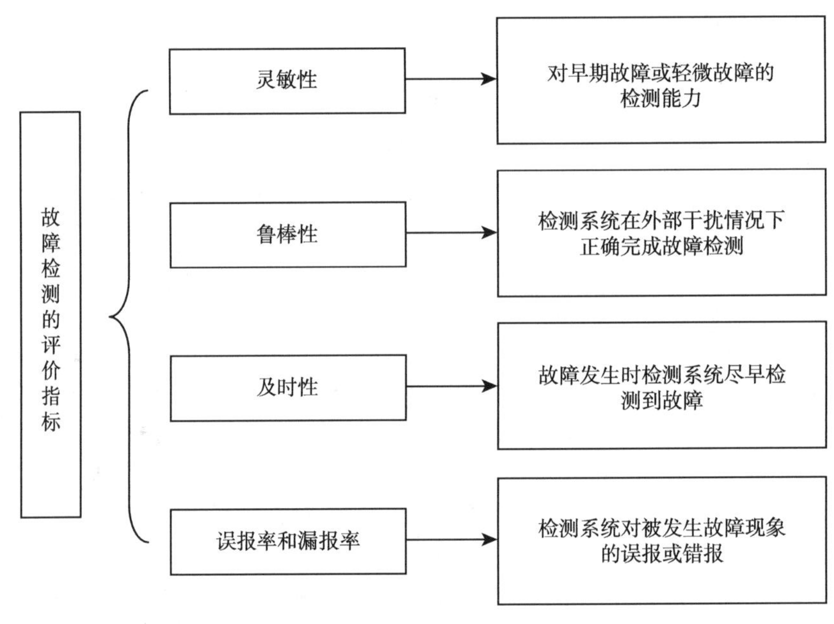

图 1.1　故障检测的评价指标

故障诊断的任务具体包括故障检测、隔离和辨识。故障检测是指根据系统的参数或状态来确定系统是否发生了故障；故障隔离是指故障检测结束后，对故障的种类和发生部位进行确定；故障辨识是指对故障的发生时间、大小和性质进行确定，并进行故障评价等工作。因此，故障诊断是一个综合评判的过程，其最终目的是为了消除故障，从而使系统恢复正常运行。整个故障诊断过程需要考虑的几个重要的性能指标如图 1.2 所示。

根据建模方式和所利用信息类型的不同，故障检测方法可分为基于解析模型的方法、基于定性模型的方法和基于数据驱动的方法[26, 27]。基于解析模型的方法需要获得对象和故障准确的数学模型，利用可观测输入输出量、构造残差信号来反映系统的期望行为与实际运行模式之间的不一致，然后对基于残差信号进行分析诊断。

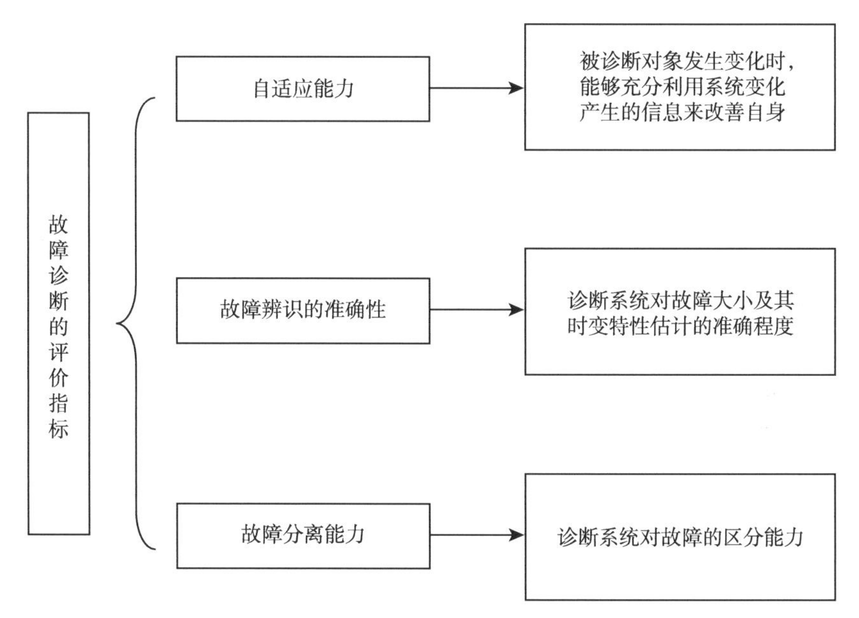

图 1.2 故障诊断的评价指标

Reiter [31] 提出一个基于模型的诊断方法，该方法采用逻辑谓词描述系统结构，找出冲突集后生成碰撞集及最小诊断，得出故障所在。然而该方法的缺点是：一阶逻辑谓词难以描述现实系统，碰撞集 HS-树的生成算法是 NPC 问题。为了克服 Reiter 方法中的问题和解决定量方法无法描述的现实中的复杂问题，人们把定性模型、定性推理方法引入基于模型的诊断。Dvorak 等 [32] 给出了一种基于定性模型的诊断方法 Mimic，其诊断过程是：首先建立系统的结构模型和行为模型；然后比较观察值的行为模型的预测值，用向上回溯的方法在结构模型中找出候选故障部件；最后进一步用观察值和行为模型的预测值比较，确定故障。其缺点是当系统较为复杂时，候选故障很多，诊断效率降低；而且很难做到穷尽所有可能的故障模型。

基于模型的诊断方法可以分为参数估计方法、状态估计方法、等价空间方法和鲁棒故障诊断方法。但大多数工业过程规模复杂、变量维数高且具有高度非线性，其精确的数学模型难以获得。因此，基于解析模型的方法在航空航天、机械以及电力电子等易于建模的领域有重要影响和广泛应用，但在流程工业中则鲜有应用 [28]；基于定性模型的方法一般也只适用于规模小、机理清楚的工业过程，且其诊断结果比较粗糙模糊、容易产生虚假解 [29]。基于数据的方法主要依赖于历史过程数据，如主元分析方法、部分最小二乘方法等，这些方法都是基于历史数据提取统计特征，以达到故障诊断的目的。基于数据的诊断技术的缺点是故障的分离和估计比较困难，尤其不便于故障的在线诊断。

当故障被检测出来以后，另一个问题自然就会浮出水面：如何设计恰当的控制器来抵消或者补偿故障。在此需求下，故障容错控制技术备受关注。容错控制是伴随着基于解析冗余的故障诊断技术的发展而发展起来的。如果在执行器、传感器或元器件发生故障时，闭环系统仍是稳定的，并具有较理想的特性，就称此闭环系统为容错控制系统。

容错控制方案根据不同的特征，可以分为硬件冗余方法和解析冗余方法。硬件冗余对重要部件及易发生故障部件采用多重备份的办法来提高系统的容错性能，是一种有效的容错控制方法，但是硬件冗余容错控制需要耗费更多的成本和占用更大的硬件空间。为了克服上述限制，基于解析冗余的容错控制应运而生，其设计思想是利用系统中不同部件在功能上的冗余性来实现系统的容错性能。对于实际的控制系统，设计有效的解析冗余容错控制器在理论上更有意义，应用范围更为广泛。

另外，容错控制方案按系统类型可分为线性系统和非线性系统的容错控制、确定系统和不确定系统等容错控制方法；按故障位置的不同可分为执行器故障、传感器故障、系统内部故障等容错控制方法。其中，最常用的是按设计方法的特点来分类，即主动容错控制 (active FTC) 和被动容错控制 (passive FTC)，这两类方法如今已成为现代容错控制研究方法的两大分支。被动容错控制具有使系统的反馈对故障不敏感的作用；主动容错控制通过故障调节或信号重构来维持故障发生后系统的稳定性能，这两种方法在实际系统中都有广泛的应用，介绍如下。

被动容错控制的设计思想是根据预知故障构造一个固定控制器来保证闭环系统对故障不敏感，同时维持系统的稳定性能，是一种相对简单的基于鲁棒控制技术的控制器设计方法。而在 20 世纪 70 年发展起来的鲁棒控制技术，主要用来处理系统中不确定参数的摄动和外部扰动问题，以保证闭环系统的稳定性并具有期望的性能。进一步，如果把系统故障归结为系统参数摄动问题，那么根据鲁棒控制方法就可以设计容错控制策略。一般来说，基于这种技术下所设计的被动容错控制器的增益参数为常数，对于特定的故障不需要在线调整控制器结构和参数。但这种方法的容错能力是有限的，其有效性要依赖于原始无故障时系统的鲁棒性，并且需要获得预知故障的先验信息。被动容错控制大致可以分为可靠镇定、同时镇定、完整性、可靠控制/鲁棒控制等几种类型。

主动容错控制就是基于解析冗余的策略，利用现有的硬件设施实现对未知故障的有效容错。其设计思路是在故障发生后，通过故障参数调节或信号重构，甚至改变控制器的结构重新调整控制器的参数来在线补偿故障。因此，与容错能力有限的被动容错控制相比较，主动容错控制具有设计灵活、容错能力更强的特点。目前，一部分主动容错控制需要故障诊断与隔离子系统提供准确的故障信息，而另一部分则不需要故障诊断与隔离子系统，但是需要获知相应故障信号的参数估计信息。主动容错控制方法大体上也可以分为两大类，即故障诊断与隔离方法和自适应容错控制方法。其中基于故障诊断与隔离方法的主动容错控制又可以分为控制律重新调度、控制律重构和模型跟踪重组三大类。

1.3　自适应控制概述

在日常生活中，自适应是指生物能改变自己的习性以适应新环境的一种特征。因此，直观地讲，自适应控制可以看做一个能根据环境变化智能调节自身特性的反馈控制系统使系统按照一些设定的标准工作在最优状态。自适应控制方法从 20 世纪 50 年代初提出以来，广泛地应用在各个领域，如飞行器设计、工业过程控制、船舶控制、故障诊断容错控制、机器人控制、多智能体控制等。在非自适应控制里，往往需要加上前馈控制信息来抵消外部扰动对被控对象的影响。但是，当系统的参数不确定或者外部干扰很大时，或者系统的某个部件或单元发生故障时，简单地在反馈控制里加上前馈信息，通常并不能达到预期的控制效果，甚至可能导致系统不稳定。在 20 世纪 50~60 年代，该问题一直是控制领域的一个挑战性课题。在此背景下，自适应控制应运而生。自适应控制的定义各有不同，但是又很相似，其基本思想是一致的，即当被控对象的本身特性或者其外部环境的先验知识比较少，或者其内部结构或参数发生变化时，设计出一个具有高性能且能根据被控系统的实际情况自动调节参数的运行规律，使闭环系统的稳定性得到保障。这就是自适应控制的本质。

自适应控制有以下三大特点。① 控制器可调。相对于常规反馈控制器固定的结构和参数，自适应控制系统的控制器在控制的过程中一般是根据一定的自适应规则不断更改或变动的。② 增加了自适应回路。自适应控制系统在常规反馈控制系统基础上增加了自适应回路（或称自适应外环），它的主要作用就是根据系统运行情况，自动调整控制器，以适应被控对象特性的变化。③ 适用对象广。自适应控制适用于被控对象特性未知或扰动特性变化范围很大，同时又要求经常保持高性能指标的一类系统，设计时不需要完全知道被控对象的数学模型。基于上述特点，在此简单回顾一下自适应控制的发展历程。大体分为以下三个阶段。

（1）20 世纪 50 年代初 ~ 70 年代初：应用探索阶段。此时，自适应控制技术刚刚被提出来，理论方法和实践应用尚处于萌芽阶段。在飞行器系统的自适应设计上，遇到很大的困难。著名的 MIT 美国飞机失事事件（1957 年，美国军部尝试在某试验型飞机上运用 MIT 自调节算法），使得很多学者及官方人员对自适应控制的理论及其应用产生了极大的怀疑，甚至大批研究人员都纷纷退出自适应控制领域，只有少数的学者仍不惧艰难，继续坚持对自适应控制理论及其应用方面的探索研究。

（2）20 世纪 70 年代初 ∼ 80 年代初：随着控制理论和计算机技术的飞速发展，自适应控制技术有了突破性进展。1973 年，奥斯特洛姆 (Astrom) 设计的自适应控制器在造纸厂成功应用。1974 年，吉尔巴特 (Gilbart) 和温斯顿 (Winston) 利用模型参考自适应控制算法将 24in（1in=2.54cm）的光学望远镜中的跟踪精度提高了 5 倍以上。尽管自适应控制在当时应用还不广泛，但已证明这种自校正算法确实是有效的，此时人们对这个领域的兴趣逐渐增加起来。到 80 年代自适应控制理论进一步发展，研究成果颇为丰富。

（3）20 世纪 80 年代初至今：自适应控制技术得到了进一步应用与发展。其中代表性的工作有：1983 年在美国出现的向产品过渡的商业性自适应控制软件包，从 80 年代初开始到 1988 年已安装的 70000 个自适应控制回路等。相应地，新的自适应理论研究成果也相继出现，如广义预测自适应控制、中国人自己提出的全系数自适应控制方法、组合自适应 PID 控制器等。此外，研究自适应控制理论和方法的成果越来越多。同时，其应用范围由少数领域已经扩展到多个领域。

自适应控制的研究，经历了从单变量到多变量、从简单到复杂、从线性系统到非线性系统、从特殊到一般的过程。不同的学者对自适应控制的分类也不同。文献 [33] 里，Astrom 和 Wittenmark 将其主要分为四类：增益自适应控制、模型参考自适应控制、自校正控制以及双重控制。也有学者根据其辨识参数的位置，将其分为直接自适应控制（direct adaptive control）和间接自适应控制（indirect adaptive control）。由于直接自适应控制和间接自适应控制将在后文用到，在此进行介绍。此外，也对模型参考自适应控制和自校正控制作为延伸材料进行简要介绍。

1）直接自适应控制

直接自适应控制的思想是首先选择合适的控制器参数，针对这些参数的估计值直接设计相应的在线更新控制率。简言之，直接自适应控制要调节的参数直接来自控制器，也即，直接自适应控制是说控制增益或者控制参数直接通过自适应的方法计算获得，其系统结构见图 1.3。直接自适应控制在近几十年以来，出现了丰富的研究成果 [34-38]。在文献 [39] 中，针对多重速率的网络化双层工业过程，提出了基于径向基函数神经网络（radial basis function neural network，RBFNN）和保性能的预测控制方法，并最终确保了工业过程的稳定性运行。在文献 [40] 中，针对带有完全未知和不匹配互联项的大系统，提出了基于反步（backstepping）法的直接自适应输出反馈控制方法，该方法去除了传统方法中假设互联项满足匹配条件及有界的要求。这种方案在线性控制系统中比较常见，这是因为有明确可以遵循的设计方法，可以将其理解为对控制系统的控制。也即，控制系统使输出量收敛到指定值，而整个自适应系统则使输出量的收敛过程收敛到某一组指定的参数。这种方案的优点是可以从数学上保证稳定和收敛；缺点为在非线性系统上非常难以设计。对于这种算法，控制参数改变的依据在于输出量收敛过程与预期收敛过程的差异，就类似于对 PID 控制系统调参时，发现输出信号的上升时间太长，就把 P 增益调高一点。

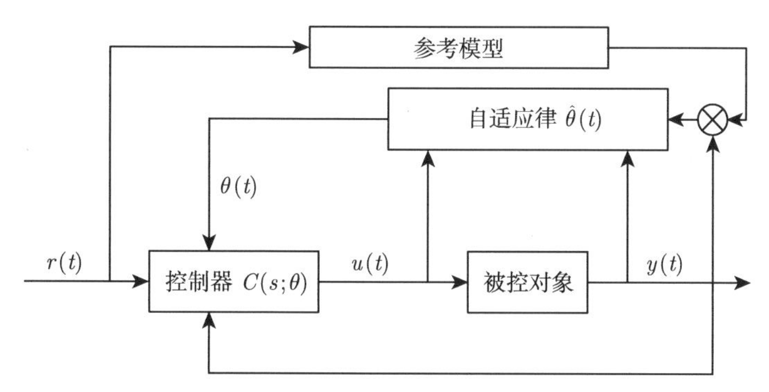

图 1.3 基于模型参考的直接自适应控制系统

2）间接自适应控制

与直接自适应控制不同，间接自适应控制首先是在线估计系统动态里的未知参数，然后运用这些参数的估计值或者调节值来设计被控对象的控制方案，并设计相应的调节律。换言之，间接自适应控制就是设计一种控制器，其中用到了系统参数，而参数可通过参数辨识算法计算获得。因此，控制增益并不直接被调整，而是通过辨识得到的参数间接调整。这也使得出现了一大批间接自适应控制技术的相关研究 [41-44]，其系统结构见图 1.4。具体而言，在文献 [45] 中，针对滚动车系统，利用基于观测器的自适应跟踪控制方法，考虑系统不确定性、状态多重时延以及外部干扰，提出了基于模糊辨识的间接自适应控制方法，并最终确保了 H_∞ 性能。在文献 [46] 中，针对四桥臂矩阵变换器，基于滑模反步法，用自适应技术在线计算负载电流的估计值，建立了间接自适应状态反馈机制。这种方法的优点在于设计比较简单，控制器设计和参数辨识都有很成熟的方法，两相综合即可。缺点在于常常难以从数学上证明稳定和收敛。这种自适应控制器调整控制增益的依据在于辨识获得的系统模型参数（控制增益是基于这些参数的函数）。

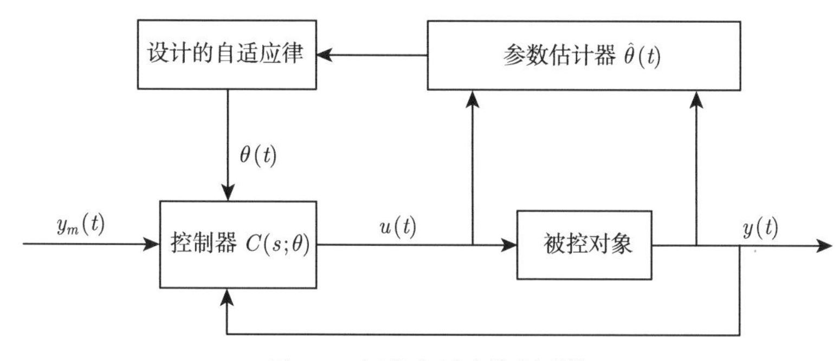

图 1.4 间接自适应控制系统

3）模型参考自适应控制

模型参考自适应控制的结构部件包括参考模型、自适应机构、可调系统。当被控对象受到干扰的影响后，其运行特性偏离了参考模型的最优轨迹，则被控对象的输出和参考模型的输出之间就产生了误差。根据一定的自适应规律，自适应机构产生反馈作用，达到修改控制器的参数或产生辅助输入信号的目的，促使可调系统的输出与参考模型的输出一致，使误差接近零。其系统结构如图 1.5 所示。这类自适应控制系统设计方法的理论基础为局部参数优化方法、李雅普诺夫（Lyapunov）稳定性理论和波波夫（Popov）超稳定性理论。基于这些理论基础，模型参考自适应控制的成果相继出现 [47-50] 在文献 [51] 中，针对四旋翼无人驾驶飞行器（quadrotor unmanned aerial vehicle）平台，提出了自适应模型参考跟踪控制策略，提高了参数不确定性的鲁棒性，减轻了推行器异常（该异常主要表现为部件故障或者物理损害）的风险。模型参考自适应控制的控制律和自适应律的选择相对比较复杂，更新参数是为了使被控对象和参考模型之间的跟踪误差最小。该方法还有一个特点：不管信号充足与否，系统的稳定性和跟踪误差的收敛性通常都是可以保证的。然而，该方法一般适用于连续时间系统。

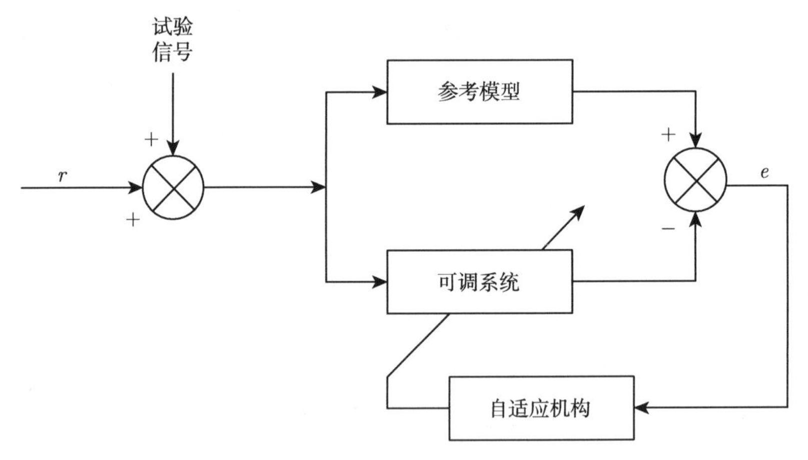

图 1.5　模型参考自适应控制系统

4）自校正控制

自校正控制系统的工作原理是：首先利用递推参数估计器，根据被控对象的输入、输出，对被控对象进行在线辨识。其系统结构如图 1.6 所示。然后根据事先指定的性能指标和由辨识结果得到的过程模型参数，对系统在线控制。常用的模型参数估计方法有最小二乘法、极大似然法、随机逼近法等。常用的控制策略有 PID 控制、极点配置、最小方差控制等。到目前为止，自校正控制在理论和实践中都获得了长足的发展 [47-50]。这些理论成果的提出使得自校正控制理论得以成功地应用于生产和生活的许多方面。在文献 [52] 中，针对 seven-leg 的连续电压源逆变器（back-to-back voltage source inverter）装置，输送给变速三相永磁同步发电机的四线负载，在发电机端利用自校正控制谐振控制器，最终提高了系统的暂态性能。自校正的更新参数是为了使输入–输出之间的拟合误差最小，其是从随机调节问题的研究中演化而来的。与模型参考自适应控制对比，自校正控制具有更高的灵活性，可将不同的估计器耦合起来（即估计和控制分离）。然而，一般很难保证自校正控制器的稳定性和收敛性，通常要求系统的信号足够丰富，才能使参数估计值收敛到真实值，才能保证系统的稳定性和收敛性。该方法通常应用于离散时间系统。

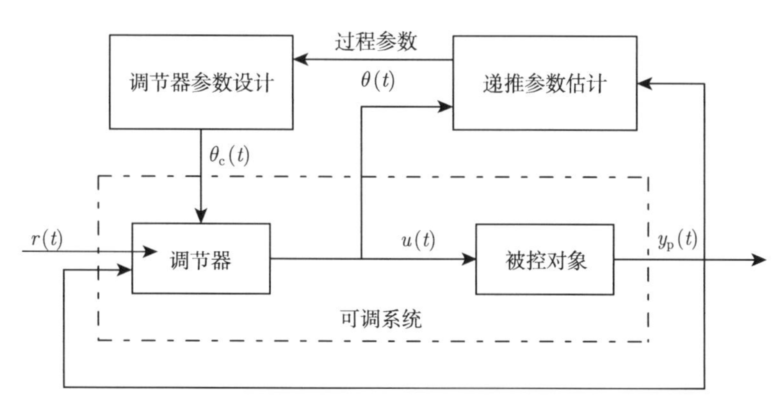

图 1.6 自校正控制系统

1.4 智能控制与自适应控制

1965 年，美国普渡大学傅京孙（K. S. Fu）教授首先把人工智能的启发式推理规则用于学习控制系统；1966 年，美国的门德尔（J. M. Mendel）首先主张将人工智能用于飞船控制系统的设计；1967 年，美国的莱昂德斯（C. T. Leondes）等首次正式使用“智能控制”一词。1971 年，傅京孙论述了人工智能与自动控制的交叉关系，自此，自动控制与人工智能开始碰撞出火花，一个新兴的交叉领域——智能控制邻域得到建立和发展。1985 年 8 月，IEEE 在美国纽约召开了第一届智能控制学术讨论会，讨论了智能控制原理和系统结构。由此，智能控制作为一门新兴学科得到广泛认同，并取得迅速发展，并一直得到人们的关注和研究，引领控制界的研究主流和前沿 [53]。

智能控制不是对传统控制的否定，而是在经典控制理论基础上的发展和升华。相比传统的自动控制认识，智能控制的主旨就是减少确定信息的获取而加强不确定或未知信息的获取，即智能化。智能化，从广义的角度来看，也是自动化的一种形式，只不过由于不同认识阶段对自动化的固有成见，自动化的先进性被偏置而过于追求文字上的新颖而已。传统控制主要是针对确定的系统和控制器，在结构上进行研究和设计，由此引发出各种控制策略，如 PID 控制、大林算法、斯密斯预估补偿、最优控制等。智能控制不仅强调系统的结构，更侧重于强调系统的算法内容，即智能控制追求的是形式和内容的统一。算法，特别是进化算法、学习算法等，都属于智能控制的内容问题。没有内容的形式，将会面临很多桎梏；没有形式的内容，又缺乏实用的载体，这是辩证思辨的具体应用。

在传统的自适应控制中，尽管有很多自适应控制算法被提出来，如自校正控制、模型参考自适应控制、变参数变系数自适应控制等，但主体上是以保结构为主的局部校正控制。同时，所谓的结构往往也是局限于规模独大、输入输出变量不是很多的情况下的线性系统广义化的一种拓展，在认识程度上仍没有突破既往的成见，仍在量变中不断前行。认识局限性是当时的生产规模、生产力水平和实际系统的复杂程度导致的。没有超越现实的实用技术，只有超越现实的想象和理论。历史是人类的知识库，善于利用就会有所突破，不会利用则会成为羁绊。这就是智能与非智能的结果。智能者能够从数据、现象和表征中提取有效信息进而指导实践，非智能者则会对历史现象和历史微规律进行总结，进而成为过往的陈述者。能往前多践行一步甚至一大步者为智能，这是人类认知想要超越人类本身局限的一种美好愿景，己所不能为而借助外力而为之，技术使然。理论和实践的中间环节就是技术，实践是理论、经验和技术的统一体。技术是一种数学映射、认识关系、智谋等，经验是人与技术的统一体，实践是人的实践，进而人的实践就是人的全智能的体现。由此梳理出来，智能控制就是一种技术手段，是实现人与实践的参与方式之一，是超越传统的一种参与方式，能体现人机交互、人景交互、友好协调合作的可持续发展理念。因此，智能控制不是无本之木、无源之水，其根源来自于人们对自身的认知及对美好生活的憧憬，这是动力源泉。为了实现智能控制，探索的路程很漫长，但将会无限趋近，可能在不远的将来有所突破。

以电影演员为例来说明智能控制与自适应控制的理解。演员看剧本、了解剧情，并能够将自己的情感完全融入剧本中的人物角色，并符合当时的背景，这就可以看成一个复杂模式跟踪问题，不仅形体演得好，神态、心情、语言、气质等都要跟踪得好 [54]。这时，如何用传统的自适应控制来解释？调节变量在哪里？执行器在哪里？控制哪些环节？找不到答案。演员通过对历史信息、人物关系、剧情始末等的揣摩和探究，并能够结合自身的一定历史信息的真实真感，进而实现物我两忘，人境归一，最终达到模式跟踪的效果，这一过程就可以定性为智能控制。特别自 2017 年下半年人工智能技术的发展进入加速期，甚至已经进步到能读取人类内心的阶段，例如，有很多研究希望通过脑电波和脉搏等推测人类感情。通过对所有信息的有效甄别，并能够有所顿悟、创新、超越和提升，通过自己的身、想、受、觉、识的协调运作，来实现人和物的完美塑造。所以，演艺界的最佳典范，抽取到控制理念上来，就是绝好的模式跟踪问题。在自然科学中，人法地、地法天、天法道、道法自然，都是不断比较学习、不断调控的模式跟踪问题，实现“天地生友好共生”。

智能控制本身也具有自适应性，自适应控制本身也有一定的智能性，这是毋庸置疑的。但是，二者强调的主要方面不同、历史演化的过程不同，进而导致对二者认识的差异化。自适应控制是针对确定性控制而言的，能够处理被控对象存在的一定不确定信息，进而通过自动方法改变或影响控制参数，以达到改善控制系统性能的目的。研究对象具有一定程度的不确定性，是指描述被控对象及其环境的数学模型不是完全确定的，可能包含一些未知因素、建模误差、随机因素等非人因素。相比较而言，存在强非线性、强耦合、大不确定性等系统，因为难以建立精确的数学模型，很多有效的系统信息难以提取和获知，进而传统的控制方法，包括自适应控制方法在内，都很难达到很好的控制效果。基于这样的背景，人工智能方法被相应提出来，强调不要求精确的被控对象信息通过控制算法的调整就能实现满意的控制效果，进而克服传统方法存在的机理不足。用来解决控制问题的人工智能方法称为智能控制方法。智能控制的本意是在无人干预的情况下能自主实现控制目标的一种自动控制技术。由于人和物之间的不同属性和信息的错误等，难以建立精确的专家知识库信息，因此智能控制的实现过程是一个不断趋近的过程。从已知的被控对象信息、知之甚少的被控对象信息到完全未知的被控对象信息，都能够实现满意控制的过程，这是一个不断实现智能控制的过程。目前，这三个阶段的研究都在不同程度地进行着，最终的目的都是实现无人干预的操作，来实现人工的美好愿景。由此可见，传统自适应控制过于强调参数或结构的自我调节，以此来适应系统参数一定程度的变化或结构的变化，体现的是一种局部调节和适应性。智能控制强调的是对未知的、不确定信息等的经验和知识的运用，以此融合到控制调节当中，进而实现有的放矢，适应调节。智能控制体现的是一定程度的人机交互的能力，进而利用这些交互信息构造合适的学习算法和学习结构，能够通过对历史信息的学习由此衍生出满足人类愿景的控制效果。智能控制中的这种自适应性是靠人机交互来协调完成的，而不是有意为之，这是系统学的自然属性。如果在智能控制中再人为增加有规律变化的参数和结构调整的自适应律，就可实现智能控制与自适应控制的有机结合——智能自适应控制，进而形成了自动控制理论的新发展分支，为解决很多具有不确定性、难建模的复杂系统提供某种有效设计途径。

智能自适应控制与传统控制一样，都是解决被控对象的局部属性问题。换句话说，所有控制方法都是研究被控问题指定论域内的全局问题，而不是数学意义上的整个实/复空间的全局问题。工程问题的数学描述是一种抽象，具有浓厚的工程背景和工程意义。脱离了工程意义的数学模型的研究，是一种工程问题数学化，缺少实际指导意义。数学上的全局空间意义下的分析，对于工程化的数学问题具有一定的指导意义，但是应更多关注初始值问题、边界值问题、适定性问题、局部性质等。数学上的研究是自由的，包括约束和无约束、局部和全局等。工程上的数学问题都是条件的、有约束的，都是在既定的论域内进行所谓的全局研究。包括大家熟知的神经网络和模糊逻辑，也都是在某个紧集上逼近某个连续的函数，体现的都是一种局部特征。全局和局部、内容和形式的辩证性，在工程控制论中体现得非常清楚，这一点需要在学习中注意。

智能控制以控制理论、计算机科学、人工智能、运筹学等学科为基础，扩展了相关的理论和技术，其中应用较多的有模糊逻辑、神经网络、专家系统、自适应控制、自组织控制和自学习控制等技术，这些技术都可以直接应用到闭环控制系统的分析和综合当中。此外，为了提高这些控制系统的性能，智能控制在进化算法方面也加大了研究力度，如遗传算法、粒子群算法、遗传规划、进化规划和进化策略等理论，将这些进化算法与控制器的设计、系统的优化性能相结合，进而实现智能优化计算，达到提高系统优化性能的目的。目前的自适应动态规划方法、增强学习方法、自学习方法等，多数是利用神经网络或模糊逻辑的架构和属性来实现智能自适应控制的目的，实现了形式和内容的和谐统一，进而构成了具有强盛生命力的研究实体。智能自适应控制，不仅在常规的复杂控制中可以应用，而且在多目标优化、多人博弈、分布系统优化调度、大系统故障诊断和容错控制等领域都可以应用。

1.5　容错控制与控制基础理论的关系

自适应容错控制理论是动态系统安全稳定运行评估理论的一个主要分支，是基于数学、控制论及系统论研究动态系统运行安全特征的重要科学基础，研究成果直接面向工业生产和国家安全的重大需求，是大规模流程工业过程、深空探测航天器等大型复杂系统安全运行的关键理论。针对单闭环的定常线性系统的故障检测、定位和隔离研究，自 1971 年的 Beard 博士的开创性工作以来 [6]，得到长足的发展，目前已趋于系统化和成熟化。但是，对于多个线性系统相互耦合的复杂系统，特别是非线性系统，沿用单闭环系统的故障检测和容错方法已出现很多不足，主要是因为复杂系统的结构和相互作用关系已经发生变化，不再是单一的决定论，而是相互影响的协同论。同样，对于由非线性系统和线性系统相互连接耦合而形成的复杂系统，也很难用经典的单闭环系统的分析手段得出满意的效果。这样，研究对象的变化，不断为故障诊断和容错控制领域提供新的课题，进而促进故障诊断和容错控制理论的研究不断深入和发展。控制理论基础主要围绕系统建模、控制器设计、稳定性分析、系统结构性质、综合性能评价等方面。下面简单地对容错控制与控制理论基础的关系进行梳理。

1. 与复杂系统建模的关系

复杂系统是相对牛顿时代以来构成科学研究焦点的简单系统而言的。① 复杂系统不仅具有一定的规模，而且各子系统之间的相互作用规则呈现复杂性，进而使系统本身具有一定的复杂性。② 系统所处的周围环境复杂，进而使系统与环境之间的相互作用形成的交互系统呈现复杂性。③ 要求系统完成的目标复杂，如要求系统满足各种约束条件下的多目标优化、性能综衡等。即从对象本身、对象完成的任务和对象所处的环境（包括自然环境和人为环境等）三方面来讲，只要有一项是复杂的，这类系统都可称为复杂系统。复杂性就是指超出清晰具体描述和实用操作范围以外的某些特性的总称，不同的认识阶段对复杂性的内涵和外延的理解也是不同的，是超出研究者当前能力范围之外的对关注问题的一种总体描述，其内涵等价于非线性。

复杂非线性系统，换一种思维方式来看，就是对研究者所知范围内的研究对象的一种超越的描述。这是一种感官的认识，也是一种客观存在于人们认知中的一个反映。在此空间是复杂非线性系统，在另一个空间可能就是一个简单的线性系统。复杂网络本质上也是一类非线性系统，只不过在对系统的结构和特征的描述上，比传统的控制系统更加全面和具体，进而复杂网络是自 21 世纪以来科学界、应用界和理论界研究的热点问题。不是说复杂网络的概念新就得到热捧，而是复杂网络描述的事物能够更加具体和明晰，有利于对事物（不论是内部事务还是外界事物）的深刻认识。例如，传统的复杂非线性系统只是针对系统的阶次、参数、输入输出等信息，这主要是从量的角度考察问题；对比之下，复杂网络则不仅关心事物的量的问题，而且关心事物构成的拓扑、形的问题。这样，网络概念可以将点、线、面、体、空间等认识结合到一起，可以更广度、更全息地认识和分析事物。当然，认识的工具和分析思路也要与时俱进，需要探索一些与之相称的理论和方法。复杂网络与传统的非线性系统的最大区别就是复杂网络利用的拓扑结构信息，从连接关系和耦合关系的角度来认识事物，而这一方式在传统的控制理论是回避的或者是简单处理的。当时不是没有注意到，而是没有有效的方法来处理，进而只能采用与当时生产力水平相适应的认识来做相应处理（在科学研究活动中，生产力的研究是分两块进行的。一是工艺学对生产的物质内容的研究，把握物质世界的物质运动以及人本身的生理运动及其实践模式。这就是以生产力实践科学为依托的各门自然学科。二是生产力理论科学，主要对生产力运动方式和运动构造进行研究。这一方面的工作内容是多学科交叉渗透的结果，不只是自然科学，而是同时囊括了社会科学的一些基础领域。生产力不但具有纵向性，还要具有横向性）。在 21 世纪初，深度学习先驱之一的 Hinton 和 LeCun 等提出了一种基于能量的模型（energy-based model）[55-57]，跨越了模型和参数的概念来认识事物。这一认识将基于能量函数的稳定性分析和认识观念融合到系统的模式分析中，开拓了控制领域新的研究模式，这将对传统的控制理论基础的研究和更新换代产生新的助推力，加强人们对自身认知能力的提升和对人与自然交互作用中的生产关系认识提供新的思路。一种猜想是，既然研究对象模型的存在是一种能量相互作用的结果，那么模型或模型描述的系统的稳定性，自然也是能量相互均衡的结果。这一现象在自然物理界已经存在，并通过不同的概念进行认识，如熵、无源性、耗散性等，但都没能直接阐述出与能量的关系。为此，稳定性也是一种基于能量的稳定性，是至少两种能量相互作用的结果。早期是从矢量力的角度来考察稳定性，现在可以从能量的角度、相互作用关系的角度来研究稳定性理论。因此对基于能量的稳定性理论所建立的各种自动控制理论的分析和综合，也将起到极大的促进和提升作用。

目前，故障诊断和容错控制的研究对象已经从线性系统延拓到非线性系统和复杂系统，如混杂系统、复杂互联系统、神经网络、模糊逻辑系统、复杂网络、多智能体、传感器网络、能源互联网等。任何一个人造的系统，都会存在三种运行状态：健康、亚健康和故障（或者稳定、临界稳定和不稳定）。这样，任何有控制作用的系统，都会有故障诊断和容错控制的用武之地。容错控制是一种性能纠正控制，是对正常操作控制的一种补充和完善，或者是一种更加保守的可靠控制。不同的设计理念下的容错控制，可以有不同的功用和称谓，但是达到的效果是一样的。

2. 与自动控制器设计的关系

设计系统的目的是实现人们期望的功能。为此，经历了手动、半自动和全自动的过程，进一步延伸出各种控制策略，包括自适应控制、智能控制等。这些常规的控制器设计都是基于正常运行工况下进行的良态设计或者理想设计，毕竟控制器设计的基础主要是考虑大多数正常工况下的运行，以便实现普遍意义下的性能指标。尽管出现了很多参数摄动、外界扰动、结构复杂不确定性等标称系统以外的一些状况，但设计的主体仍旧是基础控制器设计或正常控制器设计，只不过在此基础上额外增加了一个线性扰动补偿项或鲁棒控制项，由此通过叠加原理的复合控制作用能够实现对一定范围内的不确定性进行补偿校正，实现控制性能的可接受性。容错控制也是一种控制策略，在很大程度上是直接借鉴了常规控制的设计思路，只不过在具体的细节处理方面有一些不同而已。例如，针对参数故障下的容错控制，就可在正常控制器的基础上，额外设计一个依赖于故障参数的故障补偿器。当无故障时，故障补偿器不起作用，此时故障补偿器相当于正常控制；在有故障时，故障补偿器参与控制调节作用，此时故障补偿器相当于正常控制器与故障补偿控制器的线性叠加作用，共同调控故障系统，以便实现总体性能达到容许要求。

尽管容错控制方法可以依赖于传统的常规控制方法，但容错控制本身也有其特殊性，这是不同于传统控制器设计的。第一，容错控制是针对故障情况下的异常控制，此时的系统结构、参数和性能指标都会发生显著变化。能够将这种混杂变化的动态系统稳定控制下来，并能实现一定的性能指标，绝不是传统控制器设计能考虑到的，进而容错控制是一种集正常控制、多种控制策略并用的混成控制。容错控制具有切换控制、模糊逻辑控制、自适应控制、分层递阶控制、变结构控制、鲁棒控制等特点，又具有参数在线学习、系统辨识、状态估计等辅助演化特点，进而形成了自具特色的控制理念：容难容之事件，控难控制之系统。第二，容错控制是在系统存在资源冗余、信息冗余、功能冗余的前提下进行的，这是与传统控制器设计最大的不同。容错控制完全体现了损有余而补不足的协调、和谐的共生理念，不求有功但求过得去，这又是不同于传统控制器的另一个方面。传统控制的设计目的是追求极致，尽善尽美，进而使受控系统在正常情况下的技术指标、性能指标、经济指标等都达到极致。容错控制正是取其中，容许受控系统在最好和最坏状况下都能运行，进而提高系统的使用寿命，追求最长时间意义下的全局最优。当然，传统的基于频域的控制方法由于考虑了幅值和相位的裕量，所设计的系统自然具有一定的抗扰性能，尽管这与容错控制具有一定的相似性，但在主要设计理念上还是不同的。但是，以时域为主的控制器设计，在系统冗余和抗扰性方面，就远没有频域控制考虑得那样周全，进而使基于现代控制理论所设计的系统在实际应用中面临很多非学术问题。第三，容错控制的外延和内涵都很广泛，既可以针对自然受控对象，也可以针对人机交互系统，进而将人为主体的作用深度融合到所设计的智能系统当中（可以将人参与的系统广义地定义为人工智能系统。由于人的参与，显著扩大了自然机电系统的外延，使智能化程度显著提高。可以说，具有高超技艺的操作者能够使非自动化系统自动化、非智能系统智能化）。而传统控制的理念，是将人的作用排除在受控系统之外的，完全独立于人的设计。显然，容错控制是基于系统论的，而传统控制是基于还原论的，进而形成了两者的又一个区别。

补充一点，在控制理论中，常提到控制律、控制算法、控制器设计等概念。实质上，在控制理论研究中，这些概念和提法是等效的。控制器的核心就是设计控制律，控制律的核心也就是算法（当然不同于用各种计算机语言进行编程的算法，这里指的是事物内在运行规律的认识算法），将这些控制律或算法融入硬件装置中，就形成了具有可操作性和可执行性的设备，进而就形成了具体的控制装置。所以，理论研究上常有一些简化，称谓的不同就是这一体现。同时也要注意到，各种控制律或控制算法，也都是通过一定的微分方程或者耦合关系描述出来的，进而也具有一定的体系结构。这样，在一定程度上，控制律或控制算法，不仅有内在作用关系的体现，而且这种体现是通过一定的形式来展示的，是内容和形式的统一。控制律或控制算法是一种形式、范式、规定，同时，一定形式的模型和范式也是算法，也是控制律。只有算法和模型具有相容性，才能在具体的分析中合二为一、无缝连接、有机融合、整体分析和设计。这一点认识，尽管在实际应用中被广为践行，但在目前的教材和研究中尚没有见到相关的阐释。作者结合二十多年的控制理论基础研究，在本书中对一些基础的控制理论问题进行个性化解读和分析，以期为读者起到抛砖引玉的作用。

3. 与稳定性研究的关系

绝大多数的控制问题，都是闭环系统，追求的目标都是通过人造系统实现某种形式的能量、功用等的变换或映射，稳定的映射和变换才能达到设计的初衷。这样，闭环控制系统的设计基础就是稳定性，稳定性是控制理论设计的前提和必要保证。不稳定的系统在大多数的工业应用中是难以应用的，这也是人们极力避免发生的事情。在设计控制器的过程中，不论是容错控制器还是正常控制器，都是将所设计的控制器纳入整个闭环系统中，并通过对稳定性的评判来综合控制器的基本性能——保证受控闭环系统的稳定性。然后在此基础上精益求精，期望实现其他的控制性能，如保成本、快速性、最优性、经济性等。虽然在现有的控制系统设计文献中不直接提及稳定性分析，但是在整个证明环节中，是处处以稳定性为基础进行的系统设计和综合。换句话说，除了开环系统的设计，闭环控制系统的控制器设计和闭环系统的稳定性分析是相辅相成、同时进行的，只不过闭环控制系统控制器设计的重点在控制手段上而不在稳定性分析技巧上，只要能够保证系统稳定即可的一种保基本稳定的控制器设计。

稳定性，是一种相对的概念，是一种能量的均衡态，或者是一种综合作用力的均衡态，是多方作用达成的一种协调，呈现相对静止性质。稳定性不是虚无的稳定性，是物质的稳定性，稳定性是与运动紧密相关的，是运动的稳定性。在运动的过程中，既呈现动态演化的过程，也呈现相对静止的暂态，动静结合实现运动的永恒，这也是认识事物的基准点和参考系。物质的稳定性，其特征之一就是能量的守恒，以及守恒能量的潮流合理分配，进而为实现某一功用而达成的某一结构或规定。从某种基本控制来讲，就是实现能量熵的最小化；若从追求动态响应快速性的最优化角度来看，就是将能量积聚到暂态过程，实现对大惯性系统大的冲量，进而实现大的加速度（$Ft = Mv$），能量分配的统调，不再遵循能量的均衡分布。追求不同局部的最优性能，都是这种守恒能量的不均衡分布的结果，体现在实际系统控制策略上，就是实现了系统能量分布结构在某种物理结构框架下的非均衡性。这种非均衡性，只有在人造系统中才可能大量存在，所以人造系统的稳定性分析，绝不是一般客观物理系统的固有特性能够简单延拓而得到的，这需要从各方面的主客观因素找原因，并进一步追根溯源，按照系统论的观点集成，才能够给出较为合理的解释 [58-60]。

稳定性，不是一个简单的问题，而是一个大的系统工程问题。对于简单的单闭环系统，如果自身存在固定点，或者存在外界认为期望的某一性态，则这个系统的动态演化过程就是一个动态过程，最终的演化结果就是实现与固定点的相对静止或者与设定的期望性能之间的相对距离最小并保持不变，在这个意义下，就达到了某种稳定状态或稳定性。根据闭环系统极点进行配置的控制器设计，本质上就是实现系统动态轨迹相对于固定极点的相对运动。类似地，Hurwitz 稳定判据、Routh 判据等频域方法，都是基于这一原理进行的相对于固定平衡点的稳定性，只不过具体的实现方式不同而已。针对时域方法的 Lyapunov 稳定性理论，本质上是研究已知给定平衡点的稳定性。也就是说，系统的动态轨迹相对于给定平衡点的相对运动，如果逐渐趋近，则最终呈现相对静止；如果不相互趋近，则产生滑差，呈现相对运动以至于发散不稳定。LaSalle 不变原理延伸了 Lyapunov 函数的概念，与 Lyapunov 稳定性理论不同，LaSalle 不变原理不要求所谓的能量函数正定，只是针对平衡点集合的讨论，包括各种曲线流型等，而不再针对某个指定的孤立的平衡点。这样，LaSalle 不变原理处理的就是点到集合的相对稳定性问题，拓展了 Lyapunov 稳定性理论点到点的相对稳定性问题。基于 Lyapunov 稳定性理论和 LaSalle 不变原理，可以研究各种相对运动问题，如主从系统的同步性、复杂网络的同步性、多智能体的一致性、系统状态估计、参数估计、系统建模等各种针对某种参变量的相对不变性、性能指标的不变性、整定值的不变性等。

稳定性的研究，最初从数学上都是考虑无穷时间以后的静态行为，即 $t \to +\infty$ 时的分析。这种方法在实际应用上可能存在一定的困惑，一个实际系统若在 $t \to +\infty$ 时才能达到稳定效果，那还有什么实际意义？事实上，由于系统特征根的负实部特性和系统状态响应的指数衰减特性，一个稳定的系统将会在一个有限的时间内达到稳态，收敛时间长短取决于特征根负实部幅值的大小：负实部的绝对值越大，收敛得就越快。现在，随着对系统认识的深入，例如，网络控制系统取代了传统的长距离输电线路的电阻和电感功能，时间触发到状态跃迁的触发再到事件集合的触发等，人们对于稳定性的研究也逐渐细化到对有限时间稳定和固定时间稳定的研究上来。

有限时间稳定是指系统受到初始扰动后的运动相对于一个确定的时间区间内的稳定性。这类稳定性的研究主要针对那些不能用特征值（见状态空间法）判别稳定性的系统，特别是参数随时间变化的线性时变系统。有限时间区间稳定性问题是 1953 年苏联学者卡曼科夫提出的。有限时间区间稳定性问题的研究结果可用于判断：当扰动引起的初始受扰运动限制在某个范围时，系统的受扰运动在一

个确定的时间区间是否会越出规定的误差范围。对于线性时变系统，有限时间区间稳定性的定义可表述为：给定系统的状态方程 $\mathrm{d}x/\mathrm{d}t = A(t)x$，其中 x 为 n 维状态向量，$A(t)$ 是 $n \times n$ 时变矩阵。如果对给定的正实常数 ϵ 和 C，当系统状态的初始扰动 $x(t_0)$ 满足 $\|x(t_0)\|_2 \leqslant \epsilon$ 的限制时，系统的运动 $x(t)$ 总是满足下列条件：$\|x(t)\|_2 \leqslant C, \quad t_0 \leqslant t \leqslant T$, 那么就称系统对给定的 ϵ 和 C 在有限时间区间 $[t_0, T]$ 上是稳定的。在工程应用中，常数 C 和 ϵ 通常根据具体问题的实际情况来规定, T 为估计系统受扰运动所需要的时间。

目前, 学术界又对有限时间稳定以及相应的固定时间稳定给出如下定义 (均针对系统关于零平衡点情况)[61]。有限时间稳定: 存在 $T(x(t_0))$ 使 $\lim\limits_{t \to T(x(t_0))} \|x(t)\| = 0$，且对于 $\forall t \geqslant T(x(t_0))$，都有 $x(t) = 0$，其中 $T(x(t_0))$ 称作有限调节时间。固定时间稳定: 存在 T_M 和 $T(x(t_0))$ 使 $\lim\limits_{t \to T(x(t_0))} \|x(t)\| = 0$，且对于 $\forall t \geqslant T(x(t_0))$，都有 $x(t) = 0$，其中，$T(x(t_0)) \leqslant T_M$，称 T_M 为固定调节时间。

假定非线性系统 $\dot{x}(t) = f(t, x(t))$ 是良态的, $r \in \mathbb{R}^+, x(t_0) = x_0$, 且假定原点为其一个平衡点，文献 [62] 给出了有限时间稳定和固定时间稳定的定义。称系统 $\dot{x}(t) = f(t, x(t))$ 的原点是全局一致有限时间稳定的，如果该原点是全局一致稳定的，且存在一个局部有界函数 $T : \mathbb{R}^n \to \mathbb{R}^+ \cup \{0\}$，使得对于所有的 $t \geqslant T(x_0)$ 都有 $x(t, x_0) = 0$ 成立，其中 $x(t, x_0)$ 是柯西问题 $\dot{x}(t) = f(t, x(t))$ 的任意解，函数 T 称作调节时间函数。称系统 $\dot{x}(t) = f(t, x(t))$ 的原点是全局固定时间稳定的，如果平衡点是全局一致有限时间稳定的且调节时间函数 T 是全局有界的，即存在 $T_M \in \mathbb{R}^+$ 使得 $T(x_0) \leqslant T_M$，$\forall x_0 \in \mathbb{R}^n$。

通过比较有限时间稳定和固定时间稳定的定义可以看出，有限时间的调节时间依赖于系统的初始条件，不同的初始条件将产生不同的收敛速度。实际上，初始条件在许多实际工程中的影响是难以调节和事先估计的，进而导致难以确定最终的调节时间。为了克服这一问题，固定时间稳定的概念被提出，并对调节时间函数的界进行了一种约束，以期能够在弱化初始条件约束的情况下给出一个确定的调节时间上限。这一稳定性概念的演化，几乎是与局部稳定、半全局稳定和全局稳定具有异曲同工的认识架构，但术语称谓又各具特点的一种学术认识研究。

容错控制是实现容错稳定的一种有效方式，从某一个平衡态迁移到另一个平衡态，最终保证系统能够在某一稳态下运行，不至于系统失稳。这样，容错控制也可以在稳定性的意义下解释如下：为了维持某一性能或性态的不变性而采取的一种有效的调控措施，该措施是在一定的时间或范围内以牺牲其他某些性能为代价，最终换得期望的性能保持不变或可接受降低。借鉴于有限时间稳定和固定时间稳定的概念，同样可以研究有限时间容错控制和固定时间容错控制问题，进而促进容错控制研究内容的不断丰富和发展。

4. 与异常情况下的自动控制关系

在正常的控制系统中，常常将系统参数、结构或性能指标的微小变化称作摄动或扰动，进而可以按照小扰动分析方法（即线性化方法）来进行局部研究。如果系统的参数、结构或性能的变化幅度超出一定的容许界限，此种情况则视为故障情况。此种故障情况变化强烈，导致平衡点失衡，难以用小信号分析方法来进行动态分析，进而只能采用非常规的调控手段和分析方法来处理。鲁棒控制和容错控制就是在此意义下被提出并不断被深入研究的。凡是设计者所不希望的症状出现都可定义为异常，异常包括工况调节、干扰影响（内干扰和外干扰）和运行故障（系统自身故障和外界环境导致的故障）。

需要指出的是，对于系统建模产生的不确定性不能归纳到系统故障的范畴。由于对事物的认识总存在截断误差，认识的是事物的主要矛盾，进而在具体的分析和设计时都要抓住主要问题的主要方面，实现在主要矛盾认识下的线性化。尽管由于最初的模型存在不确定性等问题，这些问题可以通过在具体的实践中或者是系统的调试、试车或调校的过程中来解决。这就是系统虽然按照设计图纸进行了主体原理和结构的设计，但是在具体的运行之前还需要对各个部分的功能和性能进行现场调校，这个调校环节就是设备使用之前非常关键的一环，将很多当初未充分考虑的或者忽略的因素结合现场的人机交互作用考虑进来，实现了理论、经验和技术的人机交互，确保了所设计系统能按照最初的设计要求进行正常生产和运行。故障诊断是对已有的、能够运行的系统进行安全监控，而系统设计是从无到有的生产装置、生产设备的建立，是系统物质存在的基础。没有正在运行的系统，也就谈不上针对系统的各种故障诊断方法和技术。故障诊断对系统正常运行起保障作用，防止不期望的作用破坏人造系统所执行的期望功能。故障诊断、故障预测等环节都起到保证系统安全运行的几道防线作用。针对异常情况，形成了不同层次、不同程度的容许控制或者满意控制，如鲁棒控制、切换控制、容错控制等。其中，针对故障情况的研究最为突出，因为这些故障具有突发性，且后果严重，所以针对故障情况下的自动控制研究得到科学界的重点关注。

故障的本质就是一种无序作用对另一种有序作用的破坏，是相对的概念。针对人造机电系统，传感器的失效、卡死、断线，执行器的卡死、漂移、断线，系统参数的异常或故障，耦合互联系统中网络通信故障（弱信号），如网络丢包、拥塞、量化误差等，耦合互联系统之间联络线故障（强信号），人机交互故障，如指令错误、人为破坏等，都是一个功能对另一个功能的影响，使得原本有序的信号能量流动变得无序，进而丧失最初的设计性能。为了保证系统的安全可靠运行，故障必须要被检测出来，并能够确定哪个环节出现故障、故障的大小、破坏程度等，进而可以根据故障信息进行在线容错或者离线检修。这些环节是在常规的控制系统设计中不被考虑的环节，而在作为独立的故障诊断和容错控制的领域，却是研究的热点和重点。正是因为故障的出现，才改变了控制系统的结构或参数，使原有的能量流分布规律被破坏，才需要容错控制重新调流，并尽力保证系统的能量流分布的合理有序，满足一定的可接受性能。

5. 控制系统的本质

1）控制论的起源

自从 1948 年 N. 维纳出版了著名的《控制论：或关于在动物和机器中控制和通信的科学》一书以来，控制论的思想和方法已经渗透到了几乎所有的自然科学和社会科学领域。维纳把控制论看成一门研究机器、生命、社会中控制和通信的一般规律的科学，更具体地说，是研究动态系统在变化的环境中如何保持平衡状态或稳定状态的科学。他特意创造“cybernetics”这个英语新词来命名这个新学科。“控制论”一词最初来源于希腊文，原意是“操舵术”，就是掌舵的方法和技术。在古希腊哲学家柏拉图的著作中，经常用它来表示管理人的艺术。1834 年，著名的法国物理学家安培写了一篇论述科学哲理的文章，他进行科学分类时，把管理国家的科学称为“控制论”（cybernetigue），在这个意义下，“控制论”一词被编入 19 世纪许多词典中。维纳发明“控制论”这个词正是受了安培等的启发 [63]。

2）控制与控制论

为了“改善”某个或某些受控对象的功能或发展，需要获得并使用信息，以此信息为基础而选出的施加于该对象上的作用，就是控制。控制的基础是信息，一切信息传递都是为了控制，进而任何控制又都有赖于信息反馈来实现。信息反馈是控制论一个极其重要的概念。通俗地说，信息反馈就是指由控制系统将信息输送出去，又将其作用结果返送回来，并对信息的再输出发生影响，起到控制和调节的作用，以达到预定的目的 [63, 64]。管理系统是一种典型的控制系统。管理系统中的控制过程在本质上与工程的、生物的系统一样，都是通过信息反馈来揭示成效与标准之间的差或距离。故从理论上来讲，适合于工程的、生物的控制论的理论和方法，也都适合于分析和说明管理控制问题。反之，管理系统的基本原理，也同样适用于工程的和生物的调控系统。

英国雷丁大学控制论教授凯文 · 沃里克指出，控制论不像其他科学，控制论是由阻碍探索和设置不可能性的规则及定律所统辖的。从控制论的角度看，几乎任何事情都是可能的，控制论仅仅提供一个时间约束 [65]。从这个意义上来讲，控制本质就是在各种约束中寻求一种可行解的过程。丘吉尔曾说过，“The longer you can look back, the farther you can look forward”(回顾历史探寻足迹，展望未来开拓进取)。对控制思想、理念和方法的研究和认识，自我反省和历史回顾得越久远，对于当下的控制理论的研究以及未来的展望也就越深远，这是同样的道理。自动控制理论中研究的控制对象都是设备和工业过程，属于自然科学研究领域，这其中免不了要受到各种工程实现和设计的约束。这样，针对被控对象本身的实际物理约束，以及理论分析中遇到的各种理想性数学约束等问题，科研工作者分别从工程和理论两个角度对各自约束下的控制策略求解进行了平行研究。理论控制的研究是对实际应用控制的一种指导和决策操作集、专家库，很多理论控制知识都是要经过现场工程师的经验处理并与实际应用控制结合，而不是生搬硬套；实际应用控制为理论控制提供遇到的问题，并希望借助智者来破解谜题或难题，以实现逆境或困境求生、求发展。理论和实际研究具有平行的特点，并通过实际操作的有经验的人来实现人机环境的交互协同。

3）控制系统的本质

从控制论的最初起源可知，它来源于社会的管理，需要对不同的部门进行协调来完成整个系统工程。从这个意义上来讲，由于受限于当时生产力的发展水平和认识高度问题，在将外文翻译成中文对应的词汇时，将“cybernetigue”或者“cybernetics”译成“控制论”或“控制”，这在当时可能是最合适的一种映射对照关系。而实际上，中文的“控制”实际上可以理解为英文的“control”“govern”“regulate”或“manage”等意思，进而导致“名可名非常名”的一种现象。下面通过两个术语来理解“cybernetics”的含义。① 赛博空间（cyberspace）一词是 cybernetics 和 space 两个词的组合，对 cyberspace 的译法繁多，有人将它译作“赛博空间”“异次元空间”“多维信息空间”“电脑空间”或“网络空间”等。cyberspace 这个词的本义是指以计算机技术、现代通信网络技术，甚至还包括虚拟现实技术等信息技术的综合运用为基础，以知识和信息为内容的新型空间，这是人类用知识创造的人工世界，一种用于知识交流的虚拟空间。赛博空间中被利用的是知识，因此从某种意义说，赛博空间的诞生不仅影响人与人之间的文化交流，而且影响人和自然的关系。因为在赛博空间，人的活动对象是知识，交流的是知识或信息，所以减少了对物质的过度消费，进而资源的利用效率和能源的转化率都可以得到显著提高。② 赛博格或帅博客（cyborg）一词是 cybernetic 和 organism 的结合，实际上表示了任何混合了有机体与无机体的生物，即机器化生物，它是以无机物所构成的机器作为身体的一部分生物（包括人与其他动物在内）。通常这样做的目的是借人工科技来增加或强化生物体的能力，俗称机械化人、改造人、生化人等。由此也可进一步理解“cybernetics”的内在含义[65]。在中文的几千年的语境里，很少出现科学理论的术语，进而导致一些概念上的理解和认识不能完全匹配。语言学是一个动力系统，也是不断发展变化的，因此对一事物的认识都是不断趋近的。基于对“cybernetics”这一原始概念认识，可以认为，控制理论研究中的控制主旨就是管理、协调和均衡。

在自然科学中，尤其是自动化学科中的控制，是专指人对设备管理的一种称谓，体现的是一种主从关系。随着人工智能化和信息化的发展，人机互动更加频繁，这种称谓的转变也势在必行，如智能机器人、礼仪机器人等与自然人类之间的友好互动，如何称谓？不能简单称为控制，一种可行称谓即沟通、协调、商量、对话等。科学术语的适宜变化，也是符合网络术语变化的模式。例如，cyber、cyborg 等，体现的是一种认识的变化、研究的深入、名与理之间的同步逼近，也是人类进步的体现。

接下来阐述一下控制系统的问题，这里的控制系统都是人造的系统，为了工农业生产、军事国防等的需要而设计的实用装置和生产线。控制系统从研究问题的功能结构来划分，可以包括开环系统和闭环系统。开环系统和闭环系统也是相对的概念，取决于研究问题的需要。例如，在研究复杂网络系统时，在每个节点网络内部是闭环的系统，从整个复杂网络的角度来看，该节点系统就可能是开环系统。这样，涉及系统级、网络级的复杂系统，开环和闭环之间的差别在于分析理念层面上，而没有实质的物理上的区别。闭环是永存的，犹如联系是永存的一样。所谓的开环，也就是区分两点论和重点论的一种认知模式而已。从传统的控制理论角度来看，由于开环系统的不重复性和无反馈性质，对于稳定性的要求不如闭环系统稳定性要求的那样严格。所以，控制系统的稳定性是在所谓的“狭隘”的闭环系统的分析模式上研究的。控制系统的本质是在保证系统稳定性的前提下完成一定的预期目标或性能。所谓的控制系统就是一种人为设计的能量变换系统，将一种需求转化为另一种需求的过程，而且是在预先设定的规则下完成的一种有约束运动。电力系统就是典型的能量转换系统。各种行业中的控制系统也是一种能量映射系统，将一种形式的作用转化为另一种形式的作用，进而实现设计的目的。控制的本质就是一种约定。在此意义上，控制律、控制算法、同步/一致性协议/规约、通信协议、行业标准、规章制度、行为准则等，不论是自然系统还是人文系统，都体现出的是一种管理范式。

容错控制系统也是一种控制系统，是在一种更加可靠、安全的运行方式下实现的可持续控制系统，是一种预见性的可靠控制。同时，物有一长，必有一短，容错控制也是这样。在期望的性能指标极致方面，不能像正常无故障系统那样高效，但在运行条件的容许度方面得到极大拓展，增强了适应变化环境的能力。一般来说，容错控制是与正常控制相互补充的一对控制策略，在检测出现异常以后才执行容错控制，进而在切换组合的条件下最大化人们期望的性能指标。由此分析也可以看出，每种控制方法的研究，都是在某一局域内的有效容许控制，不存在所谓整个数学实域或复域空间的全局最优，只存在人们关心的论域内的全局最优。

1.6 模型驱动与数据驱动的认识

自动控制的研究思想及其形成技术，可以追溯到人类的农耕生产时代。为了农耕浇灌和运输，在各种机械装置上嵌入了控制或调节功能，进而减少了人的劳动量，提高了生产效率。人类经过几千年的发展，促进了生产力的发展，人们也从感性经验认识上升到理性理论认识，从口口相传的师徒经验到有设计图纸复制的理性认识的传播。其中最显著的就是科学观念的引入，使人们对某一具体事物的认识有了质的飞跃。蒸汽机的出现曾引起了 18 世纪的工业革命，直到 20 世纪初，它仍然是世界上最重要的原动机。

蒸汽机的出现和改进促进了社会经济的发展，但同时经济的发展反过来又向蒸汽机提出了更高的要求，如要求蒸汽机功率大、效率高、质量轻、尺寸小等。尽管人们对蒸汽机进行过许多改进，不断扩大它的使用范围和改善它的性能，但是随着汽轮机和内燃机的发展，蒸汽机因存在不可克服的缺点而逐渐衰落，逐渐让位于内燃机和汽轮机等，这导致一系列技术革命，引起了从手工劳动向动力机器生产转变。围绕如何提高蒸汽机效率和对阀门操作的自动化，吸引了大量工程技术人员的发明创造。其中，1765 年，瓦特对蒸汽机做了重大改进，使冷凝器与汽缸分离，发明了曲轴和齿轮传动以及离心调速器等，使蒸汽机实现了现代化，大大提高了蒸汽机的效率。其中，瓦特为控制蒸汽机速度而设计的离心调速器是自动控制领域的第一项重大成果。蒸汽机的离心调速器刚开始很不好用，一直没有被从反馈系统的角度来考虑，仅将其当作单个孤立的一个控制器。麦克斯韦将这个系统看成调节器，将其与调节对象合在一起，用微分方程进行研究，并在 1877 年，与他的学生给出了著名的 Routh 稳定判据。1895 年，霍尔维茨解决了瑞士达沃斯电厂蒸汽机的一个调速系统设计问题，提出了 Hurwitz 稳定性定理。值得一提的是，1876 年，针对当时的一种直接作用调速器总不能正常工作的难题而准备放弃整个方案时，俄国的维斯聂格拉斯基指出这种调节器能否正常工作的关键是一个参数选择问题，由此他在工业界建立了很大功劳。正是基于瓦特发明的离心调速器的基本原理，即反馈原理，构成了自动控制的基础，开启了自动控制理论和技术的发端。自动控制技术的研究有利于对动态系统的自动控制性能的影响，有利于将人类从复杂、危险、烦琐的劳动中解放出来并大大提高工作效率。从方法的角度看，它以数学的系统理论为基础，由此形成了基于模型驱动的自动控制系统理论。经典控制理论和现代控制理论就是模型驱动控制理论的两个发展阶段，并不断补充和完善。

人类提升对世界认识能力的方法就是从现实世界中发现规律。从自然科学的角度来看，人类描述自然规律的方法是用数学公式进行机理建模 (因为用数学公式来描述确定性系统比较精确，在人类掌握数学工具之前也可以用语言或符号来描述规律，但在欧洲新文化运动之后，规律性的认识越来越多地采用数学公式来表示），将规律用一个数学公式表达，数学公式就是模型。该数学模型既可以表示被控对象、控制器，也可以表示由它们组合而成的闭环系统。围绕如何获得精确的数学模型，就需要从大量的数据中发现各关注变量之间的关系并且用数学公式的方式体现出来，这是传统的基于模型驱动控制方法中的系统辨识过程。后来，随着具有函数逼近能力的神经网络和模糊逻辑系统的发展，人们获取系统对象模型可借助于输入输出数据对的方式，可以不用对被控对象进行精确建模就可以得到，进而将神经网络和模糊逻辑系统与模型驱动的控制理论相结合，解决了部分非精确建模系统的控制问题。由此发展历程可见，基于模型驱动的控制理论主要是面向底层设计的，且是在物理层进行的从无到有的分析和设计。

总体来讲，21 世纪之前的大多数工业、农业生产等系统，基本上还是以孤立系统的形式存在为主，因此基于模型驱动的控制理论足以解决很多问题。但随着网络化、智能化和信息化的发展，各系统之间信息互联形成了大规模复杂网络系统，对这类统的分析给传统的基于模型驱动的控制理论带来了困难。例如，如何通过多个不完善但是简单的模型组合起来来近似替代精确的模型？如何运用数学方法从有足够代表性的样本 (或数据) 中找到一个或者一组模型的组合，使其和真实的情况非常接近？数学也是研究各种变换的科学，联系普遍存在。一种称为数据驱动的方法应运而生，因为该方法是基于大量的数据 (而不是预设模型) 用很多简单的模型来拟合数据。虽然通过这种方法找到的模型可能和真实模型存在一定偏差，但是在误差允许的范围内，从结果上与精确的模型是等效的。数据驱动方法的目标就是近似替代，它甚至不是为了追求真实，仅仅是为了能够说明问题。由于数据驱动方法所采集的数据来自于现存的运行系统，所建立的模型是整个工业系统的输入输出模型，进而数据驱动方法实质上是对整个复杂非线性系统的建模方法。该方法所得到的模型结果之一就是进行系统仿真，进而对整个运行系统各个环节的性能和指标进行调控，以指导复杂系统的合理优化安全运行。数据驱动方法的意义在于，当对一个问题暂时不能用简单而准确的方法解决时，可以根据以往的历史数据，构造出近似的模型来逼近真实情况，这实际上是用计算量和数据量来换取研究时间，得到的模型虽然和真实情况有偏差但是足以指导实践。数据驱动方法的另一个特别大的优势，就是能够最大限度地借助于计算机 (存储和计算) 和网络 (信息实时交互) 等相关技术的进步。这样，针对已有的系统，如何在原有设计的基础上精益求精、进行二次调控或三次调控（类似于电力系统中的二次调压和三次调压过程），显然已经超出基于模型驱动的控制理论的范畴，迫切需要非模型驱动的控制理论。在数据驱动理论方面非常杰出的工作之一就是我国学者侯忠生教授提出并系统研究的“无模型自适应控制理论”，该方法摆脱了控制系统设计对被控系统模型的依赖问题 [66-69]。

由此可见，数据驱动方法尚存在不同的认识和理解：一是从整个系统建模的角度来看待，克服以往需要预定模型先验知识进行系统建模的不足；二是利用工业现场的数据重新优化原有控制环节和调度环节，以期实现粗调到精调的提升。关于利用数据进行控制器设计的认识，需注意几点问题：① 未运行的控制系统，如何使整个系统工作，如何获得数据？② 若要利用历史数据，则需承认原有控制器存在，那么依据过往数据设计的控制器与原有的控制器之间是怎样的关系？③ 若是针对大量复杂的数据进行优化管理，还是有很大的优势，这属于顶层优化调度的认识，用在各种网络平台或者电商的绩效分析中更有优势。顶层优化在于协调而不在于设计，属于网络的管理层或应用层的功能，这是与物理层的分析和设计具有不同功能划分的。这样，在网络环境管理平台中的某些方法或算法，能否用在具有严格逻辑认知关系的自动控制系统当中，能否直接指导控制器的设计，能否完成自动控制系统的校正功能，都是值得思考的问题。现场运行系统在工作，大量数据在产生，数据的不同处理和利用方法源于不同的功用。若想真正促进数据驱动方法与具有自我校正功能的自动控制系统的深度融合，尚需在理论上进一步完善。模型驱动的控制理论主要针对被控对象建模、控制方法设计和系统仿真进行，而数据驱动的控制理论核心也仍是围绕运行系统总体建模和仿真、协调优化控制或管理等展开研究，前者是基于底层的实用具体设计，后者是基于顶层的优化管理设计，出发点不同，但都是服务于整个运行系统的安全、稳定、经济、高效要求宗旨的。可以粗略地说，数据驱动控制方法更适合几个独立完整系统之间的对抗式协调控制，而模型驱动方法更适合单个系统的调控和优化。不同的出发点，形成不同的分析层面，具有不同的功效。因此，数据驱动的控制方法是对传统基于模型驱动的控制理论的补充和发展，不是谁取代谁的问题。由于被控对象精确模型难以获得，基于人工智能的学习控制等方法可以弥补模型驱动方法在这一方面的不足，因此有关人工智能的控制方法逐渐得到广泛研究。同时，经典的时间序列分析方法、聚类方法、独立元方法等也可以在基于局部近似建模的情况下展开对数据驱动控制的探索。

在工程实践中，自动化科学与技术得到极大关注，追求产业实效；在理论研究中，控制科学与工程得到学者的研究，重视规律的探索。不论是理论还是应用，控制与技术最终目的都是要实现自动化，控制系统的自动化，满足期望性能的任何人造系统的自动化！控制思想、控制方法、控制算法、协同优化、大系统建模和仿真再设计等都是自动化的内核，是异于其他学科的特征。从底层设计到顶层优化协调管理，都能实现基于反馈调节、反馈校正、并行补偿等控制理念下的自动化。硬软件、计算机、通信、网络等皆是自动化实现的辅助手段；装备、设备、产品等都是自动化理论和技术形成的产物。自动化是提高人造系统的效率、性能等能动指标，解放人的机械劳动的一种愿景。任何修饰的形式化的自动化，其核心都在自动化，只不过各自强调不同的修饰词，进而不同程度上弱化了自动化的控制算法设计、系统总体建模、仿真和性能优化的核心问题。重其外而轻其内，看其形而弱其质，重其舆论宣传热闹而忽视后台艰辛研发，导致对自动化这一学科的各种成见。不同问题的需求需要不同的控制方法，大问题如模型驱动方法、数据驱动方法、知识驱动方法、智能驱动方法等，小问题如智能控制、自适应控制、变结构控制、分层递阶控制等，都属细节问题。而自动化则不同，属于总论概括，是对整个运行系统总体的感受和描述，是外界评价运行系统优劣的常用模糊词。现在自动化学科或者控制专业等相关学科的发展，已经严重受到外界舆论宣传、部门职能主管认知决策能力等的强耦合影响。为了寻热点炒作，以细节代替总体，各自夸大局部特征，进而使研究的学科主体都受到市场和职能决策部门的左右。从这个意义上来讲，保全学科在同类学科中的重要地位并维持、促进本学科的发展更是整个自动化研究的重点，如何实现这一综合指标，需要大的控制理念和技术手段，仍旧属于自动化学科的研究范畴。2017 年，中国自动化学会第四期自动化前沿论坛——未来自动化发展，其研讨主体正好关注类似的问题。自动化科学，在给定的半全局论域内，底层设计可以实现自主、自治、自愈、自洽、自通、自学习等能力；顶层设计可以实现为满足期望性能指标的协调、合作、全局优化、建模仿真再设计等宏观规划。大多数科技工作者在自动化学科中可能更多地关注具体的理论和技术环节，往底层设计处深度关注，而在大数据、互联网和人工智能等纷繁现实世界社会前沿热点等问题冲击下，未能更多地关注顶层设计的控制和优化。不同的论域，即使同样的理论和方法得到的优化性能也不同，都属于限定范围的全局优化。再加上不同的优化决策，必将导致不同的局部效果。关于这类科技社会大系统的自动化，将是未来大数据和人工智能环境下具有极大发展潜力的一个研究方向。

距离有多种表征属性，不仅在物理形式上，而且在认识模式上。在认识控制理论的发展历史，也存在这样的距离。距离可以看成是差距、误差、比较等，但只要有差距，即有畸变，就会形成作用力，以此构成源源不断的滋生力和各种动因，形成无序的共同体。合理地梳理这些无序的作用力，在解决自然物质构成的复杂系统时，就是调节理论、反馈理论或者是自动控制理论。一种控制理论的提出，都对原有的理论思路具有一定的继承性和发扬性，认识的距离有的人看着远，有的人看得近。看得近的人少，看得远的人多，因为远处好乘凉，远方有诗篇。看得近的人，能够静下心来寻根溯源，探寻规律，以期有不同的演化。对于数据驱动、无模型驱动和模型驱动的控制方法，就存在这样的见识。模型驱动是针对控制器设计依赖被控对象的精确数学解析表达关系而提出来的；无模型驱动克服了控制器设计依赖于被控对象精确数学解析表达关系的限制，可以通过被控制对象的输入输出时间序列对进行离线/在线控制；无论是模型驱动还是无模型驱动，本书认为，都是基于底层的设计，设计出具体的参数寻优、可调节系数的控制器或学习律，并借助于硬件或工控计算机为载体，实现整个自动控制系统按既定设计指标运行。数据驱动或者大数据驱动，是通过对整个自动控制系统各个环节的信息收集、汇总、分类和协调，在管理层面或应用层面实现整个自动控制系统的调度最优或全局协调。面向底层的控制理论主要是针对控制方法和在线算法、对象建模和仿真、反馈、预测和校正等内容进行研究，从系统观上来协调人、机、物、环境、约束、性能要求等环节，进而保证所设计的人造系统在安全、稳定、高效、优质、可靠的水平上实现自动化。相对来讲，数据驱动方法是随着大量数据的出现而产生的，特别是物联网、复杂网络、电商、微商、网络平台等远程交互的发展。如何解决这类网络虚拟平台的运营和管理而提出来数据驱动。借鉴到控制理论中，主要是针对大规模生产企业的大量数据无法得到有效利用为背景而提出来的一种时尚管理模式。大数据，主要是指数据的种类、属性和维度等多种多样，而不单指数据的维度。这些信息在统筹规划和综合管理等调度层面具有非常大的优势，在安全预警和监控等方面也有着强项。但是作为控制的新思路，数据驱动可能在整个自控系统的建模和仿真方面具有优势，类似于数字电力系统、电力系统仿真与建模等相关研究。这些内容都属于离线的，不能够直接作用到实际系统，但可通过参考指令等方式回馈给现场工程师或者调度员，实现对某些运行方式的影响。即使应用经典的独立元分析、主元分析、贡献图、统计分布、聚类分析等基于数据的方法，也都是在监控、管理的层面上进行的。所以，若要真正实现数据驱动的控制，应该好好研究其与模型驱动或无模型驱动控制理论的关系，并借助于计算机的处理速度和存储能力，不断缩短控制与监控之间的距离，才可能有质的突破。

人们对新知识、新方法、新理论和新技术的认识，都是在经验、现在和预想的认识上归纳整理的，属于一种集肤效应，即在总体结构上引领航向，在具体细节处查缺补漏。在过去的历史数据中统计规律，立足于现有的比例调控，结合预测的方向确定前行角度，进而探索有力、有方向的控制理论，如图 1.7 和图 1.8 所示。经典的 PID 控制思想之所以伟大，就是涵盖了这些三段论信息，构成了能解决实际工业中具体问题的强大生命力。控制理论的发展，体现的是人的智慧的发展、认知的发展，并结合具体的实践来不断完善和修正，进而给具体的实业自动化带来具体的效益，改善工农业生产，提高人们的生活质量，全面实现自动化。控制理论认识中，各种理论和方法不是相互抵触、相互排斥的。不同的工况需要不同的控制理论和技术，理论的存在自然有其合理性，模型驱动的控制和数据驱动的控制就是这样，这体现了人类认识的不断飞跃，控制理论的不断发展历程。只要在各自的适用场合能够发挥作用，解决相关的问题，带来更大的效益或利益，这些控制理论就有生命力，就有价值。同时，从图 1.7 可以想到小孔成像、干涉成像、一窥全豹、初窥堂奥、倒影、峰回路转、曲径通幽、时空隧道等映射映像，这是系统动态，不是局部井底。自动化知识，包罗古今中外思想创意和研究成果，以此来推陈出新，带动生产力发展。再结合图 1.8 可知，从小图的无序演化，总有轨迹可循，形成波浪式前进、螺旋式上升的认识规律，形成具有规律性可循的自动化研究历程。

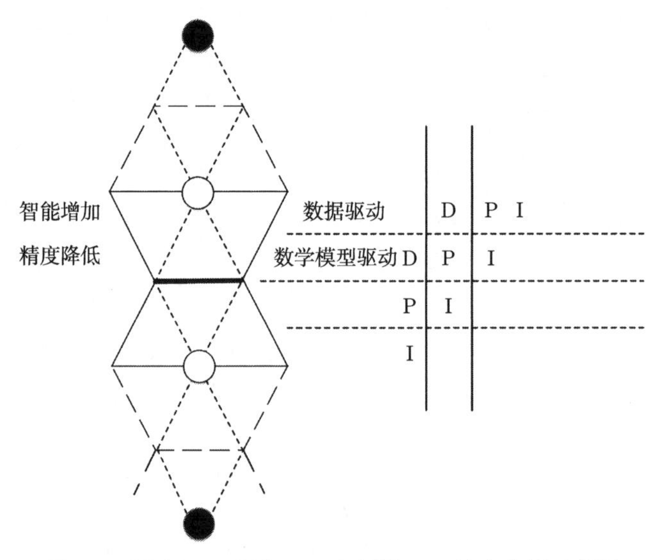

图 1.7　过去 (I)、现在 (P) 和预测 (D) 综合分析示意图

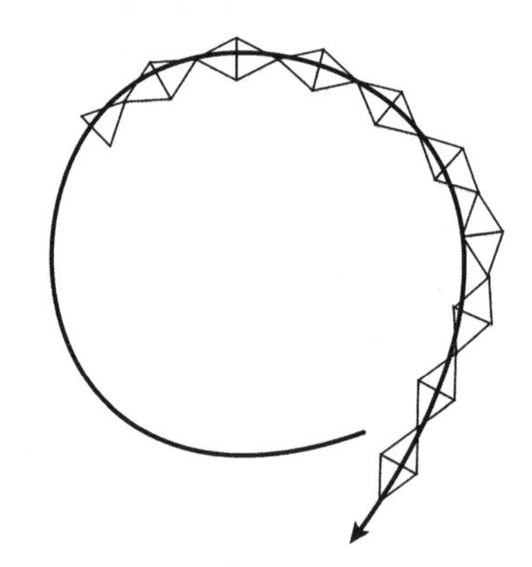

图 1.8　过去 (I)、现在 (P) 和预测 (D) 综合演化轨迹示意图

基于模型驱动的控制理论，涉及故障诊断和容错控制；相对应，数据驱动的控制理论同样也要研究故障诊断和容错控制问题。不同的研究方式和对象，将会有不同的特点，不可能完全照搬照抄经典的分析思路。目前，对数据驱动系统的故障特征的识别、相关数据模型的认识和提取、故障种类的界定等，还缺少相关研究，因此对数据驱动系统的故障诊断和容错控制理论的研究将是未来需要进一步研究的内容。

1.7 预 备 知 识

为了方便本书后面章节的描述和理解，本节主要给出神经网络近似理论以及增强学习算法的原理以为下文所设计的几种基于神经网络算法的自适应容错控制技术以及相应的一致最终有界性的分析提供理论基础。

1.7.1 神经网络近似原理

为了模拟大脑的基本特性，在现代神经网络（neural network，NN）科学研究的基础上，提出了人工神经网络模型。神经网络具有大规模的并行处理能力和分布式的信息存储能力，并有很好的自适应、自组织、非线性以及很强的联想功能、学习功能和容错功能等多个特点 [70-74]。

1985 年，Powell 提出了多变量插值的径向基函数（radial basis function，RBF）。1988 年，Broomhead 和 Lowe 将 RBF 用于人工神经网络设计，构造了径向基函数神经网络（RBFNN）。RBFNN 有很强的非线性拟合能力，可映射任意复杂的非线性关系，而且学习规则简单，便于计算机实现。同时，它具有很强的鲁棒性、记忆能力、非线性映射能力以及强大的自学习能力。而且，它具有唯一最佳逼近的特性，且存在无局部极小问题。由于这些特点，RBFNN 在非线性系统建模与控制的应用中，发挥越来越大的作用。

已经证明：一个 RBFNN，在隐藏层节点足够多的情况下，经过充分学习，能以任意精度逼近任意非线性函数，而且具有最优泛函数逼近能力。另外，它具有较快的收敛速度和强大的抗噪及修复能力，其结构如图 1.9 所示。

RBFNN 的数学表达式如下：

$$F_N(k) = \varTheta^{\mathrm{T}} \varPhi(S(k)) \tag{1.1}$$

其中，$F_N(k)$ 表示未知的非线性函数，$\varTheta = [\varTheta_1, \varTheta_2, \cdots, \varTheta_n] \in \mathbb{R}^n$ 表示神经网络权向量，n 表示神经网络节点数，$\varPhi(S(k)) = [\varPhi_1(S(k)), \varPhi_2(S(k)), \cdots, \varPhi_n(S(k))] \in \mathbb{R}^n$ 表示基向量，$\varPhi_i(S(k))(i = 1, 2, \cdots, n)$ 是基函数。基向量 $\varPhi(S(k))$ 的选取原则是：对于定义在 $[0, \infty)$ 上连续正定的函数，且其一阶导数单调递增，则该函数就可以用作一个径向基函数。通常选取基函数 $\varPhi_i(S(k))$ 为下面的高斯型函数 [5]：

$$\varPhi_i(S(k)) = \exp\left[\frac{-(S(k) - \delta_i)^{\mathrm{T}}(S(k) - \delta_i)}{\sigma^2}\right], \quad i = 1, 2, \cdots, n \tag{1.2}$$

其中，δ_i 是高斯函数的中心，σ 是高斯函数的宽度。

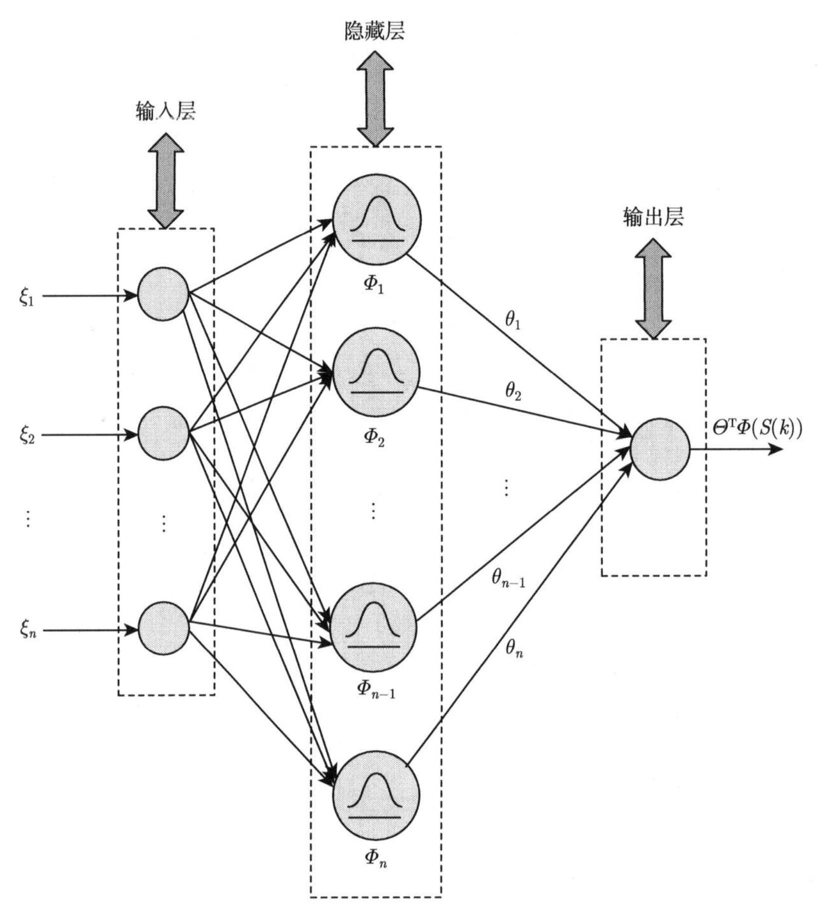

图 1.9　神经网络的拓扑结构

在已有的文献中，很多学者都已经证明 RBFNN(1.1) 可以在紧集 $\Omega_S \subset \mathbb{R}^q$ 上以任意精度一致逼近非线性函数 $F_N(k)$，如下所示：

$$F_N(k) = \Theta^{*\mathrm{T}}\Phi(S(k)) + \varepsilon(S(k)) \tag{1.3}$$

其中，$\varepsilon(S(k))$ 是 RBFNN 的近似误差，通常满足有界性，即 $\varepsilon(S(k)) < \bar{\varepsilon}$（$\bar{\varepsilon}$ 是个有界常数），Θ^* 是理想的权重值。一般而言，该权重值是不能直接得到的，可以利用自适应方法在线调节。另外，Θ^* 可以定义如下：

$$\Theta^* = \arg\min_{\Theta\in\mathbb{R}^n}\{\sup_{S\in\Omega_S}|\Theta^{\mathrm{T}}\Phi(S(k)) - F_N(k)|\} \tag{1.4}$$

1.7.2　增强学习算法

增强学习是受到生物能够有效适应环境的启发，以试错的机制与环境进行交互，通过最大化累积奖赏的方式来学习最优策略 [75]。谷歌公司的深智（DeepMind）

团队在 *Nature* 杂志上发表的两篇文章使增强学习成为高级人工智能的热点。2015 年 1 月发表的文章 [76] 提出深度 Q 网络 (deep Q-network，DQN)，在 Atari 视频游戏上取得了突破性的成果。在此基础上，深智团队又于 2016 年 1 月发表文章 [77] 进一步提出计算机围棋初弈号（AlphaGo，国内有很多译名版本, 如“阿尔法围棋”“阿尔法狗”等，本书翻译为“初弈号”，取其“初级、围棋、机器”三大特征）。该算法将增强学习方法和蒙特卡罗树搜索 (Monte Carlo tree search，MCTS) 结合，极大减少了搜索过程的计算量，提升了对棋局估计的准确度。初弈号在与欧洲围棋冠军樊麾的对弈中，取得了 5:0 完胜的结果。2016 年 3 月，与当今世界顶级棋手职业九段李世石 (Lee Sedol) 进行了举世瞩目的对弈，最终以 4:1 获得胜利。这也标志着深度增强学习作为一种全新的机器学习算法，已经能够在复杂的棋类博弈游戏中达到匹敌人类的水平。因此，深入研究增强学习方法，对于推动人工智能方法的发展，及其在各个领域中的应用都有非常重要的意义。

增强学习的研究有着悠久的历史。1992 年，Tesauro 等成功使用增强学习使西洋双陆棋达到了大师级的水准；1998 年，Sutton 等撰写了第一本系统性介绍增强学习的书籍；1999 年，Kearns 等第一次证明了增强学习问题可以用少量的经验得到近似最优解；2006 年，Kocsis 等提出的置信上限树算法革命性地推动了增强学习在围棋游戏上的应用，这可以说是初弈号的鼻祖 [75]。目前常用的强化学习方法包括蒙特卡罗、Q 学习、SARSA 学习、TD 学习、策略梯度和自适应动态规划等。感兴趣的读者可以参阅文献 [75] 和 [78]。

1.8 主要研究内容

本书围绕一类复杂非线性系统的故障诊断和智能容错控制方法进行深入研究，从基于观测器方法的故障检测到针对执行器或传感器故障下的智能容错控制，不断深入研究，每部分内容都提出一些作者独到的认识和方法，由此形成了一套集故障检测、估计、参数学习和性能学习的故障诊断和自适应容错控制体系。主要内容包括：智能控制与自适应控制、容错控制与传统控制理论之间的关系等的讨论（第 1 章）；针对一类 Lipschitz 非线性系统，探究该系统的抗扰能力、龙伯格观测器设计、PI 观测器设计及其故障检测性能等问题，基于 H_∞ 跟踪性能的框架下对这类观测器的估计性能进行深入研究（第 2 章）；针对一类奇异双线性系统，基于奇异值分解技术分别设计状态观测器和故障检测观测器，并对故障估计性能等指标问题进行研究（第 3 章）；将递归神经网络分别作为故障诊断方法的主体以及系统建模对象的载体进行研究，探讨基于递归神经网络的故障估计问题和一类复杂互联时滞递归神经网络模型执行器和传感器故障下的自适应容错同步问题，拓展故障诊断和容错控制领域的范畴（第 4 章）；离散多输入单输出系统的执行器故障状态反馈容错控制（第 5 章）；离散多输入多输出系统的基于调节参数的执行器故障输出反馈容错控制（第 6 章）；离散多输入多输出系统的基于增强学习算法的容错控制（第 7 章）；离散多输入多输出系统的基于最少调节参数的最优容错控制（第 8 章）；基于数据和回声状态网的离散多变量系统的故障检测、估计及容错控制（第 9 章）。

具体研究内容如下。

第 1 章给出了与本书研究题目相关的一些讨论，不局限于对传统资料的利用，更注重于作者本身对某些问题的阐释。对故障诊断的发展概况和容错控制方法进行了简要回顾，尤其对智能控制和自适应控制及其相互关系、容错控制与传统自动控制理论的关系进行了分析。具体来说，探讨了容错控制与复杂系统建模的关系，揭示了对象模型的存在是一种能量相互作用的结果，以及模型或模型描述的系统的稳定性也是能量相互均衡的结果；探讨了容错控制与自动控制器设计的关系，揭示了模型是一种结构表示，结构是一种范式和约定，各种约定就构成了一类算法或规律，进而任意一种有序的存在，都可看成是某一对象的算法或控制律；探讨了容错控制与稳定性研究的关系，揭示了稳定性是一种能量的均衡态，或者是一种综合作用力的均衡态，是多方作用达成的一种协调；探究了控制系统的本质，发现其是一种人为设计的能量变换系统，将一种需求转化为另一种需求的过程，而且是在预先设定的规则下完成的一种有约束运动。

第 2 章针对一类 Lipschitz 非线性系统，对其自身的抗扰能力以及故障情况下的诊断观测器设计等综合问题进行系统研究。首先，就 Lipschitz 非线性系统本身的干扰抑制能力的问题进行研究，对具有较大的 Lipschitz 常数的非线性系统具有较弱的干扰抑制能力给出合理的解释。其次，通过引入 H_∞ 跟踪性能指标，分析一类自适应观测器的估计性能，得到相应的设计过程，并将这种观测器用于故障估计问题当中。再次，将比例积分观测器用于故障估计问题当中，使干扰对状态估计的影响满足给定的性能，并利用该估计故障构成故障补偿控制律，使系统在故障情况下仍能较好地跟踪给定参考模型。最后，针对一类含有输出注入环节的非线性系统的参数故障估计问题，设计一类自适应观测器来进行故障检测和故障估计，对故障更新律以及故障更新律中的参数带给故障估计性能的影响进行定量分析。

第 3 章针对一类奇异双线性系统进行状态观测器设计和故障检测问题的研究，并给出一些相应的设计准则和故障检测方法，研究一类具有未知输入干扰的奇异双线性系统的观测器设计问题，讨论分解后系统的解的存在性和状态估计误差的吸引域问题。针对同时存在干扰和故障情况下的奇异双线性系统构造奇异双线性故障检测观测器，并对此故障检测观测器的存在性、故障检测的鲁棒性、故障阈值的选取和故障检测观测器设计步骤进行讨论。

第 4 章分别对神经网络的学习能力和建模能力进行故障诊断和容错控制的研

究。利用递归神经网络的动力学特性，研究一类非线性系统的故障参数估计问题，进而用神经网络优化方法实现故障参数估计与优化问题的直接映射，并阐明固定权值递归神经网络的模型设计本身就是一种优化算法，在某种意义上等价于前向神经网络的权值学习算法。数学模型是一种结构表示，结构是一种范式和约定，各种约定就构成一类算法或规律。算法或规律依托于结构和约定，进而，任意一种有序的存在，都可看成是某一对象的算法。接着以复杂互联神经网络模型为研究对象，首次研究具有时滞的复杂互联神经网络的容错同步问题，针对自同步情况和给定同步态的情况，分别进行自适应观测器设计和驱动响应控制器的设计，实现在传感器故障下的容错同步。

第 2~4 章主要针对复杂非线性系统的故障诊断问题进行的研究，第 5~9 章则是针对复杂非线性系统的智能自适应容错控制进行研究，基于神经网络的人工智能方法，不同的网络结构、权值学习方法和增强学习方法等对被研究对象存在执行器故障和传感器故障情况下进行自适应容错控制。具体内容如下。

第 5 章研究一类带有执行器故障和三角结构的非线性不确定多输入单输出离散系统的自适应容错控制问题。RBFNN 用来近似系统里的未知函数。值得一提的是该章不仅考虑失效故障，也考虑卡死故障。用反步法设计理念来构造自适应律和容错控制器。基于 Lyapunov 稳定性理论，证明闭环系统里的所有信号都是一致最终有界的（UUB），同时，跟踪误差会尽可能小。

第 6 章将第 5 章的系统更加复杂化，针对离散非线性多输入多输出系统，建立基于神经网络的输出反馈容错控制器机制。不仅考虑执行器的卡死故障，也考虑执行器的失效故障。通过比例驱动法，便于容错控制的设计。根据微分同胚映射理论，将原始系统转换成一个输入输出表达的系统，变换后的系统适合运用输出反馈控制方法且能避免非因果问题。为了对故障快速响应，与第 5 章直接调节神经网络的权值不同，第 6 章通过调节神经网络权重的未知界来减少响应时间。因系统不满足匹配条件，引进预测控制方法，可有效地解决这一问题。运用 Lyapunov 稳定性理论，证明系统的稳定性，同时保证闭环系统所有变量都是半全局一致最终有界的。

第 7 章研究基于增强学习算法的多输入多输出非线性离散系统的容错控制问题，同时考虑缓变故障和突变故障两种故障类型。基于神经网络的逼近能力，将加强学习算法引入容错控制策略中，其中分别用执行网络和评判网络来逼近最有控制信号和花费函数。相比第 5 章和第 6 章，该章基于增强学习算法得到一个新的容错控制器，此控制器可使发生故障的系统花费或者性能指标最小。这意味着降低故障引起的破坏，同时节省能量。该章采用在线调节神经网络权重来代替离线调节。最终证明，即使存在未知故障动态，也能保证自适应律、跟踪误差和最优控制信号的一致有界性。

第 8 章解决一类多输入多输出非线性离散系统的最优容错控制问题。提出一种基于具有最少学习参数的自适应最优容错控制方法。基于神经网络的万能逼近性，分别用执行网和评判网逼近最优控制器和长期花费函数（性能指标）。通过调节未知权重的范数减少学习参数的数量，同时也减少在线计算时间。该章不仅考虑突变故障，而且考虑缓变故障。与第 7 章相比较，该章提出方法的显著特点是，不仅能在容错的过程中降低花费，还具有较少数量的学习参数，从而减小计算量。最后，系统稳定性得以证明，且保证了自适应控制信号和跟踪误差的一致有界性。

第 9 章基于回声状态网，研究一类无模型（基于数据）多输入单输出离散系统的自适应传感器故障检测、估计和容错控制问题。前面都在研究基于模型的容错控制，该章尝试在无模型系统的故障检测、估计及容错上进行一些突破。综合伪偏导数法以及紧格式动态线性化方法，初始系统可以转变成一个特殊的等价模型。然后，提出一种新颖的故障估计器来检测故障。在实际工业过程中，故障检测和容错控制的复杂性会大大提高控制器设计和稳定性分析的难度。因为回声状态网具有很好短期记忆能力，这意味着回声状态网比递归神经网络学习和训练得快，所以该章用回声状态网来估计未知传感器故障动态。在故障被检测出来后，基于回声状态网和最优性准则，提出相应的容错控制策略。最后证明包含跟踪误差在内的所有信号都有界。

第 10 章对全书的工作进行总结，简要介绍一下书写本书的投入过程、些许感想、下一步研究的主要方向以及一些简单的后记。

第 2 章 Lipschitz 非线性系统的故障观测器设计

2.1 引　　言

在控制与监测系统中的许多问题都需要状态变量和系统参数的知识。然而，测量这些变量需要面对两个主要问题：第一个是涉及技术和经济的问题。目前很多传感器都价格不菲，而且体积也不小；第二个是许多状态变量是不能直接测量的。因此，状态估计和观测器设计问题成了控制与监测设计系统的核心问题。许多建立起来的状态估计方法是基于所研究系统的线性模型的，而线性模型仅描述了系统在特定运行工作点附近的动态行为，这对于远离该运行工作点的系统性能的分析将是不利的或将得到非常保守的性能结果。为了提高系统的性能，使用非线性系统模型将是合适且非常有意义的，因为非线性模型可以在很宽的运行范围内精确描述被控系统的动态行为。尽管有精确的系统描述模型，但是非线性分析方法缺乏统一的和一般的观测器设计过程。这样，学术界都是针对一类特殊的非线性系统，如 Lipschitz 系统或双线性系统进行观测器设计研究。许多方法已经得到充分的研究，例如，采用嵌入法 (immersion) 和李代数 (Lie algebra) 变换等将非线性系统转化成线性形式 [79, 80]。需指出的是，这些工作中的很多方法往往是很难实现的，因为这些变换条件的存在就是一个很苛刻的限制。当这些变换方法不能解决问题时，高增益观测器方法被相应地提出来，其关键点就是设计增益值来抵消非线性的影响 [81]，然而在测量噪声存在的情况下，高增益对状态估计的性能也进行了惩罚或抑制。多年以来，针对 Lipschitz 非线性系统的观测器设计得到了广泛研究，毕竟在实际中遇到的很多非线性系统至少在局部范围内都满足 Lipschitz 条件。

基于上面的讨论，本章主要针对一类 Lipschitz 非线性系统进行观测器设计和故障诊断问题的研究，以期建立一些有意义的结果，并对某些问题给予深入的探究。

2.2 观测器基础知识

在控制理论中，观测器也是一个待设计的系统，基于实际系统的输入和输出的量测值，能提供对给定系统的内部状态的估计。已知系统状态可以解决很多控制理论问题，例如，采用状态反馈来镇定系统等。在很多实际情况下，系统的物理状态不能直接通过观测值来得到。这样，对线性系统的龙伯格观测器设计就要求了能控性和能观性的分离性原理。

考虑如下线性系统：

$$\begin{cases} \dot{x}(t) = Ax(t) + Bu(t) \\ y(t) = Cx(t) \end{cases} \tag{2.1}$$

对其设计状态观测器如下：

$$\begin{cases} \dot{\hat{x}}(t) = A\hat{x}(t) + Bu(t) + L(y(t) - \hat{y}(t)) \\ \hat{y}(t) = C\hat{x}(t) \end{cases} \tag{2.2}$$

如果在系统的状态完全能控，系统输出完全可观测的情况下，可得到如下状态估计误差系统：

$$\dot{e}(t) = (A - LC)e(t) \tag{2.3}$$

其中，$x(t)$ 是系统的状态，$y(t)$ 是系统的输出，A、B、C 分别是维数适当的矩阵，$e(t) = x(t) - \hat{x}(t)$，$u(t)$ 起控制作用。只要系统矩阵 $A - LC$ 是 Hurwitz 稳定的，则状态观测器 (2.2) 就能够观测到系统 (2.1) 的内部状态。

针对线性系统的龙伯格观测器，可以这样认为：能控性是为了保证系统式 (2.1) 的稳定性或镇定性。毕竟不稳定的系统难以运行，不能提供可靠的有效数据信息。能观性是保证系统的输出可观测到，即使检测或量测不到，也能通过其他软测量手段得到。也就是说，传统的龙伯格观测器设计，就是在保证原系统或驱动系统或主系统式 (2.1) 稳定的前提下设计的状态观测器，进而得到的状态估计值也是稳定的，实现了二者的驱动–响应同步、主从同步或者状态跟踪。

令输入为 $u(t) = v - K\hat{x}(t)$，则带状态观测器的综合系统状态空间表达式为

$$\begin{aligned} \dot{x}(t) &= Ax(t) - BK\hat{x}(t) + Bv \\ \dot{\hat{x}}(t) &= (A - BK - LC)\hat{x}(t) + LCx(t) + Bv \\ y &= Cx(t) \end{aligned}$$

改写成矩阵形式，则有

$$\begin{aligned} \begin{bmatrix} \dot{x}(t) \\ \dot{\hat{x}}(t) \end{bmatrix} &= \begin{bmatrix} A & -BK \\ EC & A - BK - LC \end{bmatrix} \begin{bmatrix} x(t) \\ \hat{x}(t) \end{bmatrix} + \begin{bmatrix} B \\ B \end{bmatrix} v \\ &\overset{\text{def}}{=} \tilde{A}\tilde{x}(t) + \tilde{B}v \\ y &= \begin{bmatrix} C & 0 \end{bmatrix} \begin{bmatrix} x(t) \\ \hat{x}(t) \end{bmatrix} \overset{\text{def}}{=} \tilde{C}\tilde{x}(t) \end{aligned}$$

引入等价变换，$\bar{x}(t) = P\tilde{x}(t)$，此处 $P = \begin{bmatrix} I & 0 \\ I & -I \end{bmatrix}$，则系统的新状态空间表达式为

$$\begin{aligned} \dot{\bar{x}}(t) &= \bar{A}\bar{x}(t) + \bar{B}v \\ y &= \bar{C}\bar{x}(t) \end{aligned}$$

其中，$\bar{x}(t) = P\tilde{x}(t) = \begin{bmatrix} x(t) \\ x(t) - \hat{x}(t) \end{bmatrix}$，$\bar{A} = \begin{bmatrix} A - BK & BK \\ 0 & A - LC \end{bmatrix}$，$\bar{B} = \begin{bmatrix} B \\ 0 \end{bmatrix}$，$\bar{C} = \begin{bmatrix} C & 0 \end{bmatrix}$。

显然有

$$\begin{aligned} \det(sI - \bar{A}) &= \det \begin{bmatrix} sI - (A - BK) & -BK \\ 0 & sI - (A - LC) \end{bmatrix} \\ &= \det(sI - A + BK)\det(sI - A + LC) \end{aligned}$$

所以带状态观测器的闭环系统的特征值集合是 $(A - BK)$ 与 $(A - EC)$ 的特征值集合并集。也就是说，带状态观测器的闭环系统的极点是由用真实状态 $x(t)$ 进行状态反馈所构成的闭环极点和观测器本身的极点组成，这就是线性系统的分离原理。

如果将系统式 (2.1) 看做驱动系统，改写成如下形式：

$$\begin{cases} \dot{x}(t) = f(x(t)) \\ y(t) = Cg(x(t)) \end{cases} \tag{2.4}$$

对其设计相应的响应系统，有

$$\begin{cases} \dot{\hat{x}}(t) = f(\hat{x}(t)) + Bu(t) \\ \hat{y}(t) = Cg(\hat{x}(t)) \end{cases} \tag{2.5}$$

如果存在控制器 $u(t)$，使得如下的状态估计误差系统：

$$\dot{e}(t) = f(x(t)) - f(\hat{x}(t)) - Bu(t) \tag{2.6}$$

是稳定的，则响应系统式 (2.4) 能够与驱动系统式 (2.3) 同步或者状态估计。一种常用的控制器设计方法就是 $u(t) = L(y(t) - \hat{y}(t))$，则此时有如下驱动–响应误差系统：

$$\dot{e}(t) = f(x(t)) - f(\hat{x}(t)) - BL(y(t) - \hat{y}(t)) \tag{2.7}$$

通过对状态估计误差系统式 (2.5) 的分析，有如下几点考虑。

(1) 在工作点附近，常常采用线性化方法来处理。

(2) 响应系统的控制器可以设计成多种形式，最常用的形式就是输出估计误差的比例调节作用，如 $u(t) = L(y(t) - \hat{y}(t))$，这相当于一步欧拉近似。基于此，也可以设计比例–积分 (PI) 控制器、比例–积分–微分 (PID) 控制器、预测控制器、滑模控制器等。

(3) 对于非线性函数 $f(x(t))$ 的限制，一般都要求满足 Lipschitz 条件和 $f(0) = 0$ 的限制条件。实际上，$f(0) = 0$ 的 Lipschitz 条件是保证系统式 (2.3) 的原点或零点是一个平衡点，这是针对孤立系统式 (2.3) 本身来进行稳定特性研究时施加的限制。而在研究驱动系统式 (2.3) 和响应系统式 (2.4) 之间的同步性或者状态估计问题时，则可取消 $f(0) = 0$ 的限制，仅施加 $f(x(t))$ 满足关于 $x(t)$ 的 Lipschitz 条件即可。因为在研究孤立系统式 (2.3) 本身时，存在 $f(x(t)) - f(0)$ 的问题，而在研究驱动–响应两个及以上系统的状态同步或者同步问题时，需要处理 $f(x(t)) - f(\hat{x}(t))$ 之间的关系，进而不必强加 $f(0) = 0$ 的限制。既然驱动系统已经存在，若输出都可测量，自然就能实现驱动–响应同步。

(4) 利用同步性理论来分析状态观测器设计理论，可以发现二者之间的对应关系：观测器设计理论在基于被观测系统稳定的基础上进行，而同步性理论研究中不限制驱动系统具有怎样的动态行为，实现的是一种模型参考自适应框架下的跟踪。

(5) 系统稳定性是相对其固有的平衡点而言的，进而要求平衡点存在的假设；而同步性是针对另一个系统的状态轨迹进行的相对稳定性研究，进而是对一个动态流形上的跟踪。同步性既实现了相对稳定性，有统一系统跟踪的内涵，又扩大了孤立系统稳定性的研究内容。从实质上讲，相对于固定平衡点的稳定性，也是一种相对稳定性：一个是相对于某一固定点，另一个是相对于某一时变流形。因此输入到状态的稳定、扰动到状态的稳定、输入到输出的稳定、输入到某一极限集的稳定等都是相对概念，参照的坐标系不同，相对应的量就不同，但都是实现在测度空间的距离最小或不变的一种量度。

(6) 既然观测器设计方法能够实现各种估计功能，同步控制器设计方法应该也能实现状态估计，但这其中的限制条件以及应用机理还需要进一步的探究。这里仅针对观测器与同步性之间的架构和基本关系进行了初探，内在实质性的考究还需要大力深探。同步性研究有其自身约束，稳定性设计也有其自身约束。矛盾都是以一种形式向另一种形式转化，但本质的问题仍旧是存在的，这就是基于理论研究中的各种假设条件。这些假设条件都可称作研究问题的黑洞，能够直面解决，都将是不朽的功绩。现在控制理论的研究看似热闹，实质性的矛盾仍旧存在。如何去掉附加的假设约束，也是基础研究的一个主要内容。

(7) 针对同步架构下的响应系统设计，因为不需要驱动系统的稳定，所以对响应控制器设计就没有任何限制，只要能够完成目标即可。同时，对非线性输出环节，只要求其可检测。因此，不需要线性系统的能控性和能观性，也就不需要分离原理。同时，因为是对一般非线性的驱动–响应系统的描述，没有明确的信息来评价线性系统当中的能控性和能观性，进而在设计非线性系统观测器时，就不可能存在分离原理这一概念。之所以是非线性，是因为难以分离和解耦，进而将线性系统的一些概念强加到非线性或者复杂非线性系统中，就需要审慎行之，不能一概而论，要具体问题，具体分析。

（8）通过对观测器误差式 (2.3) 和同步误差式 (2.6) 或者式 (2.7) 可见相对稳定性的内涵本质，观测器和同步性问题最终转移到稳定性问题研究上，即稳定性是控制理论基石的本质。没有稳定性理论，所有的控制器设计都将失去方向，没有章法可循，这从蒸汽机调速器的发展历史就能可见一斑。同样，针对参数估计器、参数辨识等问题，最终都是涉及逼近误差的问题，进而都归结到误差系统的稳定性上面来。误差系统的稳定性，就是评价其原点或零点是否稳定、怎样稳定的问题。误差系统主要是基于反馈原理得到的自闭系统或自洽系统，将各方的外在表现特征经过平移或变换处理而得到有效量值，进而从比较学原理上评判哪一方作用对误差动态影响的强弱，并依据各种稳定性的定义，如渐近稳定、有界稳定、一致最终有界稳定、极限集、不变集等来限定各外部作用对误差性能的影响。

（9）复杂系统或者复杂网络系统都是由多个独立的系统之间的相互作用而构成的，每个子系统或节点网络都是独立的智能体。由这样的节点构成的复杂网络不仅具有输入输出信息，而且有连接结构信息，即拓扑连接。因此，针对具有两个及两个以上的子系统或节点系统构成的复杂网络系统的控制问题，也要考虑复杂系统的结构连接特性，即使在故障诊断和容错控制中，拓扑结构信息对于整个网络系统的协调性和自组织性也都大有裨益。一个显著的比较就是，在 20 世纪下半叶也有学者研究复杂网络系统，如相似组合系统、泛系统、大系统、分层递阶系统、巨系统等，一般都可称作复杂互联系统。针对互联项的处理基本上都是按照有界不确定项来处理的，由此实现系统解耦或模型约简。这是基于还原论的格物致知，没能够利用耦合作用之间的积极作用。而在复杂网络系统中，恰恰就在网络结构这一点上打开了突破口，进一步明晰了互联结构 (有向还是无向、根节点分布情况等)，进而促进了复杂互联系统的发展。在复杂互联系统的研究中，除了将互联项的特征关系施加拓扑约束外，另一种方式是将耦合关系作为协同作用来加以利用，将非互联关系作为独立的节点系统，这就产生了多智能体系统的研究格局。从这一点上来说，一般复杂互联系统中就派生出了复杂网络系统和多智能体系统，并各自找到相应的存在理由和依托载体，相应地开枝散叶。

2.3　Lipschitz 非线性系统的抗扰能力分析

2.3.1　问题描述与基础知识

在观测器设计方面，许多学者对 Lipschitz 非线性系统进行了研究和讨论 [81-87]。很多非线性系统是 Lipschitz 的，至少在局部意义下如此，特别是在机器人技术当中，所需要的控制对象很多是 Lipschitz 非线性系统 [82, 86, 88]。即使是全局稳定的系统，当有外界干扰信号作用时，其状态也有可能偏离平衡点，而实际系统中的各种干扰是不可避免的，所以必须考虑对干扰的抑制能力。干扰抑制问题已引起许多学者的兴趣 [89-92]，但这些研究均是采用外界手段来增强系统的干扰抑制能力或实现控制，而对系统本身所具有的干扰抑制力的研究尚不多见。本书就 Lipschitz 非线性系统本身的干扰抑制能力的问题进行了研究，利用 H_∞ 技术，得到了 Lipschitz 常数与干扰抑制度之间的某种依赖关系，进而对具有较大的 Lipschitz 常数的非线性系统具有较弱的干扰抑制能力给出了合理的解释。

考虑如下非线性系统：

$$\begin{cases} \dot{x} = Ax + f(x,u) + Bu + Ew \\ y = Cx \end{cases} \tag{2.8}$$

其中，$x \in \mathbb{R}^n$，$u \in \mathbb{R}^m$，$y \in \mathbb{R}^p$，$A \in \mathbb{R}^{n\times n}$ 是 Hurwitz 稳定的，$C \in \mathbb{R}^{p\times n}$ 且 (A, C) 可观测，$E \in \mathbb{R}^{n\times d}$，$B \in \mathbb{R}^{n\times m}$ 为已知矩阵，$f(x,u)$ 为全局 Lipschitz 函数，即存在正数 λ 使得 $\|f(x_1,u) - f(x_2,u)\| \leqslant \lambda\|x_1 - x_2\|$，称 λ 为 Lipschitz 常数，$\|\cdot\|$ 为 Euclid 向量范数，$w \in \mathbb{R}^{d\times 1}$ 表示有界干扰向量 (包含建模误差、测量噪声及非结构不确定性等) 且 $w(t) \in L_2(0,\infty)$。

注释 2.3.1　需说明一下，形如 $\dot{x} = g(x,u)$ 的非线性系统都可以表示成 $\dot{x} = Ax + f(x,u)$ 的形式，只要 $g(x,u)$ 相对于 x 可微即可。为了确保 Lipschitz 条件成立，许多非线性系统都可看成是 Lipschitz 非线性系统的，至少在局部范围内是这样。例如，在机器人研究的许多问题中经常遇到正弦函数，它们都是全局 Lipschitz 的。即使针对含有 x^2 的系统也可看成是 Lipschitz 的，前提是已知 x 的运行范围是有界的。因此，除了对输出向量 y 施加了线性假设以外，本节所考虑的系统模型覆盖的范围是相当广泛的。

注释 2.3.2　在数学分析中，Lipschitz 连续是一种一致连续函数的严格形式。直觉上，Lipschitz 连续函数在其变化的速度上是有限的: 即存在一个确定的实数，对于这个函数图像上的每对点来说，连接这一对点直线斜率的绝对值都不大于这个实数；这个实数边界称为该函数的 Lipschitz 常数 (或一致连续模)。例如，任何一阶导数有界的函数都是 Lipschitz 连续的。

注释 2.3.3 噪声与信号存在与否无关，噪声是独立于信号之外的，而且以叠加的形式对信号形成干扰，因此称为加性噪声。加性噪声的存在虽独立于有用信号 (携带信号的信号)，但它始终干扰有用信号，因而就不可避免地对信号传输造成危害。相应地，噪声依赖于信号的存在，只有在信号出现在传输信道中才表现出噪声，噪声不会主动对信号形成干扰，这类噪声称为乘性噪声。一般把加性随机性噪声看成是系统的背景噪声；而乘性随机性噪声看成是系统的时变性或者非线性造成的。在控制系统的故障诊断中，考虑噪声或干扰最多的情况就是加性噪声，针对乘性噪声情况下的故障诊断研究还不多见。

注释 2.3.4 信道中加性噪声的来源是多方面的，一般可以分为人为噪声、自然噪声和内部噪声 (随机噪声) 三方面。人为噪声来源于无关的其他信号源，如外台信号、开关接触噪声、工业的点火辐射及荧光灯干扰等。自然噪声是指自然界存在的各种电磁波源，如闪电、大气中的电暴、银河系噪声及其他各种宇宙噪声等。内部噪声是系统设备本身产生的各种噪声，如在电阻一类的导体中自由电子的热运动 (常称为热噪声)、真空管中电子的起伏发射和半导体中载流子的起伏变化 (常称为散弹噪声）及电源噪声等。另一些噪声则往往无法避免，而且它们的准确波形不能预测，这类噪声统称为随机噪声。基本的随机噪声又可分为单频噪声、脉冲噪声和起伏噪声三类。这些噪声的特点是，无论在时域内还是在频域内，它们总是普遍存在和不可避免的。乘性噪声主要表现在通信传输信道中，是由信道特性随机变化引起的噪声。例如，电离层和对流层的随机变化引起信号不反映任何消息含义的随机变化，而构成对信号的干扰。这类噪声只有在信号出现在上述信道中才表现出来，它不会主动对信号形成干扰。

对系统式 (2.8) 设计如下状态观测器：

$$\begin{cases} \dot{\hat{x}} = A\hat{x} + f(\hat{x}, u) + B(u - v) + L(h - \hat{y}) \\ \hat{y} = C\hat{x} \end{cases} \tag{2.9}$$

其中，L 为观测器增益矩阵，$\hat{x}$ 为估计状态，v 是对外界干扰 w 的补偿项。

定义状态误差 $e = x - \hat{x}$，则由式 (2.8) 和式 (2.9) 得误差系统：

$$\begin{aligned} \dot{e} = \dot{x} - \dot{\hat{x}} =& (A - LC)e + f(x, u) - f(\hat{x}, u) + Bv + Ew \\ =& A_0 e + F(x, u) + Ew + Bv \end{aligned} \tag{2.10}$$

其中，$F(x, u) = f(x, u) - f(\hat{x}, u)$。若使所设计的系统式 (2.9) 是系统式 (2.8) 的状态观测器，就是使误差系统式 (2.10) 在无外界干扰情况下渐近收敛到零，有外界干扰下一致最终有界。

在给出本小节结果之前，首先给出必要的引理。

引理 2.3.1 [88]　设 X 和 Y 为两个具有相同维数的实数列向量，则有下面的不等式成立：

$$2X^{\mathrm{T}}Y \leqslant X^{\mathrm{T}}X + Y^{\mathrm{T}}Y \tag{2.11}$$

引理 2.3.2（解的存在性和唯一性）　$\dot{x} = f(t,x), f(t,x)$ 关于 t 是分段连续的，在所感兴趣的域内关于 x 是局部 Lipschitz 的。$f(t,x)$ 在区间 $J \subset \mathbb{R}$ 上关于 t 是分段连续的，如果对于任意有界子区间 $J_0 \subset J$，f 对于所有的 $t \in J_0$ 都是关于 t 连续的，除了在有限个点处 f 存在有限跳变不连续性。则存在一个 $\delta > 0$ 使得状态方程 $\dot{x} = f(t,x)$ 在区间 $[t_0,\ t_0 + \delta]$ 上具有唯一解，其中初始条件满足 $x(t_0) = x_0$。

$f(t,x)$ 在点 x_0 处关于 x 是局部 Lipschitz的，如果存在一个邻域 $N(x_0,r) = \{x \in \mathbb{R}^n |\, \|x - x_0\| < r\}$，则 $f(t,x)$ 满足 Lipschitz 条件 $\|f(t,x) - f(t,y)\| \leqslant L\|x - y\|$，$L > 0$。

对于所有的 $x, y \in \mathbb{R}^n$，如果 $\|f(t,x) - f(t,y)\| \leqslant L\|x-y\|$ 成立，则称函数 $f(t,x)$ 是全局 Lipschitz的，且 Lipschitz 常数 $L > 0$。如果对于所有的 $x \in \mathbb{R}^n$，$f(t,x)$ 及其偏导数 $\partial f_i/\partial x_j$ 都是连续的，则称 $f(t,x)$ 关于 x 是全局 Lipschitz 的，当且仅当偏导数 $\partial f_i/\partial x_j$ 关于 t 是全局一致有界的。

2.3.2　抗扰能力分析结果

下面给出本小节的主要结果。

定理 2.3.1　考虑状态误差系统式 (2.10)，对于给定的 Lipschitz 常数 λ 和干扰抑制度 γ，如果存在 $P = P^{\mathrm{T}} > 0$，Y 和 K_v 满足

$$\begin{bmatrix} A^{\mathrm{T}}P + PA - YC - (YC)^{\mathrm{T}} + 2I & P & (K_vC)^{\mathrm{T}} & PE \\ P & -(\lambda^2 I + BB^{\mathrm{T}})^{-1} & 0 & 0 \\ K_vC & 0 & -I & 0 \\ E^{\mathrm{T}}P & 0 & 0 & -\gamma^2 I \end{bmatrix} < 0 \tag{2.12}$$

则存在静态反馈 $v = K_v(y - \hat{y}) = K_vCe$，使得对于任意 $t \in [0,\infty)$，状态观测误差 e 满足如下 H_∞ 跟踪性能：

$$\|e(t)\|_2^2 \leqslant e^{\mathrm{T}}(0)Pe(0) + \gamma^2\|w(t)\|_2^2 \tag{2.13}$$

其中，I 为适当维数的单位矩阵，$\|e(t)\|_2^2 = \displaystyle\int_0^\infty e^{\mathrm{T}}e\mathrm{d}t$，$\|w(t)\|_2^2 = \displaystyle\int_0^\infty w^{\mathrm{T}}w\mathrm{d}t$。

证明　根据 Schur 补性质，由式 (2.12) 可知：

$$\begin{bmatrix} A^{\mathrm{T}}P+PA-YC-(YC)^{\mathrm{T}}+2I & P & (K_vC)^{\mathrm{T}} \\ P & -(\lambda^2 I+BB^{\mathrm{T}})^{-1} & 0 \\ K_vC & 0 & -I \end{bmatrix}<0 \tag{2.14}$$

进而有

$$\begin{bmatrix} A^{\mathrm{T}}P+PA-YC-(YC)^{\mathrm{T}}+I & P & (K_vC)^{\mathrm{T}} \\ P & -(\lambda^2 I+BB^{\mathrm{T}})^{-1} & 0 \\ K_vC & 0 & -I \end{bmatrix}<0 \tag{2.15}$$

式 (2.15) 对应于无外界干扰时的系统式 (2.10) 的稳定条件，现证明如下。

选取 Lyapunov 函数为 $V=e^{\mathrm{T}}Pe$，则

$$\dot{V}=\dot{e}^{\mathrm{T}}Pe+e^{\mathrm{T}}P\dot{e}=e^{\mathrm{T}}(A_0^{\mathrm{T}}P+PA_0)e+2e^{\mathrm{T}}PF+2e^{\mathrm{T}}PBv \tag{2.16}$$

根据引理 2.3.1 和 Lipschitz 性质可知：

$$2e^{\mathrm{T}}PF\leqslant e^{\mathrm{T}}e+F^{\mathrm{T}}PPF\leqslant e^{\mathrm{T}}e+\lambda^2e^{\mathrm{T}}PPe \tag{2.17}$$

$$2e^{\mathrm{T}}PBv\leqslant e^{\mathrm{T}}PBB^{\mathrm{T}}Pe+v^{\mathrm{T}}v \tag{2.18}$$

则式 (2.16) 为

$$\dot{V}\leqslant \dot{e}^{\mathrm{T}}(A_0^{\mathrm{T}}P+PA_0+I+\lambda^2PP+PBB^{\mathrm{T}}P+C^{\mathrm{T}}K_v^{\mathrm{T}}K_vC)e \tag{2.19}$$

$\dot{V}<0$ 等价于

$$A_0^{\mathrm{T}}P+PA_0+I+\lambda^2PP+PBB^{\mathrm{T}}P+C^{\mathrm{T}}K_v^{\mathrm{T}}K_vC<0 \tag{2.20}$$

由此可知条件式 (2.12) 保证了无外界干扰时，系统式 (2.9) 是系统式 (2.8) 的状态观测器。

考虑有外界干扰时的情况，由于 $\|w(t)\|_2^2=\int_0^{\infty}w^{\mathrm{T}}(t)w(t)\mathrm{d}t<D<\infty$ 和 $A-LC$ 是稳定的，根据微分方程稳定性理论则知状态误差方程 (2.10) 的解有界，即存在常数 α 和 β，使得

$$\|e(t)\leqslant \left\|e^{(A-LC)t}e(0)\right\|+\kappa\leqslant \alpha e^{-\beta t}\|e(0)\|+\kappa$$

其中，κ 是由 D 和 λ 所确定的常数，即状态误差方程式 (2.10) 是一致有界稳定的。

取性能指标为

$$J=\int_0^{t_1}\left(\|e\|^2-\gamma^2\|w\|^2\right)\mathrm{d}t \tag{2.21}$$

则

$$J=\int_0^{t_1}\left(\|e\|^2-\gamma^2\|w\|^2\right)\mathrm{d}t=\int_0^{t_1}\left(e^{\mathrm{T}}e-\gamma^2w^{\mathrm{T}}w+\dot{V}\right)\mathrm{d}t-\int_0^{t_1}\dot{V}\mathrm{d}t \tag{2.22}$$

$$<\int_0^{t_1}\left(e^{\mathrm{T}}e-\gamma^2w^{\mathrm{T}}w+\dot{V}\right)\mathrm{d}t+V(0) \tag{2.23}$$

其中

$$\begin{aligned}\dot{V}=&\dot{e}^{\mathrm{T}}Pe+e^{\mathrm{T}}P\dot{e}=e^{\mathrm{T}}(A_0^{\mathrm{T}}P+PA_0)e+2e^{\mathrm{T}}PEw+2e^{\mathrm{T}}PF+2e^{\mathrm{T}}PBv\\ \leqslant&\dot{e}^{\mathrm{T}}(A_0^{\mathrm{T}}P+PA_0+I+\lambda^2PP+PBB^{\mathrm{T}}P+(K_vC)^{\mathrm{T}}K_vC)e+2e^{\mathrm{T}}PEw\end{aligned} \tag{2.24}$$

则

$$\begin{aligned}&e^{\mathrm{T}}e-\gamma^2w^{\mathrm{T}}w+\dot{V}\\=&e^{\mathrm{T}}(A_0^{\mathrm{T}}P+PA_0+2I+\lambda^2PP+PBB^{\mathrm{T}}P\\&+(K_vC)^{\mathrm{T}}K_vC)e+2e^{\mathrm{T}}PEw-\gamma^2w^{\mathrm{T}}w\\=&\begin{bmatrix}e^{\mathrm{T}} & w^{\mathrm{T}}\end{bmatrix}\begin{bmatrix}A_0^{\mathrm{T}}P+PA_0+2I+\lambda^2PP+PBB^{\mathrm{T}}P+(K_vC)^{\mathrm{T}}K_vC & PE\\ E^{\mathrm{T}}P & -\gamma^2I\end{bmatrix}\begin{bmatrix}e\\ w\end{bmatrix}\end{aligned} \tag{2.25}$$

根据 Schur 补性质可知，式 (2.25) 负定等价于

$$A_0^{\mathrm{T}}P+PA_0+2I+\lambda^2PP+PBB^{\mathrm{T}}P+(K_vC)^{\mathrm{T}}K_vC+\frac{1}{\gamma^2}PEE^{\mathrm{T}}P<0 \tag{2.26}$$

从而可得式 (2.12)。这时有

$$J=\int_0^{t_1}\left(\|e\|^2-\gamma^2\|w\|^2\right)\mathrm{d}t<V(0)=e^{\mathrm{T}}(0)Pe(0) \tag{2.27}$$

当 $t\to\infty$ 时，$\|e\|^2<e^{\mathrm{T}}(0)Pe(0)+\gamma^2\|w\|^2$。证毕。

可见，在定理满足的情况下，干扰对状态观测误差的影响与干扰抑制度 γ 的大小有密切关系，γ 越小，则观测器的估计误差越小，抑制干扰的能力一般也越强，跟踪性能越好。

式 (2.26) 可整理为

$$A_0^{\mathrm{T}}P+PA_0+2I+P\left(\lambda^2I+BB^{\mathrm{T}}+\frac{1}{\gamma^2}EE^{\mathrm{T}}\right)P+(K_vC)^{\mathrm{T}}K_vC<0 \tag{2.28}$$

在式 (2.28) 两边同时乘以 $P^{-1}=Q$，得

$$QA_0^{\mathrm{T}}+A_0Q+2QQ+\left(\lambda^2I+BB^{\mathrm{T}}+\frac{1}{\gamma^2}EE^{\mathrm{T}}\right)+(BK_vCQ)TBK_vCQ<0 \tag{2.29}$$

式 (2.29) 保证式 (3.30) 成立：

$$QA_0^{\mathrm{T}} + A_0 Q + Q_0 < 0 \tag{2.30}$$

其中, $Q_0 = \gamma^2 I + BB^{\mathrm{T}} + \dfrac{1}{\gamma^2}EE^{\mathrm{T}}$。若式 (2.30) 有解，则可以这样理解 λ 和 γ 的关系：对于一定的 Q_0，改变 λ 和 γ 均可保证 Q_0 不变，从而可知较大的 λ 对应于较大的干扰抑制度 γ，进而系统状态观测误差的 H_∞ 跟踪性能将降低，抗外界干扰能力降低。相反，较小的 λ 对应于较小的干扰抑制度 γ，系统一般具有较强的抗扰能力。这一点从 Lipschitz 条件也容易理解，但本节从定量的角度阐述了 Lipschitz 常数入与干扰抑制度 γ 之间的关系。

本节讨论了 Lipschitz 非线性系统本身的干扰抑制能力问题，用 H_∞ 技术得到了 Lipschitz 常数与干扰抑制度之间的某种依赖关系，而对具有较大的 Lipschitz 常数的系统具有较弱的干扰抑制能力的问题有了定量的认识。

2.4 一类自适应观测器的故障估计性能

2.4.1 问题描述与基础知识

基于模型的故障检测和隔离问题在过去的 20 年里已经得到广泛研究 [27, 93]。许多不同的故障检测和隔离方法相继被提了出来，如观测器法 [94]、等价空间法 [95] 等。同时，随着控制对象的日益复杂化和对过程安全的要求，容错控制技术日益受到人们的关注 [96, 97]。容错控制不仅需要故障检测信息来实现控制律的切换，同时也需要故障辨识信息来实现控制律的重构。所以，与故障检测和隔离问题相比较，故障辨识问题也是一个很重要的课题。文献 [98] 采用自适应观测器同时实现未知参数、慢时变有界故障和系统状态的估计，但其结构和收敛条件复杂。文献 [99] 引入故障调节律和最优化技术设计了实现故障和状态估计的自适应观测器，但未对故障估计误差进行分析。本节通过引入跟踪性能 [91]，给出一类自适应观测器的设计方法，分析影响故障估计误差的几个因素，使所设计的这类自适应观测器的估计性能不受故障幅值的限制，且通过调节跟踪性能指数能使估计误差趋近于任意小。

考虑如下线性定常连续时间系统：

$$\begin{cases} \dot{x}(t) = Ax(t) + Bu(t) + F_a f(t) \\ y(t) = Cx(t) + F_s f(t) \end{cases} \tag{2.31}$$

其中，$x(t) \in \mathbb{R}^n$ 是系统状态，$u(t) \in \mathbb{R}^p$ 是控制输入，$y(t) \in \mathbb{R}^q$ 是系统输出，$f(t) \in \mathbb{R}^m$ 表示未知故障，且满足 $\|f(t)\| \leqslant f_1$ 和 $\|\dot{f}(t)\| \leqslant f_0$; (A, C) 可观测，A、B、C、F_a、F_s 是已知的适维矩阵，且 C 行满秩，F_a 和 F_s 列满秩，f_0 和 f_1 是已知的常数。

考虑如下形式的观测器：

$$\begin{cases} \dot{\hat{x}}(t) = A\hat{x}(t) + Bu(t) + K_p\big(y(t) - \hat{y}(t)\big) + F_a\hat{f}(t) \\ \hat{y}(t) = C\hat{x}(t) + F_s\hat{f}(t) \end{cases} \tag{2.32}$$

其中，$\hat{x}(t)$ 是估计状态，K_p 是观测器的增益矩阵，$\hat{f}(t)$ 是故障估计，$\hat{y}(t)$ 是估计输出。

定义状态观测误差 $e(t) = \hat{x}(t) - x(t)$，故障估计误差 $e_f = \hat{f}(t) - f(t)$，则

$$\dot{e}(t) = (A - K_pC)e(t) + (F_a - K_pF_s)e_f \tag{2.33}$$

文献 [99] 针对观测器式 (2.32)，对故障估计采用如下形式的自适应故障调节律：

$$\frac{\mathrm{d}\hat{f}(t)}{\mathrm{d}t} = K_i\big(y(t) - \hat{y}(t)\big) + G\hat{f}(t) = -K_iCe(t) - K_iF_se_f(t) + G\hat{f}(t) \tag{2.34}$$

其中，K_i 和 G 是待设计的参数矩阵，且 G 是稳定的。

2.4.2 自适应观测器的性能

本小节的目的是分析上述自适应观测器的性能 (如估计误差与哪些参数有关，估计误差的上界和估计误差是否有偏等)。

根据式 (2.33) 和式 (2.34) 可得

$$\begin{aligned} \begin{bmatrix} \dot{e} \\ \dot{e}_f \end{bmatrix} &= \begin{bmatrix} A - K_pC & F_a - K_pF_s \\ -K_iC & G - K_iF_s \end{bmatrix} \begin{bmatrix} e \\ e_f \end{bmatrix} + \begin{bmatrix} 0 & 0 \\ -I & G \end{bmatrix} \begin{bmatrix} \dot{f} \\ f \end{bmatrix} \\ &= A_e \begin{bmatrix} e \\ e_f \end{bmatrix} + B_e\phi \end{aligned} \tag{2.35}$$

为了获得状态和故障的估计，必须适当设计 K_p、K_i 和 G 来保证 A_e 的稳定性。

定理 2.4.1 对于误差系统式 (2.35) 和给定的 H_∞ 跟踪性能指数 $\gamma > 0$，G 为给定的稳定矩阵，若下面的线性矩阵不等式 (LMI)

$$\begin{bmatrix} PA - YC + A^{\mathrm{T}}P - (YC)^{\mathrm{T}} + I_e & PF_a - YF_s - (MC)^{\mathrm{T}} & 0 & 0 \\ -MC + F_a^{\mathrm{T}}P - (YF_s)^{\mathrm{T}} & QG - MF_s + (QG)^{\mathrm{T}} - (MF_s)^{\mathrm{T}} + I_e & -Q & QG \\ 0 & -Q & -\gamma I_1 & 0 \\ 0 & (QG)^{\mathrm{T}} & 0 & -\gamma I_2 \end{bmatrix} < 0 \tag{2.36}$$

存在对称矩阵 P、Q 和矩阵 Y、M，则对于任意的 $t \in [0, \infty)$，观测误差满足如下 H_∞ 跟踪性能指标：

$$\left\| \begin{bmatrix} e \\ e_f \end{bmatrix} \right\|^2 \leqslant r\left\|\dot{f}\right\|^2 + r\left\|f\right\|^2 + V(0) \tag{2.37}$$

其中，$\left\|\begin{bmatrix} e \\ e_f \end{bmatrix}\right\|^2 = \int_0^{t_1} \left(\begin{bmatrix} e \\ e_f \end{bmatrix}^{\mathrm{T}} \begin{bmatrix} e \\ e_f \end{bmatrix}\right) \mathrm{d}t$，$\left\|\dot{f}\right\|^2 = \int_0^{t_1} \left(\dot{f}^{\mathrm{T}} \dot{f}\right) \mathrm{d}t$，$\|\cdot\|$ 表示 $\|\cdot\|_2$ 范数，I_e、I_s、I_1 和 I_2 为适当维数的单位矩阵，且 $K_p = P^{-1}Y$，$K_i = Q^{-1}M$。

证明 取 Lyapunov 函数为 $V = \begin{bmatrix} e \\ e_f \end{bmatrix}^{\mathrm{T}} P_1 \begin{bmatrix} e \\ e_f \end{bmatrix}$，则沿着误差系统式 (2.35) 的轨迹求导得

$$\dot{V} = \begin{bmatrix} e \\ e_f \end{bmatrix}^{\mathrm{T}} [A_e^{\mathrm{T}} P_1 + P_1 A_e] \begin{bmatrix} e \\ e_f \end{bmatrix} + 2 \begin{bmatrix} e \\ e_f \end{bmatrix}^{\mathrm{T}} P_1 B_e \phi \tag{2.38}$$

定义性能指标：

$$J = \int_0^{t_1} \left(\begin{bmatrix} e \\ e_f \end{bmatrix}^{\mathrm{T}} \begin{bmatrix} e \\ e_f \end{bmatrix} - \gamma \phi^{\mathrm{T}} \phi \right) \mathrm{d}t \tag{2.39}$$

则经过简单运算后有

$$J \leqslant \int_0^{t_1} \left(\begin{bmatrix} e \\ e_f \\ \phi \end{bmatrix}^{\mathrm{T}} \begin{bmatrix} A_e^{\mathrm{T}} P_1 + P_1 A_e + I & P_1 B_e \\ B_e^{\mathrm{T}} P_1 & -\gamma I_1 \end{bmatrix} \begin{bmatrix} e \\ e_f \\ \phi \end{bmatrix} \right) \mathrm{d}t + V(0) \tag{2.40}$$

如果

$$\begin{bmatrix} A_e^{\mathrm{T}} P_1 + P_1 A_e + I & P_1 B_e \\ B_e^{\mathrm{T}} P_1 & -\gamma I_1 \end{bmatrix} < 0 \tag{2.41}$$

则估计误差有界。取对称正定矩阵 $P_1 = \begin{bmatrix} P & 0 \\ 0 & Q \end{bmatrix}$，代入式 (2.41) 中，令 $PK_p = Y$，$QK_i = M$，则得式 (2.36)。这样，由式 (2.40) 可得

$$\int_0^{t_1} \begin{bmatrix} e \\ e_f \end{bmatrix}^{\mathrm{T}} \begin{bmatrix} e \\ e_f \end{bmatrix} \mathrm{d}t < \int_0^{t_1} \gamma \phi^{\mathrm{T}} \phi \mathrm{d}t + V(0) \tag{2.42}$$

因为 $\|\phi\|^2 \leqslant \|f\|^2 + \|\dot{\phi}\|^2$，代入式 (2.42) 得式 (2.37)，证毕。

从定理 2.4.1 可见，由式 (2.32) 和式 (2.34) 构成的自适应观测器，其估计误差与跟踪性能指数、故障变化率和故障幅值都有关。从设计过程可见，导致有偏估计是因为故障系统矩阵 G。所以，将故障调节律修改为

$$\frac{\mathrm{d}\hat{f}(t)}{\mathrm{d}t} = -K_i C e(t) - K_i F_s e_f(t) \tag{2.43}$$

按照与定理 2.4.1 相同的推证可得如下结果。

定理 2.4.2 对于由观测器式 (2.32) 和故障调节律式 (2.43) 所构成的自适应观测器，如果对于给定的 H_∞ 跟踪性能指数 $\gamma>0$，则有 LMI

$$\begin{bmatrix} PA-YC+A^{\mathrm{T}}P-(YC)^{\mathrm{T}}+I_e & PF_a-YF_s-(MC)^{\mathrm{T}} & 0 \\ -MC+F_a^{\mathrm{T}}P-(YF_s)^{\mathrm{T}} & -MF_s-(MF_s)^{\mathrm{T}}+I_e & -Q \\ 0 & -Q & -\gamma I_1 \end{bmatrix}<0 \tag{2.44}$$

其中，I_e、I_s 和 I_1 为适当维数的单位矩阵，且 $K_p=P^{-1}Y$，$K_i=Q^{-1}M$，其他符号同定理 2.4.1 中的定义。

可见定理 2.4.2 中的估计误差仅与故障变化率和给定的 H_∞ 跟踪性能指数有关，与故障幅值没有关系。对于常值故障，能够得到状态和故障的误差估计。

2.4.3 仿真算例

以文献 [100] 中的 L-101 飞行器为诊断对象，其经过线性化处理后可由系统式 (2.31) 来描述，其中的参数为

$$A=\begin{bmatrix} -0.21 & 0.034 & -0.0011 & -0.99 \\ 0 & 0 & 1 & 0 \\ -5.555 & 0 & -1.89 & 0.39 \\ 2.43 & 0 & -0.034 & -2.98 \end{bmatrix},\quad B=\begin{bmatrix} 0.03 & 0 \\ 0 & 0 \\ 0.36 & -1.6 \\ -0.95 & -0.032 \end{bmatrix}$$

$$F_a=\begin{bmatrix} 1 \\ 0 \\ 0 \\ 0 \end{bmatrix},\quad F_s=\begin{bmatrix} 0 \\ 0 \\ 0.2 \end{bmatrix},\quad C=\begin{bmatrix} 0 & 1 & 0 & 0 \\ 0 & 0 & 1 & 0 \\ 0 & 0 & 0 & 1 \end{bmatrix}$$

对系统采用状态反馈控制 $u(t)=-K\hat{x}(t)$，取控制增益为

$$K=\begin{bmatrix} -0.9595 & 15.1666 & 45.3628 & 2.8923 \\ 9.0262 & 2.9720 & 10.9789 & -24.5819 \end{bmatrix}$$

在仿真中，取 $\gamma=1$，$G=-1$。采用故障调节律式 (2.34)，求解式 (2.36)，得到

$$K_i=\begin{bmatrix} 0.8311 & 0.9568 & 5.9613 \end{bmatrix},\quad K_p=\begin{bmatrix} -0.7599 & -3.9856 & 1.6967 \\ 1.2252 & 0.7122 & -0.1788 \\ 1.0291 & 4.2834 & -1.5923 \\ -0.2325 & -0.9202 & -0.0522 \end{bmatrix}$$

采用故障调节律式 (2.43)，求解式 (2.44)，得到

$$K_i=\begin{bmatrix} 0.9665 & 2.8379 & 15.5457 \end{bmatrix},\quad K_p=\begin{bmatrix} -0.7287 & -5.8817 & 2.3668 \\ 1.2779 & 0.8140 & -0.2439 \\ 0.8639 & 5.7898 & -1.9579 \\ -0.1021 & -0.1901 & -0.0796 \end{bmatrix}$$

(1) 假设系统在 25~40s 出现幅值为 0.5 的阶跃故障，在 40~60s 出现幅值为 1.5 的阶跃故障；

(2) 假设系统在 25~40s 出现斜坡故障，在 40~60s 出现幅值为的斜坡故障。如图 2.1 所示。

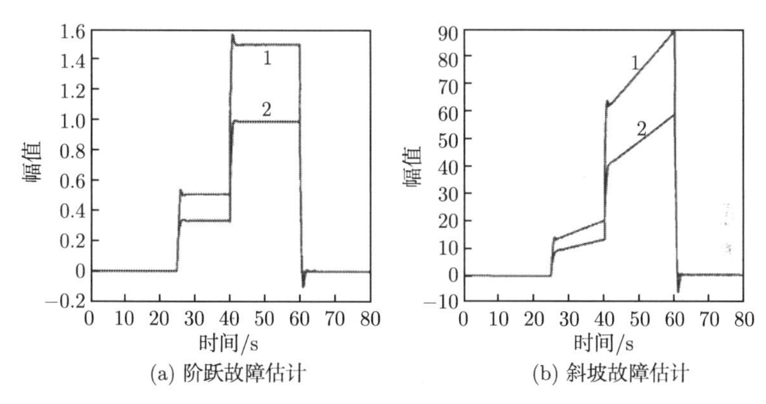

(a) 阶跃故障估计 (b) 斜坡故障估计

图 2.1 故障估计曲线

曲线 1 为采用式 (2.43) 的结果；曲线 2 为采用式 (2.34) 的结果

从图 2.1 可见，采用文献 [99] 中的故障调节律式 (2.34)，对于阶跃故障，所得到的估计误差是有偏的；而采用故障调节律式 (2.43)，却可以实现阶跃故障的无偏估计。对于斜坡故障，尽管同样存在估计误差，但采用式 (2.43) 所得到估计曲线更能逼近实际故障，而采用式 (2.34) 所得到的估计曲线却有偏离实际故障的趋势。可见，采用故障调节律式 (2.43) 更能有效地估计真实故障。

本小节通过引入 H_∞ 跟踪性能指标，分析了一类自适应观测器的估计性能，并得到了相应的设计过程。通过理论分析可知，采用故障调节律式 (2.34) 将得到有偏的故障估计，而采用式 (2.43) 将得到更好的估计效果，仿真示例验证了本节分析的结论。

2.5 故障估计的自适应观测器设计

2.5.1 问题描述与基础知识

基于模型的故障检测和隔离问题已经得到人们的广泛研究 [27, 93, 101]。许多不同的故障检测和隔离方法相继被提了出来，如观测器法 [94]、等价空间法 [95] 和基于神经网络的方法 [102] 等。同时，随着控制对象的日益复杂化和对过程安全的要求，为了保证系统在故障状态下能够保持稳定或控制性能不变，容错控制技术日益受到人们的关注 [97]。容错控制不仅需要故障检测信息来实现控制律的切换，同时也需要故障辨识信息来实现控制律的重构，以适应复杂变化的控制对象。所以，与故障检测和隔离问题相比，故障辨识问题也是一个很重要的课题。文献 [98] 采用自适应观测器同时实现未知参数、慢时变有界故障和系统状态的估计，但其结构和收敛条件复杂。文献 [99] 利用优化技术设计了实现故障和状态估计的自适应观测器，但最优约束条件并不一定总存在，且所得到的状态和故障估计误差上界与所设计的观测器参数、故障幅值都有关系。本节通过引入跟踪性能 [91] 进行自适应观测器设计，使估计误差将以给定的跟踪指数趋近于任意小，并去掉了对故障幅值条件的限制。最后通过仿真示例验证了所提方法的有效性。

考虑如下线性定常连续时间系统：

$$\begin{cases} \dot{x}(t) = Ax(t) + Bu(t) + F_a f(t) \\ y(t) = Cx(t) + F_s f(t) \end{cases} \tag{2.45}$$

其中，$x(t) \in \mathbb{R}^n$ 是系统状态，$u(t) \in \mathbb{R}^p$ 是系统控制输入，$y(t) \in \mathbb{R}^q$ 是系统输出，$f(t) \in \mathbb{R}^m$ 是未知加性故障，且满足 $\|\dot{f}(t)\| \leqslant f_0$; (A, C) 可观测，A、B、C、F_a、F_s 是已知的适维矩阵，C 行满秩，F_s 列满秩，f_0 是已知的常数。

设计如下形式的观测器：

$$\begin{cases} \dot{\hat{x}}(t) = A\hat{x}(t) + Bu(t) + K_p\big(y(t) - \hat{y}(t)\big) + F_a\hat{f}(t) \\ \hat{y}(t) = C\hat{x}(t) + F_s\hat{f}(t) \\ \dfrac{\mathrm{d}\hat{f}(t)}{\mathrm{d}t} = K_i\big(y(t) - \hat{y}(t)\big) + K_v\big(\dot{y}(t) - \dot{\hat{y}}(t)\big) \end{cases} \tag{2.46}$$

其中，$\hat{x}(t)$ 是估计状态，K_p 是观测器的增益矩阵，$\hat{f}(t)$ 是故障估计，$\hat{y}(t)$ 是估计输出，K_i 和 K_v 是待设计的适维系数矩阵，$\dot{\hat{y}}(t)$ 是估计输出的导数。

定义状态观测误差 $e(t) = \hat{x}(t) - x(t)$，故障估计误差 $e_f = \hat{f}(t) - f(t)$，则

$$\dot{e} = \dot{\hat{x}} - \dot{x} = (A - K_pC)e + (F_a - K_pF_s)e_f \tag{2.47}$$

$$\begin{aligned} \dot{e}_f = \dot{\hat{f}} - \dot{f} = &-\big[K_iC + K_vC(A - K_pC)\big]e \\ &- \big[K_vC(F_a - K_pF_s) + K_iF_s\big]e_f - K_vF_s\dot{e}_f - \dot{f} \end{aligned} \tag{2.48}$$

进而

$$\begin{aligned} (I + K_vF_s)\dot{e}_f = &-\big[K_iC + K_vC(A - K_pC)\big]e \\ &- \big[K_vC(F_a - K_pF_s) + K_iF_s\big]e_f - \dot{f} \end{aligned}$$

如果 $S = (I + K_vF_s)^{-1}$ 存在，这样有

$$\begin{aligned} \dot{e}_f = &-S\big[K_iC + K_vC(A - K_pC)\big]e \\ &- S\big[K_vC(F_a - K_pF_s) + K_iF_s\big]e_f - S\dot{f} \end{aligned} \tag{2.49}$$

为使研究的问题有意义，在理论上不妨给出如下假设来限制 K_v 选取范围。

假设 2.5.1 $I+K_vF_s$ 非奇异。

从而

$$\begin{bmatrix}\dot{e}\\ \dot{e}_f\end{bmatrix}=\begin{bmatrix}A-K_p & F_a-K_pF_s\\ -S\big(K_iC+K_vC(A-K_pC)\big) & -S\big(K_vC(F_a-K_pF_s)+K_iF_s\big)\end{bmatrix}\begin{bmatrix}e\\ e_f\end{bmatrix}+\begin{bmatrix}0\\ S\end{bmatrix}\dot{f}=A_{ef}\begin{bmatrix}e\\ e_f\end{bmatrix}+B_{ef}\dot{f} \tag{2.50}$$

为了获得状态和故障的估计，必须适当设计 K_p、K_i 和 K_v 来保证 A_{ef} 的稳定性。

2.5.2 故障估计自适应观测器主要结果

下面将给出故障估计的自适应观测器设计的主要结果。

定理 2.5.1 对于误差系统式 (2.50) 和给定的 H_∞ 跟踪性能指数 $\gamma>0$，若下面的矩阵不等式：

$$\begin{bmatrix}A_{11} & A_{12} & 0\\ A_{12}^{\mathrm{T}} & A_{22} & -QS\\ 0 & -(QS)^{\mathrm{T}} & -\gamma I_1\end{bmatrix}<0 \tag{2.51}$$

存在对称正定矩阵 P、Q 和适维矩阵 K_p、K_i、K_v，则对于任意的 $t\in[0,\infty]$，观测误差满足如下 H_∞ 跟踪性能指标：

$$\left\|\begin{bmatrix}e\\ e_f\end{bmatrix}\right\|\leqslant r\left\|\dot{f}\right\|^2+V(0) \tag{2.52}$$

其中

$$A_{11}=P(A-K_pC)+(A-K_pC)^{\mathrm{T}}P+I_e \tag{2.53}$$

$$A_{12}=P(F_a-K_pF_s)-\big\{QS\big[K_iC+K_vC(A-K_pC)\big]\big\}^{\mathrm{T}} \tag{2.54}$$

$$\begin{aligned}A_{22}=&-QS\big[K_iF_s+K_vC(F_a-K_pF_s)\big]\\&-\big[K_iF_s+K_vC(F_a-K_pF_s)\big]^{\mathrm{T}}(QS)^{\mathrm{T}}+I_s\end{aligned} \tag{2.55}$$

$\left\|\begin{bmatrix}e\\ e_f\end{bmatrix}\right\|^2=\int_0^{t_1}\left(\begin{bmatrix}e\\ e_f\end{bmatrix}^{\mathrm{T}}\begin{bmatrix}e\\ e_f\end{bmatrix}\right)\mathrm{d}t$，$\left\|\dot{f}\right\|^2=\int_0^{t_1}\left(\dot{f}^{\mathrm{T}}\dot{f}\right)\mathrm{d}t$，$\|\cdot\|$ 表示 $\|\cdot\|_2$ 范数，I_e、I_s 和 I_1 为适当维数的单位矩阵。

证明　取 Lyapunov 函数为 $V=\begin{bmatrix} e \\ e_f \end{bmatrix}^{\mathrm{T}} P_1 \begin{bmatrix} e \\ e_f \end{bmatrix}$，则沿着误差系统式 (2.50) 的轨迹求导得

$$\dot{V}=\begin{bmatrix} e \\ e_f \end{bmatrix}^{\mathrm{T}}(A_{ef}^{\mathrm{T}}P_1+P_1A_{ef})\begin{bmatrix} e \\ e_f \end{bmatrix}+2\begin{bmatrix} e \\ e_f \end{bmatrix}^{\mathrm{T}}P_1B_{ef}\dot{f} \tag{2.56}$$

定义性能指标：

$$J=\int_0^{t_1}\left(\begin{bmatrix} e \\ e_f \end{bmatrix}^{\mathrm{T}}\begin{bmatrix} e \\ e_f \end{bmatrix}-\gamma\dot{f}^{\mathrm{T}}\dot{f}\right)\mathrm{d}t \tag{2.57}$$

则

$$\begin{aligned} J&=\int_0^{t_1}\left(\begin{bmatrix} e \\ e_f \end{bmatrix}^{\mathrm{T}}\begin{bmatrix} e \\ e_f \end{bmatrix}-\gamma\dot{f}^{\mathrm{T}}\dot{f}+\dot{V}\right)\mathrm{d}t-\int_0^{t_1}\dot{V}\mathrm{d}t \\ &<\int_0^{t_1}\left(\begin{bmatrix} e \\ e_f \end{bmatrix}^{\mathrm{T}}\begin{bmatrix} e \\ e_f \end{bmatrix}-\gamma\dot{f}^{\mathrm{T}}\dot{f}+\dot{V}\right)\mathrm{d}t+V(0) \\ &=\int_0^{t_1}\left(\begin{bmatrix} e \\ e_f \\ \dot{f} \end{bmatrix}^{\mathrm{T}}\begin{bmatrix} A_{ef}^{\mathrm{T}}P_1+P_1A_{ef}+I & P_1B_{ef} \\ B_{ef}^{\mathrm{T}}P_1 & -\gamma I_1 \end{bmatrix}\begin{bmatrix} e \\ e_f \\ \dot{f} \end{bmatrix}\right)\mathrm{d}t+V(0) \end{aligned} \tag{2.58}$$

如果

$$\begin{bmatrix} A_{ef}^{\mathrm{T}}P_1+P_1A_{ef}+I & P_1B_{ef} \\ B_{ef}^{\mathrm{T}}P_1 & -\gamma I_1 \end{bmatrix}<0 \tag{2.59}$$

则满足上述 H_∞ 跟踪性能，取对称正定矩阵 $\begin{bmatrix} P & 0 \\ 0 & Q \end{bmatrix}$，则

$$P_1B_{ef}=\begin{bmatrix} 0 \\ -QS \end{bmatrix} \tag{2.60}$$

$$A_{ef}^{\mathrm{T}}P_1+P_1A_{ef}+I=\begin{bmatrix} A_{11} & A_{12} \\ A_{12}^{\mathrm{T}} & A_{12} \end{bmatrix}<0 \tag{2.61}$$

其中，A_{11}、A_{12} 和 A_{22} 分别如式 (2.53) ~ 式 (2.55) 所定义，则

$$\int_0^{t_1}\begin{bmatrix} e \\ e_f \end{bmatrix}^{\mathrm{T}}\begin{bmatrix} e \\ e_f \end{bmatrix}\mathrm{d}t\leqslant\int_0^{t_1}\gamma\dot{f}^{\mathrm{T}}\dot{f}\mathrm{d}t+V(0) \tag{2.62}$$

进而得式 (2.52)，证毕。

由于不等式 (2.51) 是非凸的，下面给出定理 2.5.1 的一个推论。

推论 2.5.1 假设 $K_v = HF_s^+$，其中，H 是使得 S 非奇异的任意矩阵，F_s^+ 是矩阵 F_s 的左逆。选择 K_p 使 $A - K_pC$ 稳定，对于给定的 $\gamma > 0$，若线性矩阵不等式 (2.51) 存在对称正定矩阵 P、Q 和适维矩阵 Y，则对于任意的 $t \in [0, \infty)$，观测误差满足如下 H_∞ 性能指标 (2.52) 且 $K_i = S^{-1}Q^{-1}Y$。其中，A_{11} 同式 (2.53) 定义，且

$$A_{12} = P(F_a - K_pF_s) - \left[YC + QSK_vC(A - K_pC)\right]^{\mathrm{T}} \tag{2.63}$$

$$A_{22} = -YF_s - QSK_vC(F_a - K_pF_s) - \left[YF_s + QSK_vC(F_a - K_pF_s)\right]^{\mathrm{T}} + I_s \tag{2.64}$$

证明 由于假设 S 非奇异，令 $SK_i = M$ 为新的变量，并令 $QM = Y$ 即得。

说明 2.5.1 按照文献 [99] 的设计方法，可以得到估计误差的上界如下：

$$\left\| \begin{bmatrix} e \\ e_f \end{bmatrix} \right\| \leqslant \frac{2f_0\|S\|\lambda_{\max}^2(P_1)}{\lambda_{\min}(P_1)\lambda_{\max}(Q_1)} \tag{2.65}$$

其中，$\lambda_{\min}(P_1)$ 和 $\lambda_{\max}(P_1)$ 分别为 P_1 的最小特征值和最大特征值，对称正定矩阵 P_1 和 Q_1 满足

$$A_{ef}^{\mathrm{T}}P_1 + P_1A_{ef} = -Q_1 \tag{2.66}$$

显然，K_v(由于 $S = (I + K_vF_s)^{-1}$) 对估计误差的上界也有关系，因为 K_v 和 P_1 同时被约束在式 (2.66) 中。但从定理 2.5.1 或推论 2.5.1 可见，估计误差仅与故障变化率、H_∞ 跟踪性能指数和估计误差初值有关，而与故障幅值和 K_v 无关。

2.5.3 仿真算例

以文献 [103] 中的感应电机模型为例，状态方程如式 (2.45) 所示，其中

$$A = \begin{bmatrix} -11.7 & -1000 & 3.5 & 0 \\ 1000 & -11.7 & 0 & 3.5 \\ 291.7 & 25000 & -168.3 & 0 \\ -25000 & 291.7 & 0 & -168.3 \end{bmatrix}, \quad B = \begin{bmatrix} 0 & 0 \\ 0 & 0 \\ 12.5 & 0 \\ 0 & 12.5 \end{bmatrix}$$

$$F_a = \begin{bmatrix} 0 \\ 0 \\ 0 \\ 0 \end{bmatrix}, \quad F_s = \begin{bmatrix} 1 \\ 0 \end{bmatrix}, \quad C = \begin{bmatrix} 0 & 0 & 1 & 0 \\ 0 & 0 & 0 & 1 \end{bmatrix}$$

四个状态分别表示 d、q 坐标系上的转子磁通和定子电流。

在仿真中，假定故障出现在第三个状态 (定子电流) 上，考虑如下两种故障形式:

$$f_1(t)=\begin{cases}0, & t<0.05\\ 0.5\sin(100\pi t), & 0.05\leqslant t<0.1\\ 1.5\sin(100\pi t), & 0.1\leqslant t<0.15\\ 0, & 0.15\leqslant t\end{cases}$$

$$f_2(t)=\begin{cases}0, & t<0.05\\ 0.5, & 0.05\leqslant t<0.1\\ 1.5, & 0.1\leqslant t<0.15\\ 0, & 0.15\leqslant t\end{cases}$$

令 $\gamma=0.01$，取 $H=-0.9$，得到如下设计参数:

$$K_p=\begin{bmatrix}-35.7 & -121.1\\ -11.7 & -81.5\\ 928.0 & 3067\\ 591.6 & 3271\end{bmatrix},\quad K_i=\begin{bmatrix}94.9755 & 3.1630\end{bmatrix},\quad K_v=\begin{bmatrix}0 & 0\end{bmatrix}$$

图 2.2 分别给出了 $H=-0.9$ 和 $H=0$ 时所得到的正弦故障估计曲线，图 2.3 分别给出了 $H=-0.9$ 和 $H=0$ 时所得到的阶跃故障的估计曲线。

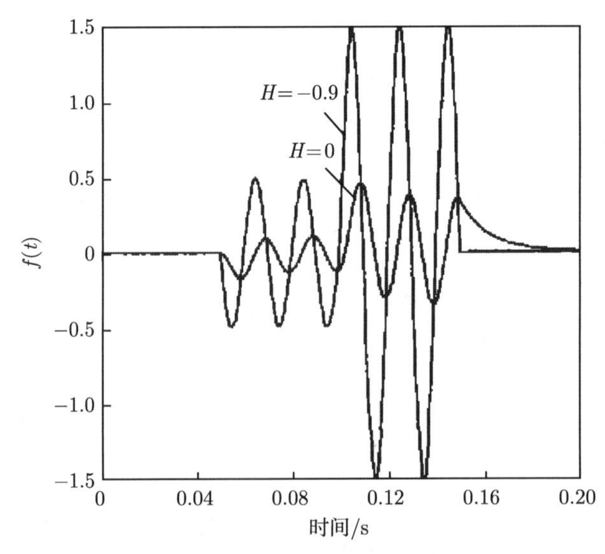

图 2.2　执行器正弦故障发生后采用容错控制情况下的跟踪性能轨线

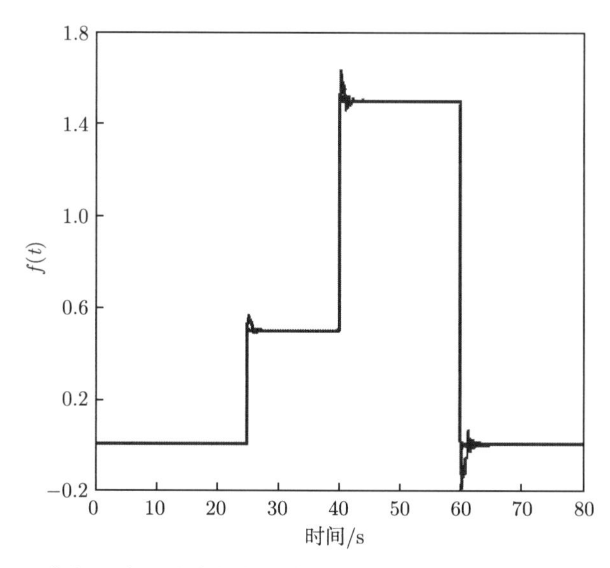

图 2.3 执行器阶跃故障发生后采用容错控制情况下的跟踪性能轨线

当 $H = 0$ 时就是文献 [104] 的观测器，显然，在具有相同的 H_∞ 跟踪性能指数的前提下，这种观测器对快时变的故障信号估计能力较差而本节设计的故障估计观测器却能较好地跟踪故障信号；对于阶跃故障，由于故障变化率为零，所以文献 [104] 的观测器和本节的故障估计观测器都能实现无差跟踪。

本节对实现故障估计的自适应观测器进行了设计，通过引入 H_∞ 跟踪性能指标，得到了估计误差仅与给定的跟踪性能指数和故障变化率有关，而与故障的幅值无关的结论，且估计故障能以给定的 H_∞ 跟踪性能指数逼近实际故障。最后通过对感应电机模型的仿真验证了所提方法的有效性。

2.6 具有干扰抑制和故障估计的 PI 观测器设计

2.6.1 问题描述与基础知识

为实现系统的状态估计，经典的龙伯格 (Luenberger) 观测器设计开创了这一方面的先河 [105]，以系统输入与输出为入口参数，通过设计适当的增益矩阵来调节系统输出和估计输出之间的偏差进行系统状态估计。此经典龙伯格观测器状态观测器中仅利用了输出偏差的当前信息，或者是比例信息。受经典 PID 控制思想的启发，在观测器的状态估计方程中也可以考虑输出误差的历史信息和未来信息，由此可形成 PID 型状态观测器。一种较为成熟的比例积分观测器 (PIO) 可能就是在这样的启发下形成的 [106]。在 PIO 中引入积分项，能够实现对系统的状态和未知输入的估计，因而 PIO 在近几年得到了重视 [100, 107-111]。如果将系统中的故障看做系统的未知输入项，对其设计 PIO，那么在得到系统状态观测结果的同时，也能得到故障信号随时间变化的估计结果。这样，利用 PIO 进行状态反馈控制时，就能够同时得到状态和故障的估计。同时，由于系统中的干扰是不可避免的，为减少干扰对状态估计的不利影响，在干扰抑制方面已引起人们的注意 [91, 112]。因此，本节在系统存在未知输入故障和外界干扰的情况下，考虑干扰抑制问题和故障补偿控制问题，即在所设计的观测器中增加干扰抑制项，并将所得到的干扰抑制作用和故障估计结果一并考虑到控制律设计当中，使得所设计的系统能够跟踪给定的参考模型，实现故障估计和故障补偿控制的双重作用。

考虑如下线性定常连续时间系统:

$$\begin{cases} \dot{x}(t) = Ax(t) + Bu(t) + F_a f(t) + d_1 \\ y(t) = Cx(t) + F_s f(t) + d_2 \end{cases} \tag{2.67}$$

其中，$x(t) \in \mathbb{R}^n$ 是系统状态，$u(t) \in \mathbb{R}^p$ 是系统控制输入，$y(t) \in \mathbb{R}^q$ 是系统输出，$f(t) \in \mathbb{R}^m$ 是未知输入故障，且满足 $\|f(t)\| \leqslant f_0$，f_0 是已知的常数，d_1、d_2 为外界干扰，$d_i \in L_2(0,\infty), i=1,2$，$A$、$B$、$C$、$F_a$、$F_s$ 是已知的适维矩阵。

这里说明一点，实际系统中的 PID 控制算法，写成频域形式具有形如 $u(s) = \left[K_P + K_D s + \dfrac{K_I}{s}\right] e(s)$ 的形式，其中，s 为 Laplace 算子，$e(s)$ 为反馈的误差信号，K_P、K_I、K_D 分别为比例、积分和微分系数。将 $s = \mathrm{j}\omega$ 代入其中，可有 $u(\mathrm{j}\omega) = \left[K_P + \mathrm{j}\left(K_D\omega - \dfrac{K_I}{\omega}\right)\right] e(\mathrm{j}\omega)$，即至多只有两种信号模式在控制律中出现，即 PI、PD、P、I、D 五种控制模式，积分 I 和微分 D 不可能同时出现。PID 控制仅是对上述多种模式组合的一种总体称谓而已，思想极其深邃，结合了过去经验、现在认识和未来预测的三大功能，进而自被发现以来，在整个工业界中长盛不衰。不论怎样的控制算法，通过分解解析，都可以找到 PID 控制的思想，只不过具体的表现形式和实现的工具不同而已。

2.6.2 不存在外界干扰时的补偿控制

1. 比例积分观测器的设计

为系统式 (2.67) 设计如下 PIO (对未知故障进行积分估计的 PIO):

$$\begin{cases} \dot{\hat{x}}(t) = A\hat{x}(t) + Bu(t) + K_P\big(y(t) - \hat{y}(t)\big) + F_a\hat{f}(t) \\ \dot{\hat{f}}(t) = K_I\big(y(t) - \hat{y}(t)\big) \\ \hat{y}(t) = C\hat{x}(t) + F_s\hat{f}(t) \end{cases} \tag{2.68}$$

其中，$\hat{x}$ 为估计状态，K_P 为观测器增益矩阵，K_I 为故障估计的积分系数，$\hat{f}(t)$ 为未知输入故障估计。

定义状态观测误差 $e(t)=\hat{x}(t)-x(t)$，则

$$\dot{e}=(A-K_PC)e(t)-(K_PF_s-F_a)f(t)-(F_a-K_PF_s)\hat{f}(t) \tag{2.69}$$

这样式 (2.68) 可描述为

$$\begin{bmatrix}\dot{\hat{x}}(t)\\ \dot{\hat{f}}(t)\end{bmatrix}=\begin{bmatrix}A-K_PC & F_a-K_PF_s\\ -K_IC & -K_IF_s\end{bmatrix}\begin{bmatrix}\hat{x}(t)\\ \hat{f}(t)\end{bmatrix}+\begin{bmatrix}B\\ 0\end{bmatrix}u(t)+\begin{bmatrix}K_P\\ K_I\end{bmatrix}y(t) \tag{2.70}$$

同时有

$$\begin{bmatrix}\dot{e}(t)\\ \dot{\hat{f}}(t)\end{bmatrix}=\begin{bmatrix}A-K_PC & F_a-K_PF_s\\ -K_IC & -K_IF_s\end{bmatrix}\begin{bmatrix}e(t)\\ \hat{f}(t)\end{bmatrix}+\begin{bmatrix}K_PF_s-F_a\\ K_IF_s\end{bmatrix}f(t) \tag{2.71}$$

引理 2.6.1 [109] 如果 $-\infty<\lim\limits_{t\to\infty}f(t)<+\infty$，对于系统式 (2.67)，当 (A,C) 可观，且 $\left(\begin{bmatrix}A & F_a\\ C & F_s\end{bmatrix}\right)=n+m$，则必存在形如式 (2.68) 的全阶比例积分观测器，使得对于任意初始值 $x(0)$、$\hat{x}(0)$、$f(0)$ 都有下式成立：

$$\lim_{t\to\infty}\hat{x}(t)=\lim_{t\to\infty}x(t),\quad \lim_{t\to\infty}\hat{f}(t)=\lim_{t\to\infty}f(t)$$

文献 [109] 采用极点配置的方法保证 A_e 的极点位于左半平面。由于系统模型的不确定性和各种干扰的存在，精确极点配置不可能真正实现。只要将系统的极点配置到复平面上的适当区域，就可保证系统具有一定的动态和静态特性。文献 [113] 提出了一类可用线性矩阵不等式刻画的区域。可利用现有求解 LMI 问题的软件进行计算，从而将系统的特征值配置到给定的 LMI 区域的问题得到简化 [114]。为此，作者采用 LMI 方法将 A_e 配置到具有衰减度 $\alpha>0$ 的左半平面，进而求取待定矩阵 K_P 和 K_I。

定理 2.6.1 对于给定的系统参数及正数 $\alpha>0$, 若如下 LMI

$$\begin{bmatrix}PA+A^{\mathrm{T}}P-YC-(YC)^{\mathrm{T}}+2\alpha P & PF_a-YF_s-C^{\mathrm{T}}M^{\mathrm{T}}\\ -MC+F_a^{\mathrm{T}}P-F_s^{\mathrm{T}}Y^{\mathrm{T}} & -MF_s-(MF_s)^{\mathrm{T}}+2\alpha Q\end{bmatrix}<0 \tag{2.72}$$

存在对称正定矩阵 P、Q 及矩阵 Y、M，则式 (2.68) 是系统式 (2.67) 的状态观测器，并将矩阵 A_e 的特征值配置到 $R_e(\rho(A_e))<-\alpha$ 的左半平面，且 $K_P=P^{-1}Y$，$K_I=Q^{-1}M$。证明略。

2. 控制器设计

设参考模型为

$$\dot{x}_m(t)=A_mx_m(t)+B_mr \tag{2.73}$$

要求系统跟踪上面参考模型的状态轨迹。定义观测器估计状态与参考模型之间的状态误差为

$$e_m(t) = \hat{x}(t) + x_m(t) \tag{2.74}$$

则

$$\begin{aligned}\dot{e}_m(t) =& \dot{\hat{x}}(t) + \dot{x}_m(t)\\ =& Ae_m(t) + (A - A_m)x_m(t) - K_P Ce(t) + K_P F_s(f - \hat{f}) + F_a\hat{f} + Bu(t) - B_m r\end{aligned} \tag{2.75}$$

取控制作用：

$$u(t) = -Ke_m(t) + u_c(t) \tag{2.76}$$

并选取 K 保证 $A - BK$ 是 Hurwitz 稳定的，将式 (2.76) 代入式 (2.75) 后有

$$\begin{aligned}\dot{e}_m(t) =& (A - BK)e_m(t) - K_P Ce(t) + K_P F_s(f - \hat{f})\\ &+ (A - A_m)x_m(t) + F_a\hat{f} + Bu_c(t) - B_m r\end{aligned} \tag{2.77}$$

由于定理 2.6.1 保证观测器式 (2.68) 是系统式 (2.67) 的具有无偏估计的状态观测器，且故障项可以由观测器估计出来，则故障补偿控制：

$$u_c(t) = (B^{\mathrm{T}}B)^{-1}B^{\mathrm{T}}\big(B_m r - F_a\hat{f} - (A - A_m)x_m(t)\big) \tag{2.78}$$

若 B 可逆，可保证系统式 (2.67) 能够无差跟踪参考模型式 (2.73)；若 B 不可逆，式 (2.78) 只能得到 $u_c(t)$ 最小二乘估计，由此使得系统式 (2.67) 与参考模型式 (2.73) 之间的状态估计是有偏的，存在静差。

2.6.3 存在外界干扰时的补偿控制及干扰抑制

针对系统式 (2.67) 设计如下 PIO:

$$\begin{cases}\dot{\hat{x}}(t) = A\hat{x}(t) + Bu(t) + K_P\big(y(t) - \hat{y}(t)\big) + F_a\hat{f}(t) + v(t)\\ \dot{\hat{f}}(t) = K_I\big(y(t) - \hat{y}(t)\big)\\ \hat{y}(t) = C\hat{x}(t) + F_s\hat{f}(t)\end{cases} \tag{2.79}$$

其中，$v(t) = K_e C\big(\hat{x}(t) - x(t)\big)$，$\hat{x}$、$\hat{f}(t)$、$K_e$ 是干扰抑制矩阵。

由式 (2.78) 和式 (2.79) 可得如下误差系统：

$$\begin{aligned}\begin{bmatrix}\dot{e}(t)\\ \dot{\hat{f}}(t)\end{bmatrix} =& \begin{bmatrix}A - K_P C + K_e C & F_a - K_P F_s\\ -K_I C & -K_I F_s\end{bmatrix}\begin{bmatrix}e(t)\\ \hat{f}(t)\end{bmatrix}\\ &+ \begin{bmatrix}K_P F_s - F_a\\ K_I F_s\end{bmatrix}f(t) + \begin{bmatrix}K_P d_2 - d_1\\ K_I d_2\end{bmatrix}\end{aligned} \tag{2.80}$$

由于故障和干扰均有界，故只要 $\begin{bmatrix} A-K_PC+K_eC & F_a-K_PF_s \\ -K_IC & -K_IF_s \end{bmatrix}$ 稳定即可保证误差系统式 (2.80) 一致有界稳定。下面给出保证式 (2.80) 稳定的条件。

定理 2.6.2 对于给定的系统参数及正数 $\alpha>0$, 若下面的 LMI

$$\begin{bmatrix} PA+A^{\mathrm{T}}P-MC-(MC)^{\mathrm{T}}+YC+(YC)^{\mathrm{T}}+2\alpha P & PF_a-MF_s-(NC)^{\mathrm{T}} \\ -NC+(PF_a)^{\mathrm{T}}-(MF_s) & -NF_s-(NF_s)^{\mathrm{T}}+2\alpha Q \end{bmatrix}<0 \tag{2.81}$$

存在对称正定解 P、Q 和矩阵 Y、M 及 N，则系统式 (2.81) 稳定，且 $K_P=P^{-1}M$，$K_I=P^{-1}N$，$K_e=P^{-1}Y$。

为使系统式 (2.67) 跟踪参考模型式 (2.73)，此时的控制作用仍取式 (2.75)，则

$$\begin{aligned}\dot{e}_m(t)=&(A-BK)e_m(t)-K_PCe(t)+K_PF_s(f-\hat{f})\\&+(A-A_m)x_m(t)+F_a\hat{f}+Bu_c(t)-B_mr+v(t)\end{aligned} \tag{2.82}$$

补偿控制为

$$\begin{aligned}u_c(t)=&(B^{\mathrm{T}}B)^{-1}B^{\mathrm{T}}\big(B_mr-F_a\hat{f}-(A-A_m)x_m(t)\\&-K_eCe(t)+K_PCe(t)-K_PF_s(f-\hat{f})\big)\end{aligned} \tag{2.83}$$

稳态时，式 (2.71) 将收敛，存在干扰时，式 (2.80) 将偏离。由式 (2.80) 可知，可通过增加干扰抑制作用来降低干扰对状态误差的影响，或通过提高故障逼近精度来减小状态误差。在这里只考虑增加干扰抑制作用来减小干扰对状态误差的影响。得到的误差系统可描述为

$$\dot{e}(t)=(A-K_PC+K_eC)e(t)+K_Pd_2(t)-d_1(t) \tag{2.84}$$

相应的补偿控制为

$$u_c(t)=(B^{\mathrm{T}}B)^{-1}B^{\mathrm{T}}\big(B_mr-F_a\hat{f}-(A-A_m)x_m(t)-K_eCe(t)+K_PCe(t)\big) \tag{2.85}$$

定理 2.6.3 对于给定的干扰抑制度 λ 和 $\alpha>0$, 如果式 (2.81) 和下面的 LMI

$$\begin{bmatrix} PA+A^{\mathrm{T}}P-MC-(MC)^{\mathrm{T}}+YC+(YC)^{\mathrm{T}}+I & -P & M \\ -P & -\lambda^2I & 0 \\ M^{\mathrm{T}} & 0 & -\lambda^2I \end{bmatrix}<0 \tag{2.86}$$

同时存在对称正定矩阵 P 和矩阵 Q、Y、M 及 N，则静态反馈 $v(t) = K_eCe(t) = P^{-1}YCe(t)$，且 $K_P = P^{-1}M$，并对于任意的 $t \in [0, \infty]$，状态跟踪误差 $e(t)$ 满足如下 H_∞ 跟踪性能：

$$\|e(t)\|_2^2 \leqslant e^{\mathrm{T}}(0)Pe(0) + \lambda^2\|d_1(t)\|_2^2 + \lambda^2\|d_2(t)\|_2^2 \tag{2.87}$$

其中，$\|e(t)\|_2^2 = \int_0^t e^{\mathrm{T}}(\tau)e(\tau)\mathrm{d}\tau$，$\|d_i(t)\|_2^2 = \int_0^t d^{\mathrm{T}}(\tau)d(\tau)\mathrm{d}\tau$，$i = 1, 2$。证明略。

2.6.4 仿真算例

系统式 (2.67) 中的参数矩阵见文献 [109] 中的对象，$d_1(t)$ 和 $d_2(t)$ 是幅值为 0、1，周期为 2π 的方波信号，并假设参考模型式 (2.73) 中的参数为

$$A_m = \begin{bmatrix} -0.2 & 0.05 & -0.001 & -1 \\ 0 & 0 & 1 & 0 \\ -5.555 & 0 & -2 & 0.5 \\ 2.5 & 0 & -0.03 & -3 \end{bmatrix}, \quad B_m = \begin{bmatrix} 0.05 & 0 \\ 0 & 0 \\ 0.5 & -1.5 \\ 1 & -0.05 \end{bmatrix}, \quad r = \begin{bmatrix} 1 \\ 1 \end{bmatrix}$$

由于 B 不可逆，所以系统式 (2.67) 跟踪参考模型式 (2.73) 存在静态误差。

假设系统初始没有故障，在 25~40s 发生幅值为 0.5 的阶跃故障，在 40~60s 发生幅值为 1.5 的阶跃故障。

情况 1：没有干扰抑制作用的情形。在仿真中，系统的初始状态为零，将系统的特征值配置到 -0.05 的左半平面，有外界干扰情况采用控制律式 (2.76) 和式 (2.78)，所得的状态变化曲线见图 2.4。

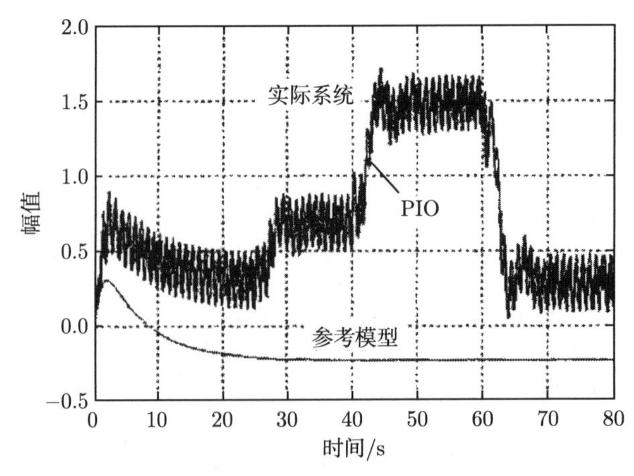

图 2.4　执行器故障发生后未采用干扰抑制情况下的跟踪性能轨线

情况 2：有干扰抑制作用的情形。采用控制律式 (2.76)、式 (2.85) 和定理 2.6.3

的条件, 取 $\lambda=1$。若式 (2.85) 中略去故障估计项的作用，则所得到的状态曲线如图 2.5 所示，干扰得到抑制，状态估计的幅值明显增加。

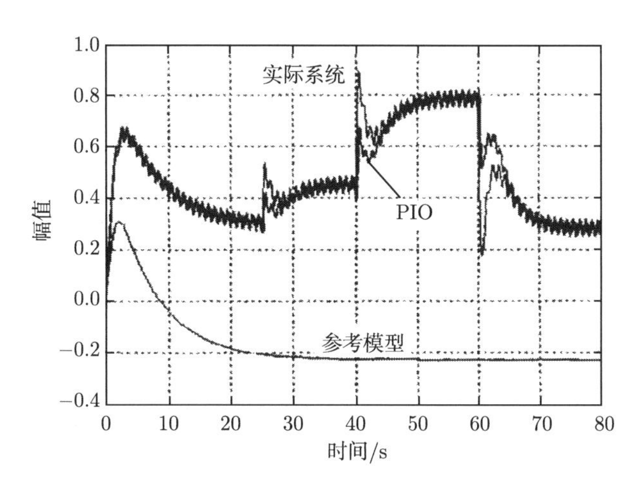

图 2.5 执行器故障发生后采用干扰抑制情况下的跟踪性能轨线

本节利用增加干扰抑制项的 PIO 得到了较高精度的故障估计，使干扰对状态估计的影响满足给定的性能，并利用该估计故障构成了故障补偿控制律，使系统在故障情况下仍能较好地跟踪给定参考模型。就作者所知，这是在理论上首次使用 PIO 来对故障估计进行的研究，并同时考虑了干扰抑制对故障估计的影响，仿真示例证明了作者提出的带有干扰抑制的故障补偿控制策略的有效性。

2.7 鲁棒故障诊断观测器设计

2.7.1 问题描述与基础知识

随着对工业过程高可靠性要求的不断提升，故障检测和诊断算法的分析、设计和应用日益得到人们的高度关注，并在过去的几十年中取得了大量的研究成果 [115-118]，其中，尤以基于数学模型的多种故障诊断方法得到更充分的研究。

因为物理过程的精确数学模型往往很难得到，即使在无故障的情况下，实际的物理过程与数学模型描述之间也很难匹配。这种不匹配往往是误报警的主要来源，进而将恶化故障诊断系统的性能。为了克服这一不足，故障诊断系统必须对这样的建模误差或者干扰具有一定的鲁棒性或不敏感性。在过去的二十多年中，很多故障诊断研究集中在不确定线性系统的鲁棒故障诊断方向上来。其中最为成功的鲁棒故障诊断方法之一就是使用干扰解耦原理 [117, 118]，该方法是通过未知输入观测器的设计来实现的。但是在很多情况下，结构不确定性或者非结构不确定性不是以加性干扰的形式作用到系统中来，因此精确的解耦就不可能。与故障检测相比，故障估计更是件困难的课题，因为故障估计往往是容错控制和故障调节系统中的关键环节 [27, 119]，故障估计的好坏，直接影响着整个容错控制系统或故障调节系统的控制精度和性能优劣。目前，利用自适应检测和诊断观测器来对故障进行检测和估计的研究得到了相应的关注 [104, 120]，但是这些结果主要是针对线性系统而言的。在文献 [121]、[122] 中，作者针对一类特殊的系统进行了故障估计的研究，假定该类系统的主导部分是线性的，而不确定性部分是非线性的，且故障是以加性形式作用到系统上的。然而，很多系统本质上是非线性的，即非线性系统的主导部分就是非线性的，且故障可以依赖于参数的变化以及系统的某些输入或输出，这类故障不能简单地用加性故障形式来表示。针对这类问题的故障检测和故障估计在文献 [99] 中进行了研究，该方法是文献 [103] 提出的线性情况的自然拓展。但是在文献 [99] 以及文献 [103] 中，所提出的自适应调节律不能满足故障估计精度的要求。因此，针对上述问题，本节将继续考虑文献 [99] 中所考虑的系统，对基于自适应观测器的故障诊断进行深入的研究。首先，基于线性矩阵不等式（LMI）技术，可以方便求解待设计的观测器增益矩阵，并取消文献 [99] 中的一个假设条件。其次，给出非线性观测器设计的具体过程，并对故障诊断系统的稳定性进行证明。再次，在假定故障和干扰满足平方可积的情况下，基于 H_∞ 性能的架构 [91]，对基于不同自适应调节律设计的自适应观测器的状态估计误差上界和故障估计误差上界进行定量研究。此外，基于自适应调节律中的参数对故障估计精度的影响也进行讨论，最后，通过数值仿真验证所得结果的有效性。

考虑如下非线性系统：

$$\dot{x} = Ax + B(y, u) + Ef(\theta, u) + Nw \tag{2.88}$$

$$y = Cx + Df(\theta, u) + Mw \tag{2.89}$$

其中，$x \in \mathbb{R}^n$ 是系统状态，$u \in \mathbb{R}^m$ 是系统输入，$y \in \mathbb{R}^r$ 是系统输出，(A, C) 对是可观测的且 $\operatorname{rank}(D) = q \leqslant r$。假定非线性项 $B(y, u)$ 是依赖于 y 和 u 的，并能够直接获得，$f(\theta, u)$ 是 θ 和 u 的非线性函数，$\theta \in \mathbb{R}^p$ 是一个参数向量，在故障发生时，它是突然变化的，w 是干扰向量、模型不确定性和模型不匹配等，E、N 和 M 为维数适当的矩阵。这里假定参数向量及其导数、干扰向量都是范数有界的，即 $\|\theta\| \leqslant a$，$\left\|\dot{\theta}\right\| \leqslant b$ 和 $\|w\| < w_0$。

假设 2.7.1 存在一个已知正函数 $K(u)$，使得对于任意范数有界的向量 θ_1 和 θ_2，下面的不等式成立：

$$\|f(\theta_1, u) - f(\theta_2, u)\| \leqslant K(u) \|\theta_1 - \theta_2\| \tag{2.90}$$

考虑如下形式的故障诊断观测器：

$$\dot{\hat{x}} = A\hat{x} + B(y,u) + Ef(\hat{\theta},u) + L(\hat{y}-y) \tag{2.91}$$

$$\hat{y} = C\hat{x} + Df(\hat{\theta},u) \tag{2.92}$$

其中，$\hat{x}$ 是观测器状态向量，$\hat{y}$ 是观测器输出向量，$\hat{\theta}$ 是 θ 的估计，L 是待设计的观测器增益矩阵。

定义状态误差 $e=\hat{x}-x$，输出残差 $\varepsilon=\hat{y}-y$。则误差动态系统为

$$\dot{e} = (A+LC)e + (LD+E)\tilde{f} - (LM+N)w \tag{2.93}$$

$$\varepsilon = Ce + D\tilde{f} - Nw \tag{2.94}$$

其中，$\tilde{f}=f(\hat{\theta},u)-f(\theta,u)$。

2.7.2 自适应鲁棒观测器设计和性能分析

下面，将给出本节的主要结果。

定理 2.7.1 如果存在正定对称矩阵 P 和适维矩阵 Y，如下 LMI 成立：

$$\begin{bmatrix} \Theta & YD+PE & YM+PN \\ (YD+PE)^{\mathrm{T}} & -(1/\alpha_0)I_1 & 0 \\ (YM+PN)^{\mathrm{T}} & 0 & -(1/\alpha_1)I_2 \end{bmatrix} < 0 \tag{2.95}$$

则观测器增益矩阵为 $L=P^{-1}Y$, 其中，$\Theta=A^{\mathrm{T}}P+PA+YC+(YC)^{\mathrm{T}}+C^{\mathrm{T}}C+Q$，$I_1$ 和 I_2 分别是具有适当维数的单位矩阵，Q 是一个已知的正定对称矩阵。基于上面设计的观测器增益矩阵 L，且选取如下的自适应更新律：

$$\dot{\hat{\theta}} = -K_iH^{-1}\varepsilon - \delta H^{-1}\hat{\theta}, \quad (\varepsilon,\hat{\theta})\in D_0 \tag{2.96}$$

$$\dot{\hat{\theta}} = -K_iH^{-1}\varepsilon, \quad (\varepsilon,\hat{\theta})\in D_1 \tag{2.97}$$

则由更新律式 (2.96) 和式 (2.97) 构成的观测器式 (2.91) 和式 (2.92) 是稳定的, 其中，$K_i>0$ 是一个待设计的正定矩阵, $H=H^{\mathrm{T}}>0$ 是一个加权正定矩阵,

$$D_0 = \left\{ (\varepsilon,\tilde{\theta}) \left| \frac{\lambda_{\min}(P)}{2\|C\|^2}\|\varepsilon\|^2 + \frac{\lambda_5\left\|\hat{\theta}\right\|^2}{2} - \lambda_6\left\|\hat{\theta}\right\| \right. \right.$$
$$\left. > \lambda_5 a^2 + \frac{\lambda_2}{\lambda_4} - \lambda_6 a - \frac{\lambda_{\min}(P)}{\|C\|^2}\|M\|^2 w_0^2 \right\} \tag{2.98}$$

$$D_1 = \left\{ (\varepsilon,\tilde{\theta}) \left| \frac{\lambda_{\min}(P)}{2\|C\|^2}\|\varepsilon\|^2 + \frac{\lambda_5\left\|\hat{\theta}\right\|^2}{2} - \lambda_6\left\|\hat{\theta}\right\| \right. \right.$$
$$\left. \leqslant \lambda_5 a^2 + \frac{\lambda_2}{\lambda_4} - \lambda_6 a - \frac{\lambda_{\min}(P)}{\|C\|^2}\|M\|^2 w_0^2 \right\} \tag{2.99}$$

$$\lambda_0 = \min(\lambda_{\min}(Q), \lambda_1) \tag{2.100}$$

$$\begin{aligned}\lambda_1 = {} & \delta - \frac{1}{\alpha_0}K(u)^2 - \alpha_2 \|H\|^2 \\ & - 3\left\|HK_iH^{-1}\right\|^2 - \|DK(u)\|^2 > 0\end{aligned} \tag{2.101}$$

$$\lambda_2 = \left(\frac{1}{\alpha_1} + \|M\|^2\right) w_0^2 + \frac{1}{\alpha_2}b^2 + \delta a^2 > 0 \tag{2.102}$$

$$\lambda_3 = \max(\lambda_{\max}(P), \lambda_{\max}(H)) \tag{2.103}$$

$$\lambda_4 = \frac{\lambda_0}{\lambda_3} \tag{2.104}$$

$$\lambda_5 = \lambda_{\min}(H) - \frac{\|D\|^2 \lambda_{\min}(P)K(u)^2}{\|C\|^2} \tag{2.105}$$

$$\lambda_6 = \frac{2\lambda_{\min}(P)}{\|C\|^2}\|DK(u)\| \|M\| w_0 \tag{2.106}$$

$\tilde{\theta} = \hat{\theta} - \theta$, $\delta > 0$, $\alpha_0 > 0$, $\alpha_1 > 0$, $\alpha_2 > 0$。$\lambda_{\min}(P)$ 和 $\lambda_{\max}(P)$ 分别表示矩阵 P 的最小特征值和最大特征值。

证明　考虑如下 Lyapunov 函数：

$$V = e^{\mathrm{T}}Pe + \tilde{\theta}^{\mathrm{T}}H\tilde{\theta} \tag{2.107}$$

V 沿着误差动力系统求导数，得

$$\dot{V} = 2e^{\mathrm{T}}P[(A+LC)e + (LD+E)\tilde{f} - (LM+N)w] + 2\tilde{\theta}^{\mathrm{T}}H(\dot{\hat{\theta}} - \dot{\theta}) \tag{2.108}$$

考虑到如下不等式成立 [88]：

$$\pm 2X^{\mathrm{T}}Y \leqslant \alpha X^{\mathrm{T}}X + \frac{1}{\alpha}Y^{\mathrm{T}}Y \tag{2.109}$$

其中，$\alpha > 0$，X 和 Y 是具有相同维数的列向量。则根据假设 2.7.1，下面的不等式成立：

$$\begin{aligned} & 2e^{\mathrm{T}}P(LD+E)\tilde{f} \\ \leqslant & \alpha_0 e^{\mathrm{T}}P(LD+E)(LD+E)^{\mathrm{T}}Pe + \frac{1}{\alpha_0}\tilde{f}^{\mathrm{T}}\tilde{f} \\ \leqslant & \frac{1}{\alpha_0}K(u)^2\tilde{\theta}^{\mathrm{T}}\tilde{\theta} + \alpha_0 e^{\mathrm{T}}P(LD+E)(LD+E)^{\mathrm{T}}Pe \end{aligned} \tag{2.110}$$

$$\begin{aligned} & -2e^{\mathrm{T}}P(LM+N)w \\ \leqslant & \alpha_1 e^{\mathrm{T}}P(LM+N)(LM+N)^{\mathrm{T}}Pe + \frac{1}{\alpha_1}w^{\mathrm{T}}w \end{aligned} \tag{2.111}$$

$$-2\tilde{\theta}^{\mathrm{T}}H\dot{\theta} \leqslant \alpha_2\tilde{\theta}^{\mathrm{T}}HH^{\mathrm{T}}\tilde{\theta} + \frac{1}{\alpha_2}\dot{\theta}^{\mathrm{T}}\dot{\theta} \tag{2.112}$$

当 $(\varepsilon,\hat{\theta})\in D_0$ 时，利用自适应律式 (2.96)，并令 $K_I=K_iH^{-1}$, 则有

$$
\begin{aligned}
2\tilde{\theta}^{\mathrm{T}}H\dot{\tilde{\theta}}&=-2\tilde{\theta}^{\mathrm{T}}HK_I(Ce+D\tilde{f}-Nw)-2\delta\tilde{\theta}^{\mathrm{T}}\hat{\theta}\\
&=-2\tilde{\theta}^{\mathrm{T}}HK_ICe-2\tilde{\theta}^{\mathrm{T}}HK_ID\tilde{f}+2\tilde{\theta}^{\mathrm{T}}HK_INw-2\delta\tilde{\theta}^{\mathrm{T}}(\tilde{\theta}+\theta)\\
&\leqslant 3\tilde{\theta}^{\mathrm{T}}HK_IK_I^{\mathrm{T}}H^{\mathrm{T}}\tilde{\theta}+\tilde{\theta}^{\mathrm{T}}K(u)^{\mathrm{T}}D^{\mathrm{T}}DK(u)\tilde{\theta}+\delta\theta^{\mathrm{T}}\theta\\
&\quad+w^{\mathrm{T}}M^{\mathrm{T}}Mw-2\delta\tilde{\theta}^{\mathrm{T}}\tilde{\theta}+e^{\mathrm{T}}C^{\mathrm{T}}Ce+\delta\tilde{\theta}^{\mathrm{T}}\tilde{\theta}
\end{aligned}\tag{2.113}
$$

将式 (2.110) ~ 式 (2.113) 代入式 (2.108) 中, 则有

$$
\begin{aligned}
\dot{V}\leqslant&e^{\mathrm{T}}\Big[(A+LC)^{\mathrm{T}}P+\alpha_0P(LD+E)(LD+E)^{\mathrm{T}}P\\
&+C^{\mathrm{T}}C+P(A+LC)+\alpha_1P(LM+N)(LM+N)^{\mathrm{T}}P\Big]e\\
&+\frac{1}{\alpha_0}K(u)^2\tilde{\theta}^{\mathrm{T}}\tilde{\theta}+\frac{1}{\alpha_1}w^{\mathrm{T}}w+\alpha_2\tilde{\theta}^{\mathrm{T}}HH^{\mathrm{T}}\tilde{\theta}\\
&+\frac{1}{\alpha_2}\dot{\theta}^{\mathrm{T}}\dot{\theta}+3\tilde{\theta}^{\mathrm{T}}HK_IK_I^{\mathrm{T}}H^{\mathrm{T}}\tilde{\theta}+w^{\mathrm{T}}M^{\mathrm{T}}Mw\\
&-\delta\tilde{\theta}^{\mathrm{T}}\tilde{\theta}+\delta\theta^{\mathrm{T}}\theta+\tilde{\theta}^{\mathrm{T}}K(u)^{\mathrm{T}}D^{\mathrm{T}}DK(u)\tilde{\theta}
\end{aligned}\tag{2.114}
$$

根据 Schur 补引理 [88]，式 (2.95) 等价为

$$
\begin{aligned}
&(A+LC)^{\mathrm{T}}P+\alpha_0P(LD+E)(LD+E)^{\mathrm{T}}P+C^{\mathrm{T}}C\\
&+P(A+LC)+\alpha_1P(LM+N)(LM+N)^{\mathrm{T}}P+Q<0
\end{aligned}\tag{2.115}
$$

将式 (2.115)、式 (2.101) 和式 (2.102) 代入式 (2.114) 中，可得

$$
\begin{aligned}
\dot{V}&\leqslant-\lambda_{\min}(Q)\left\|e\right\|^2-\lambda_1\left\|\tilde{\theta}\right\|^2+\lambda_2\\
&\leqslant-\lambda_0(\left\|e\right\|^2+\left\|\tilde{\theta}\right\|^2)+\lambda_2
\end{aligned}\tag{2.116}
$$

同时, 从式 (2.107) 可知

$$
\begin{aligned}
V&\leqslant\lambda_{\max}(P)\left\|e\right\|^2+\lambda_{\max}(H)\left\|\tilde{\theta}\right\|^2\\
&\leqslant\lambda_3(\left\|e\right\|^2+\left\|\tilde{\theta}\right\|^2)
\end{aligned}\tag{2.117}
$$

则

$$
\dot{V}\leqslant-\lambda_4V+\lambda_2\tag{2.118}
$$

另外, 当 $(\varepsilon,\hat{\theta})\in D_0$ 时，下面的不等式成立：

$$
\begin{aligned}
V&\geqslant\lambda_{\min}(P)\left\|e\right\|^2+\lambda_{\min}(H)\left\|\tilde{\theta}\right\|^2\\
&\geqslant\frac{1}{\left\|C\right\|^2}\lambda_{\min}(P)\left\|\varepsilon-D\tilde{f}+Mw\right\|^2+\lambda_{\min}(H)\left\|\tilde{\theta}\right\|^2
\end{aligned}\tag{2.119}
$$

因为对于任意的两个适当维数的向量 X 和 Y, 下面的条件成立:

$$\|X\| + \|Y\| \geqslant \|X - Y\| \geqslant |\|X\| - \|Y\|| \tag{2.120}$$

对任意的实常数 $p, q \in \mathbb{R}$, 下式成立:

$$(p-q)^2 \geqslant \frac{p^2}{2} - q^2 \tag{2.121}$$

则可得

$$\begin{aligned} \left\|\varepsilon - D\tilde{f} + Mw\right\|^2 &\geqslant \left|\|\varepsilon\| - \left\|D\tilde{f} - Mw\right\|\right|^2 \\ &\geqslant \frac{\|\varepsilon\|^2}{2} - \left\|D\tilde{f} - Mw\right\|^2 \end{aligned} \tag{2.122}$$

将式 (2.122) 代入式 (2.119) 中, 有

$$\begin{aligned} V &\geqslant \lambda_{\min}(P)\|e\|^2 + \lambda_{\min}(H)\left\|\tilde{\theta}\right\|^2 \\ &\geqslant \frac{\lambda_{\min}(P)}{2\|C\|^2}\|\varepsilon\|^2 - \frac{\lambda_{\min}(P)}{\|C\|^2}\left\|D\tilde{f} - Mw\right\|^2 + \lambda_{\min}(H)\left\|\tilde{\theta}\right\|^2 \end{aligned} \tag{2.123}$$

因为 $\left\|D\tilde{f} - Mw\right\| \leqslant \|DK(u)\|\left\|\tilde{\theta}\right\| + \|M\|w_0$, 则

$$\begin{aligned} \left\|D\tilde{f} - Mw\right\|^2 &\leqslant \left(\|DK(u)\|\left\|\tilde{\theta}\right\| + \|M\|w_0\right)^2 \\ &\leqslant \|D\|^2 K^2(u)\left\|\tilde{\theta}\right\|^2 + \|M\|^2 w_0^2 + 2\|DK(u)\|\|M\|w_0\left(\left\|\hat{\theta}\right\| + \|\theta\|\right) \end{aligned} \tag{2.124}$$

将式 (2.124) 代入式 (2.123) 中, 有

$$\begin{aligned} V &\geqslant \frac{\lambda_{\min}(P)}{2\|C\|^2}\|\varepsilon\|^2 - \lambda_6\left(\left\|\hat{\theta}\right\| + \|\theta\|\right) \\ &\quad - \frac{\lambda_{\min}(P)}{\|C\|^2}\|M\|^2 w_0^2 + \lambda_5\left\|\tilde{\theta}\right\|^2 \\ &\geqslant \frac{\lambda_{\min}(P)}{2\|C\|^2}\|\varepsilon\|^2 + \lambda_5\left(\frac{\left\|\hat{\theta}\right\|^2}{2} - \|\theta\|^2\right) \\ &\quad - \lambda_6\left(\left\|\hat{\theta}\right\| + \|\theta\|\right) - \frac{\lambda_{\min}(P)}{\|C\|^2}\|M\|^2 w_0^2 \\ &\geqslant \frac{\lambda_2}{\lambda_4} \end{aligned} \tag{2.125}$$

其中，$\lambda_i(i=0,1,2,\cdots,5)$ 和 $\alpha_i(i=0,1,2)$ 如上面所定义的一样。

从不等式 (2.125) 可以看出, 对于 $(\varepsilon,\hat{\theta})\in D_0$，$\dot{V}\leqslant 0$。当 $(\varepsilon,\hat{\theta})\in D_1$ 时, $(\varepsilon,\hat{\theta})$ 是一致有界的。因此, 由式 (2.91)、式 (2.92) 和式 (2.96) 组成的自适应观测器是一致有界的。此外, $(\varepsilon,\hat{\theta})$ 对以大于 $\mathrm{e}^{-\lambda_4 t}$ 的速率收敛到 D_1。证毕。

注释 2.7.1 在自适应更新律式 (2.96) 和式 (2.97) 中，式 (2.96) 的作用是使故障估计误差朝着吸引域 D_1 的方向演化。当进入吸引域 D_1，则自适应更新律必须切换到式 (2.97)，此时能够提供更高的故障估计精度；否则，故障估计精度将难以保证。

注释 2.7.2 在自适应更新律式 (2.96) 和式 (2.97) 中, 参数 K_i 和 δ 对故障估计精度具有直接影响。一般来讲, 大的 K_i 可提供快速的故障估计响应速度, 小的 K_i 将导致慢的故障估计收敛速度。在文献 [99] 中, $K_i=K(u)$, 此时该值可能是时变的，且可能具有很小的值，这将导致慢的故障估计速度，进而实时性差，不适合容错控制中的快速性要求。针对固定的 K_i 情况, 如果仅采用更新律式 (2.96), 则 δ 越大, 故障估计误差越大。

本小节的目的主要是分析自适应观测器估计精度的性能, 即状态估计误差的上界和故障估计误差的上界 (SBSFE)。通过分析 SBSFE, 进而可以确定哪种自适应更新律能够提供更好的估计精度。

这里，假定信号 w、θ 和 $\dot{\theta}$ 都是在 L_2 意义下的有限能量作用, 这样，w、θ 和 $\dot{\theta}$ 都是在 L_2 意义下有界的, 即 $\displaystyle\int_0^{t_s}\|\phi\|^2\mathrm{d}t<B_\phi<\infty$, 其中, $\phi=w,\theta,\dot{\theta}$, B_ϕ 是相应的信号 ϕ 的上界, t_s 是给定的时间长度以便用来进行性能评估。

注释 2.7.3 信号 w、θ 和 $\dot{\theta}$ 是在 L_2 意义下能量有限的，这也意味着信号 w、θ 和 $\dot{\theta}$ 是在某种范数意义下有界的。

考虑由自适应更新律式 (2.96) 和观测器式 (2.91) 和式 (2.92) 组成的自适应观测器, 则新的误差动态系统可表示如下：

$$\dot{e}=(A+LC)e+(LD+E)\tilde{f}-(LM+N)w \tag{2.126}$$

$$\dot{\tilde{\theta}}=-K_ICe-K_ID\tilde{f}+K_INw-K_P\tilde{\theta}-K_P\theta-\dot{\theta} \tag{2.127}$$

其中，$K_I=K_iH^{-1}$,$K_P=\delta H^{-1}$。

利用 Lyapunov 稳定理论和 H_∞ 跟踪性能指标 [91], 可以得到如下结果。

定理 2.7.2 对于给定的常数 γ_1、γ_2 和 γ_3，如果存在正定对称矩阵 P 和 Q，适维矩阵 Y_I、Y_P、Y_L 使得下面的 LMI 成立：

$$\begin{bmatrix} A_{10} & -Y_I C & A_{13} & 0 & 0 & A_{16} & 0 \\ -(Y_I C)^{\mathrm{T}} & A_{20} & Y_I N & -Y_P & -Q & 0 & Y_I D \\ A_{13}^{\mathrm{T}} & (Y_I N)^{\mathrm{T}} & -\gamma_1 I_1 & 0 & 0 & 0 & 0 \\ 0 & -(Y_P)^{\mathrm{T}} & 0 & -\gamma_2 I_2 & 0 & 0 & 0 \\ 0 & -Q & 0 & 0 & -\gamma_3 I_3 & 0 & 0 \\ A_{16}^{\mathrm{T}} & 0 & 0 & 0 & 0 & -I_4 & 0 \\ 0 & (Y_I D)^{\mathrm{T}} & 0 & 0 & 0 & 0 & -I_5 \end{bmatrix} < 0 \quad (2.128)$$

则故障和状态的最终估计误差满足如下 H_∞ 跟踪性能：

$$\begin{aligned} J &= \int_0^{t_s} \left\| \begin{bmatrix} e \\ \tilde{\theta} \end{bmatrix} \right\|^2 \mathrm{d}t \\ &\leqslant \int_0^{t_s} (\gamma_1 \|w\|^2 + \gamma_2 \|\theta\|^2 + \gamma_3 \left\|\dot{\theta}\right\|^2)\mathrm{d}t + V(0) \end{aligned} \quad (2.129)$$

其中，$A_{10} = PA + Y_L C + (PA + Y_L C)^{\mathrm{T}}$，$A_{20} = 2K(u)^2 I - Y_P - (Y_P)^{\mathrm{T}}$，$A_{13} = -(Y_L M + PN)$, $A_{16} = Y_L D + PE$, I、I_1、I_2、I_3、I_4 和 I_5 是具有适当维数的单位矩阵，t_s 是给定的时间长度以便用来评估估计误差的 H_∞ 跟踪性能。

证明　定义 Lyapunov 函数为 $V = e^{\mathrm{T}} P e + \tilde{\theta}^{\mathrm{T}} Q \tilde{\theta}$，则沿着方程式 (2.126) 和式 (2.127) 的轨迹对 V 求其导数：

$$\begin{aligned} \dot{V} =& 2e^{\mathrm{T}} P \dot{e} + 2\tilde{\theta}^{\mathrm{T}} Q \dot{\tilde{\theta}} \\ \leqslant& e^{\mathrm{T}}[P(A+LC) + P(LD+E)(LD+E)^{\mathrm{T}} P]e \\ &+ (A+LC)^{\mathrm{T}} P - 2e^{\mathrm{T}} P(LM+N)w \\ &+ \tilde{\theta}^{\mathrm{T}}[2K(u)^2 - QK_P - (QK_P)^2 + QK_I D(QK_I D)^2]\tilde{\theta} \\ &- 2\tilde{\theta}^{\mathrm{T}} QK_I Ce + 2\tilde{\theta}^{\mathrm{T}} QK_I Nw - 2\tilde{\theta}^{\mathrm{T}} QK_P \theta - 2\tilde{\theta}^{\mathrm{T}} Q\dot{\theta} \end{aligned} \quad (2.130)$$

定义 H_∞ 跟踪性能如下：

$$J = \int_0^{t_s} \left(\left\| \begin{bmatrix} e \\ \tilde{\theta} \end{bmatrix} \right\|^2 - \gamma_1 \|w\|^2 - \gamma_2 \|\theta\|^2 - \gamma_3 \left\|\dot{\theta}\right\|^2 \right) \mathrm{d}t \quad (2.131)$$

则

$$J = \int_0^{t_s} \left(\left\| \begin{bmatrix} e \\ \tilde{\theta} \end{bmatrix} \right\|^2 - \gamma_1 \|w\|^2 - \gamma_2 \|\theta\|^2 - \gamma_3 \left\|\dot{\theta}\right\|^2 + \dot{V} \right) \mathrm{d}t - \int_0^{t_s} \dot{V} \mathrm{d}t$$

$$
\begin{aligned}
&\leqslant \int_0^{t_s} \left(\left\| \begin{bmatrix} e \\ \tilde{\theta} \end{bmatrix} \right\|^2 - \gamma_1 \|w\|^2 - \gamma_2 \|\theta\|^2 - \gamma_3 \left\| \dot{\theta} \right\|^2 + \dot{V} \right) \mathrm{d}t + V(0) \\
&= \int_0^{t_s} \left(\begin{bmatrix} e \\ \tilde{\theta} \\ w \\ \theta \\ \dot{\theta} \end{bmatrix}^{\mathrm{T}} A_C \begin{bmatrix} e \\ \tilde{\theta} \\ w \\ \theta \\ \dot{\theta} \end{bmatrix} \right) \mathrm{d}t + V(0)
\end{aligned} \tag{2.132}
$$

其中

$$
A_C = \begin{bmatrix} A_{11} & \varPhi_{12} & \varPhi_{13} & 0 & 0 \\ \varPhi_{12}^{\mathrm{T}} & A_{22} & QK_I N & -QK_P & -Q \\ \varPhi_{13}^{\mathrm{T}} & (QK_I N)^{\mathrm{T}} & -\gamma_1 I_1 & 0 & 0 \\ 0 & -(QK_P)^{\mathrm{T}} & 0 & -\gamma_2 I_2 & 0 \\ 0 & -Q & 0 & 0 & -\gamma_3 I_3 \end{bmatrix} \tag{2.133}
$$

$$
\begin{aligned}
A_{11} &= P(A+LC) + (A+LC)^{\mathrm{T}} P + P(LD+E)(LD+E)^{\mathrm{T}} P \\
A_{22} &= 2K(u)^2 I - QK_P - (QK_P)^{\mathrm{T}} + QK_I D (QK_I D)^{\mathrm{T}} < 0 \\
\varPhi_{12} &= -QK_I C, \quad \varPhi_{13} = -P(LM+N)
\end{aligned} \tag{2.134}
$$

定义 $Y_I = QK_I$, $Y_P = QK_P$, $Y_L = PL$, 根据 Schur 补引理, 条件式 (2.133) 等价为条件式 (2.128)，如果式 (2.128) 成立，则不等式 (2.129) 成立。证毕。

按照上面的过程，也可得到由调节律式 (2.97) 和观测器式 (2.91) 和式 (2.92) 构成的自适应观测器的 SBSFE。

定理 2.7.3 对于给定的常数 γ_1 和 γ_2, 如果存在正定对称矩阵 P 和 Q，适维矩阵 Y_I 和 Y_L, 使得如下的 LMI 成立:

$$
\begin{bmatrix} A_{10} & -(Y_I C)^{\mathrm{T}} & \varXi_{13} & 0 & \varXi_{15}^{\mathrm{T}} \\ -Y_I C & K(u)^2 I - Y_I D & Y_I N & -Q & 0 \\ \varXi_{13}^{\mathrm{T}} & (Y_I N)^{\mathrm{T}} & -\gamma_1 I_1 & 0 & 0 \\ 0 & -Q & 0 & -\gamma_2 I_2 & 0 \\ \varXi_{15}^{\mathrm{T}} & 0 & 0 & 0 & -I_3 \end{bmatrix} < 0 \tag{2.135}
$$

则状态和故障的最终估计误差将满足如下 H_∞ 跟踪性能:

$$
J = \int_0^{t_s} \left\| \begin{bmatrix} e \\ \tilde{\theta} \end{bmatrix} \right\|^2 \mathrm{d}t
$$

$$\leqslant \int_0^{t_s} (\gamma_1 \|w\|^2 + \gamma_3 \left\|\dot{\theta}\right\|^2)\mathrm{d}t + V(0) \tag{2.136}$$

且相应的增益矩阵为 $L = P^{-1}Y_L$ 和 $K_I = Q^{-1}Y_I$, 其中，A_{10} 如式 (2.128) 中所定义, $\Xi_{13} = -(Y_L M + PN)$, $\Xi_{15} = Y_L D + PE$, I_1、I_2 和 I_3 分别是具有适当维数的单位矩阵。

注释 2.7.4 从不等式 (2.129) 可以看出, 使用自适应更新律式 (2.96)，自适应观测器的 SBSFE 是由故障幅值、干扰幅值和故障的导数幅值三者来确定的。如果发生故障，自适应观测器的估计误差将一直存在。这样，如果仅采用自适应更新律式 (2.96)，故障估计总是有偏差的。与不等式 (2.136) 相比（该结果是从自适应更新律式 (2.97) 得到的），自适应观测器的 SBSFE 是由干扰幅值和故障导数幅值来确定的。因此，采用更新律式 (2.97) 的自适应观测器的 SBSFE 通常比采用更新律式 (2.96) 构成的自适应观测器的 SBSFE 要小，特别是对于常值故障情况下更是如此。

注释 2.7.5 从上面对故障估计的证明可以看出，输出残差和故障估计误差在自适应更新律式 (2.96) 的作用下收敛到吸引域 D_1，即当残差和故障估计误差属于吸引域 D_0 时，通过选择合适的参数 δ 使式 (2.101) 成立。同样, 在式 (2.134) 中, 选择合适的 δ (或者 $QK_P = Q\delta H^{-1} = Y_P$) 来保证 $A_{22} < 0$。这进一步表明，自适应更新律式 (2.96) 是用来保证诊断系统的稳定性的。

注释 2.7.6 从定理 2.7.2 的证明过程可以看出，可以得到另一种形式的 H_∞ 跟踪性能:

$$J = \int_0^{t_s} \left\| \begin{bmatrix} e \\ \tilde{\theta} \end{bmatrix} \right\|^2 \mathrm{d}t$$

$$\leqslant \int_0^{t_s} (\gamma_1 \|w\|^2 + (\gamma_2 + \|K_P\|^2) \|\theta\|^2 + \gamma_3 \left\|\dot{\theta}\right\|^2)\mathrm{d}t + V(0) \tag{2.137}$$

显然, SBSFE 与 K_P(或 δ) 相关。在式 (2.134) 中, 对于固定的 K_I (或 K_i), K_P 值越大, SBSFE 值越大。

注释 2.7.7 在文献 [99]、[103] 中, 自适应更新律式 (2.96) 主要用来实现故障估计, 但如本节上面的注释阐明的那样, 由式 (2.91)、式 (2.92) 和式 (2.96) 构成的自适应观测器难以提供高精度的故障估计。

注释 2.7.8 本节将自适应观测器的估计误差的上界估计问题，用 H_∞ 跟踪性能来表示，进而揭示了观测器估计误差与哪些具体因素有关的内部机理。一般，对于指定目标的跟踪问题，评估其性能好坏可以用 H_∞ 跟踪性能来说明，但是在观测器的状态估计和故障估计评价方面的评价，据作者当时研究掌握的知识和信息，尚没有发现相似的研究。不论是状态估计还是故障估计，实际上都是将误差原/零点作为了统一的跟踪目标，进而，估计误差偏离原点的测度，就可以用来等价评价估计性能的好坏。由此也可以看出，不论是针对状态估计，还是针对参数辨识、状态同步、系统建模等问题，对其辨识性能、同步性能、建模性能等都可以用 H_∞ 跟踪性能架构来进行表示，并进行深入分析，进而来决定哪种辨识策略、同步方法、建模方案等可行，以及在哪些方面有冗余度以便能够有提高的空间。

2.7.3 仿真算例

为展示所提方法和分析结果的有效性, 下面考虑一个二阶非线性系统 [99]：

$$\begin{cases} \dot{x}(t) = \begin{bmatrix} 0 & -4 \\ 1 & -4 \end{bmatrix} x + \begin{bmatrix} u-y \\ y(3-y^2) \end{bmatrix} + \begin{bmatrix} 1 \\ 0 \end{bmatrix} \sin(\theta(t)u(t)) + \begin{bmatrix} 1 \\ 0 \end{bmatrix} w \\ y(t) = \begin{bmatrix} 0 & 1 \end{bmatrix} x + \sin(\theta(t)u(t)) + \eta \end{cases} \tag{2.138}$$

其中，$\theta(t) \in [0.5 \quad 2]$ 是一个参数。当没有故障发生时，$\theta(t) = 1$，$w = 0.1\text{rand}$，$\eta = 0.1\text{randn}$，其中 rand 是在区间 (0,1) 一致分布的随机数，randn 是具有零均值、方差为 1 和标准差为 1 的正态分布随机数。假定时变故障具有如下形式:

$$\theta(t) = \begin{cases} 1, & 0 \leqslant t < 3 \\ 1.5 - 0.2\mathrm{e}^{3-t}, & 3 \leqslant t < 10 \\ 0.6 + 0.2\mathrm{e}^{10-t}, & 10 \leqslant t < 15 \end{cases}$$

取 $Q = I_2$, 计算 LMI (2.95), 可得

$$P = \begin{bmatrix} 1.0864 & -0.9353 \\ -0.9353 & 1.6177 \end{bmatrix}, \quad L = \begin{bmatrix} -0.9515 \\ 0.0302 \end{bmatrix}$$

选取参数 $H = 1$, $\alpha_0 = \alpha_1 = \alpha_2 = 1$, $w_0 = 1$, $a = 1.5$, $b = 0.5$, $\delta = 31$, $K_i = 2$, 则 $\lambda_0 = \lambda_1 = 1$, $\lambda_2 = 24.75$, $\lambda_3 = 2.3243$, $\lambda_4 = 0.4302$, $\lambda_5 = 0.6202$, $\lambda_6 = 0.5230$。

图 2.6 展示了在干扰情况下，采用自适应律式 (2.96) 和式 (2.97) 所得到的故障估计曲线，且以速率 $\mathrm{e}^{-\lambda_4 t} = \mathrm{e}^{-0.4302t}$ 收敛到 D_1。图 2.7 展示了在更新律式 (2.96) 和式 (2.97) 以及 $K_i = |u(t)|$ 时的故障估计曲线。显然, 估计的故障仅能缓慢地跟踪上实际的故障，进而不适合进行在线故障辨识。

将没有干扰情况下的状态估计误差曲线绘制于图 2.8 中, 这表明自适应观测器能提供满意的状态估计性能。针对故障检测问题, 将经过低通滤波器 $\dfrac{0.05+0.06z^{-1}}{1+0.05z^{-1}}$ 之后的残差曲线 $\tilde{\theta} = \hat{\theta} - \theta$ 绘制于图 2.9 中, 这表明，通过选取合适的阈值，如 0.01，故障就可以被检测出来。

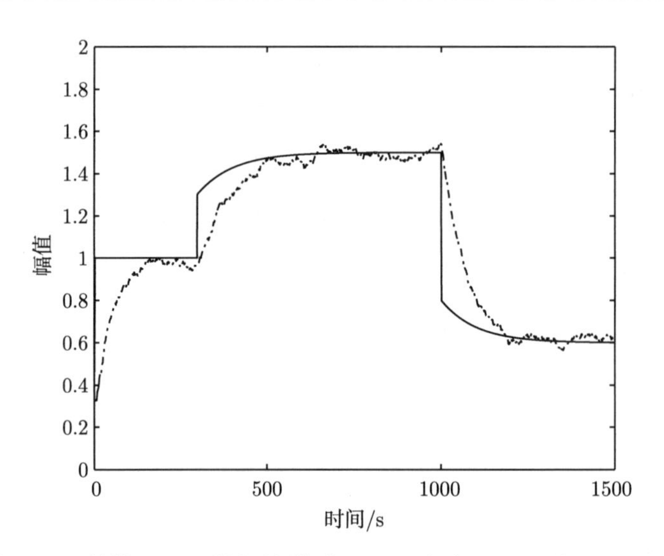

图 2.6　干扰情况下，采用更新律式 (2.96) 和式 (2.97) 以及 $\delta = 31$、$K_i = 2$ 时的故障估计曲线

实线是实际故障，点画线是估计故障

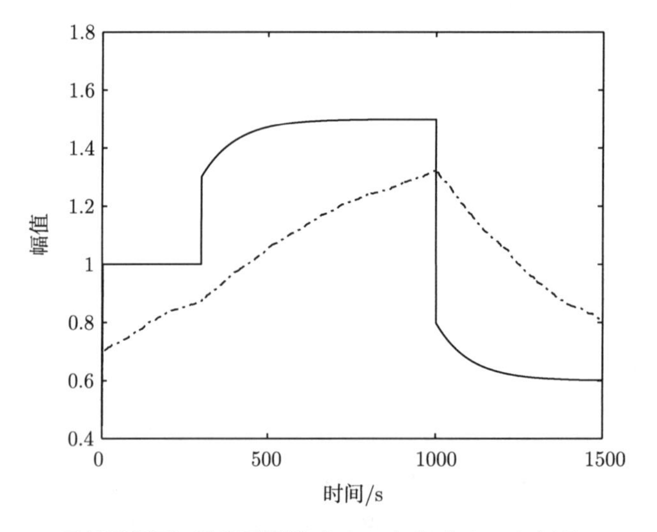

图 2.7　干扰情况下, 采用更新律式 (2.96) 和式 (2.97) 以及 $\delta = 31$、$K_i = |u(t)|$ 时的故障估计曲线

实线是实际故障，点画线是估计故障

本节针对一类含有输出注入环节的非线性系统的参数故障问题，设计了一类自适应观测器来进行故障检测和故障估计。通过设计相应的自适应更新律来确保故障诊断系统的稳定性，并基于 H_∞ 跟踪性能框架，对故障更新律以及故障更新

律中的参数对故障估计性能的影响进行了定量分析，进而为如何提高故障估计精度提供了可行的途径。仿真算例验证了所提方法的有效性。

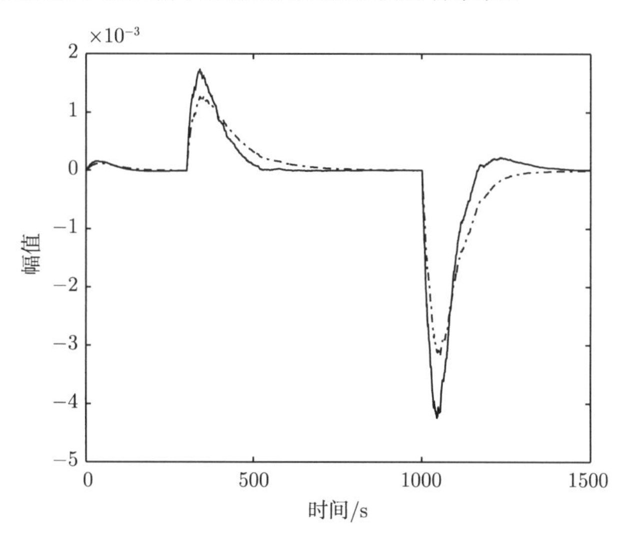

图 2.8 无干扰时的状态估计曲线

实线是状态 x_1 的估计误差，点画线是状态 x_2 的估计误差

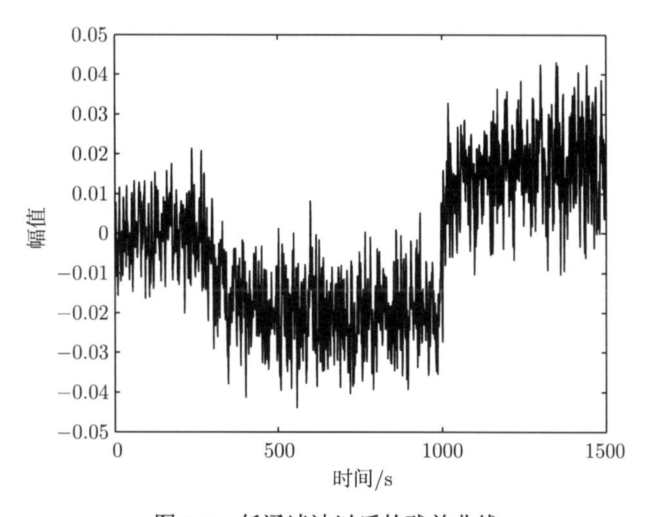

图 2.9 低通滤波以后的残差曲线

2.8 小 结

本章针对一类 Lipschitz 非线性系统，对其自身的抗扰能力以及故障情况下的

诊断观测器设计等综合问题进行了系统研究。首先，就 Lipschitz 非线性系统本身的干扰抑制能力的问题进行了研究，利用 H_∞ 技术，得到了 Lipschitz 常数与干扰抑制之间的某种依赖关系，进而对具有较大的 Lipschitz 常数的非线性系统具有较弱的干扰抑制能力给出了合理的解释。其次，通过引入 H_∞ 跟踪性能指标，分析了一类自适应观测器的估计性能，得到了相应的设计过程，并将这种观测器用在了故障估计问题当中。再次，将比例积分观测器用在了故障估计问题当中，使干扰对状态估计的影响满足给定的性能，并利用该估计故障构成了故障补偿控制律，使系统在故障情况下仍能较好地跟踪给定参考模型。最后，针对一类含有输出注入环节的非线性系统的参数故障估计问题，设计了一类自适应观测器来进行故障检测和故障估计，并基于 H_∞ 跟踪性能框架，对故障更新律以及故障更新律中的参数对故障估计性能的影响进行了定量分析，进而为如何提高故障估计精度提供了可行的途径。总之，本章基于 H_∞ 跟踪性能框架，深入探究了观测器的状态估计误差和故障估计误差的上界幅值问题，提供了新的分析模式，揭示了观测器估计误差与哪些具体因素有关的内部机理。特别是，不论是针对状态估计，还是针对参数辨识、状态同步、系统建模等问题，对其辨识性能、同步性能、建模性能等，都可以用 H_∞ 跟踪性能架构表示，并进行深入分析，进而来决定哪种辨识策略、同步方法、建模方案等可行，以及在哪些方面有冗余度以便能够有提高的空间，为控制基础理论的发展提供新的内涵和动力。

第3章 奇异双线性系统的故障诊断

3.1 引 言

奇异系统又称广义系统，它是 20 世纪 70 年代形成并发展起来的，Rosenbrock 教授第一次在国际控制领域的杂志*International Journal of Control*中提出了广义系统这一概念。随后不久，Luenberger 教授分别在控制领域顶级杂志 IEEE 的期刊和*Automatica*上对广义系统的解的存在性与唯一性进行了全面而详细的讨论。从此以后，世界各地的控制学者开始了在这个新的研究领域的探索与追求。广义系统理论的研究已经一步步从基础走向深奥，从线性系统走到非线性系统，从连续系统走到离散系统，从确定性系统走到不确定性系统，从无时滞系统走到时滞系统，逐渐积累了丰富的理论成果，发展成了现代控制理论中不可分割的一部分。广义系统的数学表达方式分为以下两种：一种是转移矩阵的表达方式，另一种是状态空间的表达方式。转移矩阵只能描述系统的输入输出特性，而状态空间能进一步观察到系统的结构特性。状态空间模型，主要是从状态空间不变理论中得到的，通过变量间的物理关系或一些模型的辨识技巧可以建立出一系列等式。

现在广义线性系统的研究基本上形成了一个较完整的体系，但还是存在许多问题。① 正则广义系统的能控能观性已经研究得比较完善。由于非正则系统的复杂性，能控能观的概念多种多样。一方面有必要澄清这些概念的关系，另一方面应该建立更为深刻的概念。② 关于正则系统的脉冲模及脉冲消除的研究比较充分，但是现在文献可脉冲消除的很多条件都不是由原始系统矩阵给出的，而且有些给出的条件闭环系统具有最大动态阶。通过原始矩阵给出不附加额外要求的可脉冲消除的判据并提出数值稳定的脉冲消除控制器的设计方法应该是一个很有意义的研究方向。③ 针对非方系统的脉冲模消除情况，如何建立基于原始系统的条件及脉冲模消除控制律的设计方法。④ 设计既消除系统脉冲又最小化初始跳跃的控制律是一个很有意义的研究方向，值得深入研究。⑤ 广义线性系统的观测器的存在条件和可检性的关系值得进一步深入研究。⑥ 广义系统的故障检测研究还很少，可以作为未来的研究方向。输入函数观测器可以作为故障检测的方法。输入函数观测器的概念虽然早在 20 世纪 80 年代就提出，但是很长一段内很少有人研究。相信对这个问题的深入研究会对广义系统注入新的活力。

线性系统是指同时满足叠加性与均匀性（又称为齐次性）的系统。叠加性是指当几个输入信号共同作用于系统时，总的输出等于每个输入单独作用时产生的输出之和；均匀性是指当输入信号增大若干倍时，输出也相应增大同样的倍数。对于线性连续控制系统，可以用线性的微分方程来表示。不满足叠加性和均匀性的系统即为非线性系统。双线性系统是一种形式上最简单，并且最接近线性系统的一类非线性系统，是在线性状态方程中引入状态变量和控制变量的交互乘积项所导出的一类非线性系统。这类状态方程的特点是, 它相对于状态或控制在形式上分别是线性的, 双线性的名称即源于此。但同时相对于状态和控制来说，系统则不是线性的。它实际上是一类具有比较简单形式的特殊非线性系统。双线性系统模型是对线性系统模型的推广，它能更准确地描述一类实际过程，如生物繁殖过程就是一个典型的例子。双线性系统模型已广泛用于工程、生物、人体、经济和社会问题的研究。如化学反应中的催化作用问题，人体内的水平衡过程、体温调节过程、呼吸中氧和二氧化碳交换过程、心血管调节过程等问题，细胞内的某些生物化学反应问题，社会和经济领域中的人口问题，动力资源问题，钢铁、煤炭、石油产品生产问题等，具有很大的学术价值和宽广的应用前景。特别是从工业过程应用的角度来看, 十分需要开发面向应用的双线性系统建模与控制的方法。

奇异系统与双线性系统结合，便形成了奇异双线性系统，这类系统将具有奇异系统和双线性系统的特点，奇异双线性系统是一类非常重要的奇异非线性系统, 它与线性系统最接近, 且能在更大的动态范围内描述受控对象, 因而对奇异双线性系统的控制问题进行研究具有非常重要的意义 [123-125]。

3.2　奇异双线性系统的观测器设计

工业过程的有效控制或监控需要运行过程的状态信息，这些信息往往是由过程的状态变量来唯一确定的。实际上，对一个工业过程的所有状态变量都在线测量是很不现实的，或者是很少这么操作的。为了获得全部的状态变量，关于不可测量信息的可靠获取通常是利用状态观测器来实现。状态观测器是基于给定的数学模型而构造的一个确定性系统，并能够重构不可测量但非常重要的信息。状态观测器在过程控制和过程监测中具有重要的作用。一般认为，线性观测器对于非线性系统来说是不够适合的 [126]，因此需要研究非线性观测器的设计方法。文献 [81] 最先针对正常状态空间描述具有 Lipchitz 非线性环节的一类非线性系统，研究了状态观测器的设计问题，然后文献 [127] 对其进行了拓展研究。文献 [128]~[130] 讨论了如何有效利用非线性观测器进行故障诊断的问题。但是很少有文献研究奇异形式的非线性系统。例如，关于线性奇异系统的研究可参见文献 [131]、[132]，但是关于非线性奇异系统的情况却很少有人研究。就作者所知，文献 [133] 应是最早研究一类非线性奇异系统观测器设计问题的文献之一，但是需要一个坐标变换来确定观测器增益，且在输出方程中没有考虑输出干扰的作用。为此，本节将研究一类含有未知输入干扰的广义非线性系统——广义双线性系统的观测器设计问题，在此双线性系统中，控制作用以加性和乘性两种形式作用到系统中。首先，基于奇异值分解技术，奇异双线性系统被分解成动态系统和静态系统两部分；其次，讨论分解后系统的解的存在性问题；再次，基于代数黎卡提（Riccati）方程，对分解后的系统提出一种双线性观测器设计方法，并对状态误差的吸引域进行估计；最后，用一个柔性关节机器人的例子来验证双线性观测器的有效性。

3.2.1 问题描述

考虑如下连续时间奇异双线性系统 (singular bilinear system，SBS):

$$\begin{cases} E_a\dot{x}(t) = A_a x(t) + G_a g(x(t), u(t)) + B_a u(t) + D_a d(t) \\ y(t) = C_s x(t) + Dd(t) \end{cases} \tag{3.1}$$

其中

$$g(x(t), u(t)) = \sum_{i=1}^{h} u^i(t) A_{si} x(t) \tag{3.2}$$

$x(t) \in \mathbb{R}^n$ 是奇异状态向量, $u^i(t)$ 是控制输入 $u(t) \in \mathbb{R}^m (m \leqslant n)$ 的第 i 个分量, $d(t) \in \mathbb{R}^{n_1}$ 是未知输入干扰, $y(t) \in \mathbb{R}^l$ 是测量输出，A_a、B_a、D_a、C_s、G_a、A_{si} 和 D 都是已知的维数适当的矩阵，E_a 是方阵，但可能是奇异的，即 $\mathrm{rank}(E_a) = p \leqslant n$。为描述方便，后面在系统式 (3.1) 中的变量都略掉时间 t 的表示。

假设 3.2.1 ① 三元组 (E_a, A_a, B_a) 是 R- 可控制的和 Y- 可控制的; ② 三元组 (E_a, A_a, C_s) 是 R- 可观测的和 Y- 可观测的。

奇异双线性系统的变换如下所示。

存在两个正交矩阵 U 和 V，使得

$$U^{\mathrm{T}} E_a V = \begin{bmatrix} \Sigma & 0 \\ 0 & 0 \end{bmatrix} \tag{3.3}$$

其中，$\Sigma = \mathrm{diag}(\mu_i)$, μ_i 是矩阵 E_a 的奇异值, $\mathrm{diag}(\mu_i)$ 是由主对角线元素 $\mu_i (i = 1, 2, \cdots, p)$ 构成的对角矩阵。令

$$z = V^{\mathrm{T}} x = \begin{bmatrix} z_1 \\ z_2 \end{bmatrix}, \quad U^{\mathrm{T}} B_a = \begin{bmatrix} B_1 \\ B_2 \end{bmatrix}$$

$$U^{\mathrm{T}} A_{a0} V = \begin{bmatrix} A_{11} & A_{12} \\ A_{21} & A_{22} \end{bmatrix}, \quad C_s V = \begin{bmatrix} C_1 & C_2 \end{bmatrix}$$

$$U^{\mathrm{T}} G_a = \begin{bmatrix} G_1 \\ G_2 \end{bmatrix}, \quad U^{\mathrm{T}} D_a = \begin{bmatrix} D_1 \\ D_2 \end{bmatrix}, \quad U^{\mathrm{T}} F_a = \begin{bmatrix} F_1 \\ F_2 \end{bmatrix}$$

根据 SVD 分解，系统式 (3.1) 可以表示成一个 p 阶动态系统和一个 q 阶 ($q=n-p$) 静态系统:

$$\Sigma\dot{z}_1 = A_{11}z_1 + A_{12}z_2 + B_1u + D_1d + G_1g(Vz,u) \tag{3.4}$$

$$0 = A_{21}z_1 + A_{22}z_2 + B_2u + D_2d + G_2g(Vz,u) \tag{3.5}$$

$$y = C_1z_1 + C_2z_2 + Dd \tag{3.6}$$

其中，$z_1 \in \mathbb{R}^p$, $z_2 \in \mathbb{R}^q$。

基于假设 3.2.1, 同文献 [134] 中相似的方法可以得到如下引理。

引理 3.2.1　如果 $\mathrm{rank}[A_{22}\ B_2] = q$, 则三元组 (E_a, A_a, B_a) 是 Y- 可控制的。$\mathrm{rank}[A_{22}\ B_2] = q$ 当且仅当存在一个适维矩阵 K_2，使得 $A_{22} - B_2K_2$ 是非奇异的。

假定 A_{22} 是奇异的, 则可假定存在一个必要的控制作用使得系统的线性部分是因果的 [133, 134]。为此，选取如下的控制作用:

$$u = -K_3y + v \tag{3.7}$$

则系统式 (3.4) ~ 式 (3.6) 可写成如下形式:

$$\begin{aligned}\Sigma\dot{z}_1 =& (A_{11} - B_1K_3C_1)z_1 + (A_{12} - B_1K_3C_2)z_2 \\ &+ B_1v + (D_1 - B_1K_3D)d + G_1g(z_1, z_2, v)\end{aligned} \tag{3.8}$$

$$\begin{aligned}0 =& (A_{21} - B_2K_3C_1)z_1 + (A_{22} - B_2K_3C_2)z_2 \\ &+ B_2v + (D_2 - B_2K_3D)d + G_2g(z_1, z_2, v)\end{aligned} \tag{3.9}$$

$$y = C_1z_1 + C_2z_2 + Dd \tag{3.10}$$

根据引理 3.2.1，存在一个 K_3 使得矩阵 $A_{22} - B_2K_3C_2$ 是非奇异的。因此，可令 $L = A_{22} - B_2K_3C_2$ 为已知矩阵。这样，系统式 (3.8) 和式 (3.9) 可写成如下形式:

$$\dot{z}_1 = a_{11}z_1 + a_{12}z_2 + b_1v + d_1d + g_1g(z_1, z_2, v) \tag{3.11}$$

$$0 = L(a_{21}z_1 + z_2 + b_2v + d_2d + g_2g(z_1, z_2, v)) \tag{3.12}$$

其中

$$a_{11} = \Sigma^{-1}(A_{11} - B_1K_3C_1), \quad a_{12} = \Sigma^{-1}(A_{12} - B_1K_3C_2)$$
$$d_1 = \Sigma^{-1}(D_1 - B_1K_3D), \quad g_1 = \Sigma^{-1}G_1, \quad b_1 = \Sigma^{-1}B_1$$
$$a_{21} = L^{-1}(A_{21} - B_2K_3C_1), \quad b_2 = L^{-1}B_2$$
$$g_2 = L^{-1}G_2, \quad d_2 = L^{-1}(D_2 - B_2K_3D)$$

3.2.2 变换系统的解

为确保整个系统具有相同的特性, 假定 v 和 y 是已知的, 则需要如下假设。

假设 3.2.2 ① 未知输入干扰 d 是未知的、连续有界的函数，$\|d\| \leqslant d_b$，$d_b > 0$ 是已知的。② 控制作用 v 是有界的，即 $\|v\| \leqslant v_b$。在游衔干扰的作用下，测量输出也是有界的，即 $\|y\| \leqslant y_b$，集合 $(v_b,\ y_b)$ 是已知的。③ 存在两个已知实数 $\alpha_1 > 0$ 和 $\alpha_2 > 0$，使得函数 $g(t, z_1, z_2, v)$ 对于所有的 $z_1, z_3 \in \mathbb{R}^p$ 和 $z_2, z_4 \in \mathbb{R}^q$，满足如下 Lipschitz 条件：

$$\|g(t, z_1, z_2, v) - g(t, z_3, z_4, v)\| \leqslant \alpha_1 \|z_1 - z_3\| + \alpha_2 \|z_2 - z_4\| \tag{3.13}$$

其中

$$\alpha_1 = \alpha_2 = (\|K_3\| y_b + b_v) \sum_{i=1}^{h} \|A_{si}\| \tag{3.14}$$

在静态方程式 (3.12) 两侧乘以 $a_{12}L^{-1}$，并从动态方程式 (3.11) 中减掉这个结果，消去公共变量，可得

$$\dot{z}_1 = A_c z_1 + B_c v + D_c d + G_c g(z_1, z_2, v) \tag{3.15}$$

$$0 = a_{21} z_1 + z_2 + b_2 v + d_2 d + g_2 g(z_1, z_2, v) \tag{3.16}$$

$$y = C_{2c} z_1 + D_{2c} d - G_{2c} g(z_1, z_2, v) - B_{2c} v \tag{3.17}$$

其中，$A_c = a_{11} - a_{12}a_{21}$，$B_c = b_1 - a_{12}b_2$，$D_c = d_1 - a_{12}d_2$，$G_c = g_1 - a_{12}g_2$，$C_{2c} = C_1 - C_2 a_{21}$，$D_{2c} = D - C_2 d_2$，$G_{2c} = C_2 g_2$，$B_{2c} = C_2 b_2$。

注释 3.2.1 注意到 L 是非奇异的，则在式 (3.12) 两侧同时乘以 L^{-1} 可得到式 (3.16) 的结果, 该结果是式 (3.12) 的简单等价结果。因为在 z_1 中含有 z_2 的解，这样函数 $g(z_1, z_2, v)$ 可看成是 z_1 的隐函数。这样，系统式 (3.8) ~ 式 (3.10) 和系统式 (3.15) ~ 式 (3.17) 是等价的，而且后一种形式容易用来构造观测器对状态 z_1 和 z_2 进行估计。

对于变换后的系统式 (3.15) ~ 式 (3.17), 采用与文献 [133] 中相似的分析方式, 可得到如下结果。

引理 3.2.2 如果假设 3.2.1 和引理 3.2.1 成立, 则 $(A_c\ B_c)$ 对是可控的、$(A_c\ C_{2c})$ 对是可观测的。

3.2.3 观测器设计

下面的问题就是为系统式 (3.15) ~ 式 (3.17) 设计一个适当的观测器。构造如下的观测器用来估计状态 z_1 和 z_2:

$$\dot{\hat{z}}_1 = A_c\hat{z}_1 + B_c v + G_c g(\hat{z}_1, \hat{z}_2, v) + L_1(y - \hat{y}) \tag{3.18}$$

$$0 = a_{21}\hat{z}_1 + \hat{z}_2 + b_2 v + g_2 g(\hat{z}_1, \hat{z}_2, v) + L_2(y - \hat{y}) \tag{3.19}$$

$$\hat{y} = C_1\hat{z}_1 + C_2\hat{z}_2 \tag{3.20}$$

其中，L_1 和 L_2 是待设计的观测器增益矩阵。

定义状态估计误差 $e_1 = z_1 - \hat{z}_1$, $e_2 = z_2 - \hat{z}_2$, 则从式 (3.10)、式 (3.15)、式 (3.16)、式 (3.18)、式 (3.20) 可得

$$e_2 = -S[(a_{21} - L_2C_1)e_1 + g_2\tilde{g} + (d_2 - L_2D)d] \tag{3.21}$$

$$\begin{aligned}\dot{e}_1 &= (A_c - L_1C_1)e_1 + G_c\tilde{g} + (D_c - L_1D)d - L_1C_2e_2 \\ &= (A_c - L_1C_c)e_1 + G_{cg}\tilde{g} + D_{cd}d\end{aligned} \tag{3.22}$$

其中，$S = (I - L_2C_2)^{-1}$, $\tilde{g} = g(z_1, z_2, v) - g(\hat{z}_1, \hat{z}_2, v)$, $C_c = C_1 + C_2S$, $D_{cd} = D_c - L_1D + L_1C_2S(d_2 - L_2d_2)$, $G_{cg} = G_c + L_1C_2Sg_2$。

从式 (3.21) 和式 (3.22) 可以得到如下结果, 该结果给出了 e_2 和 $\tilde{g}$ 的上界。

引理 3.2.3　假定假设 3.2.2 成立, 则:

（1）如果 $\|g_2\|\alpha_2 < 1$ 成立, 则观测器系统式 (3.18) ~ 式 (3.20) 是因果的，且解 $\hat{z}_1$ 和 $\hat{z}_2$ 存在;

（2）如果 $\|Sg_2\|\alpha_2 < 1$, 误差系统式 (3.21) 和式 (3.22) 也是因果的，且解 e_1 和 e_2 存在，满足如下边界:

$$\|e_2\| \leqslant \beta_1\|e_1\| + \beta_2\|d\|, \quad \|\tilde{g}\| \leqslant \gamma_1\|e_1\| + \gamma_2\|d\| \tag{3.23}$$

其中，$\beta_1 = \beta_4(\|S(a_{21} - L_2C_1)\| + \alpha_1\|Sg_2\|)$, $\beta_2 = \beta_4\|S(d_2 - L_2D)\|$, $\beta_4 = (1 - \|Sg_2\|\alpha_2)^{-1}$, $\gamma_1 = (\alpha_1 + \alpha_2\beta_1)$, $\gamma_2 = \alpha_2\beta_2$。

证明　（1）对于固定的 t、$\hat{z}_1$、v 和 d，静态方程式 (3.19) 可等价成形式 $-\hat{z}_2 = \bar{g}(\hat{z}_2) = a_{21}\hat{z}_1 + b_2v + g_2g(\hat{z}_1, \hat{z}_2, v) + L_2(y - \hat{y})$。根据假设 3.2.2, $\bar{g}(\hat{z}_2)$ 是一个全局压缩映射, $\|g_2\|\alpha_2 < 1$, 因此式 (3.19) 存在唯一解 $\hat{z}_2$。这也意味着式 (3.18) 等价为一个非奇异、因果的微分系统。根据假设 3.2.2 中的连续性假设, 根据微分方程的存在性定理可知，式 (3.18) 存在一个良态 (well-defined) 解。

（2）关于 e_1 和 e_2 的存在性, 按照（1）的相似证明过程即可得到。因此，误差 e_1 和 e_2 存在、系统式 (3.21) 和式 (3.22) 是因果的。e_2 的边界可从式 (3.24) 得到:

$$\|e_2\| \leqslant \|S(a_{21} - L_2C_1)\|\|e_1\| + \|Sg_2\|\|\tilde{g}\| + \|S(d_2 - L_2D)\|\|d\| \tag{3.24}$$

根据假设 3.2.2, $\|\tilde{g}\| \leqslant \alpha_1\|e_1\| + \alpha_2\|e_2\|$, 可得

$$\|e_2\| \leqslant (1 - \|Sg_2\|\alpha_2)^{-1}[(\|S(a_{21} - L_2C_1)\|$$

$$+ \alpha_1 \|Sg_2\|) \|e_1\| + \|S(d_2 - L_2D)\| \|d\|] \tag{3.25}$$

再一次考虑 $\|\tilde{g}\| \leqslant \alpha_1 \|e_1\| + \alpha_2 \|e_2\|$，则式 (3.23) 显然成立。证毕。

给定 L 和 L_2 (进而 S 也是给定的)，则余下的问题就是确定矩阵 L_1。考虑如下代数黎卡提方程 (ARE):

$$\begin{aligned} & A_cP + PA_c^{\mathrm{T}} + \varepsilon Q + P\left(\gamma^2 N^{\mathrm{T}}N - \frac{1}{\varepsilon}C_c^{\mathrm{T}}C_c\right)P \\ & + \left(G_c - \frac{1}{\varepsilon}PC_c^{\mathrm{T}}C_2Sg_2\right)\left(G_c - \frac{1}{\varepsilon}PC_c^{\mathrm{T}}C_2Sg_2\right)^{\mathrm{T}} = 0 \end{aligned} \tag{3.26}$$

其中，$\varepsilon > 0, \gamma > 0, Q = Q^{\mathrm{T}} > 0, N$ 是一个适维的可调节矩阵以满足 ARE(3.26)。对于设计参数集合 $(\varepsilon, \gamma, Q, N)$, 如果 ARE (3.26) 存在一个正定对称 (positive definite symmetric) 矩阵 P, 则矩阵 L_1 可确定如下：

$$L_1 = \frac{1}{\varepsilon}PC_c^{\mathrm{T}} \tag{3.27}$$

将式 (3.27) 代入式 (3.26), 得

$$\begin{aligned} & (A_c - L_1C_c)P + P(A_c - L_1C_c)^{\mathrm{T}}\varepsilon Q \\ & + G_{cg}G_{cg}^{\mathrm{T}} + P\left(\gamma^2 N^{\mathrm{T}}N + \frac{1}{\varepsilon}C_c^{\mathrm{T}}C_c\right)P = 0 \end{aligned} \tag{3.28}$$

其中，G_{cg} 如式 (3.22) 所定义。

式 (3.28) 不能直接用来对观测器进行稳定性分析, 这样，在式 (3.28) 两侧同时乘以 P^{-1}/ρ，并定义 $P_0 = P^{-1}/\rho^2$, 可得

$$\begin{aligned} & P_0(A_c - L_1C_c) + \rho^2 P_0(\varepsilon Q + G_{cg}G_{cg}^T)P_0 \\ & + (A_c - L_1C_c)^{\mathrm{T}}P_0 + \left(\frac{\gamma^2}{\rho^2}N^{\mathrm{T}}N + \frac{1}{\varepsilon\rho^2}C_c^{\mathrm{T}}C_c\right) = 0 \end{aligned} \tag{3.29}$$

定理 3.2.1 假定假设 3.2.1 和假设 3.2.2 成立, 并存在两个矩阵 L 和 L_2 使得引理 3.2.3 成立。如果式 (3.29) 存在一个正定对阵矩阵 P_0，使得下面的矩阵是正定的：

$$\frac{\gamma^2}{\rho^2}N^{\mathrm{T}}N + \frac{1}{\varepsilon\rho^2}C_c^{\mathrm{T}}C_c + \rho^2\varepsilon Q - \delta_1 P_0D_{cd}D_{cd}^{\mathrm{T}}P_0 - \frac{1}{\delta_2}I = M \tag{3.30}$$

其中 $Q, \gamma > 0$ 和 N 是给定的矩阵, $\delta_1 > 0, \delta_2 > 0, \delta_3 > 0, \rho^2 = \delta_2\gamma_1^2 + \delta_3\gamma_2^2, \gamma_1$、$\gamma_2$ 如引理 3.2.3 中所定义，则

(1) $\dot{W}$ 满足如下不等式:

$$\dot{W} \leqslant -e_1^{\mathrm{T}} M e_1 + \left(\frac{1}{\delta_1} + \frac{1}{\delta_3}\right) \|d\|^2 \tag{3.31}$$

(2) 对于有界干扰 d, 误差系统式 (3.22) 的轨迹是最终有界的，且进入如下定义的椭球内:

$$\varepsilon_0 = e_1^{\mathrm{T}} P_0 e_1 = \left(\frac{1}{\delta_1} + \frac{1}{\delta_3}\right) \frac{\|d\|^2}{\lambda_{\min}(P_0^{-1} M)} \tag{3.32}$$

其中，$\lambda_{\min}(P_0)$ 是 P_0 的最小特征值。

证明　考虑误差系统式 (3.22), 选取 Lyapunov 函数为 $W = e_1^{\mathrm{T}} P_0 e_1$, 其中，$P_0$ 如式 (3.29) 中所定义。沿着系统式 (3.22) 的轨迹对 Lyapunov 函数 W 求导数，得

$$\begin{aligned}\dot{W} =& e_1^{\mathrm{T}}[(A_c - L_1 C_c)^{\mathrm{T}} P_0 + P_0 (A_c - L_1 C_c)] e_1 \\ &+ 2 e_1^{\mathrm{T}} P_0 (D_{cd} d + G_{cg} \tilde{g})\end{aligned} \tag{3.33}$$

利用引理 3.2.3, 则可得到

$$\begin{aligned}\dot{W} \leqslant& - e_1^{\mathrm{T}} \left(\frac{\gamma^2}{\rho^2} N^{\mathrm{T}} N + \frac{1}{\varepsilon \rho^2} C_c^{\mathrm{T}} C_c - \frac{1}{\delta_2} I\right) e_1 \\ &+ \left(\frac{1}{\delta_1} + \frac{1}{\delta_3}\right) \|d\|^2 + (P_0 e_1)^{\mathrm{T}} [-\rho^2 \varepsilon Q + \delta_1 D_{cd} D_{cd}^{\mathrm{T}} \\ &+ (\delta_2 \gamma_1^2 + \delta_3 \gamma_2^2 - \rho^2) G_{cg} G_{cg}^{\mathrm{T}}] (P_0 e_1) \\ =& - e_1^{\mathrm{T}} M e_1 + \left(\frac{1}{\delta_1} + \frac{1}{\delta_3}\right) \|d\|^2 \\ \leqslant& - \lambda_{\min}(M) \|e_1\|^2 + \left(\frac{1}{\delta_1} + \frac{1}{\delta_3}\right) \|d\|^2\end{aligned} \tag{3.34}$$

对 (1) 证毕。

用 $W = e_1^{\mathrm{T}} P_0 e_1$ 除以不等式 (3.34), 可得

$$\frac{\dot{W}}{W} \leqslant -\lambda_{\min}(P^{-1} M) + \left(\frac{1}{\delta_1} + \frac{1}{\delta_3}\right) \frac{\|d\|^2}{e_1^{\mathrm{T}} P_0 e_1} \tag{3.35}$$

这意味着, c 初始值起始于椭球式 (3.32) 之外的误差系统式 (3.22) 将最终进入这个椭球，并停留在其中。这样，误差系统式 (3.22) 的轨迹是最终有界的。证毕。

3.2.4　仿真算例

这里考虑一个由直流电机驱动的单关节柔性连接机器人的例子，并假定快动态特性可以由静态方程所描述 [84]。由于物理的原因，电机的位置和电机的速度容

易测量，而其他状态则不容易测量，此时需要考虑采用观测器对这些状态进行估计。考虑如下奇异双线性系统，它是通过对文献 [84] 中的模型进行修改而得到的：

$$\begin{cases} \dot{x}_1(t) = x_2(t) \\ \dot{x}_2(t) = -\dfrac{k}{J}x_1(t) - \dfrac{B_k}{J}x_2(t) + \dfrac{k}{J}x_3(xt) - \dfrac{K_k}{J}u(t) \\ \dot{x}_3(t) = x_4(t) \\ \dot{x}_4(t) = \dfrac{k}{J_0}x_1(t) - \dfrac{k}{J_x0}x_3(t) + \gamma_0 x_5(t) \\ \qquad + \dfrac{mgh_k}{J_0}[x_3(t) + x_5(t)]u(t) + \dfrac{mgh_k}{J_0}d(t) \\ 0 = x_1(t) + x_3(t) + x_5(t) + d_1[x_3(t) + x_5(t)]u(t) + d_2 d(t) \\ y_1(t) = x_1(t) \\ y_2(t) = x_2(t) \end{cases} \tag{3.36}$$

其中，x_1、x_2、x_3、x_4、x_5 和 d 分别是电机的角位移、电机的角速度、关节的角位置、关节的角速度、快变子系统的扰动和未知标量扰动。研究问题的模型已经是标准的变换形式 (3.4) ~ 式 (3.6), 为说明问题需要，对形如式 (3.4) ~ 式 (3.6) 的模型选定一组参数 $\{k, J, B_k, K_k, J_0, m, g, h_k, \gamma_0, d_1, d_2\}$, 划分的状态为 $z_1 = [x_1 \quad x_2 \quad x_3 \quad x_4]^{\mathrm{T}}$ 和 $z_2 = x_5$, $A_{11} = \begin{bmatrix} 0 & 1 & 0 & 0 \\ -4.75 & 0.865 & 4.75 & 0 \\ 0 & 0 & 0 & 1 \\ 1.85 & 0 & -1.85 & 0 \end{bmatrix}$, $A_{12} = [0 \quad 0 \quad 0 \quad -0.1]^{\mathrm{T}}$, $B_1 = [0 \quad 21.5 \quad 0 \quad 0]^{\mathrm{T}}$, $G_1 = D_1 = [0 \quad 0 \quad 0 \quad -0.353]$, $y = C_1 z_1 = \begin{bmatrix} 1 & 0 & 0 & 0 \\ 0 & 1 & 0 & 0 \end{bmatrix} z_1$, $A_{22} = 1, B_2 = 0, A_{21} = [1 \quad 0 \quad 1 \quad 0], F_2 = 0, F = 0, D = 0, D_2 = 0.1$, $G_2 = 0.2, g(Vz, u) = G(t, z_1, z_2, u) = [0 \;\; 0 \;\; 1 \;\; 0]z_1 u + z_2 u = (V_1 z_1 + z_2)u, C_2 = 0$。

因为 $\operatorname{rank}[A_{22} \; B_2] = q = 1$, 所以不可控系统是因果的，且系统式 (3.8) ~ 式 (3.10) 在 $K_3 = 0$ 的情况下与系统式 (3.4) ~ 式 (3.6) 具有相同的形式。观测器由式 (3.18) ~ 式 (3.20) 表示，其中，$G_c = [0 \;\; 0 \;\; 0 \;\; -0.333]^{\mathrm{T}}, D_c = [0 \;\; 0 \;\; 0 \;\; -0.343]^{\mathrm{T}}$, $A_c = \begin{bmatrix} 0 & 1.0 & 0 & 0 \\ -4.75 & 0.8650 & 4.75 & 0 \\ 0 & 0 & 0 & 1.0 \\ 1.95 & 0 & -1.75 & 0 \end{bmatrix}$, $B_c = B_1, C_{2c} = C_1$, L_1、L_2 是待设计的参数。显然, G 是 z_1 和 z_2 的函数，进而无疑存在一个观测器。在本例中, 可简单选取式 (3.19) 中的 $L_2 = 0$，以此来保证 S^{-1} 的存在性并满足引理 3.2.3 的条

件。在 $u_b = 1$ 和 $d_b = 1$ 时的一个有界输入 $u(t)$ 可产生一个有界输出。根据假设 3.2.2，可选取 $\alpha_1 = 1$ 和 $\alpha_2 = 1$。从式 (3.23) 可得 $\beta_4 = 1.25$, $\beta_2 = 0.1768$ 和 $\beta_1 = 2.0178$、$\gamma_1 = 3.0178$、$\gamma_2 = 0.1768$。选取 $\varepsilon = 0.1$、$\gamma = 1$、$Q = I$ 和 $N = 2I$, 方程式 (3.26) 的解为

$$P = \begin{bmatrix} 0.0915 & 0.0184 & 0.0506 & 0.0343 \\ 0.0184 & 0.2917 & 0.0836 & -0.0139 \\ 0.0506 & 0.0836 & 0.1209 & 0.0515 \\ 0.0343 & -0.0139 & 0.0515 & 0.1835 \end{bmatrix}$$

那么

$$L_1 = \begin{bmatrix} 0.9146 & 0.1839 \\ 0.1839 & 2.9168 \\ 0.5063 & 0.8365 \\ 0.3425 & -0.1388 \end{bmatrix}$$

选取 $\delta_1 = 0.01$, $\delta_2 = 1$ 和 $\delta_3 = 1$, 则 $\rho^2 = 9.1382$ 和

$$P_0 = \frac{P^{-1}}{\rho^2} = \begin{bmatrix} 1.5974 & 0.0932 & -0.6922 & -0.0970 \\ 0.0932 & 0.5059 & -0.4519 & 0.1476 \\ -0.6922 & -0.4519 & 1.6662 & -0.3722 \\ -0.0970 & 0.1476 & -0.3722 & 0.7300 \end{bmatrix}$$

方程式 (3.30) 中的矩阵

$$M = \begin{bmatrix} 1.4458 & 0.0000 & -0.0000 & 0.0001 \\ 0.0000 & 1.4458 & 0.0001 & -0.0001 \\ -0.0000 & 0.0001 & 0.3514 & 0.0003 \\ 0.0001 & -0.0001 & 0.0003 & 0.3509 \end{bmatrix}$$

M 的特征值分别是 0.3508、1.4459、1.4458 和 0.3515。因此, M 是一个正定矩阵。由式 (3.32) 可得 $\varepsilon_0 = 5.4407$。

当控制输入 $u(t) = 0.5\sin t$, 未知干扰 $d = 1 \cdot \mathrm{rand}$, 其中 rand 是在 (0,1) 区间上产生的一致分布干扰, 初始状态 $z_1 = [0 \ \ 8 \ \ 6 \ \ 0.6]^{\mathrm{T}}$, $\hat{z}_1 = [10 \ \ -5 \ \ -0.34 \ \ 1]^{\mathrm{T}}$, 状态曲线 x_1、$\hat{x}_1$、x_2 和 $\hat{x}_2$ 分别如图 3.1 和图 3.2 所示。从两图可见，所提出的奇异双线性观测器能够很好地估计实际状态。

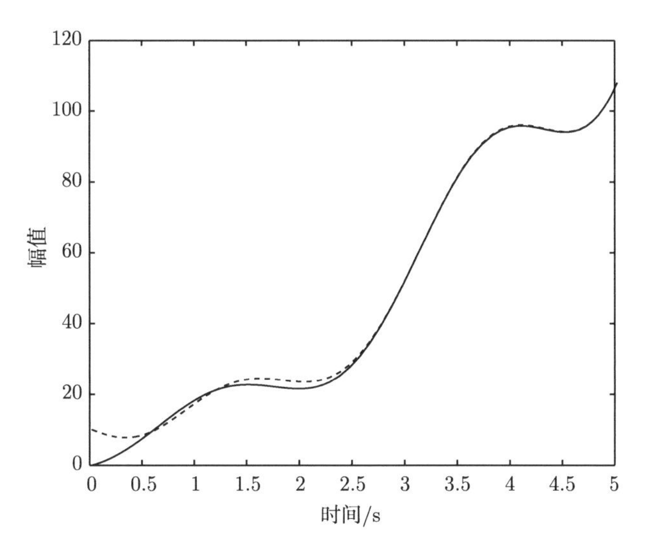

图 3.1 干扰为 $d = 1 \cdot \mathrm{rand}$ 时的 x_1 和 $\hat{x}_1$ 的估计曲线

实线表示 x_1, 虚线表示估计状态 $\hat{x}_1$

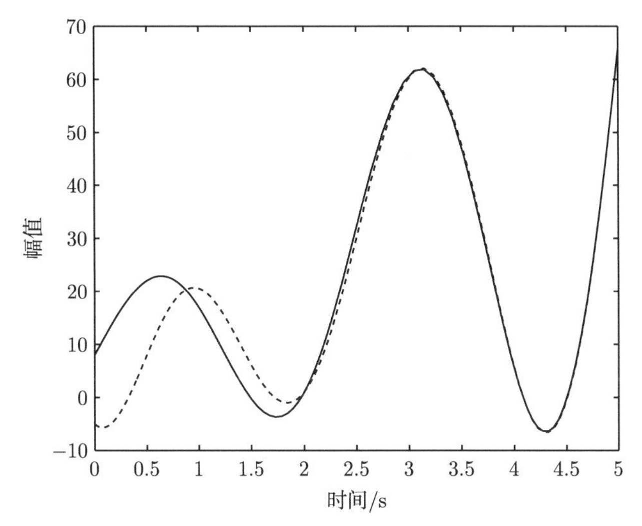

图 3.2 干扰为 $d = 1 \cdot \mathrm{rand}$ 时的 x_2 和 $\hat{x}_2$ 的估计曲线

实线表示 x_2, 虚线表示估计状态 $\hat{x}_2$

3.3 双线性系统的故障诊断观测器设计

在过去的四十多年中，过程系统的故障检测和隔离问题一直是学界研究的热点 [116-118]。到目前为止，寻求更为有效的故障检测和隔离方法仍旧是人们研究的重点课题。尽管针对非线性系统的故障检测和隔离方法取得了很大进展 [122, 135-137]，但很多关于故障检测和隔离的研究仍集中在线性系统 [118]。线性系统是控制系统的基础，任何控制系统都是期望受控系统工作在某几个工作点上，对非线性系统在每个工作点（将其作为平衡点）进行泰勒级数线性化处理，就可得到相对的线性化系统，进而，实际的控制问题就转化为如何在有限域内（或者期望域内）进行局部线性控制的问题。如果能够获得多个工作点处的线性化模型，那就可以实现不同工况下的切换控制或者模糊逻辑控制。介于线性系统和非线性系统之间的一类弱非线性系统之一，就是双线性系统（当然，Lipschitz 系统可是一类弱线性系统，是在给定扇区内变化的系统）。在双线性系统中，控制作用同时以加性和乘性的形式作用到状态空间方程描述的系统中，即 $\dot{x}(t) = Bu(t) + Eu(t)x(t)$，其中 $u(t)$ 为控制作用，$x(t)$ 为系统状态。双线性系统存在于很多物理系统中，如热交换过程和生物制药过程 [138, 139]。事实上，很多系统都是由快系统和慢系统相组合而形成的作用关系，快系统往往是由一类等式或者不等式约束构成，慢系统往往是动力系统，由于其存在自我调节过程进而呈现大的惯性或者滞后响应。在具体的系统建模过程中，往往是将各种等式约束看成系统外的约束，进而能用非常紧凑优美的数学描述形式来表示，这样，经典的线性系统理论和非线性系统理论就可以直接应用。实际上，也可以将等式约束或者不等式约束与动力系统联合考虑，构成一种新型的分析问题模式，这类建模方式就是用来描述整个系统的全貌，这类系统也称作微分–代数系统、描述系统、奇异系统、广义系统等。关于双线性系统描述的系统，也可以拓展到奇异双线性系统情况 [131, 132, 140]，这时的描述将会更加反映系统的实际运行情况。任何运行的人造系统都可能出现故障，以奇异双线性系统描述的工业过程也不例外。双线性系统的故障检测问题已得到一些学者的研究 [130, 141, 142]，然而针对奇异双线性系统的故障诊断问题，却很少有相应的研究成果。在文献 [123] 中，设计了一类未知输入残差发生器 (UIRG) 来实现奇异双线性系统的故障检测，但是 UIRG 不能提供状态估计信息，且不能实现故障与外部干扰解耦。基于此，针对含有未知输入干扰和故障情况下的奇异双线性系统，本节将设计一类双线性故障检测观测器 (BFDO)。首先，通过奇异值分解技术 (SVD)，原始的奇异双线性系统被分解成动态系统和静态系统两部分，并证明分解后子系统解的存在性。其次，基于代数黎卡提方程，针对分解后的系统设计了一个 BFDO，并对状态估计误差的吸引域进行估计。再次，故障检测阈值对故障检测性能的影响进行讨论，并给出设计故障阈值的过程。最后，仿真示例验证所提方法的有效性。

3.3.1　系统描述

考虑如下连续时间的奇异双线性系统：

$$E_a\dot{x}(t) = A_a x(t) + G_a g(x(t), u(t)) + B_a u(t) + D_a d(t) + F_a f(t) \tag{3.37}$$

$$y(t) = C_s x(t) + Ff(t) + Dd(t) \tag{3.38}$$

其中

$$g(x(t), u(t)) = \sum_{i=1}^{h} u^i(t) A_{si} x(t) \tag{3.39}$$

$x(t) \in \mathbb{R}^n$ 是奇异系统状态向量，$u(t) \in \mathbb{R}^m (m \leqslant n)$ 是输入向量，$d(t) \in \mathbb{R}^{n_1}$ 是未知输入干扰向量，$f(t) \in \mathbb{R}^{n_2}$ 是未知故障向量，$y(t) \in \mathbb{R}^l$ 是输出向量，A_a、G_a, A_{si}、B_a、D_a、F_a、C_s、F 和 D 都是已知的适维矩阵，E_a 是方的或可能奇异的矩阵，即 $\text{rank}(E_a) = p \leqslant n$。

为叙述方便，在后面对系统式 (3.37) 和式 (3.38) 的变量中的时间 t 都省略。

观测器设计的存在性部分取决于系统式 (3.37) 和式 (3.38) 的某些条件是否满足。因此，本节做假设 3.2.1 成立，为方便阅读，重述如下。

假设 3.3.1[132] ① 三元组 (E_a, A_a, B_a) 是 R- 可控制的和 Y- 可控制的；② 三元组 (E_a, A_a, C_s) 是 R- 可观测的和 Y- 可观测的。

3.3.2 奇异双线性系统的变换

存在两个正交矩阵 U 和 V 使得

$$U^{\mathrm{T}} E_a V = \begin{bmatrix} \Sigma & 0 \\ 0 & 0 \end{bmatrix} \tag{3.40}$$

其中，$\Sigma = \text{diag}(\mu_1, \mu_2, \cdots, \mu_p)$ 是一个对角矩阵，$\mu_i (i = 1, 2, \ \cdots, p)$ 是矩阵 E_a 的奇异值。现在定义如下新变量：

$$z = V^{\mathrm{T}} x = \begin{bmatrix} z_1 \\ z_2 \end{bmatrix}, \quad U^{\mathrm{T}} B_a = \begin{bmatrix} B_1 \\ B_2 \end{bmatrix}$$

$$U^{\mathrm{T}} A_a V = \begin{bmatrix} A_{11} & A_{12} \\ A_{21} & A_{22} \end{bmatrix}, \quad C_s V = \begin{bmatrix} C_1 & C_2 \end{bmatrix}$$

$$U^{\mathrm{T}} G_a = \begin{bmatrix} G_1 \\ G_2 \end{bmatrix}, \quad U^{\mathrm{T}} D_a = \begin{bmatrix} D_1 \\ D_2 \end{bmatrix}, \quad U^{\mathrm{T}} F_a = \begin{bmatrix} F_1 \\ F_2 \end{bmatrix}$$

系统式 (3.37) 和式 (3.38) 以奇异值分解 SVD 形式表示成一个 p 阶动态系统和一个 q $(q = n - p)$ 阶静态系统：

$$\Sigma \dot{z}_1 = A_{11} z_1 + A_{12} z_2 + B_1 u + D_1 d + F_1 f + G_1 g(Vz, u) \tag{3.41}$$

$$0 = A_{21} z_1 + A_{22} z_2 + B_2 u + D_2 d + F_2 f + G_2 g(Vz, u) \tag{3.42}$$

$$y = C_1 z_1 + C_2 z_2 + Ff + Dd \tag{3.43}$$

其中，$z_1 \in \mathbb{R}^p$, $z_2 \in \mathbb{R}^q$。如果 z_2 能够由 z_1 表示, 则矩阵 A_{22} 一定是非奇异的，这在文献 [131]、[133] 中被称作因果关系。这一条件可由如下引理来保证。

引理 3.3.1 [133] 如果 $\text{rank}[A_{22}\ B_2] = q$, 则三元组 (E_a, A_a, B_a) 是 Y- 可控制的。$\text{rank}[A_{22}\ B_2] = q$ 当且仅当存在一个适维矩阵 K_2, 使得 $A_{22} - B_2K_2$ 是非奇异的。

但对于 A_{22} 是奇异的一般情况，则施加一定的控制作用是必要的，以此来保证系统是因果的。不失一般性，选取控制器具有如下形式:

$$u = -K_3 y + v \tag{3.44}$$

则系统式 (3.41) ~ 式 (3.43) 可写成如下形式:

$$\begin{aligned}\Sigma \dot{z}_1 =& (A_{11} - B_1K_3C_1)z_1 + (A_{12} - B_1K_3C_2)z_2 \\ &+ B_1 v + (D_1 - B_1K_3D)d \\ &+ (F_1 - B_1K_3F)f + G_1 g(z_1, z_2, v)\end{aligned} \tag{3.45}$$

$$\begin{aligned}0 =& (A_{21} - B_2K_3C_1)z_1 + (A_{22} - B_2K_3C_2)z_2 \\ &+ B_2 v + (D_2 - B_2K_3D)d \\ &+ (F_2 - B_2K_3F)f + G_2 g(z_1, z_2, v)\end{aligned} \tag{3.46}$$

$$y = C_1 z_1 + C_2 z_2 + Ff + Dd \tag{3.47}$$

根据引理 3.3.1, 存在一个矩阵 K_3, 使得矩阵 $A_{22} - B_2K_3C_2$ 是非奇异的。

令 $L = A_{22} - B_2K_3C_2$ 为一个已知矩阵, 则系统式 (3.45)~ 式 (3.47) 可写成如下形式:

$$\dot{z}_1 = a_{11}z_1 + a_{12}z_2 + b_1 v + d_1 d + f_1 f + g_1 g(z_1, z_2, v) \tag{3.48}$$

$$0 = L(a_{21}z_1 + z_2 + b_2 v + d_2 d + f_2 f + g_2 g(z_1, z_2, v)) \tag{3.49}$$

$$y = C_1 z_1 + C_2 z_2 + Ff + Dd \tag{3.50}$$

其中，$a_{11} = \Sigma^{-1}(A_{11} - B_1K_3C_1)$, $a_{12} = \Sigma^{-1}(A_{12} - B_1K_3C_2)$, $d_1 = \Sigma^{-1}(D_1 - B_1K_3D)$, $f_1 = \Sigma^{-1}(F_1 - B_1K_3F), g_1 = \Sigma^{-1}G_1, b_1 = \Sigma^{-1}B_1$, $a_{21} = L^{-1}(A_{21} - B_2K_3C_1), b_2 = L^{-1}B_2, g_2 = L^{-1}G_2$, $d_2 = L^{-1}(D_2 - B_2K_3D), f_2 = L^{-1}(F_2 - B_2K_3F)$。

3.3.3 系统的解

假定系统式 (3.48) ~ 式 (3.50) 是良态的，为了确保整个系统具有相同的特性，则需要如下必要的假设。

假设 3.3.2 ① 未知函数 d 和 f 是连续有界的, 即 $d:\mathbb{R}^l\rightarrow\mathbb{R}^{l_1}$, $f:\mathbb{R}^{n_1}\rightarrow\mathbb{R}^{n_2}$, $\|d\|\leqslant d_b$, $\|f\|\leqslant f_b$, 集合 $(d_b;f_b)$ 是已知的。② 控制作用 v 是有界的，$\|v\|\leqslant v_b$。在干扰和故障存在的情况, 输出也是有界的, 即 $\|y\|\leqslant y_b$, 集合 $(v_b;y_b)$ 是已知的。③ 存在已知非负实常数 α_1 和 α_2, 使得函数 $g(t,z_1,z_2,v)$, $g:\mathbb{R}^1\times\mathbb{R}^p\times\mathbb{R}^q\times\mathbb{R}^m\rightarrow\mathbb{R}^{n_3}$, 对于所有的 $z_1,z_3\in\mathbb{R}^p$ 和 $z_2,z_4\in\mathbb{R}^q$, 满足如下 Lipschitz 条件:

$$\|g(t,z_1,z_2,v)-g(t,z_3,z_4,v)\|\leqslant\alpha_1\|z_1-z_3\|+\alpha_2\|z_2-z_4\| \tag{3.51}$$

其中

$$\alpha_1=\alpha_2=(\|K_3\|y_b+b_v)\sum_{i=1}^{h}\|A_{si}\| \tag{3.52}$$

在式 (3.49) 两侧同时乘以 $a_{12}L^{-1}$，并从式 (3.48) 中减掉 z_2 这一变量, 可得如下系统:

$$\dot{z}_1=A_cz_1+B_cv+D_cd+F_cf+G_cg(z_1,z_2,v) \tag{3.53}$$

$$0=a_{21}z_1+z_2+b_2v+d_2d+f_2f+g_2g(z_1,z_2,v) \tag{3.54}$$

$$y=C_{2c}z_1+F_{2c}f+D_{2c}d-G_{2c}g(z_1,z_2,v)-B_{2c}v \tag{3.55}$$

其中，$A_c=a_{11}-a_{12}a_{21}$，$B_c=b_1-a_{12}b_2$，$D_c=d_1-a_{12}d_2$，$F_c=f_1-a_{12}f_2$, $G_c=g_1-a_{12}g_2$, $C_{2c}=C_1-C_2a_{21}$, $F_{2c}=F-C_2f_2$, $D_{2c}=D-C_2d_2G_{2c}=C_2g_2$, $B_{2c}=C_2b_2$。

3.3.4 BFDO 设计

考虑如下 BFDO 来估计系统式 (3.53) ~ 式 (3.55) 中的状态 z_1 和 z_2:

$$\dot{\hat{z}}_1=A_c\hat{z}_1+B_cv+G_cg(\hat{z}_1,\hat{z}_2,v)+L_1(y-\hat{y}) \tag{3.56}$$

$$0=a_{21}\hat{z}_1+\hat{z}_2+b_2v+g_2g(\hat{z}_1,\hat{z}_2,v)+L_2(y-\hat{y}) \tag{3.57}$$

$$\hat{y}=C_1\hat{z}_1+C_2\hat{z}_2 \tag{3.58}$$

其中，L_1 和 L_2 是待设计的增益矩阵。定义状态误差 $e_1=z_1-\hat{z}_1$, $e_2=z_2-\hat{z}_2$, 则从式 (3.50)、式 (3.53)、式 (3.54) 和式 (3.56) ~ 式 (3.58) 可得

$$e_2=-S[(a_{21}-L_2C_1)e_1+g_2\tilde{g}+(d_2-L_2D)d+(f_2-L_2F)f] \tag{3.59}$$

$$\begin{aligned}\dot{e}_1&=(A_c-L_1C_1)e_1+G_c\tilde{g}+(D_c-L_1D)d+(F_c-L_1F)f-L_1C_2e_2\\&=(A_c-L_1C_c)e_1+G_{cg}\tilde{g}+D_{cd}d+F_{cf}f\end{aligned} \tag{3.60}$$

其中，$S=(I-L_2C_2)^{-1}$, $\tilde{g}=g(z_1,z_2,\hat{z}_1,\hat{z}_2,v)=g(z_1,z_2,v)-g(\hat{z}_1,\hat{z}_2,v)$, $C_c=C_1-C_2S(a_{21}-L_2C_1)$, $D_{cd}=D_c-L_1D+L_1C_2S(d_2-L_2D)$, $G_{cg}=G_c+L_1C_2Sg_2$, $F_{cf}=F_c-L_1F+L_1C_2S(f_2-L_2F)$。

设计 BFDO 就是选择 L_1 和 L_2 (此处 L_2 也要保证矩阵 S 是非奇异的) 使得: i) BFDO 存在; ii) 当 $f=0$ 和 $d=0$ 时，误差 e_1 收敛到零，且当 $d\neq 0$ 时具有一定的鲁棒性; iii) 对于任意有界干扰，当 $t_0>0$ 时，如果 $e_1(t_0)\leqslant\varepsilon_0$，则当 $f\neq 0$ 和 $t>t_0$ 时，$e_1(t)>\varepsilon_0$，ε_0 是一个给定的阈值，用来判断是否发生故障。

从式 (3.59) 和式 (3.60) 可得到如下结果，后面将会利用。

引理 3.3.2　假定假设 3.3.2 成立，则: ① 如果 $\|g_2\|\,\alpha_2<1$，则观测器系统式 (3.56) ~ 式 (3.58) 是因果的，且解 $\hat{z}_1$ 和 $\hat{z}_2$ 存在; ② 如果 $\|Sg_2\|\,\alpha_2<1$, 则误差系统式 (3.59) 和式 (3.60) 也是因果的，且解 e_1 和 e_2 也存在，e_2 和 $\tilde{g}$ 的边界满足:

$$\|e_2\|\leqslant\beta_1\ \|e_1\|+\beta_2\,\|d\|+\beta_3\,\|f\| \tag{3.61}$$

$$\|\tilde{g}\|\leqslant\gamma_1\ \|e_1\|+\gamma_2\,\|d\|+\gamma_3\,\|f\| \tag{3.62}$$

其中，$\beta_1=\beta_4[(\ \|S[(a_{21}-L_2C_1)\|+\ \alpha_1\,\|Sg_2\|)$, $\beta_2=\beta_4\,\|S(d_2-L_2D)\|$, $\gamma_3=\alpha_2\beta_3$, $\beta_3=\beta_4\,\|S(f_2-L_2F)\|$,$\beta_4=(1-\|Sg_2\|\,\alpha_2)^{-1}$, $\gamma_1=(\alpha_1+\alpha_2\beta_1)$, $\gamma_2=\alpha_2\beta_2$。

证明　① 对于固定的 t、$\hat{z}_1$、v、d 和 f, 静态方程式 (3.57) 可等价成 $-\hat{z}_2=\bar{g}(\hat{z}_2)=a_{21}\hat{z}_1+b_2v+g_2g(\hat{z}_1,\hat{z}_2,v)+L_2(y-\hat{y})$。根据假设 3.3.2, $\bar{g}(\hat{z}_2)$ 是一个全局压缩映射，$\|g_2\|\,\alpha_2<1$, 这样，方程式 (3.57) 存在唯一解 $\hat{z}_2$。这也意味着系统式 (3.56) 等价为一个非奇异的、因果的微分系统。利用假设 3.3.2, 基于微分方程存在性定理，方程式 (3.56) 存在一个良态解。

② 关于 e_1 和 e_2 的存在性, 参照 ① 的相似证明过程即可得证。因此，误差 e_1 和 e_2 存在，且系统式 (3.59) 和式 (3.60) 是因果的。在式 (3.59) 两侧同时取 2- 范数, 可得

$$\begin{aligned}\|e_2\|\leqslant&\ \|S[(a_{21}-L_2C_1)\|\ \|e_1\|+\|Sg_2\|\ \|\tilde{g}\|\\&+\|S(d_2-L_2D)\|\ \|d\|+\|S(f_2-L_2F)\|\ \|f\|\end{aligned} \tag{3.63}$$

依据假设 3.3.2, $\|\tilde{g}\|\leqslant\alpha_1\,\|e_1\|+\alpha_2\,\|e_2\|$, 则有

$$\begin{aligned}\|e_2\|\leqslant&(1-\|Sg_2\|\,\alpha_2)^{-1}[(\ \|S[(a_{21}-L_2C_1)\|\\&+\alpha_1\,\|Sg_2\|)\ \|e_1\|+\|S(d_2-L_2D)\|\ \|d\|\\&+\|S(f_2-L_2F)\|\ \|f\|]\end{aligned}$$

这样，式 (3.61) 成立。再一次考虑式 (3.61) 和 $\|\tilde{g}\|\leqslant\alpha_1\,\|e_1\|+\alpha_2\,\|e_2\|$，式 (3.62) 显然是成立的。这样，引理 3.3.2 证毕。

当干扰和故障不存在时, 从系统式 (3.59) 和式 (3.60) 可见，如果动态误差 e_1 收敛到零，则 e_2 也收敛到零。给定 L 和 L_2 (此时 S 也会给定的), 则余下的问题就是确定矩阵 L_1。现在考虑一种特殊形式的 ARE, 该 ARE 将在 BFDO 的稳定性分析中用到:

$$
\begin{aligned}
&A_cP + PA_c^{\mathrm{T}} + \varepsilon Q + \left(G_c + \frac{1}{\varepsilon}PC_c^{\mathrm{T}}C_2Sg_2\right)\left(G_c + \frac{1}{\varepsilon}PC_c^{\mathrm{T}}C_2Sg_2\right)^{\mathrm{T}} \\
&+ P\left(\gamma^2N^{\mathrm{T}}N - \frac{1}{\varepsilon}C_c^{\mathrm{T}}C_c\right)P = 0
\end{aligned} \tag{3.64}
$$

其中，$\varepsilon > 0, \gamma > 0, Q = Q^{\mathrm{T}} > 0$, N 是一个具有适当维数的可调节矩阵，并确保 ARE (3.64) 成立。因此，对于给定的参数集合 $(\varepsilon, \gamma, Q, N)$, 如果 ARE (3.64) 存在一个正定对称矩阵 P, 则矩阵 L_1 可指定为如下形式:

$$
L_1 = \frac{1}{\varepsilon}PC_c^{\mathrm{T}} \tag{3.65}
$$

将式 (3.65) 代入式 (3.64), 可得

$$
\begin{aligned}
&(A_c - L_1C_c)P + P(A_c - L_1C_c)^{\mathrm{T}} + \varepsilon Q \\
&+ G_{cg}G_{cg}^{\mathrm{T}} + P\left(\gamma^2N^{\mathrm{T}}N + \frac{1}{\varepsilon}C_c^{\mathrm{T}}C_c\right)P = 0
\end{aligned} \tag{3.66}
$$

其中，$G_{cg} = G_c + L_1C_2Sg_2$，与式 (3.60) 中定义的一样。

在 BFDO 的稳定性分析中可能够直接利用式 (3.66), 因此在式 (3.66) 两侧同时乘以 P^{-1}/ρ, 并定义 $P_0 = P^{-1}/\rho^2$, 可得

$$
\begin{aligned}
&P_0(A_c - L_1C_c) + (A_c - L_1C_c)^{\mathrm{T}}P_0 + \rho^2P_0(\varepsilon Q \\
&+ G_{cg}G_{cg}^{\mathrm{T}})P_0 + \left(\frac{\gamma^2}{\rho^2}N^{\mathrm{T}}N + \frac{1}{\varepsilon\rho^2}C_c^{\mathrm{T}}C_c\right) = 0
\end{aligned} \tag{3.67}
$$

针对 $f \neq 0$ 情况, 如果故障发生后系统仍旧是有界稳定的，则有如下主要结果。

定理 3.3.1 假定存在 L 和 L_2 使得引理 3.3.2 成立, 且 $\delta_1 > 0, \delta_2 > 0, \delta_3 > 0, \delta_4 > 0$ 和 $\delta_5 > 0$ 都已事先给定。如果对于某些给定参数 $Q, \gamma > 0, \varepsilon > 0$ 和 N, ARE (3.67) 存在正定对称矩阵 P_0, 使得如下矩阵 M_1 是正定的:

$$
\begin{aligned}
M_1 =& \frac{\gamma^2}{\rho^2}N^{\mathrm{T}}N + \frac{1}{\varepsilon\rho^2}C_c^{\mathrm{T}}C_c + \rho^2\varepsilon P_0QP_0 \\
&- \delta_1P_0D_{cd}D_{cd}^{\mathrm{T}}P_0 - \delta_4P_0F_{cf}F_{cf}^{\mathrm{T}}P_0 - \frac{1}{\delta_2}I
\end{aligned} \tag{3.68}
$$

其中，$\rho^2=\delta_2\gamma_1^2+\delta_3\gamma_2^2+\delta_5\gamma_3^2$，$\gamma_1$、$\gamma_2$ 和 γ_3 在引理 3.3.2 中给出，则

（1）$\dot{W}(t)$ 满足如下不等式：

$$\dot{W}(t)\leqslant -e_1^{\mathrm{T}}M_1e_1+\left(\frac{1}{\delta_1}+\frac{1}{\delta_3}\right)\|d\|^2+\left(\frac{1}{\delta_4}+\frac{1}{\delta_5}\right)\|f\|^2 \tag{3.69}$$

（2）观测器误差方程式 (3.60) 在 $d=0$ 和 $f=0$ 时是渐近稳定的；

（3）误差轨迹 e_1 是最终有界的，并最终进入如下定义的椭球内：

$$\begin{aligned}e_1^{\mathrm{T}}P_0e_1=&\left(\frac{1}{\delta_1}+\frac{1}{\delta_3}\right)\frac{\|d\|^2}{0.5\lambda_{\min}(P_0^{-1}M_1+M_1P_0^{-1})}\\&+\left(\frac{1}{\delta_4}+\frac{1}{\delta_5}\right)\frac{\|f\|^2}{0.5\lambda_{\min}(P_0^{-1}M_1+M_1P_0^{-1})}\end{aligned} \tag{3.70}$$

其中，$\lambda_{\min}(P_0)$ 是 P_0 的最小特征值, $W(t)$ 是后续证明中的一个 Lyapunov 函数, $\dot{W}(t)$ 是 $W(t)$ 的导数。

证明　考虑 Lyapunov 函数 $W(t)=e_1^{\mathrm{T}}P_0e_1$, 其中 P_0 如式 (3.67) 中所定义。沿着系统式 (3.60) 的轨迹, 对 $W(t)$ 求导数，可得

$$\begin{aligned}\dot{W}(t)=&\dot{e}_1^{\mathrm{T}}P_0e_1+e_1^{\mathrm{T}}P_0\dot{e}_1\\=&e_1^{\mathrm{T}}[(A_c-L_1C_c)^{\mathrm{T}}P_0+P_0(A_c-L_1C_c)]e_1\\&+2e_1^{\mathrm{T}}P_0(D_{cd}d+G_{cg}\tilde{g}+F_{cf}f)\end{aligned} \tag{3.71}$$

利用引理 3.3.2 和下面的不等式：

$$\pm 2X^{\mathrm{T}}Y\leqslant \sigma X^{\mathrm{T}}X+\frac{1}{\sigma}Y^{\mathrm{T}}Y \tag{3.72}$$

其中，X 和 Y 是具有适当维数的列向量, $\sigma>0$ 是一个标量, 则有

$$2e_1^{\mathrm{T}}P_0D_{cd}d\leqslant \delta_1e_1^{\mathrm{T}}P_0D_{cd}D_{cd}^{\mathrm{T}}P_0e_1+\frac{1}{\delta_1}d^{\mathrm{T}}d \tag{3.73}$$

$$2e_1^{\mathrm{T}}P_0F_{cf}f\leqslant \delta_4e_1^{\mathrm{T}}P_0F_{cf}F_{cf}^{\mathrm{T}}P_0e_1+\frac{1}{\delta_4}f^{\mathrm{T}}f \tag{3.74}$$

$$\begin{aligned}2e_1^{\mathrm{T}}P_0G_{cg}\tilde{g}\leqslant&\left\|2e_1^{\mathrm{T}}P_0G_{cg}\tilde{g}\right\|\leqslant 2\left\|e_1^{\mathrm{T}}P_0G_{cg}\right\|\ \|\tilde{g}\|\\\leqslant&2\left\|e_1^{\mathrm{T}}P_0G_{cg}\right\|(\gamma_1\ \|e_1\|+\gamma_2\|d\|+\gamma_3\|f\|)\\\leqslant&(\delta_2\gamma_1^2+\delta_3\gamma_2^2+\delta_5\gamma_3^2)\left\|e_1^{\mathrm{T}}P_0G_{cg}\right\|^2\\&+\frac{1}{\delta_2}\|e_1\|^2+\frac{1}{\delta_3}\|d\|^2+\frac{1}{\delta_5}\|f\|^2\end{aligned} \tag{3.75}$$

其中，$\delta_i>0$, $i=1,2,\cdots,5$ 是正常数。

将式 (3.73) $\sim$ 式 (3.75) 代入到式 (3.71) 中, 得

$$
\begin{aligned}
\dot{W}(t) \leqslant & e_1^{\mathrm{T}}[(A_c - L_1C_c)^{\mathrm{T}}P_0 + P_0(A_c - L_1C_c)]e_1 \\
& + \delta_1 e_1^{\mathrm{T}} P_0 D_{cd} D_{cd}^{\mathrm{T}} P_0 e_1 + \left(\frac{1}{\delta_1} + \frac{1}{\delta_3}\right) \|d\|^2 \\
& + (\delta_2\gamma_1^2 + \delta_3\gamma_2^2 + \delta_5\gamma_3^2) \left\|e_1^{\mathrm{T}} P_0 G_{cg}\right\|^2 + \frac{1}{\delta_2}\|e_1\|^2 \\
& + \delta_4 e_1^{\mathrm{T}} P_0 F_{cf} F_{cf}^{\mathrm{T}} P_0 e_1 + \left(\frac{1}{\delta_4} + \frac{1}{\delta_5}\right)\|f\|^2 \\
= & - e_1^{\mathrm{T}}\left(\frac{\gamma^2}{\rho^2} N^{\mathrm{T}} N - \frac{3}{\varepsilon\rho^2} C_c^{\mathrm{T}} C_c - \frac{1}{\delta_2} I\right) e_1 \\
& + \left(\frac{1}{\delta_1} + \frac{1}{\delta_3}\right)\|d\|^2 + \left(\frac{1}{\delta_4} + \frac{1}{\delta_5}\right)\|f\|^2 \\
& + (P_0e_1)^{\mathrm{T}}[-\rho^2\varepsilon Q + \delta_1 D_{cd} D_{cd}^{\mathrm{T}} + (\delta_2\gamma_1^2 + \delta_3\gamma_2^2 \\
& + \delta_5\gamma_3^2 - \rho^2) G_{cg} G_{cg}^{\mathrm{T}} + \delta_4 F_{cf} F_{cf}^{\mathrm{T}}](P_0 e_1) \\
= & - e_1^{\mathrm{T}}\left(\frac{\gamma^2}{\rho^2} N^{\mathrm{T}} N - \frac{3}{\varepsilon\rho^2} C_c^{\mathrm{T}} C_c + \rho^2\varepsilon P_0 Q P_0\right. \\
& \left. - \delta_1 P_0 D_{cd} D_{cd}^{\mathrm{T}} P_0 - \delta_4 P_0 F_{cf} F_{cf}^{\mathrm{T}} P_0 - \frac{1}{\delta_2} I\right) e_1 \\
& + \left(\frac{1}{\delta_1} + \frac{1}{\delta_3}\right)\|d\|^2 + \left(\frac{1}{\delta_4} + \frac{1}{\delta_5}\right)\|f\|^2 \\
= & - e_1^{\mathrm{T}} M_1 e_1 + \left(\frac{1}{\delta_1} + \frac{1}{\delta_3}\right)\|d\|^2 + \left(\frac{1}{\delta_4} + \frac{1}{\delta_5}\right)\|f\|^2 \\
\leqslant & - \lambda_{\min}(M_1)\|e_1\|^2 + \left(\frac{1}{\delta_1} + \frac{1}{\delta_3}\right)\|d\|^2 \\
& + \left(\frac{1}{\delta_4} + \frac{1}{\delta_5}\right)\|f\|^2
\end{aligned} \tag{3.76}
$$

因此，对 ① 证毕。② 显然是成立的，因为根据 ① 的证明并令 $f = 0$ 和 $d = 0$ 即可得证。对于 ③，用 $W(t) = e_1^{\mathrm{T}} P_0 e_1$ 除以上面的不等式 (3.69), 可得

$$
\begin{aligned}
\frac{\dot{W}(t)}{W(t)} \leqslant & -0.5\lambda_{\min}(P_0^{-1} M_1 + M_1 P_0^{-1}) \\
& + \left(\frac{1}{\delta_1} + \frac{1}{\delta_3}\right)\frac{\|d\|^2}{e_1^{\mathrm{T}} P_0 e_1} + \left(\frac{1}{\delta_4} + \frac{1}{\delta_5}\right)\frac{\|f\|^2}{e_1^{\mathrm{T}} P_0 e_1}
\end{aligned} \tag{3.77}
$$

这意味着误差系统式 (3.60) 的状态轨迹最终收敛到这个椭球式 (3.70) 中。这样，误差系统式 (3.60) 的轨迹是最终有界的，进而③ 证毕。至此，定理 3.3.1 证毕。

3.3.5 故障检测

定义 $\varepsilon = y - \hat{y}$, 则

$$
\begin{aligned}
r =& H(y-\hat{y}) = H(C_1e_1 + C_2e_2 + Ff + Dd) \\
=& H\{C_1e_1 - C_2S[(a_{21} - L_2C_1)e_1 + g_2\tilde{g} \\
& + (d_2 - L_2D)d + (f_2 - L_2F)f] + Ff + Dd\} \\
=& H\{[C_1 - C_2S(a_{21} - L_2C_1)]e_1 - C_2Sg_2\tilde{g} \\
& + [D - C_2S(d_2 - L_2D)]d + [F - C_2S(f_2 - L_2F)f]\} \\
=& H([C_1 - C_2S(a_{21} - L_2C_1)]e_1 \\
& - \{C_2Sg_2 \quad - [D - C_2S(d_2 - L_2D]\}) \begin{bmatrix} \tilde{g} \\ d \end{bmatrix} + [F - C_2S(f_2 - L_2F)f])
\end{aligned} \tag{3.78}
$$

其中，待设计的矩阵 H 是使残差 r 对干扰 d 不敏感而对故障 f 敏感。如果干扰 d 和故障 f 之间完全实现了解耦, 则残差可直接反映故障 f 的变化, 残差阈值则可直接设置为零。实际中，几乎不可能实现干扰和故障之间的完全解耦, 则残差阈值的设计是整个故障检测，甚至整个故障诊断系统的核心问题。

考虑误差系统式 (3.60), 可重写成如下形式:

$$
\dot{e}_1 = (A_c - L_1C_c)e_1 + [G_{cg} \ D_{cd}] \begin{bmatrix} \tilde{g} \\ d \end{bmatrix} + F_{cf}f \tag{3.79}
$$

则从广义干扰 $d_c = \begin{bmatrix} \tilde{g} \\ d \end{bmatrix}$ 到残差 r 的传递函数为

$$
\begin{aligned}
G_{rd_c} =& H[C_1 - C_2S(a_{21} - L_2C_1)](sI - A_c + L_1C_1)^{-1} \begin{bmatrix} G_{cg} & D_{cd} \end{bmatrix} \\
& - H\{C_2Sg_2 \quad - [D - C_2S(d_2 - L_2D)]\}
\end{aligned} \tag{3.80}
$$

这是线性传递函数的标准形式，因此，残差阈值可以通过广义干扰幅值来显式地表示:

$$
\begin{aligned}
r_{\text{th}} =& \max \|G_{rd_c}(\mathrm{j}\omega)\| \ \|d_c\| \\
=& \max \|G_{rd_c}(\mathrm{j}\omega)\| \ \max(d_b, \ \|\tilde{g}\|)
\end{aligned} \tag{3.81}
$$

如果非线性项 $\tilde{g}$ 的范数幅值小于干扰 d 的上界, 则故障阈值能够准确地检测出故障。如果不是这种情况，将会产生误报警，进而降低残差对故障的灵敏性。

注释 3.3.1　从式 (3.51) 和式 (3.81) 可以进一步看到，奇异双线性系统中大的 Lipschitz 常数通常能缩小由文献 [117] 所定义的可检测故障集合。相反，如果奇

异双线性系统中的 Lipschitz 常数很小，此时可近似为线性系统，则能够扩大可检测故障的集合。这里关于 Lipschitz 常数对故障检测灵敏性的影响的论述，与文献 [143] 中关于 Lipschitz 常数对 H_∞ 性能的影响的论述有异曲同工之处。本质上，干扰和故障就是同源不同外在彰显作用：长期存在的不期望作用称为干扰，短期出现或者突发行为称为故障；干扰对系统的损害小，可以采取一些预防措施进行规避，故障往往对系统产生较大的振动，难以事先预知和防范；干扰可以是来自系统内部的噪声、外部的非相干、无序作用，故障则发生在系统内部，不论是内部原因还是外部原因，都是使系统内部的器件破坏、系统功能相应丧失；干扰超过一定的幅值范围就可转化为故障，故障在早期的影响很小，就可能被认为是干扰而掩盖；等等。对于线性系统，相对来讲，分析这二者的作用关系还是较为直观，而对于动态特性未知的非线性系统，由于故障可检测域的不规范性（如圆域最好解释，长方形域也能处理，其他多边形域则难以处理，且更难划分清楚)，很多非线性系统的故障检测的复杂性增强，导致了很多相关的研究，不仅提高了人们对事物的认知能力，同时也促进了技术的发展和系统认识理论的进步。

同经典选取方法一样, 采用如下简单的决策逻辑来进行故障评判：

$$\|r\| \geqslant r_{\mathrm{th}} \Rightarrow \text{故障发生} \tag{3.82}$$

$$\|r\| \leqslant r_{\mathrm{th}} \Rightarrow \text{没有故障发生} \tag{3.83}$$

其中，r_{th} 是一个待设计的阈值。

注释 3.3.2 这里需强调一点，故障诊断和容错控制系统的核心就是围绕故障何时发生、何时启动容错机制以及如何容错以保证系统安全稳定运行的过程。从这一过程的演化机制可以看出，没有对故障发生的正确判断和识别，后续的各种诊断和容错都无从谈起。进而，任何系统的设计，总有那么一个黑洞——用粗略语言就能理解的，且用公式符号易于描述的，却在实际运行中难以精确实现的环节（或者是知易行难的软肋)。针对这个黑洞问题，现有的技术手段不是彻底解决，而往往是转化，从一种形式转化到另一种形式，貌似解决了一种技术手段解决不了的问题，实质上是用另一种技术手段当中的某些黑洞掩盖了之前的黑洞，使黑洞以另一种问题形式存在。如此各种技术手段的升级换代，也就是不断深刻认识黑洞的过程，将黑洞的本质存在描述得越加清楚，进而最终将其抑制或者和谐共生。所以，基础理论问题的研究，绝不是技术手段的进步就能够替代的，而是一种不断认识自我的过程。技术过多关注于外在的形和势，理论更多关注的是内在的理和使能。黑洞的存在问题不仅局限于所谓的广袤无垠的宇宙太空，也存在于我们的日常生活当中，就在我们身边，毫不奇怪。黑洞的另一种直接哲学解释就是矛盾。故障诊断和容错控制当中，如果故障检测的阈值直接就能够确定，各种相应的诊断手段和容错机制就显得不那么重要，就可以采用现有的常规的控制手段来解决。就因为故障系统中黑洞的存在，故障诊断和容错技术有别于常规的控制而独树一帜!

为了克服 $\tilde{g}$ 对阈值 r_{th} 的影响, 进一步需要如下处理。从式 (3.78) 和式 (3.62) 可知:

$$\begin{aligned}\|r\| \leqslant & \|H[C_1 - C_2S(a_{21} - L_2C_1)]\| \ \|e_1\| \\ & + \|HC_2Sg_2\| \ \|\tilde{g}\| \ + \|H[D - C_2S(d_2 - L_2D)]\| \ \|d\| \\ & + \|H[F - C_2S(f_2 - L_2F)]\| \ \|f\| \\ = & \|H[C_1 - C_2S(a_{21} - L_2C_1)]\| \ \|e_1\| \\ & + \|HC_2Sg_2\| \ (\gamma_1 \ \|e_1\| + \gamma_2 \|d\| + \gamma_3 \|f\|) \\ & + \|H[D - C_2S(d_2 - L_2D)]\| \ \|d\| \\ & + \|H[F - C_2S(f_2 - L_2F)]\| \ \|f\| \\ = & \{\|H[C_1 - C_2S(a_{21} - L_2C_1)]\| \\ & + \|HC_2Sg_2\| \ \gamma_1\} \ \|e_1\| + [\gamma_3 \|HC_2Sg_2\| \\ & + \|H[F - C_2S(f_2 - L_2F)]\| \|f\|\} + [\|HC_2Sg_2\| \ \gamma_2 \\ & + \|H[D - C_2S(d_2 - L_2D)]\|] \ \|d\| \end{aligned} \tag{3.84}$$

从式 (3.60) 可得

$$\begin{aligned} e_1(t) = & \mathrm{e}^{(A_c - L_1C_c)t} e_1(0) \\ & + \int_0^t \mathrm{e}^{(A_c - L_1C_c)(t-\tau)} (G_{cg}\tilde{g}(\tau, \cdot) + D_{cd}d(\tau) + F_{cf}f(\tau))\mathrm{d}\tau \end{aligned} \tag{3.85}$$

在式 (3.85) 两侧同时取 2- 范数，得

$$\begin{aligned} \|e_1(t)\| \leqslant & \left\| \mathrm{e}^{(A_c - L_1C_c)t} e_1(0) \right\| \\ & + \left\| \int_0^t \mathrm{e}^{(A_c - L_1C_c)(t-\tau)} G_{cg}\tilde{g}(\tau, \cdot)\mathrm{d}\tau \right\| \\ & + \left\| \int_0^t \mathrm{e}^{(A_c - L_1C_c)(t-\tau)} D_{cd}d(\tau)\mathrm{d}\tau \right\| \\ & + \left\| \int_0^t \mathrm{e}^{(A_c - L_1C_c)(t-\tau)} F_{cf}f(\tau)\mathrm{d}\tau \right\| \end{aligned} \tag{3.86}$$

或者

$$\begin{aligned} \|e_1(t)\| \leqslant & \left\| \mathrm{e}^{(A_c - L_1C_c)t} e_1(0) \right\| \\ & + \int_0^t \left\| \mathrm{e}^{(A_c - L_1C_c)(t-\tau)} \right\| \mathrm{d}\tau * \|G_{cg}\| \ \|\tilde{g}\| \end{aligned}$$

$$
\begin{aligned}
&+\int_0^t \left\| \mathrm{e}^{(A_c-L_1C_c)(t-\tau)} \right\| \mathrm{d}\tau * \|D_{cd}\| \ \|d\| \\
&+\int_0^t \left\| \mathrm{e}^{(A_c-L_1C_c)(t-\tau)} \right\| \mathrm{d}\tau * \|F_{cf}\| \, \|f\|
\end{aligned} \tag{3.87}
$$

因为 $A_c - L_1C_c$ 是稳定的, 则存在两个正的实常数 β_4 和 β_5，使得下式成立:

$$
\left\| \mathrm{e}^{(A_c-L_1C_c)t} \right\| \leqslant \beta_4 \mathrm{e}^{-\beta_5 t} \tag{3.88}
$$

β_5 可选取为 $\beta_5 = -\max(\mathrm{Re}(\lambda_S)) > 0$, 其中 λ_S 表示矩阵 $A_c - L_1C_c$ 的特征值集合，$\mathrm{Re}(\lambda)$ 表示特征值 λ 的实部。因此, 式 (3.87) 可写成如下形式:

$$
\begin{aligned}
\|e_1(\mathrm{t})\| \leqslant & \beta_4 \mathrm{e}^{-\beta_5 t} \|e_1(0)\| \\
& + \beta_4 \int_0^t \left\| \mathrm{e}^{-\beta_5(t-\tau)} \right\| \mathrm{d}\tau * \|G_{cg}\| \ \|\tilde{g}\| \\
& + \beta_4 \int_0^t \left\| \mathrm{e}^{-\beta_5(t-\tau)} \right\| \mathrm{d}\tau * \|D_{cd}\| \, \|d\| \\
& + \beta_4 \int_0^t \left\| \mathrm{e}^{-\beta_5(t-\tau)} \right\| \mathrm{d}\tau * \|F_{cf}\| \, \|f\| \\
= & \beta_4 \mathrm{e}^{-\beta_5 t} \|e_1(0)\| + \frac{\beta_4 \ \|G_{cg}\| \ \|\tilde{g}\|}{\beta_5} (1 - \mathrm{e}^{-\beta_5 t}) \\
& + \frac{\beta_4 \, \|D_{cd}\| \ \|d\|}{\beta_5} (1 - \mathrm{e}^{-\beta_5 t}) + \frac{\beta_4 \, \|F_{cf}\| \ \|f\|}{\beta_5} (1 - \mathrm{e}^{-\beta_5 t})
\end{aligned} \tag{3.89}
$$

现在假定，经过一段运行时间 $0 < t \leqslant t_1$ 后没有发生故障，显然 $0 \leqslant \beta_6 < \mathrm{e}^{-\beta_5 t} < 1$ 成立，则

$$
\begin{aligned}
\|e_1\| \leqslant & \left[1 - \frac{\gamma_1 \beta_4 (1-\beta_6)}{\beta_5} \|G_{cg}\| \right]^{-1} [\beta_4 \beta_6 \|e_1(0)\| \\
& + \frac{\beta_4(1-\beta_6)}{\beta_5} (\gamma_2 \|G_{cg}\| + \|D_{cd}\|) \|d\| \\
& + \frac{\beta_4(1-\beta_6)}{\beta_5} (\gamma_3 \|G_{cg}\| + \|F_{cf}\|) \|f\|]
\end{aligned} \tag{3.90}
$$

根据小增益定理 [144], 下面的不等式成立:

$$
0 < 1 - \frac{\gamma_1 \beta_4 (1-\beta_6)}{\beta_5} \|G_{cg}\| < 1 \tag{3.91}
$$

将式 (3.90) 代入式 (3.84), 可得

$$
\|r\| \leqslant \sigma_1 \ \|e_1(0)\| + \sigma_2 \|d\| \ + \sigma_3 \|f\| \tag{3.92}
$$

其中

$$
\begin{aligned}
\sigma_1 =& (\|H[C_1 - C_2S(a_{21} - L_2C_1)]\| + \|HC_2Sg_2\|\ \gamma_1) \\
&\times \left[1 - \frac{\gamma_1\beta_4(1-\beta_6)}{\beta_5}\|G_{cg}\|\right]^{-1}\beta_4\beta_6 \\
\sigma_2 =& (\|H[C_1 - C_2S(a_{21} - L_2C_1)]\| + \|HC_2Sg_2\|\ \gamma_1) \\
&\times \left[1 - \frac{\gamma_1\beta_4(1-\beta_6)}{\beta_5}\|G_{cg}\|\right]^{-1} \\
&\times \frac{\beta_4(1-\beta_6)}{\beta_5}(\gamma_2\|G_{cg}\| + \|D_{cd}\|) \\
&+ (\|HC_2Sg_2\|\ \gamma_2 + \|H[D - C_2S(d_2 - L_2D)]\|) \\
\sigma_3 =& (\|H[C_1 - C_2S(a_{21} - L_2C_1)]\| + \|HC_2Sg_2\|\ \gamma_1) \\
&\times \left[1 - \frac{\gamma_1\beta_4(1-\beta_6)}{\beta_5}\|G_{cg}\|\right]^{-1} \\
&\times \frac{\beta_4(1-\beta_6)}{\beta_5}(\gamma_3\|G_{cg}\| + \|F_{cf}\|) \\
&+ (\gamma_3\|HC_2Sg_2\| + \|H[F - C_2S(f_2 - L_2F)]\|\ )
\end{aligned}
$$

此时，检测阈值可通过 $\|r\|$ 的上界来确定, 即

$$
r_{\text{th}} = \underset{d,\ f=0}{\text{super}}\|r\| = \sigma_1\ \|e_1(0)\| + \sigma_2 d_{\text{b}} \tag{3.93}
$$

该检测阈值可保证无误报警发生。

注释 3.3.3　故障诊断领域最难以处理的问题之一就是故障时报警、误报警和漏报警问题，该问题的核心就是如何选取故障检测阈值。对于比较平稳的工况或有规律性的故障，一般选取常值即可；而对于工况复杂、环境复杂等情况下的运行系统，用单一的故障检测阈值往往是很难奏效的，因此会出现不同等级的故障阈值。目前一种可行的研究是自适应阈值，该阈值可以根据工况或环境的变化而变化，但这种方法一般也都是针对一些比较确定的系统来设计的。针对未知系统的故障诊断，更有前景的还是基于人工智能的方法，该方法能够结合解析数学模型和专家经验形成知识模型，实现确定和不确定之间的智慧折中。具体如何设计智能自适应阈值，应针对具体的对象来进行，目前尚没有一种通用的具体方法。

注释 3.3.4　误差，即观测值与真实值的偏离，是同一属性的量。残差在数理统计中是指实际观察值与估计值（拟合值）之间的差，可以表示不同属性的量之间的某种组合关系。“残差”蕴含了有关模型基本假设的重要信息。如果回归模型正确，可以将残差看做误差的观测值。它应符合模型的假设条件，且具有误差的一些

性质。利用残差所提供的信息，来考察模型假设的合理性及数据的可靠性称为残差分析。故障检测中的残差内涵要比故障参数误差内涵丰富，某些情况下残差可以用估计误差来替代（如状态观测器用于故障检测），但是很多情况下残差是误差的某种组合（如用函数发生器来生成残差）。因为残差往往是几种故障特征的组合，所以不能简单地用某一种参数的误差来替代。从这一点来说，故障检测系统的误差系统和残差系统，与数学和实验物理里面的误差和残差还是有些不同的。故障诊断系统里的误差系统，是将原系统通过一定的坐标变换之后得到的关于原点的摄动大小的局部分析，进而可以应用各种稳定性理论来对误差系统进行动态分析，残差系统则是基于这样的误差系统而构造出来的一些参数误差组合，用来精确刻画系统的总体变化。将故障系统转化为误差系统的过程，就是研究相对运动的过程，在不同的参考坐标系下建立相应的评判标准，由此形成了子空间分解法、等价空间法、主元分析法、观测器分析法等，拓展了分析问题的思路，开辟了多种方法研究故障检测的局面。动中求静，变中求不变，是故障检测的基准；静是相对的，变是永恒的，研究的出发点永远不会超出问题的论域。

注释 3.3.5 在统计数学中，统计误差以及残差是两个紧密相关，都是衡量不确定性的指标，但同时又是极易混淆的概念。两者都是对“样本值偏离均值”的测量，统计误差是指样本对母本 (无法观察到的) 均值及真实值的均值的偏离。残差则是指样本和观察值 (样本总体) 或回归值 (拟合) 的差额，拟合值是统计模型的拟合结果，是依据拟合模型得出的值。误差与测量有关，误差大小可以衡量测量的准确性，误差越大则表示测量越不准确，从这一点来看，误差与故障诊断机理是一致的。但是统计数学是针对开环情况下的测量样本值或序列进行的后效分析，而故障检测系统是通过对检测数据的实时变化是否出现异常进行的在线评判，属于先验分析，进而两类概念还有很大不同之处。相似之中蕴含着不同，这才是概念和创新的发源地，进而才有借鉴作用，才能体现多学科融合的优势，进而才能有生命力。

BFDO 的设计过程如下。

（1）利用奇异值分解技术，将系统式 (3.37) $\sim$ 式 (3.39) 转化成系统式 (3.41) $\sim$ 式 (3.43) 的形式。

（2）检验 A_{22} 是否奇异。如果 A_{22} 是奇异的, 选取控制作用式 (3.44)；否则, 选取 $u=-K_3z$。因此，系统式 (3.41) $\sim$ 式 (3.43) 可转换成系统式 (3.53) $\sim$ 式 (3.55)。

（3）对系统式 (3.53) $\sim$ 式 (3.55) 构造形如式 (3.56) $\sim$ 式 (3.58) 的观测器。

（4）构造 ARE (3.64)。

（5）选取 L 和 L_2 使得引理 3.3.2 成立。假定 $\delta_i>0$ $(i=1,2,\cdots,5)$ 是已知常数, 给定一组参数 (ε, γ, Q, N)，检验 ARE(3.64) 是否存在一个正定对称矩阵 P 或 P_0 使得式 (3.68) 成立。如果不存在这样的 P, 则调节矩阵 N 或标量 γ 和 ε。否

则，$L_1 = \dfrac{1}{\varepsilon} P C_c^{\mathrm{T}}$。

（6）计算检测阈值式 (3.93)。

3.3.6　仿真算例

考虑由一个直流电机驱动的单连杆柔性关节机器人，并假定它的快速动态特性由一个非线性静态方程来建模。基于物理因素，电机的位置和速度都很容易测量，而其他状态量则不容易获得，因此需要设计一个观测器来对其状态进行估计，以便进行故障检测。该系统的状态空间模型表示如下，该模型形式是文献 [133] 中的略微修改版：

$$\begin{aligned}
\dot{x}_1(t) &= x_2(t) + \beta(t - T_0) f(t) \\
\dot{x}_2(t) &= -\frac{k}{J} x_1(t) - \frac{B_k}{J} x_2(t) + \frac{k}{J} x_3(t) - \frac{K_k}{J} u(t) \\
\dot{x}_3(t) &= x_4(t) \\
\dot{x}_4(t) &= \frac{k}{J_0} x_1(t) - \frac{k}{J_0} x_3(t) + \gamma x_5(t) \\
&\quad + \frac{mgh_k}{J_0} x_3(t) u(t) + \frac{mgh_k}{J_0} d(t) \\
0 &= x_1(t) + x_3(t) + x_5(t) + d_0 x_3(t) u(t) + d_1 d(t) \\
y_1(t) &= x_1(t) \\
y_2(t) &= x_2(t) \\
\beta(t - T_0) &= \begin{cases} 0, & t < T_0 \\ 1, & t \geqslant T_0 \end{cases}
\end{aligned}$$

其中，x_1、x_2、x_3、x_4、x_5、$d(t)$ 和 $f(t)$ 分别是电机角位移、电机角速度、关节角位置、关节角速度、快系统的摄动项、标量未知干扰和未知故障。不失一般性，假定在当前没有故障。此时的模型已具备变换系统式 (3.41) ~ 式 (3.43) 的形式, 且为了展示的目的, 选取一组模型参数 $\{k, J, B_k, K_k, J_0, m, g, h_k, \gamma, d_1, d_2, T_0\}$ 给系统式 (3.41) ~ 式 (3.43)，划分状态为 $z_1 = [x_1 \quad x_2 \quad x_3 \quad x_4]^{\mathrm{T}}$，$z_2 = x_5$，$A_{11} = \begin{bmatrix} 0 & 1 & 0 & 0 \\ -48.5 & -1.25 & 48.5 & 0 \\ 0 & 0 & 0 & 1 \\ 19.5 & 0 & -19.5 & 0 \end{bmatrix}$, $A_{12} = \begin{bmatrix} 0 \\ 0 \\ 0 \\ -0.1 \end{bmatrix}$，$B_1 = \begin{bmatrix} 0 \\ 21.5 \\ 0 \\ 0 \end{bmatrix}$，$G_1 =$ $D_1 = \begin{bmatrix} 0 \\ 0 \\ 0 \\ -0.353 \end{bmatrix}$，$A_{22} = 1, B_2 = 0, A_{21} = [1 \quad 0 \quad 1 \quad 0], F_2 = 0, F = 0, D =$

$0, D_2 = 0.1, G_2 = 0.2, g(Vz, u) = G(t, z_1, u) = [0\ \ 0\ \ 1\ \ 0]z_1 u = V_1 z_1 u, y = C_1 z_1 = \begin{bmatrix} 1 & 0 & 0 & 0 \\ 0 & 1 & 0 & 0 \end{bmatrix} z_1, C_2 = 0$。

因为 $\mathrm{rank}[A_{22}\ B_2] = q = 1$, 所以不可控系统是因果的，系统式 (3.45) ~ 式 (3.47) 在 $K_3 = 0$ 情况下具有式 (3.41) ~ 式 (3.43) 的形式。观测器由式 (3.56) ~ 式 (3.58) 来确定，其中， $A_c = \begin{bmatrix} 0 & 1 & 0 & 0 \\ -48.5 & -1.25 & 48.5 & 0 \\ 0 & 0 & 0 & 1 \\ 19.4 & 0 & -19.6 & 0 \end{bmatrix}, D_c = \begin{bmatrix} 0 \\ 0 \\ 0 \\ -0.343 \end{bmatrix}$,

$G_c = \begin{bmatrix} 0 \\ 0 \\ 0 \\ -0.333 \end{bmatrix}, B_c = B_1, C_{2c} = C_1$, L_1 和 L_2 是待设计的参数。因为 G 仅是 z_1 的函数, 所以存在一个显式的观测器，并可在式 (3.57) 中简单选取 $L_2 = 0$ 和 $S = I$。一个有界控制 $v(t)$ 和干扰 $d(t)$ 被用来产生一个有界输出，其中，$d_b = 0.1$。根据假设 3.3.2 有 $\alpha_1 = 1$ 和 $\alpha_2 = 0$。从式 (3.61) 可得 $\beta_4 = 1, \beta_3 = 0, \beta_2 = 0.1$ 和 $\beta_1 = 1.6142$。从式 (3.62) 可得 $\gamma_1 = 1$, $\gamma_2 = \gamma_3 = 0$。选取 $\varepsilon = 0.1$, $\gamma = 1, Q = I$, $N = 2I$, 则方程式 (3.64) 的解为

$$P = \begin{bmatrix} 0.6706 & 0.3241 & 0.7044 & 0.3857 \\ 0.3241 & 1.1841 & 0.4389 & -0.0332 \\ 0.7044 & 0.4389 & 0.7818 & 0.4278 \\ 0.3857 & -0.0332 & 0.4278 & 0.6322 \end{bmatrix}$$

$$L_1 = \begin{bmatrix} 6.7056 & 3.2414 \\ 3.2414 & 11.8409 \\ 7.0443 & 4.3886 \\ 3.8572 & -0.3321 \end{bmatrix}$$

选取 $\delta_1 = 0.01$, $\delta_2 = 0.5$, $\delta_3 = 100$, $\delta_4 = 0.05$, $\delta_5 = 1$, 则 $\rho = 1/\sqrt{2}$

$$P_0 = \frac{P^{-1}}{\rho^2} = \begin{bmatrix} 68.6637 & 6.5101 & -67.9439 & 4.4292 \\ 6.5101 & 3.2838 & -8.9407 & 2.2510 \\ -67.9439 & -8.9407 & 73.6359 & -8.8479 \\ 4.4292 & 2.2510 & -8.8479 & 6.5669 \end{bmatrix}$$

式 (3.68) 中的 M_1 为

$$M_1 = \begin{bmatrix} 259.8957 & 31.9290 & -254.9790 & 32.2107 \\ 31.9290 & 30.7834 & -35.3582 & 5.0466 \\ -254.9790 & -35.3582 & 284.9309 & -36.4191 \\ 32.2107 & 5.0466 & -36.4191 & 12.2731 \end{bmatrix}$$

M_1 的特征值分别为 536.7717、26.4523、17.2578 和 7.4012。显然, M_1 是一个正定矩阵。

现在考虑故障情况 $f(t) = 0.1x_1(t)$, 干扰为 $d(t) = 0.01\sin^2 x_1 + 0.09\cos x_2$。外部输入 $u(t) = 0.5\sin t$, 初始状态分别为 $z_1 = [x_1\ \ x_2\ \ x_3\ \ x_4]^{\mathrm{T}} = [0\ \ 8\ \ 6\ \ 0.6]^{\mathrm{T}}$ 和 $\hat{z}_1 = [\hat{x}_1\ \ \hat{x}_2\ \ \hat{x}_3\ \ \hat{x}_4]^{\mathrm{T}} = [10\ \ -5\ \ -0.34\ \ 1]^{\mathrm{T}}$。

根据上面提出的方法, 不失一般性, 选取 $H = 2 \times 2$ 为单位矩阵, 则可得到如下参数: $\beta_5 = 8.3487$, $\beta_4 = 13$, $\sigma_1 = 0.0162$, $\sigma_2 = 1.1079, r_{\mathrm{th}} = 0.1109, d_{\mathrm{b}} = 0.1, 1 - \dfrac{\gamma_1\beta_4(1-\beta_6)}{\beta_5}\|G_{cg}\| = 0.5182 > 0, v_b = 1$, 且式 (3.91) 成立。当进入稳定阶段时, β_6 将变得很小。这里选取 $\beta_6 = 0$。在 $0 \sim 10$s 没有故障发生。就在 10s 开始发生故障。

图 3.3 和图 3.4 分别展示了无故障情况下的 x_2 状态曲线和残差曲线。从图可以看出，估计状态 $\hat{x}_2$ 能准确反映真实状态 x_2, 且 x_2 的残差曲线一直在给定的阈值 r_{th}=0.1109 范围内。图 3.5 ~ 图 3.8 分别绘制了在故障情况下的 x_i 残差曲线 $(i = 1, 2, \cdots, 4)$。在第 10s 之后, 故障出现，残差超出了给定的阈值范围。本例仿真验证了所提方法的有效性。

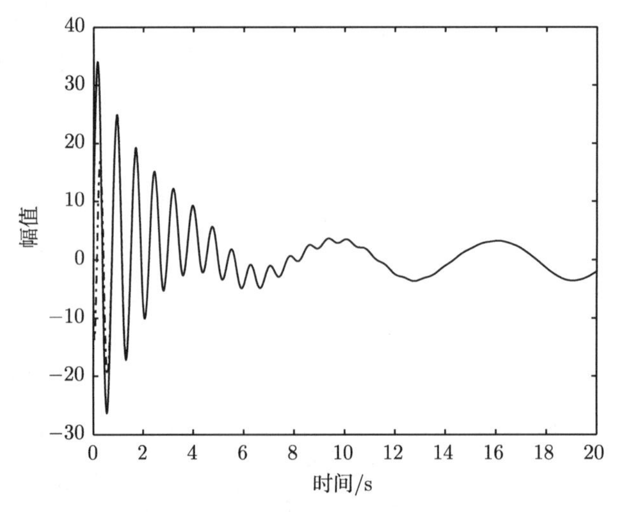

图 3.3　没发生故障时的 x_2 状态轨迹

实线是 x_2，点画线是估计状态 $\hat{x}_2$

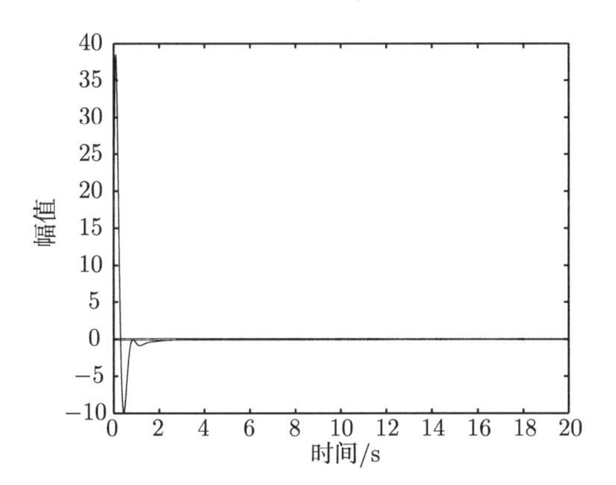

图 3.4 没发生故障时的 x_2 残差曲线 (故障阈值为 $r_{\rm th}$=0.1109)

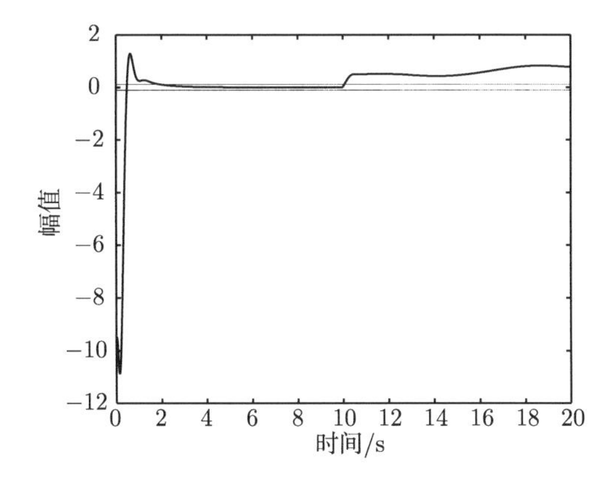

图 3.5 故障时 x_1 的残差曲线 (故障阈值为 $r_{\rm th}$=0.1109)

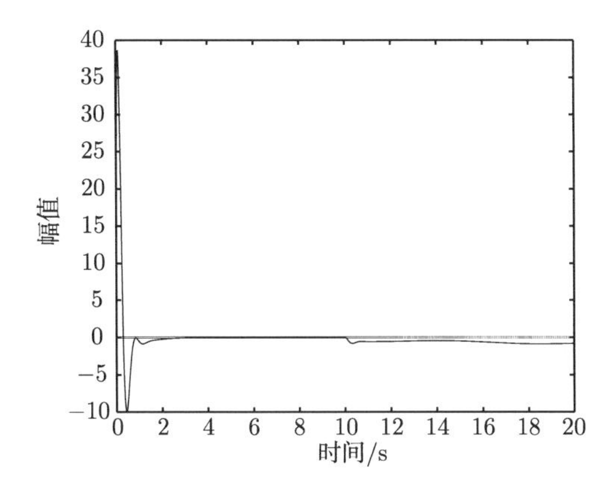

图 3.6 故障时 x_2 的残差曲线 (故障阈值为 $r_{\rm th}$=0.1109)

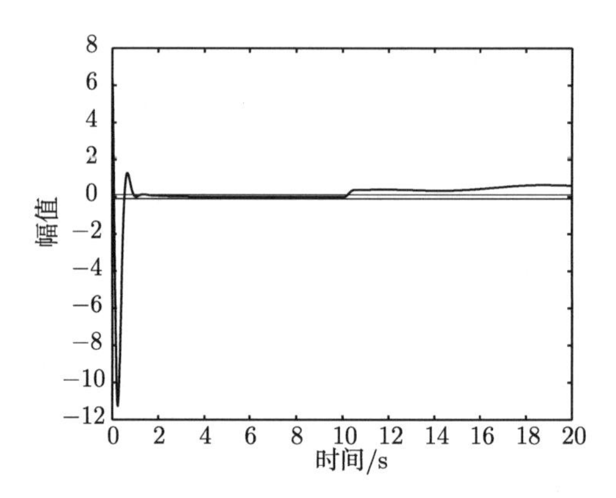

图 3.7　故障时 x_3 的残差曲线 (故障阈值为 r_{th}=0.1109)

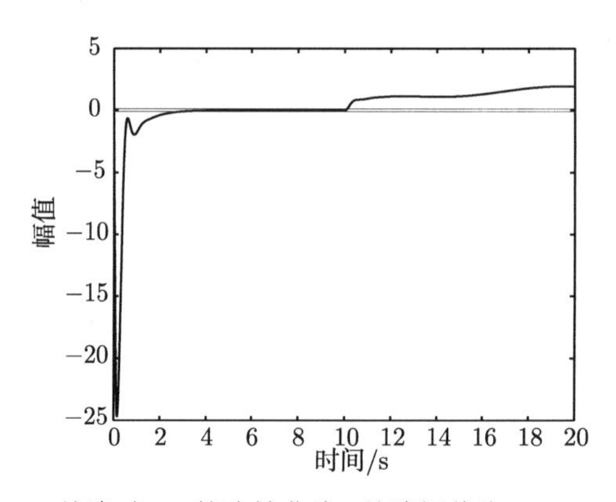

图 3.8　故障时 x_4 的残差曲线 (故障阈值为 r_{th}=0.1109)

3.4　小　　结

本章针对一类奇异双线性系统进行了状态观测器设计和故障检测问题的研究，基于奇异值分解方法，将奇异系统分解为快、慢两个子系统来进行研究，并给出了一些相应的设计准则和故障检测方法。首先，研究了一类具有未知输入干扰的奇异双线性系统的观测器设计问题，讨论了分解后系统的解的存在性和状态估计误差的吸引域问题。其次，针对同时存在干扰和故障情况下的奇异双线性系统构造了奇异双线性故障检测观测器，并对此故障检测观测器的存在性、故障检测的鲁棒性、故障阈值的选取和故障检测观测器设计步骤进行了讨论。最后，通过仿真示例验证了所提方法的有效性。如何不进行奇异值分解而直接整体研究奇异双线性系统的观测器设计和故障检测问题，将是未来可进一步研究的课题，有待感兴趣的读者进行尝试。

第 4 章　复杂互联非线性系统的故障诊断和容错同步

4.1　引　　言

第 2 章和第 3 章都是关于孤立动力系统的故障诊断问题研究。实际上，很多系统都是由一些简单的系统组合而成的互联系统，这类系统广泛存在于日常的工农业生产当中。关于这类互联系统控制问题的研究，如大系统、耦合系统、相似组合系统、复杂巨系统等，曾经在 20 世纪 80 年代、90 年代得到大量研究，主要是研究问题的实际需求所驱动的。受限于当时的研究工具和认识理念，往往是对相互耦合环节采用不确定修正项的方法来处理，整体分析理念就是要实现大系统之间的解耦，进而实现分而治之的目的。整体分析思路就是通过对互联耦合关系进行解耦，以便充分利用现有的线性系统理论知识和非线性系统理论知识来进行控制系统的分析和设计。当时的主要分析工具还主要采用频域法，时域法也在逐渐得到重视。随着系统规模的扩大，多输入多输出量增多、多目标性能不断需要满足、系统内部变量的信息不断充分被挖掘、计算机处理速度不断提升、数值算法的在线计算能力不断增强等，时域分析方法逐渐成为控制理论的研究主流，克服了传统频域法主要针对线性环节、单输入单输出、孤立简单系统的局限性。

进入 21 世纪以来，特别是随着网络技术的发展，传感器网络、复杂网络理论得到发展，逐渐形成一门独立的学科门类。复杂网络本身也是一类互联系统，通过定义不同的关键属性，进而形成一套独立于传统非线性系统理论的自闭理论。例如，针对复杂网络中的一类动力学特性——同步现象，探究此类系统的本质就是发现了耦合配置矩阵的守恒问题：耦合配置矩阵的行和为零。因此，通过对传统非线性互联系统的耦合项施加一定的约束条件，就演化出一大类具有广泛应用的问题出来。如果针对复杂网络系统的拓扑结构施加一定的限制条件，则可以演化出 pinning 牵制控制、欠驱动控制、蜂拥控制等多种科学问题。人们认识问题的理念得到极大提升，针对各种具有实际应用意义的问题总能找到类似于复杂互联系统的模型，只不过具体的称谓有所不同而已，如多智能体网络、免疫系统网络、复杂神经网络等。不论哪类系统，在其实现的过程中，都是为了一定的既定目标而运行的，难免要出现各种类型的故障。复杂系统出现的故障要比传统的单闭环系统出现的故障复杂得多，但也有其共性。传统控制系统中的执行器故障、传感器故障、系统参数故障、控制器故障等同样会在复杂互联系统（复杂网络）中存在。特殊性问题在于，一是复杂网络具有一定的拓扑结构，拓扑性主要体现在互联性方面。不同的拓扑具有不同的属性，进而拓扑结构故障是复杂网络专有的故障，也是复杂网络得以充分利用进行容错控制的一项非常有利的手段。二是故障诊断的相干性。复杂网络的每个节点系统都是一个独立的动力系统，每个节点系统出现故障都会波及整个网络的动态，牵一发而动全身。因此，进行故障检测、故障定位和故障隔离，很难再用传统的分析方法来解决。此时，需要借助于网络之间的通信、模式识别等手段来联合解决。

非常问题用非常手段。简单问题复杂化、复杂问题简单化、复杂问题复杂化。解决问题的方法已经从基于模型的控制手段演化到基于自适应方法、智能方法和基于大数据的自学习方法等，这些方法在解决问题中，只要运用得当，对症下药，都能够起到显著的作用。本章尝试着利用递归神经网络的迭代学习特性来实现一类非线性系统的故障估计问题，然后针对两类复杂网络系统的传感器故障，研究其故障诊断观测器设计以及容错同步问题，以此起到抛砖引玉的作用，为更加复杂的故障诊断和容错问题提供一个简单的入门基础。

4.2　基于 Hopfield 神经网络的非线性系统故障估计方法

现代控制系统越来越复杂，对其各部件的可靠性、准确性的要求也越来越高，这使得控制系统出现故障的可能性增大。因此，为提高系统的安全性，关于控制系统的故障检测和诊断方法的研究和应用受到人们的日益关注 [3,99,104,122,145-154]。目前，关于控制系统的故障检测和诊断技术的各种方法大致可分为两类：基于解析模型的方法和不依赖解析模型的方法。基于解析模型的方法是最早发展起来的，此方法需要建立被诊断对象的较为精确的数学模型，进一步又可分为基于状态估计方法、等价空间法和参数估计的方法等 [155]。近年来，基于自适应观测器的故障诊断方法，特别是故障估计方法在非线性系统中已得到广泛研究 [99,104,145-151]，因为故障估计是主动容错控制中不可缺少的环节，能够为高效容错控制提供间接的重要在线信息 [3]。尽管自适应观测器方法在非线性系统的故障估计中，特别是线性系统的故障估计中已经得到深入的发展，但在设计自适应观测器时需要保证观测器本身是渐近稳定的，这显然限制了故障估计问题的应用范围。事实上，只要被诊断系统的状态是一致有界稳定的，就可以进行故障诊断和故障估计。因此，寻求新的方法实现高效的故障估计是一项十分有意义的课题。

同时，递归神经网络在图像处理、模式识别，特别是优化计算方面具有广泛的应用 [156]，关于递归神经网络稳定性的广泛研究 [155] 取得了大量的成果。由于递归神经网络在求解优化问题上成功应用，则控制系统中的故障估计问题也可以转化成一类优化问题，进而利用递归神经网络的稳定性理论实现故障估计。基于上述讨论，本节针对一类非线性故障系统，通过故障参数与非故障参数的关系建立待要求解的优化问题，然后通过构造目标函数和能量函数之间的对应关系，构造一类递归神经网络来实现故障参数的在线估计。所提出的方法与采用最小二乘法实现参数辨识的方法具有异曲同工的功效，但存在显著不同：递归神经网络方法是一种动力系统，实现的是模拟计算，可在线计算；最小二乘法是一种数值计算方法，存在量化误差和算法收敛性等问题，在线计算能力有限。通过几个说明和数值仿真验证本节所提方法的有效性。

考虑如下一类非线性系统：

$$\begin{cases} \dot{x}(t) = Ax(t) + f\big(y(t), u(t)\big) + Bg\big(x(t), u(t)\big)\theta(t) \\ y(t) = Cx(t) + Dg\big(x(t), u(t)\big)\theta(t) \end{cases} \tag{4.1}$$

其中，$x(t) \in \mathbb{R}^n$ 为状态变量，$u(t) \in \mathbb{R}^m$ 为控制输入，$y(t) \in \mathbb{R}^p$ 为系统输出，$\theta(t) \in \mathbb{R}^q$ 为参数向量，$f\big(y(t), u(t)\big)$ 和 $g\big(x(t), u(t)\big)$ 为连续的非线性函数，A、B、C、D 是已知的适维矩阵。要求系统式 (4.1) 的状态在控制输入下是有界的，且所有的信息可测量得到。

针对上述类型的非线性系统的故障估计问题已经在文献 [99]、[104]、[145]～[151] 中进行了讨论，由于采用自适应观测器的方法要求设计观测器增益 L，才使得观测器闭环系统的矩阵 $A-LC$ 是稳定的，因此自适应观测器方法存在一定的局限性。

本节结合考虑的系统式 (4.1) 的特点，提出一种基于递归神经网络的故障估计方法。具体如下：从系统式 (4.1) 将待要估计的参数整理出来，可写成如下形式：

$$\begin{cases} X(t) = \dot{x}(t) - Ax(t) - f\big(y(t), u(t)\big) \\ \qquad\;\; = Bg\big(x(t), u(t)\big)\theta(t) \\ y(t) = Cx(t) + Dg\big(x(t), u(t)\big)\theta(t) \end{cases} \tag{4.2}$$

令参数 $\theta(t)$ 的估计值为 $\hat{\theta}(t)$，则含估计值的方程如下：

$$\begin{cases} \hat{X}(t) = \dot{x}(t) - Ax(t) - f\big(y(t), u(t)\big) \\ \qquad\;\; = Bg\big(x(t), u(t)\big)\hat{\theta}(t) \\ \hat{y}(t) = Cx(t) + Dg\big(x(t), u(t)\big)\hat{\theta}(t) \end{cases} \tag{4.3}$$

按照自适应观测器的故障估计方法，一般是对故障估计误差 $\tilde{\theta}(t) = \theta(t) - \hat{\theta}(t)$ 进行直接研究。但由于实际故障参数难以直接得到，在某些假设条件下采用观测器方法进行参数估计成为一种有效方法。事实上，参数估计方法一般都是建立在系统预测误差的基础上的，即依赖于 $e(t) = X(t) - Bg\big(x(t), u(t)\big)\hat{\theta}(t)$，若 $e(t) \to 0$，则

$\hat{\theta}(t) \to \theta(t)$。根据这一关系，确定评价参数估计性能的目标函数为

$$
\begin{aligned}
V(t) =& \frac{1}{2} e^{\mathrm{T}}(t) e(t) \\
=& \frac{1}{2}\left[Bg\big(x(t), u(t)\big)\hat{\theta}(t)\right]^{\mathrm{T}} Bg\big(x(t), u(t)\big)\hat{\theta}(t) \\
& - \left[Bg\big(x(t), u(t)\big)\hat{\theta}(t)\right]^{\mathrm{T}} X(t) + \frac{1}{2} X^{\mathrm{T}}(t) X(t)
\end{aligned} \tag{4.4}
$$

通过目标函数式 (4.4) 建立故障参数估计与递归神经网络稳定性之间的关系，进而实现故障估计。

4.2.1 Hopfield 神经网络故障估计器

考虑如下 Hopfield 递归神经网络模型：

$$
\begin{cases}
\dot{z}_i(t) = \displaystyle\sum_{j=1}^{n} w_{ij} q_j(t) - U_i \\
q_j(t) = \tanh\left(\frac{z_j(t)}{\alpha}\right)
\end{cases}
\quad i, j = 1, 2, \cdots, n \tag{4.5}
$$

或

$$
\dot{z}(t) = W \tanh\left(\frac{z(t)}{\alpha}\right) - U \tag{4.6}
$$

其中，$z_i(t)$ 为神经元的状态，$q_j(t)$ 为神经元的输出，$\alpha > 0$ 为非线性调节因子，$z(t) = [z_1(t), z_2(t), \cdots, z_n(t)]^{\mathrm{T}}$，$W = (w_{ij})_{n \times n}$。为分析系统式 (4.5) 的稳定，文献 [156]、[157] 考虑了如下的能量函数：

$$
\begin{aligned}
\bar{V}(t) =& -\frac{1}{2} \sum_{i=1}^{n} \sum_{j=1}^{n} w_{ij} q_i(t) q_j(t) + \sum_{i=1}^{n} U_i q_i \\
=& \frac{1}{2} q^{\mathrm{T}}(t) W q(t) + q^{\mathrm{T}}(t) U
\end{aligned} \tag{4.7}
$$

其中，$q(t) = [q_1(t), q_2(t), \cdots, q_n(t)]^{\mathrm{T}}$，$U = [U_1, U_2, \cdots, U_n]^{\mathrm{T}}$，$W = (w_{ij})_{n \times n}$。根据文献 [157] 中的 LaSalle 不变原理 (定理 3.4, P115，以及例 3.11) 可知，Hopfield 递归神经网络式 (4.5) 的平衡点是稳定的。

比较式 (4.4) 和式 (4.6)，则存在如下关系：

$$
\begin{aligned}
W &= -g^{\mathrm{T}}\big(x(t), u(t)\big) B^{\mathrm{T}} Bg\big(x(t), u(t)\big) \\
U &= -g^{\mathrm{T}}\big(x(t), u(t)\big) B^{\mathrm{T}} X(t)
\end{aligned} \tag{4.8}
$$

这样，故障估计参数 $\hat{\theta}(t)$ 的终值等同于 Hopfield 神经网络输出 $q(t)$ 的稳态解。也就是说，递归神经网络式 (4.5) 构成了故障参数的新型估计器，其完全依赖网络系统自身的动力行为实现故障参数估计，而不需要额外增加设计参数。

说明 4.2.1 利用 Hopfield 神经网络进行故障参数估计可以实现在线运行，与最小二乘参数法相比具有运算量小、运行可靠性高等优点，因为网络本身的稳定性为此提供了坚实的理论基础，而不像最小二乘法等数值方法需要考虑量化误差、数值算法收敛性等问题。

说明 4.2.2 与基于自适应观测器的方法相比，观测器本身的稳定性条件限制了该方法的适用范围；同时，观测器的估计状态与原系统的信息相互耦合，构成一个复杂耦合系统，两个系统之间的稳定独立性是建立在一定的假设基础之上的(如分离原理，仅限于线性系统，而对一般的非线性系统尚没有通用的准则)，因此，原系统与观测器系统的稳定性存在一定的影响。相对照，基于 Hopfield 网络的方法不仅能够实现在线参数估计，而且故障参数估计信息和网络本身的任何信息对原系统没有任何影响，属于故障参数的估计方法范畴。

说明 4.2.3 由于 Hopfield 神经网络模型式 (4.5) 的网络输出是有界的，进而根据 Brower 固定点原理可知，式 (4.5) 存在平衡点；再根据文献 [157] 中的 LaSalle 不变原理可知，式 (4.5) 存在有限个稳定孤立平衡点，而没有周期解等其他动力学行为。

说明 4.2.4 考虑到在 Hopfield 神经网络式 (4.6) 中的激励函数是双曲正切函数，属于连续、单调、连续可微的函数，若网络连接矩阵 W 是非奇异的，则式 (4.6) 具有唯一输出估计值。事实上，对于满足可持续激励的外部输入的作用，则网络连接矩阵 W 是非奇异的，进而可保证网络输出的唯一性。这一点与常规的参数估计方法具有相同的要求。

说明 4.2.5 关于网络参数 $\alpha > 0$ 的选择问题。一般将 α 限制在 $(0,1)$，值越小，参数估值快速性增强，但出现振荡；值越大，参数估值的收敛速度慢，无超调，跟踪效果差。一般在 $0.01 \sim 0.5$ 都将得到满意的动态效果。

值得指出的是，作为智能自适应控制的主要研究工具和研究内容之一的神经网络，具有很多丰富传奇的特性。按照神经网络的拓扑结构来分，存在前向神经网络和递归神经网络；按照网络隐含层数的多少，又分为多层感知器、深度学习网络、回声状态网等类型；按照前向神经网络实现模式映射的学习方式的不同，又分为有监督学习、无监督学习以及固定连接权值网络模式；等等。归纳起来，前向神经网络主要用来实现模式识别、特征提取、函数逼近、优化求解计算等内容，学习算法是其成功应用的关键。递归神经网络也具有函数逼近和优化计算的功能，在具有迭代递归特征的学习动力系统中具有优势。神经网络用在智能控制中，主要利用了神经网络的局部非线性逼近性质、自学习性质、自适应性质、在线计算性质等(在不同的应用中，利用了不同的神经网络性质，这就是根据需求来选取适应需要的生物特性来解决问题)。这些性质的实现基础就是学习算法。

针对前向神经网络，传统的 Hebb 学习规则、梯度下降法、变尺度法、对偶学习方法等都是很经典的算法。对固定权值的递归神经网络而言，其运行的基础是美国科学院院士 Hopfield 教授在 1982 年建立的神经网络动力系统理论。这类递归神经网络似乎没有什么学习算法，只要将给定的问题转化成极值优化问题，并能通过构造适当的 Lyapunov 能量函数来表示这种优化极值的对应关系，就可以构造出一种神经动力系统，给定网络连接权参数并可通过模拟电路来实现优化问题的求解，即神经动力系统的稳态解就是最优问题的极值解。这就是神经优化计算的可实现原理，是一种自收敛的迭代学习过程 [72-159]。那么，这两类神经网络的学习有什么共性吗？作者通过十多年对神经网络的了解和研究，利用比较学习方法可得出这样的认识 (如针对优化问题而言)：固定权值递归神经网络的模型设计本身就是一种优化算法，在某种意义上等价于前向神经网络的权值学习算法。事实上，通过对经典的 BP 学习算法的认识，或者是经典的自适应学习算法，将其写成状态空间形式，就是一类微分动力系统（即形式上的一类递归神经网络）。当智能控制系统为稳态时，学习算法构成的动力系统也趋于静止守恒，进而自适应参数将维持在某一固定值或稳态或周期解（即递归神经网络的稳定性等动力学特性）。更进一步来讲，自 1992 年 Werbos 提出的自适应动态规划的求解架构 [160]，到 2006 年 Hinton 等提出的适用于多层神经网络的深度学习概念 [161]，这类学习算法都具有相似的迭代学习机理，通过对初值的选取进行反复迭代验证前后所得估计值的误差。如果迭代误差收敛，则说明给定的初始条件合适且得到了期望的解；如果迭代误差不收敛，则将重新进行初始值的选择，直至找到这样一组初始条件及其相应的迭代解。自适应动态规划或迭代规划中的各种值迭代或者策略迭代的求解是通过多组前向神经网络的协同计算来实现的，若平衡点存在，则可得到最优问题的解；若平衡点不存在，即存在鞍点，则可得到相应的混合解，即平衡点到某一集合的稳定性问题。相对照，递归神经网络的优化计算是针对给定的优化问题得到相应的迭代方程，并通过模拟动力系统的形式来实现自动迭代求解。对于给定初值，如果所设计的动力神经网络稳定，则相应的平衡点就是迭代过程的最优解。如何对优化问题构造适宜的递归或迭代神经网络，是神经动力网络进行优化求解的关键所在。通过以上分析可见，自适应迭代规划的算法结构与递归神经网络在结构上具有拓扑同胚同源性质、在动力学收敛特性具有异曲同工之妙！同样都是起源于生物神经网络的适应和学习特性，前向神经网络和递归神经网络选择了不同的实现方法来解决相关的问题，但二者之间必然存在相似共通之处：结构拓扑同胚、算法迭代收敛！算法本身，也是一种模型结构，而模型结构，在某种意义下，也是一种学习算法！正是基于这样的认识，才能将只具有静态映射的 Hopfield 递归神经网络用在了具有在线动态运行的非线性系统故障诊断当中，进而实现了与以往故障诊断模式不同的一类智能故障诊断方式。

4.2.2 仿真算例

为说明上述方法的有效性，考虑如下非线性系统：

$$\begin{cases} \dot{x}(t) = \begin{bmatrix} -1 & 4 \\ 1 & -4 \end{bmatrix} x(t) + \begin{bmatrix} u(t) - y(t) \\ y(t)\big(3 - y^2(t)\big) \end{bmatrix} + \begin{bmatrix} 1 \\ 0 \end{bmatrix} \theta(t)u(t) \\ y(t) = \begin{bmatrix} 0 & 1 \end{bmatrix} x(t) + \theta(t)u(t) \end{cases} \tag{4.9}$$

其中，参数 $\theta(t) \in [0.3, 0.8]$。参数未发生故障时，$\theta(t) = 0.5$。

假定系统故障具有如下形式：

$$\theta(t) = \begin{cases} 0.3, & 0 \leqslant t < 10 \\ 0.3 + 0.5\sin(0.1t), & 10 \leqslant t < 200 \\ 0.5 + \mathrm{e}^{50-t}, & 200 \leqslant t \leqslant 300 \end{cases}$$

采样周期为 0.1s，放大增益 $\beta = 0.05$，外部输入激励为

$$u(t) = 0.5\big[\sin(10t - \pi/3) + \sin(0.5t - \pi/5)\big]$$

基于递归神经网络 (RNN) 的故障参数估计结果如图 4.1 所示，基于自适应观测器的故障参数估计结果 [99, 147] 如图 4.2 所示。从图 4.1 和图 4.2 仿真结果可见，基于递归神经网络的故障估计方法具有小的估计误差，显示了很强的故障估计能力。

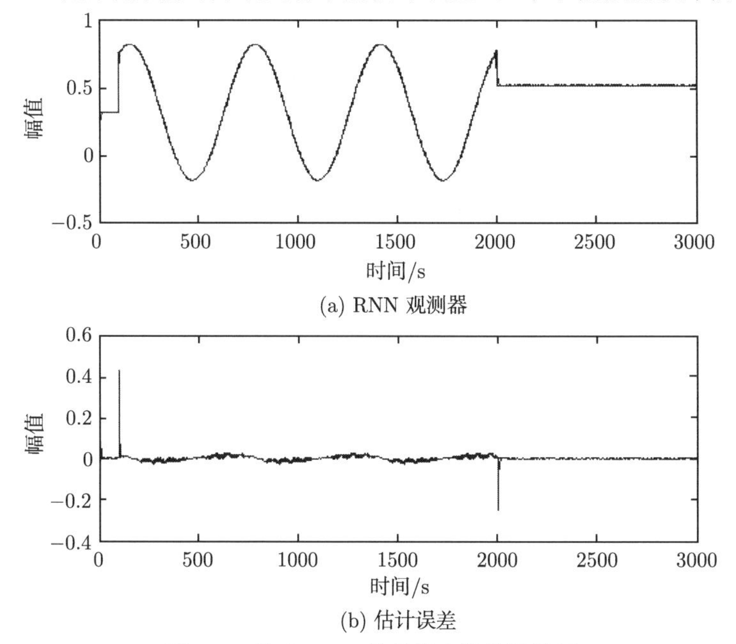

图 4.1 基于 RNN 的故障参数估计结果

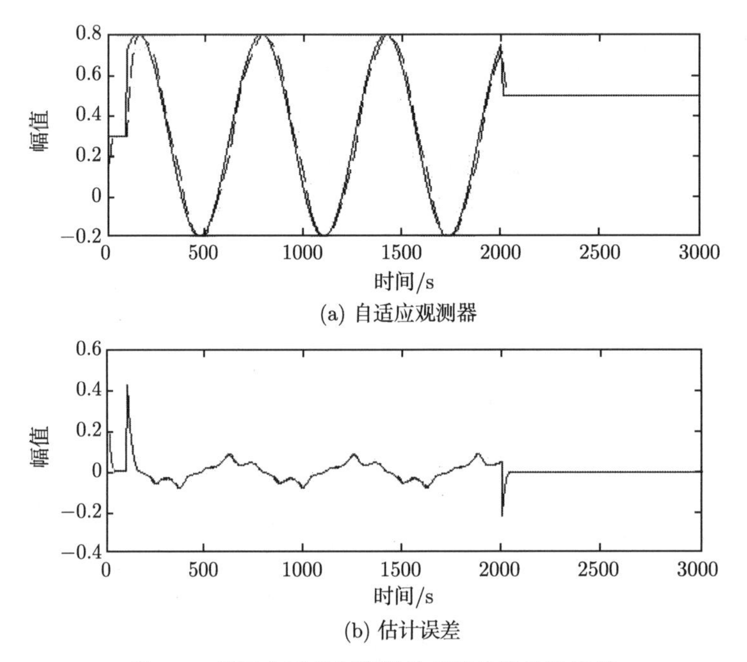

(a) 自适应观测器

(b) 估计误差

图 4.2　基于自适应观测器的故障参数估计结果

如果将上述系统式 (4.9) 修改成如下系统，并考虑噪声的影响：

$$
\begin{cases}
\dot{x}(t) = \begin{bmatrix} -1 & 4 \\ 1 & 4 \end{bmatrix} x(t) + \begin{bmatrix} u(t) - y(t) \\ y(t)\big(3 - y^2(t)\big) \end{bmatrix} + \begin{bmatrix} 1 \\ 0 \end{bmatrix} \theta(t)u(t) + \begin{bmatrix} 1 \\ 1 \end{bmatrix} w(t) \\
y(t) = \begin{bmatrix} 0 & 1 \end{bmatrix} x(t) + \theta(t)u(t) + \eta(t)
\end{cases}
\tag{4.10}
$$

因系统矩阵 $\begin{bmatrix} -1 & 4 \\ 1 & 4 \end{bmatrix}$ 的特征值分别为 -1.7016、4.7016，此时的系统将不再稳定。同时，文献 [99]、[147] 中的主要结果都不成立，进而文献 [99]、[147] 中的基于自适应观测器的故障估计方法对此时的系统将无能为力。应用本节提出的基于递归神经网络的故障估计方法则能够进行故障参数的估计，在随机干扰 $w(t)$ 幅值为 0.01 的情况下，仿真结果如图 4.3 所示，显然，所提出的故障估计方法具有很好的效果。

本节针对一类故障非线性系统，研究了基于 Hopfield 递归神经网络的故障估计问题。所建立的故障估计方法能够实现在线实时稳定运行，克服了自适应观测器方法需要观测器系统本身是稳定的局限。该方法对定常参数故障和时变参数故障均具有良好的估计性能，通过数值仿真验证了本节结论的有效性。

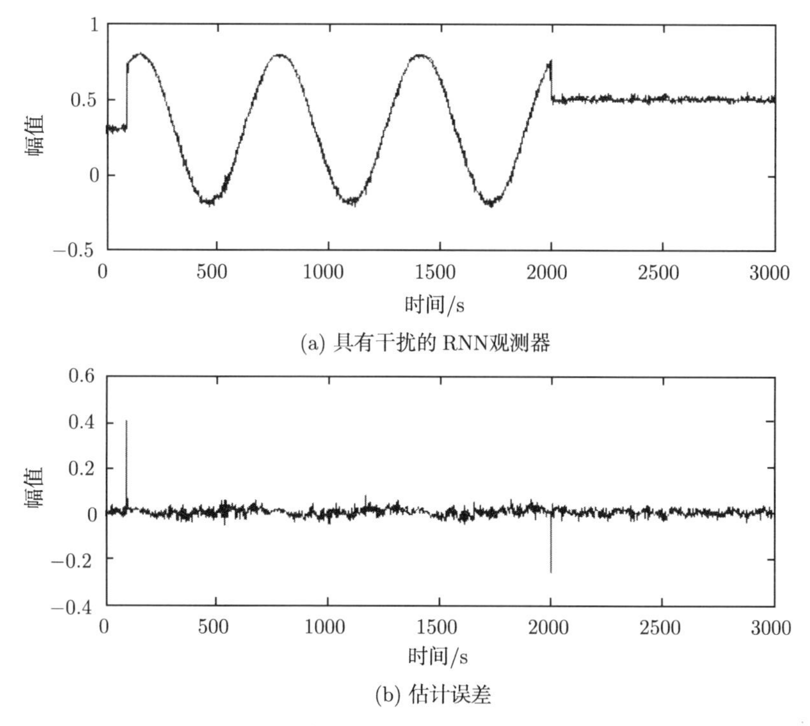

(a) 具有干扰的 RNN观测器

(b) 估计误差

图 4.3 干扰情况下基于递归网络故障估计结果

4.3 离散时间复杂互联网络的故障诊断观测器设计

由于对高性能、高安全和高可靠性等的要求不断提高，在过去的几十年中，动态系统的故障诊断得到了人们越来越多的关注。故障诊断的主要任务，粗略地讲就是及早检测和诊断出故障元件以及故障发生的时间。目前，很多研究成果都从不同层面探讨了故障诊断方法 [162-164]，并有大量的实用故障诊断方法被成功地应用到实际工业过程中 [165-172]。在这些故障诊断技术中，一类重要的方法就是基于观测器的诊断方法，此时可以利用故障诊断观测器产生残差并实现故障检测。

针对连续时间系统和离散时间系统，基于模型的故障诊断方法已成为一类重要的研究方法 [115,116,118,162,163,171-173]。这类方法是建立在能够对被诊断系统的机理进行建模的基础之上的，因此可以通过比较系统的实际测量值和系统输出变量的估计值之间的偏差来计算残差。残差则通过检测和隔离逻辑环节中的适当阈值，并进行比较，由此来确定系统是否有故障 [145, 174]。基于模型的故障诊断方法特别适用于监测集中的小型系统，而对于大规模分布系统而言则面临着计算复杂性、精确性和鲁棒性等问题，因此近几年关于复杂系统的故障诊断研究得到了深入研

究 [175]。在文献 [176] 中，针对一类连续时间复杂网络系统，提出了一种基于重叠分解技术的分布故障诊断策略，利用网络的互联局部故障诊断机制实现对各子网络的监控。

需指出的是，上文考虑的系统主要是针对孤立节点系统本身，未能充分考虑复杂互联网络的总体行为 [177]。由于复杂网络在生物、社会系统、语言网络和技术系统等许多实际现实领域有着重要的或潜在的应用，经过多年的研究，复杂网络已经得到大量的关注和研究 [178-183]。特别地，针对复杂网络的耦合节点网络的结构特性，如稳定性、鲁棒性、脆弱性等，得到了快速研究和发展。作为复杂网络重要动态行为之一的同步性，不论是针对无时滞的复杂网络还是有时滞的复杂网络，都取得了很大研究成果 [178, 179, 182, 184, 185]。众所周知，故障无处不在，复杂网络系统也不例外，特别是复杂网络由大量相同的或者不同的节点网络构成，每个子系统的故障行为以及互联环节的故障，都使得复杂网络成为故障多发系统。尽管以往的非线性系统的故障诊断方法也已得到一定程度的研究，但是针对大规模互联系统的故障诊断研究成果还是不多，主要是没有充分认识到系统互联项的作用，使得相应的诊断方法过于局限。复杂网络作为一类重要的互联系统，充分区分了网络子系统、互联项环节以及网络拓扑结构等属性，从而在故障功能区的划分上更加明确，进而为这类互联系统的故障诊断提供了新的契机。基于上述分析，针对复杂网络系统的故障诊断将具有重要的意义，这将丰富和发展互联大系统的故障诊断内涵。

在文献 [186]~[188] 中，作者最先研究了一类复杂互联网络的故障诊断问题，并提出了一种自适应故障诊断方法，解决网络恶化情况下的容错同步问题。文献 [186]~[188] 的主要目标是利用自适应方法来调节网络耦合强度，利用相互作用关系的改变来实现容错控制。显然，这类恶化的网络在一定程度的不确定性情况下仍具有鲁棒同步性。在文献 [189] 中，针对一类网络互联大规模系统，在输出传感器失效的情况下，提出了一种基于状态反馈的分布控制策略。然而，所设计的控制器要求全网络的状态都要已知，这样才能通过全状态的组合实现所提出的控制策略，进而文献 [189] 中的方法在实际应用中将面临很多局限性。与传统的故障诊断理论相比 [174]，在复杂网络中有更多的故障问题需要解决。例如，如何检测孤立节点网络中的传感器和执行器的故障？如何检测节点网络耦合连接强度的故障变化？这些问题目前还没能得到深入研究。

基于上面的讨论，本节将针对一类离散时间复杂互联网络在执行器故障情况下的故障诊断问题。考虑到网络状态的不可获得性，首先通过构造一类状态观测器来实现状态估计。当系统的状态能够获得以后，基于自适应技术设计一类故障诊断观测器，由其来在线逼近不确定性。本节所采用的方法是将孤立节点系统的分析方法延拓到复杂网络中，但处理的难点在于解决互联子系统的耦合项问题。利用分布控制的思想，构造一组适当的观测器，研究一类执行器故障下的复杂网络，并通过数值仿真验证方法的有效性。

4.3.1 问题描述与基础知识

考虑如下具有 N 个相同节点的复杂互联网络：

$$\begin{aligned} x_i(k+1) =& Ax_i(k) + g(x_i(k)) + g(x_i(k-\tau(k))) + B(x_i(k))u(k) \\ &+ \sum_{j=1}^{N} G_{ij}\varGamma x_j(k) + \eta(k, x_i(k), u(k)) \end{aligned} \tag{4.11}$$

$$y_i(k) = Dx_i(k) \tag{4.12}$$

其中，$N \geqslant 1$ 是正整数，$x_i(k) = (x_{i1}(k), x_{i2}(k), \cdots, x_{in}(k))^{\mathrm{T}}$，$n$ 节点系统状态 $x_i(k)$ 的维数。A 是具有适当维数的线性主导矩阵，$g(x_i(k)) = (g_1(x_{i1}(k)), g_2(x_{i2}(k)), \cdots, g_n(x_{in}(k)))^{\mathrm{T}}$ 是已知的非线性函数。$B(x_i(k))$ 是控制输入矩阵，$u(k)$ 是控制输入。正整数 $\tau(k) > 0$ 是离散时变时滞（相对于分布时滞而言），且满足 $\tau_m \leqslant \tau(k) \leqslant \tau_M$，$\tau_m$、$\tau_M$ 是已知整数，$\varGamma$ 是正对角矩阵。$G = (G_{ij}) \in \mathbb{R}^{N\times N}$ 是复杂网络的耦合配置矩阵，且 $G_{ij} > 0$ $(i \neq j)$ 但不全为零，$\sum_{l=1}^{N} G_{sl} = \sum_{l=1}^{N} G_{ls} = 0, s = 1, 2, \cdots, N$，$G = G^{\mathrm{T}}$，$\eta(k, x_i(k), u(k))$ 表示干扰和不确定性，$i = 1, 2, \cdots, N$。$y_i(k)$ 是系统的输出，D 是具有适当维数的系统输出矩阵。

假设 4.3.1 非线性函数 $g_i(\eta)$ 是连续、有界的，且满足 $|g_i(\eta)| \leqslant G_i^b$，$G_i^b > 0$ 是一个正常数，对于任意的 $\eta \neq v, \eta, v \in \mathbb{R}^n$，有

$$[g(\eta) - g(v) - \varDelta_1(\eta - v)]^{\mathrm{T}}[g(\eta) - g(v) - \varDelta_2(\eta - v)] \leqslant 0 \tag{4.13}$$

其中，$\varDelta_1$ 和 $\varDelta_2$ 为常数矩阵。

条件 (4.13) 可转化成如下形式：

$$[(\eta - v)^{\mathrm{T}} \quad (g(\eta) - g(v))^{\mathrm{T}}] \begin{bmatrix} \varDelta_1^{\mathrm{T}}\varDelta_2 & -\varDelta_1^{\mathrm{T}} \\ -\varDelta_2 & I \end{bmatrix} \begin{bmatrix} \eta - v \\ g(\eta) - g(v) \end{bmatrix} \leqslant 0 \tag{4.14}$$

或者

$$[(\eta - v)^{\mathrm{T}} \quad (g(\eta) - g(v))^{\mathrm{T}}] \begin{bmatrix} \varDelta_2^{\mathrm{T}}\varDelta_1 & -\varDelta_2^{\mathrm{T}} \\ -\varDelta_1 & I \end{bmatrix} \begin{bmatrix} \eta - v \\ g(\eta) - g(v) \end{bmatrix} \leqslant 0 \tag{4.15}$$

综合考虑式 (4.14) 和式 (4.15)，则

$$[(\eta - v)^{\mathrm{T}} \quad (g(\eta) - g(v))^{\mathrm{T}}] \begin{bmatrix} \varDelta_2^{\mathrm{T}}\varDelta_1 + \varDelta_1^{\mathrm{T}}\varDelta_2 & -\varDelta_2^{\mathrm{T}} - \varDelta_1^{\mathrm{T}} \\ -\varDelta_1 - \varDelta_2 & 2I \end{bmatrix} \begin{bmatrix} \eta - v \\ g(\eta) - g(v) \end{bmatrix} \leqslant 0 \tag{4.16}$$

需指出的是，基于著名的欧拉方法，上面的模型式 (4.11) 和式 (4.12) 可以表示成连续模型的离散化等效。这里考虑的是执行器失效的故障，这类故障可以是正常系统输入上叠加的未知干扰等附加项。因此，发生在第 k 时刻的执行器故障可以表示成如下形式:

$$u(k)=\bar{u}(k)+\delta u(k) \tag{4.17}$$

其中，$\delta u(k)$ 表示未知故障的时间特征。在出现故障的情况下，复杂网络系统式 (4.11) 可表示成如下形式:

$$\begin{aligned}x_i(k+1)=&Ax_i(k)+g(x_i(k))+g(x_i(k-\tau(k)))+B(x_i(k))\bar{u}(k)\\&+\sum_{j=1}^{N}G_{ij}\varGamma x_j(k)+\eta(k,x_i(k),\bar{u}(k),\theta(k))+f(k,x_i(k))\end{aligned} \tag{4.18}$$

其中，故障向量 $f(k,x_i(k))$ 可表示为 $f(k,x_i(k))=B(x_i(k))\delta u(k)$。

假定不确定项 $\eta(k,x_i(k),\bar{u}(k),\theta(k))$ 依赖于标称输入和参数向量 $\theta(k)$。如果 $\eta(k,x_i(k),\bar{u}(k),\theta(k))$ 关于参数向量是线性的, 则可表示为 $\eta(k,x_i(k),\bar{u}(k),\theta(k))=\varOmega(k,x_i(k),\bar{u}(k))\theta(k)$, 其中矩阵 $\varOmega(\cdot)$ 是假定已知的，而 $\theta(k)$ 通常是未知的 (或部分已知的)。如果 $\theta(k)$ 关于参数不是线性的或其结构不是精确已知的, 则可采用所谓的在线内插技术逼近策略来解决 [190-194] (如模糊逻辑、神经网络、样条等)。通过选择一种线性参数变化的内插逼近器结构，不确定项可以表示成如下形式:

$$\eta(k,x_i(k),\bar{u}(k),\theta(k))=\varOmega(k,x_i(k),\bar{u}(k))\theta(k)+\varepsilon(k,x_i(k),\bar{u}(k)) \tag{4.19}$$

其中，$\varepsilon(k,x_i(k),\bar{u}(k))$ 表示插补误差。

假设 4.3.2 $B(x_i(k))$ 是列满秩矩阵, $i=1,2,\cdots,N$。

假设 4.3.3 矩阵 $\varOmega(k,x_i(k),\bar{u}(k))$ 的范数是一致有界的，即存在一个常数 $\varOmega>0$ 使得 $\|\varOmega(k,x_i(k),\bar{u}(k))\|<\varOmega$, 且插补误差 $\varepsilon(k,x_i(k),\bar{u}(k))$ 的范数也是一致有界的, 即存在一个常数 $\varepsilon_0>0$ 使得 $\|\varepsilon(k,x_i(k),\bar{u}(k))\|<\varepsilon_0$。

通常, 复杂网络的输出是节点网络信息的线性组合, 因此利用可获得的网络输出设计观测器来估计网络的状态是可行的。为此，设计如下状态观测器:

$$\begin{aligned}\hat{x}_i(k+1)=&A\hat{x}_i(k)+g(\hat{x}_i(k))+g(\hat{x}_i(k-\tau(k)))+B(\hat{x}_i(k))\bar{u}(k)\\&+\sum_{j=1}^{N}G_{ij}\varGamma\hat{x}_j(k)+\hat{\eta}(k,\hat{x}_i(k),\bar{u}(k),\hat{\theta})-K(y_i(k)-D\hat{x}_i(k))\\&i=1,2,\cdots,N\end{aligned} \tag{4.20}$$

同时，考虑到式 (4.18) 和式 (4.20), 状态估计误差为

$$\begin{aligned}e_i(k+1) =& (A+KD)e_i(k)+\tilde{g}(e_i(k))+\tilde{g}(e_i(k-\tau(k)))+\tilde{B}(e_i(k))\bar{u}(k)\\&+\sum_{j=1}^{N}G_{ij}\varGamma e_j(k)+\tilde{\eta}(k,\hat{x}_i(k),\bar{u}(k),\hat{\theta})+f(k,\hat{x}_i(k))\end{aligned} \tag{4.21}$$

其中，$e_i(k)=x_i(k)-\hat{x}_i(k)$, $\tilde{g}(e_i(k-\tau(k)))=g(x_i(k-\tau(k)))-g(\hat{x}_i(k-\tau(k)))$, $\tilde{B}(e_i(k))=B(x_i(k))-B(\hat{x}_i(k))$, $\tilde{g}(e_i(k))=g(x_i(k))-g(\hat{x}_i(k))$, $\tilde{\eta}(k,\hat{x}_i(k),\bar{u}(k),\hat{\theta})=\eta(k,x_i(k),\bar{u}(k),\hat{\theta})-\hat{\eta}(k,\hat{x}_i(k),\bar{u}(k),\hat{\theta})$, $i=1,2,\cdots,N$。

在陈述主要结果之前，先介绍如下基础知识。

引理 4.3.1[182, 184] 令 $\mathcal{U}=(u_{ij})_{N\times N}$, $P\in\mathbb{R}^{n\times n}$, $\alpha=(\alpha_1^{\mathrm{T}},\alpha_2^{\mathrm{T}},\cdots,\alpha_N^{\mathrm{T}})^{\mathrm{T}}$,$\gamma=(\gamma_1^{\mathrm{T}},\gamma_2^{\mathrm{T}},\cdots,\gamma_N^{\mathrm{T}})^{\mathrm{T}}$, $\alpha_k\in\mathbb{R}^{n\times n}$,$\gamma_k\in\mathbb{R}^{n\times n}$, $k=1,2,\cdots,N$. 若 $\mathcal{U}=\mathcal{U}^{\mathrm{T}}$，$\mathcal{U}$ 的每一行和都是零, 则

$$\alpha^{\mathrm{T}}(\mathcal{U}\otimes P)\gamma=-\sum_{1\leqslant i<j\leqslant N}u_{ij}(\alpha_i-\alpha_j)^{\mathrm{T}}P(\gamma_i-\gamma_j)$$

其中，符号 $\otimes$ 表示克罗内克（Kronecker）乘积算子。

引理 4.3.2 (Schur 补引理)[178, 183] 给定常数矩阵 S_1、S_2 和 S_3，其中 $S_1=S_1^{\mathrm{T}}$，$S_2>0$ 是一个正定对称矩阵, 则

$$S_1+S_3^{\mathrm{T}}S_2^{-1}S_3<0$$

当且仅当

$$\begin{bmatrix}S_1 & S_3^{\mathrm{T}}\\ S_3 & -S_2\end{bmatrix}<0$$

引理 4.3.3[178, 185] 令 $b\in\mathbb{R}$ 和 A、B、C、D 为适当维数的矩阵。则下面关于克罗内克乘积算子的陈述是等价的：

(1) $b(A\otimes B)=(bA)\otimes B=A\otimes(bB)$;

(2) $(A\otimes B)^{\mathrm{T}}=A^{\mathrm{T}}\otimes B^{\mathrm{T}}$;

(3) $(A\otimes B)(C\otimes D)=(AC)\otimes(BD)$;

(4) $A\otimes B\otimes C=(A\otimes B)\otimes C=A\otimes(B\otimes C)$;

(5) $(A+B)\otimes(C+D)=A\otimes C+B\otimes C+A\otimes D+B\otimes D$。

4.3.2 状态观测器设计

假定在线逼近器能够满足不确定性的建模精度要求，则 $\tilde{\eta}(k)$ 趋近于零。对于系统式 (4.21) 无故障和无逼近误差的情况，即 $\varepsilon(k)=0, f(k,\hat{x}_i(k))=0$, 考虑如下

状态观测误差系统的稳定性问题:

$$
\begin{aligned}
e_i(k+1) &= \bar{A}e_i(k) + \tilde{g}(e_i(k)) + \tilde{g}(e_i(k-\tau(k))) + \sum_{j=1}^{N} G_{ij}\Gamma e_j(k) \\
& \qquad i = 1, 2, \cdots, N
\end{aligned}
\tag{4.22}
$$

或紧凑的矩阵–向量形式:

$$
e(k+1) = (I \otimes \bar{A})e(k) + g_c(e(k)) + g_c(e(k-\tau(k))) + (G \otimes \Gamma)e(k) \tag{4.23}
$$

其中，$e(k) = (e_1^{\mathrm{T}}(k), e_2^{\mathrm{T}}(k), \cdots, e_N^{\mathrm{T}}(k))^{\mathrm{T}}$，$g_c(e(k)) = (\tilde{g}^{\mathrm{T}}(e_1(k)), \tilde{g}^{\mathrm{T}}(e_2(k)), \cdots, \tilde{g}^{\mathrm{T}}(e_N(k)))^{\mathrm{T}}$，$\bar{A} = (A + KD)$。

定理 4.3.1　假定假设 4.3.1 成立。观测器误差系统式 (4.22) 或式 (4.23) 是全局渐近稳定的，如果给定一个观测器增益矩阵 K, 存在正常数 α, 适当维数的对称正定矩阵 P 和 Q 使得下面的条件成立:

$$
\begin{aligned}
\Phi_{ij} &= \begin{bmatrix} \Phi_{ij}^1 & \Phi_{ij}^2 & \bar{A}^{\mathrm{T}}P^{\mathrm{T}} - NG_{ij}\Gamma P^{\mathrm{T}} \\ * & P + (1+\tau_M-\tau_m)Q - 2\alpha I & P \\ * & * & P - Q \end{bmatrix} \\
&< 0, \quad 1 \leqslant i < j \leqslant N
\end{aligned}
\tag{4.24}
$$

其中, I 是具有适当维数的单位矩阵, $\Phi_{ij}^1 = \bar{A}^{\mathrm{T}}P\bar{A} - P - NG_{ij}\bar{A}^{\mathrm{T}}P\Gamma - (NG_{ij}\bar{A}^{\mathrm{T}}P\Gamma)^{\mathrm{T}} - NG_{ij}^{(2)}\Gamma P\Gamma - \alpha(\Delta_2^{\mathrm{T}}\Delta_1 + \Delta_1^{\mathrm{T}}\Delta_2)$, $\Phi_{ij}^2 = \bar{A}^{\mathrm{T}}P - NG_{ij}\Gamma P^{\mathrm{T}} + \alpha(\Delta_1 + \Delta_2)$。$G_{ij}^2$ 是矩阵 $G^{\mathrm{T}}G = G^2$ 的第 (i, j) 元素。

证明　考虑如下 Lyapunov 泛函，$V(k) = V_1(k) + V_2(k) + V_3(k)$, 其中

$$
V_1(k) = e^{\mathrm{T}}(k)(U \otimes P)e(k) \tag{4.25}
$$

$$
V_2(k) = \sum_{i=k-\tau(k)}^{k-1} g_c^{\mathrm{T}}(e(i))(U \otimes Q)g_c(e(i)) \tag{4.26}
$$

$$
V_3(k) = \sum_{j=k-\tau_M+1}^{k-\tau_m} \sum_{i=j}^{k-1} g_c^{\mathrm{T}}(e(i))(U \otimes Q)g_c(e(i)) \tag{4.27}
$$

此处

$$
U = \begin{bmatrix} N-1 & -1 & \cdots & -1 \\ -1 & N-1 & \cdots & -1 \\ \vdots & \vdots & & \vdots \\ -1 & -1 & \cdots & N-1 \end{bmatrix}_{N \times N}.
$$

沿着系统式 (4.23) 的轨迹，计算 $V(k)$ 的前向差分，得

$$\Delta V(k)=\Delta V_1(k)+\Delta V_2(k)+\Delta V_3(k) \tag{4.28}$$

其中

$$\begin{aligned}
\Delta V_1(k)=&V_1(k+1)-V_1(k)\\
=&\Big((I\otimes\bar{A})e(k)+g_c(e(k))+g_c(e(k-\tau(k)))+(G\otimes\varGamma)e(k)\Big)^{\mathrm{T}}\\
&\times(U\otimes P)\Big((I\otimes\bar{A})e(k)+g_c(e(k))+g_c(e(k-\tau(k)))+(G\otimes\varGamma)e(k)\Big)\\
&-e^{\mathrm{T}}(k)(U\otimes P)e(k)\\
=&e^{\mathrm{T}}(k)(I\otimes\bar{A})^{\mathrm{T}}(U\otimes P)(I\otimes\bar{A})e(k)+g_c^{\mathrm{T}}(e(k))(U\otimes P)g_c(e(k))\\
&+g_c^{\mathrm{T}}(e(k-\tau(k)))(U\otimes P)g_c(e(k-\tau(k)))-e^{\mathrm{T}}(k)(U\otimes P)e(k)\\
&+e^{\mathrm{T}}(k)(G\otimes\varGamma)^{\mathrm{T}}(U\otimes P)(G\otimes\varGamma))e(k)\\
&+2g_c^{\mathrm{T}}(e(k))(U\otimes P)(I\otimes\bar{A})e(k)+2g_c^{\mathrm{T}}(e(k))(U\otimes P)g_c(e(k-\tau(k)))\\
&+2g_c^{\mathrm{T}}(e(k))(U\otimes P)(G\otimes\varGamma)e(k)+2g_c^{\mathrm{T}}(e(k-\tau(k)))(U\otimes P)(I\otimes\bar{A})e(k)\\
&+2g_c^{\mathrm{T}}(e(k-\tau(k)))(U\otimes P)(G\otimes\varGamma)e(k)\\
&+2e^{\mathrm{T}}(k)(I\otimes\bar{A})^{\mathrm{T}}(U\otimes P)(G\otimes\varGamma)e(k)
\end{aligned} \tag{4.29}$$

$$\begin{aligned}
\Delta V_2(k)=&V_2(k+1)-V_2(k)\\
=&\sum_{i=k+1-\tau(k+1)}^{k}g_c^{\mathrm{T}}(e(i))(U\otimes Q)g_c(e(i))-\sum_{i=k-\tau(k)}^{k-1}g_c^{\mathrm{T}}(e(i))(U\otimes Q)g_c(e(i))\\
=&g_c^{\mathrm{T}}(e(k))(U\otimes Q)g_c(e(k))+\sum_{i=k+1-\tau(k+1)}^{k-1}g_c^{\mathrm{T}}(e(i))(U\otimes Q)g_c(e(i))\\
&-\sum_{i=k+1-\tau(k)}^{k-1}g_c^{\mathrm{T}}(e(i))(U\otimes Q)g_c(e(i))\\
&-g_c^{\mathrm{T}}(e(k-\tau(k)))(U\otimes Q)g_c(e(k-\tau(k)))\\
=&g_c^{\mathrm{T}}(e(k))(U\otimes Q)g_c(e(k))+\sum_{i=k+1-\tau(k+1)}^{k-\tau_m}g_c^{\mathrm{T}}(e(i))(U\otimes Q)g_c(e(i))\\
&+\sum_{i=k-\tau_m+1}^{k-1}g_c^{\mathrm{T}}(e(i))(U\otimes Q)g_c(e(i))
\end{aligned}$$

$$
\begin{aligned}
& - \sum_{i=k+1-\tau(k)}^{k-1} g_c^{\mathrm{T}}(e(i))(U\otimes Q)g_c(e(i)) \\
& - g_c^{\mathrm{T}}(e(k-\tau(k)))(U\otimes Q)g_c(e(k-\tau(k))) \\
\leqslant & g_c^{\mathrm{T}}(e(k))(U\otimes Q)g_c(e(k)) - g_c^{\mathrm{T}}(e(k-\tau(k)))(U\otimes Q)g_c(e(k-\tau(k))) \\
& + \sum_{i=k+1-\tau_M}^{k-\tau_m} g_c^{\mathrm{T}}(e(i))(U\otimes Q)g_c(e(i))
\end{aligned} \tag{4.30}
$$

$$
\begin{aligned}
\Delta V_3(k) =& V_3(k+1) - V_3(k) \\
=& \sum_{j=k-\tau_M+2}^{k-\tau_m+1} \sum_{i=j}^{k} g_c^{\mathrm{T}}(e(i))(U\otimes Q)g_c(e(i)) \\
& - \sum_{j=k-\tau_M+1}^{k-\tau_m} \sum_{i=j}^{k-1} g_c^{\mathrm{T}}(e(i))(U\otimes Q)g_c(e(i)) \\
=& \sum_{j=k-\tau_M+1}^{k-\tau_m} \sum_{i=j+1}^{k} g_c^{\mathrm{T}}(e(i))(U\otimes Q)g_c(e(i)) \\
& - \sum_{j=k-\tau_M+1}^{k-\tau_m} \sum_{i=j}^{k-1} g_c^{\mathrm{T}}(e(i))(U\otimes Q)g_c(e(i)) \\
=& \sum_{j=k-\tau_M+1}^{k-\tau_m} \Big(g_c^{\mathrm{T}}(e(k))(U\otimes Q)g_c(e(k)) \\
& - g_c^{\mathrm{T}}(e(j))(U\otimes Q)g_c(e(j)) \Big) \\
\leqslant & (\tau_M - \tau_m) g_c^{\mathrm{T}}(e(k))(U\otimes Q)g_c(e(k)) \\
& - \sum_{i=k-\tau_M+1}^{k-\tau_m} g_c^{\mathrm{T}}(e(i))(U\otimes Q)g_c(e(i))
\end{aligned} \tag{4.31}
$$

根据引理 4.3.3, 下面等式成立:

$$
\begin{aligned}
(G\otimes \varGamma)^{\mathrm{T}}(U\otimes P)(G\otimes \varGamma) =& (G^{\mathrm{T}}\otimes \varGamma^{\mathrm{T}})(U\otimes P)(G\otimes \varGamma) \\
=& (G^{\mathrm{T}}UG)\otimes(\varGamma^{\mathrm{T}}P\varGamma) \\
=& NG^2\otimes(\varGamma P\varGamma)
\end{aligned} \tag{4.32}
$$

$$
\begin{aligned}
(I\otimes \bar{A})^{\mathrm{T}}(U\otimes P)(I\otimes \bar{A}) =& ((I\otimes \bar{A}^{\mathrm{T}})(U\otimes P)(I\otimes \bar{A}) \\
=& U\otimes(\bar{A}^{\mathrm{T}}P\bar{A})
\end{aligned} \tag{4.33}
$$

$$(I \otimes \bar{A})^{\mathrm{T}}(U \otimes P)(G \otimes \varGamma) = NG \otimes (\bar{A}^{\mathrm{T}} P \varGamma) \tag{4.34}$$

$$(U \otimes P)(G \otimes \varGamma) = NG \otimes (P\varGamma) \tag{4.35}$$

将式 (4.29)~ 式 (4.35) 代入式 (4.67), 可得

$$\begin{aligned}
\Delta V(k) \leqslant & e^{\mathrm{T}}(k)(U \otimes (\bar{A}^{\mathrm{T}} P \bar{A}))e(k) + g_c^{\mathrm{T}}(e(k))(U \otimes P)g_c(e(k)) \\
& + g_c^{\mathrm{T}}(e(k-\tau(k)))(U \otimes P)g_c(e(k-\tau(k))) - e^{\mathrm{T}}(k)(U \otimes P)e(k) \\
& + e^{\mathrm{T}}(k)(NG^2 \otimes (\varGamma P \varGamma))e(k) \\
& + 2g_c^{\mathrm{T}}(e(k))(U \otimes (P\bar{A}))e(k) + 2g_c^{\mathrm{T}}(e(k))(U \otimes P)g_c(e(k-\tau(k))) \\
& + 2g_c^{\mathrm{T}}(e(k))(NG \otimes (P\varGamma))e(k) + 2g_c^{\mathrm{T}}(e(k-\tau(k)))(U \otimes (P\bar{A}))e(k) \\
& + 2g_c^{\mathrm{T}}(e(k-\tau(k)))(NG \otimes (P\varGamma))e(k) \\
& + 2e^{\mathrm{T}}(k)(NG \otimes (\bar{A}^{\mathrm{T}} P \varGamma))e(k) \\
& + (1+\tau_M-\tau_m)g_c^{\mathrm{T}}(e(k))(U \otimes Q)g_c(e(k)) \\
& - g_c^{\mathrm{T}}(e(k-\tau(k)))(U \otimes Q)g_c(e(k-\tau(k)))
\end{aligned} \tag{4.36}$$

根据引理 4.3.1 和不等式 (4.16), 式 (4.36) 可变换成如下形式:

$$\begin{aligned}
\Delta V(k) \leqslant & \sum_{1 \leqslant i<j \leqslant N} \Bigg(e_{ij}^{\mathrm{T}}(k)\bar{A}^{\mathrm{T}} P \bar{A} e_{ij}(k) + \tilde{g}_{ij}^{\mathrm{T}}(e(k))P\tilde{g}_{ij}(e(k)) \\
& + \tilde{g}_{ij}^{\mathrm{T}}(e(k-\tau(k)))P\tilde{g}_{ij}(e(k-\tau(k))) - e_{ij}^{\mathrm{T}}(k)Pe_{ij}(k) \\
& - e_{ij}^{\mathrm{T}}(k)(NG_{ij}^{(2)}\varGamma P \varGamma)e_{ij}(k) \\
& + 2\tilde{g}_{ij}^{\mathrm{T}}(e(k))P\bar{A}e_{ij}(k) + 2\tilde{g}_{ij}^{\mathrm{T}}(e(k))P\tilde{g}_{ij}(e(k-\tau(k))) \\
& - 2\tilde{g}_{ij}^{\mathrm{T}}(e(k))NG_{ij}P\varGamma e_{ij}(k) + 2\tilde{g}_{ij}^{\mathrm{T}}(e(k-\tau(k)))P\bar{A}e_{ij}(k) \\
& - 2\tilde{g}_{ij}^{\mathrm{T}}(e(k-\tau(k)))NG_{ij}P\varGamma e_{ij}(k) \\
& - 2e^{\mathrm{T}}(k)NG_{ij}\bar{A}^{\mathrm{T}} P \varGamma e_{ij}(k) \\
& + (1+\tau_M-\tau_m)\tilde{g}_{ij}^{\mathrm{T}}(e(k))Q\tilde{g}_{ij}(e(k)) \\
& - \tilde{g}_{ij}^{\mathrm{T}}(e(k-\tau(k)))Q\tilde{g}_{ij}(e(k-\tau(k))) \\
& - \alpha[e_{ij}^{\mathrm{T}}(k) \;\; \tilde{g}_{ij}^{\mathrm{T}}(e(k))] \begin{bmatrix} \varDelta_2^{\mathrm{T}}\varDelta_1 + \varDelta_1^{\mathrm{T}}\varDelta_2 & -\varDelta_2^{\mathrm{T}} - \varDelta_1^{\mathrm{T}} \\ -\varDelta_1 - \varDelta_2 & 2I \end{bmatrix} \begin{bmatrix} e_{ij}(k) \\ \tilde{g}_{ij}(e(k)) \end{bmatrix} \Bigg) \\
= & \sum_{1 \leqslant i<j \leqslant N} \xi_{ij}^{\mathrm{T}}(k)\varPhi_{ij}\xi_{ij}(k) \\
\leqslant & \sum_{1 \leqslant i<j \leqslant N} \lambda_{\max}(\varPhi_{ij})||\xi_{ij}(k)||^2
\end{aligned} \tag{4.37}$$

其中，$\alpha>0$ 是可调节的自由参数, $G^2=G^{\mathrm{T}}G=(G_{ij}^2)_{N\times N}$, $\lambda_{\max}(\varPhi_{ij})$ 表示矩阵 $\varPhi_{ij}$ 的最大特征值, $e_{ij}(k)=(e_i(k)-e_j(k))$, $\tilde{g}_{ij}(e(k))=g_{ci}(e(k))-g_{cj}(e(k))$, $\tilde{g}_{ij}(e(k-\tau(k)))=g_{ci}(e(k-\tau(k)))-g_{cj}(e(k-\tau(k)))$, $\xi_{ij}(k)=(e_{ij}^{\mathrm{T}}(k),\tilde{g}_{ij}^{\mathrm{T}}(e(k)),\tilde{g}_{ij}^{\mathrm{T}}(e(k-\tau(k))))^{\mathrm{T}}$。考虑到式 (4.24) 中的矩阵 $\varPhi_{ij}$ 的非负性, 有 $\lambda_{\max}(\varPhi_{ij})<0$。令 $\lambda_0=\max\limits_{1\leqslant i<j\leqslant N}\{\lambda_{\max}(\varPhi_{ij})\}$, 则有 $\lambda_0<0$, 进而

$$\Delta V(k)\leqslant\lambda_0\sum_{1\leqslant i<j\leqslant N}||e_{ij}(k)||^2<0 \tag{4.38}$$

令 m 为一个正整数, 则从式 (4.38) 可知:

$$V(m+1)-V(1)=\sum_{k=1}^{m}\Delta V(k)=\lambda_0\sum_{1\leqslant i<j\leqslant N}\sum_{k=1}^{m}||e_{ij}(k)||^2 \tag{4.39}$$

这意味着

$$-\lambda_0\sum_{1\leqslant i<j\leqslant N}\sum_{k=1}^{m}||e_{ij}(k)||^2\leqslant V(1) \tag{4.40}$$

令 $m\to+\infty$, 则可导出序列 $\sum\limits_{k=1}^{+\infty}||e_{ij}(k)||^2$ 是收敛的，$1\leqslant i<j\leqslant N$。因此，$||e_{ij}(k)||^2\to 0$, 也就是，$\lim\limits_{k\to+\infty}|x_i(k)-\hat{x}_i(k)|=0$。证毕。

为了求出观测器增益矩阵 K, 根据引理 4.3.2, 有如下定理。

定理 4.3.2　假定假设 4.3.1 成立。观测器误差系统式 (4.22) 或式 (4.23) 是全局渐近稳定的，如果存在正常数 α, 适当维数的对称正定矩阵 P 和 Q，适当维数矩阵 Y, 使得下列条件成立:

$$\bar{\varPhi}_{ij}=\begin{bmatrix}\bar{\varPhi}_{ij}^1 & \bar{\varPhi}_{ij}^2 & \varPhi_{ij}^3 & A^{\mathrm{T}}P+D^{\mathrm{T}}Y^{\mathrm{T}}\\ * & P+(1+\tau_M-\tau_m)Q-2\alpha I & P & 0\\ * & * & P-Q & 0\\ * & * & * & -P\end{bmatrix}<0,\quad 1\leqslant i<j\leqslant N \tag{4.41}$$

其中

$$\begin{aligned}\varPhi_{ij}^1=&-Pr-NG_{ij}(A^{\mathrm{T}}P+D^{\mathrm{T}}Y^{\mathrm{T}})\varGamma-NG_{ij}\varGamma(PA+YD)\\&-NG_{ij}^{(2)}\varGamma P\varGamma-\alpha(\varDelta_2^{\mathrm{T}}\varDelta_1+\varDelta_1^{\mathrm{T}}\varDelta_2)\\ \varPhi_{ij}^2=&A^{\mathrm{T}}P+D^{\mathrm{T}}Y^{\mathrm{T}}-NG_{ij}\varGamma P^{\mathrm{T}}+\alpha(\varDelta_1+\varDelta_2)\\ \varPhi_{ij}^3=&A^{\mathrm{T}}P+D^{\mathrm{T}}Y^{\mathrm{T}}-NG_{ij}\varGamma P\end{aligned}$$

观测器增益矩阵为 $K = P^{-1}Y$。

注释 4.3.1　需指出的是，本节主要考虑具有相同节点系统构成的复杂互联网络，这类复杂网络可代表如保密通信、混沌发生器设计和简谐振荡发生器等实际系统 [179-182]。近年来，这些复杂网络的同步性问题得到了学者的大量关注。然而，关于复杂网络的故障诊断问题却少有报道。作为一类复杂动力系统，在系统正常运行中不可避免地会发生各种类型的故障。因此，作者结合传统的孤立节点系统的故障诊断知识和复杂网络理论知识，大胆尝试将故障诊断对象延拓到复杂网络上来。为此，我们首先考虑的仅是一类特殊的故障，即各个节点网络具有相同形式的执行器故障。所提出的方法的关键点在于如何选择适当的状态观测器和故障诊断观测器。对于其他类型的故障，如传感器故障、参数故障及混合故障，仍有很多问题需要进一步研究。

注释 4.3.2　定理 4.3.1 中的 LMI 条件需要如下信息：互联耦合矩阵 G_{ij}、Γ，节点系统参数 A、D 以及一个公用的给定观测器增益矩阵 K。对于预先指定的增益矩阵 K, 如果 LMI 条件式 (4.24) 成立，则设计的观测器存在且能够实现状态估计。相对照，定理 4.3.2 直接给出观测器增益矩阵 K，不用各种尝试选择就能够直接进行状态估计。

4.3.3　基于自适应观测器的故障诊断

因为所考虑的系统中的所有状态都是可测的，进而可设计如下的故障诊断观测器来进行故障检测：

$$\begin{aligned}\hat{x}_{fi}(k+1) =& A\hat{x}_{fi}(k) + g(x_i(k)) + g(x_i(k-\tau(k))) + B(x_i(k))\bar{u}(k)\\&+\sum_{j=1}^{N} G_{ij}\Gamma x_j(k) + \hat{\eta}(k, x_i(k), \bar{u}(k), \hat{\theta}(k)) + K_o(x_i(k) - \hat{x}_{fi}(k))\\&i = 1, 2, \cdots, N\end{aligned} \tag{4.42}$$

考虑到式 (4.18) 和式 (4.42), 诊断误差系统可表示如下：

$$e_{fi}(k+1) = (A - K_o)e_{fi}(k) + \tilde{\eta}(k, x_i(k), \bar{u}(k), \hat{\theta}(k)) + f(k, x_i(k)) \tag{4.43}$$

其中，$\tilde{\eta}(k, x_i(k), \bar{u}(k), \hat{\theta}(k)) = \eta(k, x_i(k), \bar{u}(k), \theta(k)) - \hat{\eta}(k, x_i(k), \bar{u}(k), \hat{\theta}(k))$ 表示不确定估计误差, $e_{fi}(k) = x_i(k) - \hat{x}_{fi}(k)$, K_o 是可选自由参数，以保证矩阵 $A - K_o$ 的全部特征值都在单位圆以内, $i = 1, 2, \cdots, N$。

残差向量选取如下：

$$r_i(k+1) = e_{fi}(k+1) - \Lambda e_{fi}(k) \tag{4.44}$$

也可表示为

$$r_i(k+1) = \tilde{\eta}(k, x_i(k), \bar{u}(k), \hat{\theta}(k)) + f(k, x_i(k)) \tag{4.45}$$

其中，$\Lambda = A - K_o$。

需注意的是，残差向量受故障向量和不确定项的估计误差向量所影响。如果不确定项的精确估计能够实现，则故障特征对于残差信号的影响就变得更加明显了。如果不确定项的参数模型可以得到，则可以建立未知参数的自适应估计算法。值得注意的是，这类方法主要用在自适应故障辨识当中。然而，在本节研究中用到了类似于自适应辨识的概念，以此来自适应地补偿不确定项的影响，进而在无故障的情况下以获得尽可能小的残差。此时，不确定项可以间接地通过 $\theta(k)$ 的估计来得到。这样，参数估计 $\theta(k)$ 的自适应更新律可选择如下：

$$\hat{\theta}(k+1) = \hat{\theta}(k) + \Omega^{\mathrm{T}}(k)\Lambda_\theta(k)r(k+1) \tag{4.46}$$

$$\Lambda_\theta(k) = 2[\Omega(k)\Omega^{\mathrm{T}}(k) + \Omega_\theta]^{-1} \tag{4.47}$$

其中，Ω_θ 是一个正定对称矩阵。

考虑到式 (4.19)，不确定项估计误差 $\tilde{\eta}(k, \hat{x}_i(k), \bar{u}(k), \hat{\theta}(k))$ 可写成如下形式：

$$\tilde{\eta}(k, \hat{\theta}(k)) = \Omega(k)\tilde{\theta}(k) + \varepsilon(k) \tag{4.48}$$

其中，$\tilde{\theta}(k) = \theta(k) - \hat{\theta}(k)$ 为参数估计误差。

这样，可得到如下的诊断误差系统：

$$e_{fi}(k+1) = \Lambda e_{fi}(k) + \Omega(k)\tilde{\theta}(k) + \varepsilon(k) + f(k, \hat{x}_i(k)) \tag{4.49}$$

$$\tilde{\theta}(k+1) = (I - \Omega^{\mathrm{T}}(k)\Lambda_\theta\Omega(k))\tilde{\theta}(k) - \Omega^{\mathrm{T}}(k)\Lambda_\theta(f(k) + \varepsilon(k)) \tag{4.50}$$

为了实现故障检测，首先要考虑在没有故障和插补误差情况下的故障诊断误差系统式 (4.49) 和式 (4.50) 的稳定性问题，即

$$e_{fi}(k+1) = \Lambda e_{fi}(k) + \Omega(k)\tilde{\theta}(k) \tag{4.51}$$

$$\tilde{\theta}(k+1) = (I - \Omega^{\mathrm{T}}(k)\Lambda_\theta\Omega(k))\tilde{\theta}(k), \quad i = 1, 2, \cdots, N \tag{4.52}$$

定理 4.3.3　假定假设 4.3.3 成立。诊断误差系统式 (4.51) 和式 (4.52) 是全局一致稳定的，且误差 $e_{fi}(k)$ 渐近收敛到零，$i = 1, 2, \cdots, N$。

证明　考虑如下泛函：

$$V_i(k) = e_{fi}^{\mathrm{T}}(k)Se_{fi}(k) + q\tilde{\theta}^{\mathrm{T}}(k)\tilde{\theta}(k) \tag{4.53}$$

其中，q 是一个正常数，S 是 Ricatti 方程 $S - \Lambda^{\mathrm{T}} S \Lambda = Q_0$ 的一个解，Q_0 是一个给定的对称正定矩阵。

沿着轨迹式 (4.47), $V_i(k)$ 的前向差分可计算如下：

$$\begin{aligned}
\Delta V_i(k) =& V_i(k+1) - V_i(k) \\
=& (\Lambda e_{fi}(k) + \Omega(k)\tilde{\theta}(k))^{\mathrm{T}}(\Lambda e_{fi}(k) + \Omega(k)\tilde{\theta}(k)) \\
& + ((I - \Omega^{\mathrm{T}}(k)\Lambda_\theta \Omega(k))\tilde{\theta}(k))^{\mathrm{T}}((I - \Omega^{\mathrm{T}}(k)\Lambda_\theta \Omega(k))\tilde{\theta}(k)) \\
& - e_{fi}^{\mathrm{T}}(k) S e_{fi}(k) - q\tilde{\theta}^{\mathrm{T}}\tilde{\theta} \\
=& - e_{fi}^{\mathrm{T}}(k) Q_0 e_{fi}(k) - \tilde{\theta}^{\mathrm{T}}(k)\Omega^{\mathrm{T}}(k)[q\Lambda_\theta^{\mathrm{T}}(k)\Omega_\theta \Lambda_\theta(k) - S]\Omega(k)\theta(k) \\
& + 2e_{fi}^{\mathrm{T}}(k)\Lambda^{\mathrm{T}} S \Omega(k)\tilde{\theta}(k)
\end{aligned} \tag{4.54}$$

考虑式 (4.48) 在 $\varepsilon(k) = 0$ 时, 从式 (4.54) 可导出：

$$\begin{aligned}
\Delta V(k) =& \sum_{i=1}^{N} \Delta V_i(k) \\
=& \sum_{i=1}^{N} \left[-e_{fi}^{\mathrm{T}}(k) Q_0 e_{fi}(k) - \tilde{\eta}^{\mathrm{T}}(k)(q\Lambda_\theta^{\mathrm{T}}(k)\Omega_\theta \Lambda_\theta(k) - S)\tilde{\eta}(k) + 2e_i^{\mathrm{T}}(k)\Lambda^{\mathrm{T}} S\tilde{\eta}(k) \right] \\
\leqslant& \sum_{i=1}^{N} \Big[-\lambda_{\min}(Q_0)||e_i(k)||^2 - (q\beta^2\lambda_{\min}(Q_\theta) - \lambda_{\max}(S))||\tilde{\eta}(k)||^2 \\
& + 2\lambda_{\max}(S)||\Lambda|| ||e_{fi}(k)|| ||\tilde{\eta}(k)|| \Big]
\end{aligned} \tag{4.55}$$

其中，$||\Lambda_\theta|| \geqslant \beta > 0$。$\Delta V(k) \leqslant 0$ 成立，如果 q 满足如下不等式：

$$q > \frac{\lambda_{\max}(S)\lambda_{\min}(Q_0) + \lambda_{\max}^2(S)||\Lambda||^2}{\lambda_{\min}(Q_0)\beta^2\lambda_{\min}(Q_\theta)} \tag{4.56}$$

因为 $V(k)$ 是一个下降的非负函数, 当 $k \to \infty$ 时，$V(k)$ 收敛到一个常值。因此，$\Delta V(k) \to 0$。这意味着，对于所有的 k、$e_{fi}(k)$ 和 $\tilde{\eta}(k)$ 都是有界的, 且 $e_i(k)$ 趋近于零。

一旦残差向量 $r_i(k)$ 在每一步都被计算出来，则残差 $r_i(k)$ 的每一个分量都要与给定的阈值进行比较，进而能够确定故障是否发生。每一个残差阈值的事先选择，应是基于残差向量的表达形式的。也就是说，残差阈值的适当设置要求不确定项对残差影响的精确信息。然而这种方法由于不确定项估计的精度问题，会带来很大的保守性，因此基于不确定项的认识和对故障特征等信息的掌握情况等知识，实验方法或者试错法作为一种通用的方法来确定残差阈值。在这方面，未来基于人工智能的知识模型方法（即专家经验和基于模型的机理认识相结合的方法），将为自适应残差阈值的设计提供一种可行的方法。

4.3.4　仿真算例

考虑一类由系统式 (4.11) 和式 (4.12) 构成的一类复杂网络，$N=3$，$n=2$。式 (4.11) 和式 (4.12) 的系统参数信息如下：

$$A=\begin{bmatrix} -0.8 & 0.9 \\ -0.85 & -0.1 \end{bmatrix},\quad \tau(k)=3+(1+(-1)^k)/2$$

$$\Gamma=\mathrm{diag}(0.5,\ 0.5),\quad G_{ij}=0.1$$

如果 $i\neq j$, $G_{ij}=-0.2$，如果 $i=j$, $D_i=D=\begin{bmatrix} 1 & 0 \\ 0.2 & 0 \end{bmatrix}$, $B=\begin{bmatrix} 1 & 0.1 \\ 0.3 & 0 \end{bmatrix}$。

非线性向量值函数为 $g(x_i(k))=(-0.05x_{i1}(k)+\tanh(0.02x_{i1}(k))+0.02x_{i2}(k),$ $0.095x_{i2}(k)-\tanh(0.075x_{i2}(k)))^{\mathrm{T}}$,$i=1,2,3$。显然，$\varDelta_1=\begin{bmatrix} -0.05 & 0.02 \\ 0 & 0.095 \end{bmatrix}$, $\varDelta_2=\begin{bmatrix} -0.03 & 0.02 \\ 0 & 0.02 \end{bmatrix}$。

基于 MATLAB LMI 工具箱, 利用定理 4.3.2 求解不等式 (4.41), 其可行解如下：$P=\begin{bmatrix} 0.1225 & 0.0189 \\ 0.0189 & 0.4993 \end{bmatrix}$, $Q=\begin{bmatrix} 0.9413 & 0.4806 \\ 0.4806 & 1.9926 \end{bmatrix}$, $Y=\begin{bmatrix} 0.1120 & 0.0224 \\ 0.3722 & 0.0744 \end{bmatrix}$, $\alpha=9.2644$。相应地，观测器增益矩阵为 $K=\begin{bmatrix} 0.8048 & 0.1610 \\ 0.7149 & 0.1430 \end{bmatrix}$。

当 $u(k)=[\sin(6\pi kt_s)+4\cos(2\pi kt_s);3\cos(7\pi kt_s)]$, $t_s=0.1$ 时, 初始状态随机选择，采用状态观测器式 (4.20), 状态估计曲线分别如图 4.4～ 图 4.6 所示。

当 $\eta(k)=[2\cos(2\pi x_{i1});0.2\cos(2\pi x_{i2})]$, $f(k,x_i(k))=0$ 时, 式 (4.42) 中的增益矩阵 $K_o=\begin{bmatrix} -0.4687 & 0.6941 \\ -0.7354 & -0.3082 \end{bmatrix}$, 此时 $\varLambda=A-K_o$ 的特征值分别为 $0.2884+0.1310\mathrm{i}$ 和 $0.2884-0.1310\mathrm{i}$, 诊断观测器式 (4.42) 和系统式 (4.11) 的状态分别绘制在图 4.7～图 4.9 中。

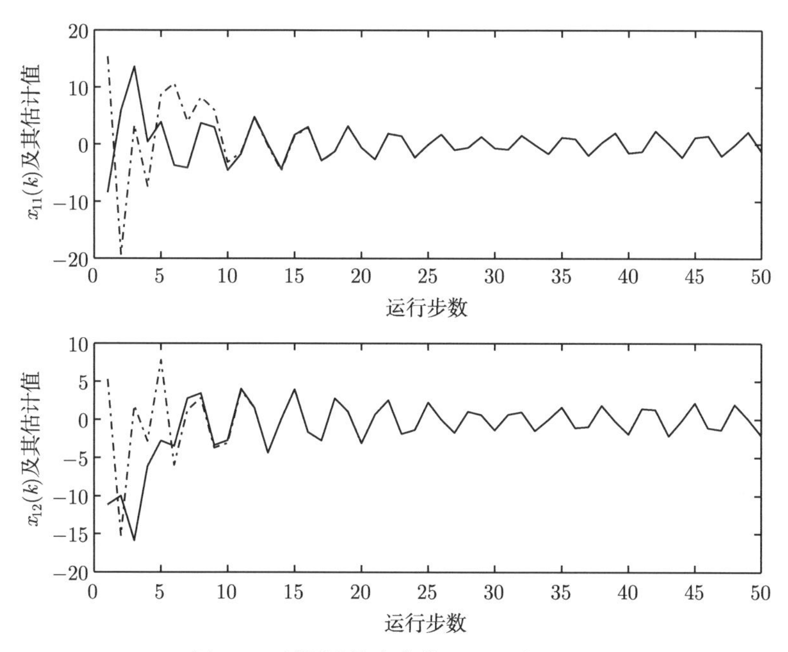

图 4.4 观测器状态曲线 $x_1(k)$ 和 $\hat{x}_1(k)$

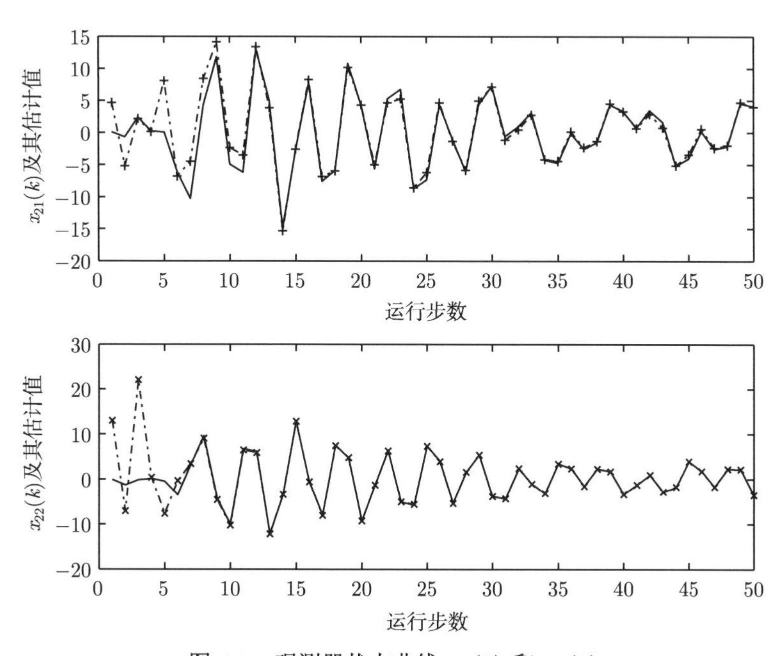

图 4.5 观测器状态曲线 $x_2(k)$ 和 $\hat{x}_2(k)$

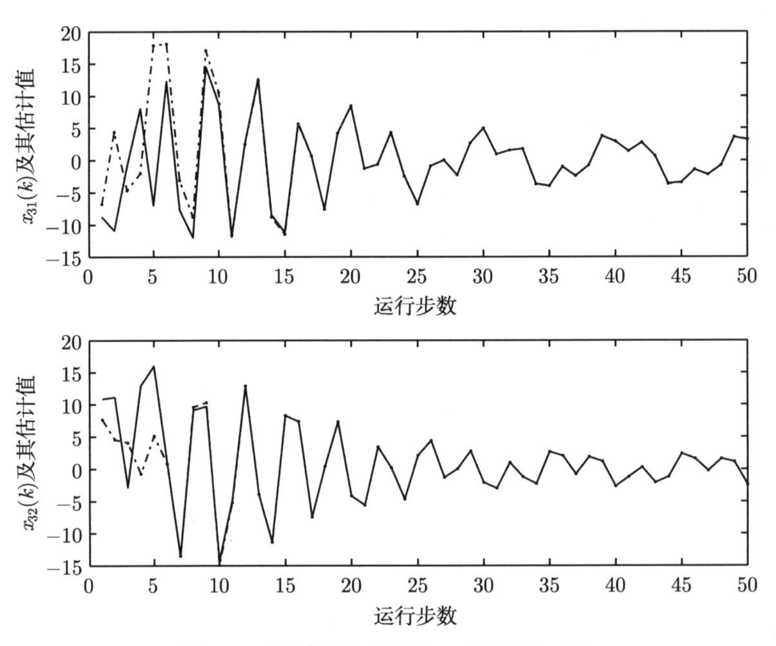

图 4.6　观测器状态曲线 $x_3(k)$ 和 $\hat{x}_3(k)$

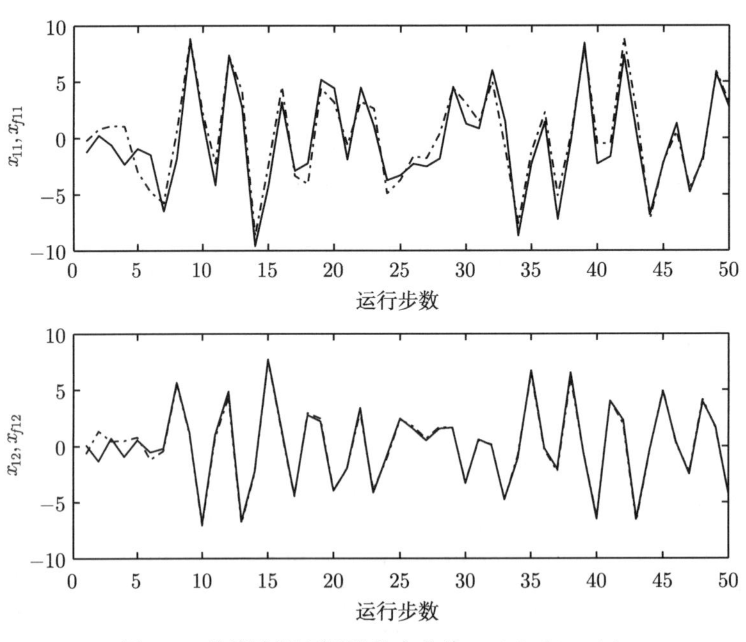

图 4.7　故障诊断观测器状态曲线 $x_1(k)$ 和 $\hat{x}_1(k)$

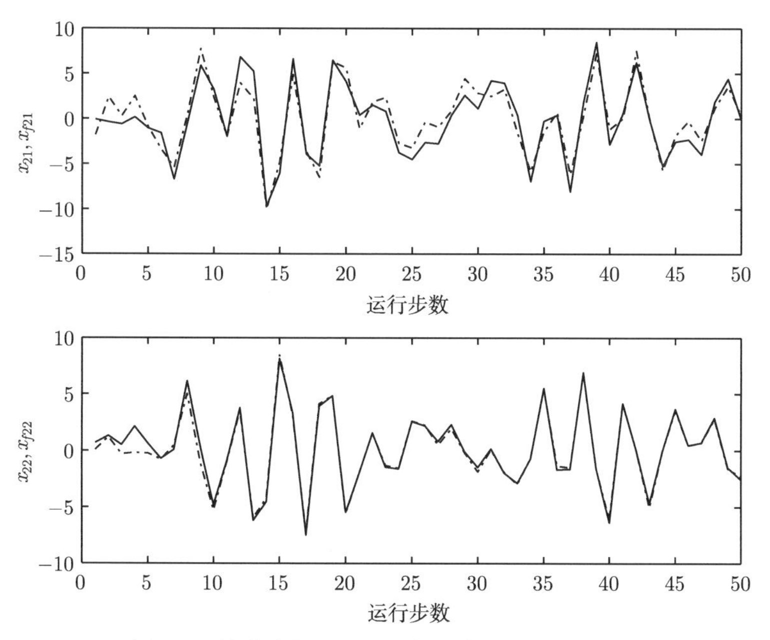

图 4.8 故障诊断观测器状态曲线 $x_2(k)$ 和 $\hat{x}_2(k)$

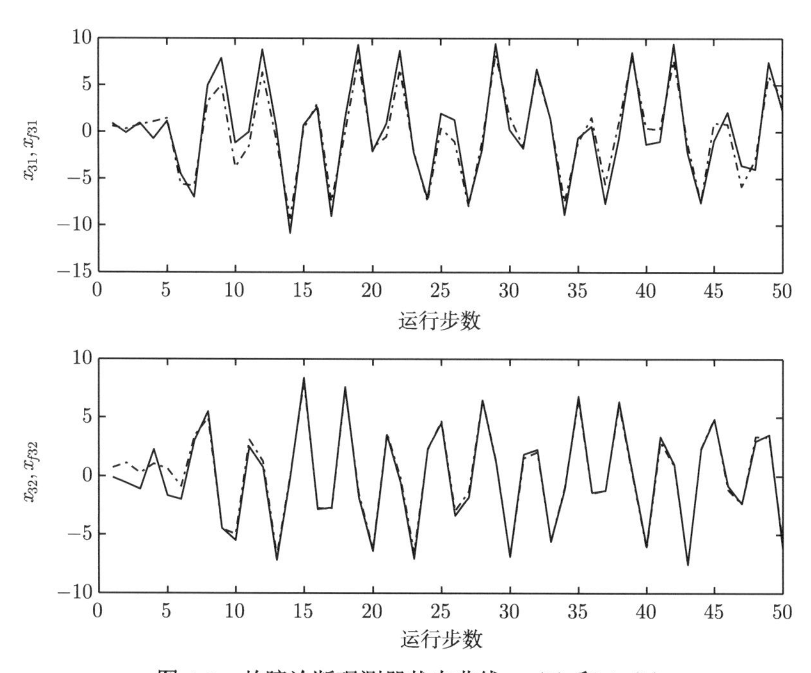

图 4.9 故障诊断观测器状态曲线 $x_3(k)$ 和 $\hat{x}_3(k)$

当下列故障发生在第一个节点系统中时，有

$$\begin{aligned} \delta u_{11} &= 60[1-\mathrm{e}^{-(kt_s-1)/0.002}], \quad & kt_s \geqslant 1 \\ \delta u_{12} &= 40[1-\mathrm{e}^{-(kt_s-3)/0.08}], \quad & kt_s \geqslant 15 \\ \delta u_{11} &= \delta u_{12} = 0, \quad & kt_s \geqslant 25 \end{aligned}$$

状态误差曲线 $x_1(k)-\hat{x}_{f1}(k)$, 故障诊断观测器状态 $\hat{x}_{f1}$ 和系统状态 $x_1(k)$ 分别绘制在图 4.10 和图 4.11 中，相应的残差曲线绘制在图 4.12 中。如果选取适当的故障阈值，则可精确进行故障检测。

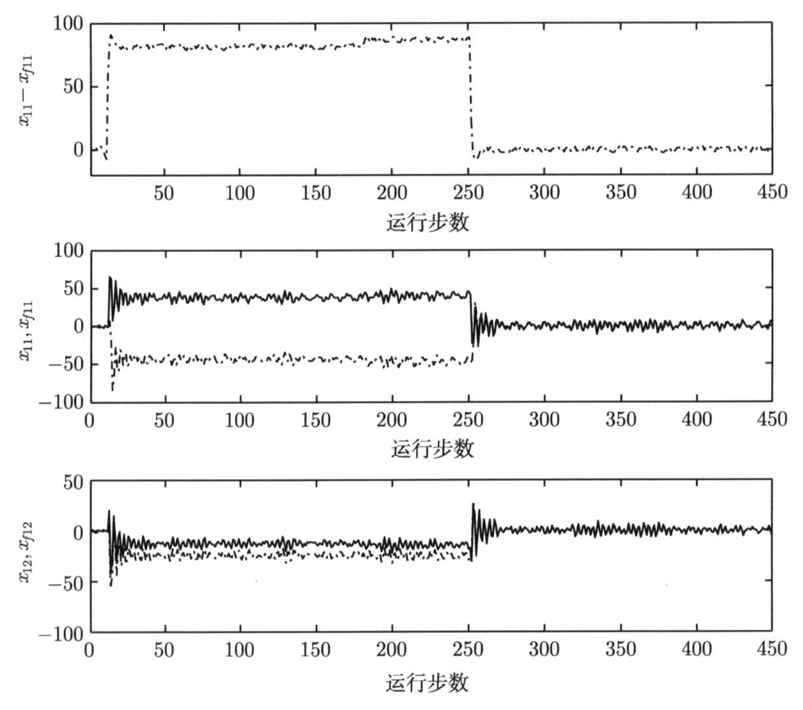

图 4.10　第一个节点系统故障情况下的误差曲线 $x_{11}(k)-\hat{x}_{f11}(k)$

因为复杂互联网络是由三个节点网络组成的，第一个节点网络出现的故障也会对其余两个节点网络产生影响。其他两个节点网络的状态曲线 $x_2(k)$ 和 $x_3(k)$ 绘制在图 4.13 和图 4.14 中。显然可见，其他两个节点网络的状态受到第一个节点网络故障的影响。在这种情况下，如果通过第二节点系统或第三节点系统的状态变化来判定整个网络是否有故障，则显然会失去正确性。因此，关于复杂互联网络系统的故障检测、诊断和容错控制不是一件容易的事，是传统的孤立非线性系统故障诊断理论没有遇到过的现象。如果同时考察全部节点网络的状态变化曲线，如图 4.15 所示，或许能够通过故障特征或者逻辑判断等方式来识别出故障位置进而实现故障诊断。这部分内容有待读者进一步研究。

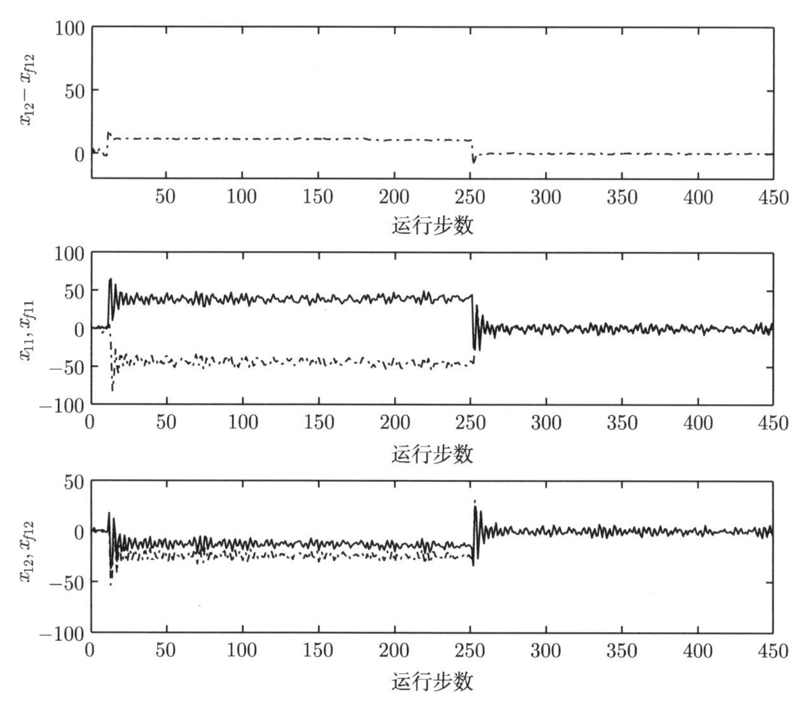

图 4.11 第一个节点系统故障情况下的误差曲线 $x_{12}(k)-\hat{x}_{f12}(k)$

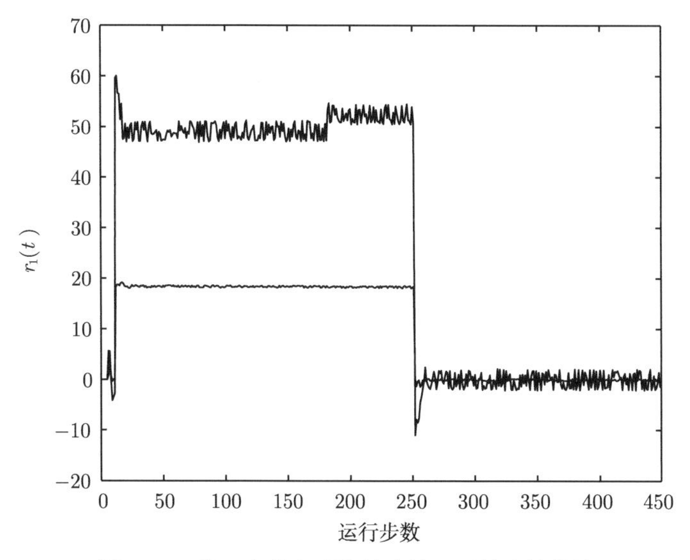

图 4.12 第一个节点系统故障情况下的残差曲线

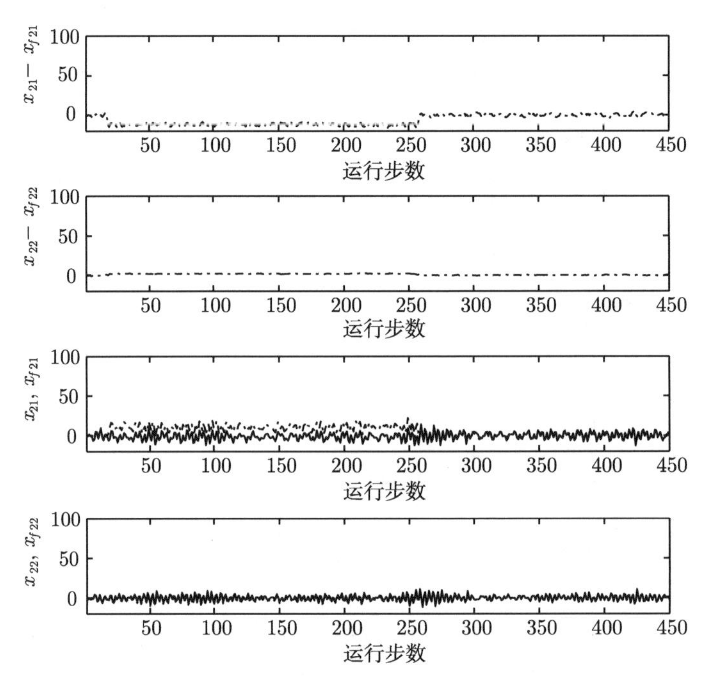

图 4.13　第一个节点故障下的第二个节点系统的状态曲线 $x_2(k)-\hat{x}_{f2}(k)$

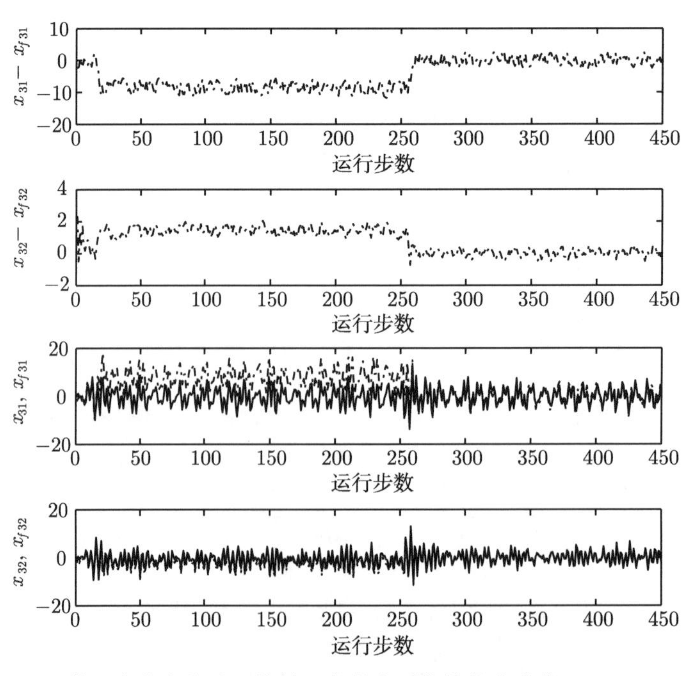

图 4.14　第一个节点故障下的第三个节点系统的状态曲线 $x_3(k)-\hat{x}_{f3}(k)$

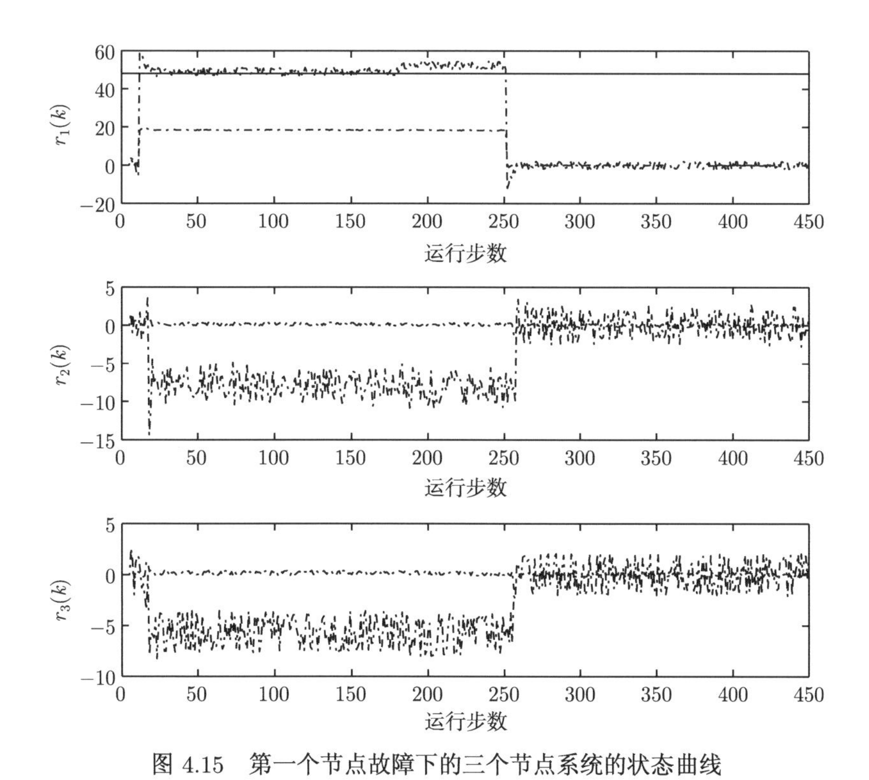

图 4.15 第一个节点故障下的三个节点系统的状态曲线

4.4 一类时滞复杂互联神经网络的容错同步

自然界和社会中的许多系统都可以用复杂网络来表示，如生物和社会系统、国际互联网、万维网、计算机网络、新陈代谢网络、电力网络、生物神经网络等 [195-199]。同步现象是复杂网络集群动态行为或其动力学中重要的一类内容，自 2000 年以来得到了大量学者的关注 [185,188,198,200-202]。同步现象是指一组动力系统与时间相关的动力学行为或活动，以不同的期望值、状态或特性为参考目标，便可形成不同类型的同步问题或同步概念，如完全同步、聚类同步、相位同步、滞后同步等 [203-208]。神经系统就是一种典型的复杂网络，同步在整个大脑神经功能系统中具有重要的作用，大脑中的神经元进入同步，在这个同步过程中将产生纠缠、认知、信息处理和计算 [209, 210]。不同脑功能紊乱都与大脑中的神经元不在同一层面或能级上同步有关联 [211, 212]。近年来，耦合神经网络阵列或复杂互联神经网络在不同的研究领域得到了人们的大量关注。这类网络呈现出了许多有趣的现象，如时空混沌 [213]、自动波 [214]、螺旋波等 [215,216]。复杂互联神经网络也有许多应用，例如，文献 [214]、[217] 提出了称作“平行图像处理的自动波原理”；文献 [218] 提出了一种互联神经网络结构，用来存储和恢复作为同步态的振荡模式；文献 [219] 基于互联细胞神经网络构建了一种保密通信系统。2006 年英国皇家学会会士、美国工程院外籍院士、加拿大皇家学会会士 Geoffrey Hinton 提出的深度学习概念，就是基于一类复杂神经网络结构的复杂网络——深度置信网络 (DBN) 而提出的非监督贪心逐层训练算法，由此利用复杂网络的结构从内核上为解决深层结构相关的优化难题带来希望，随后提出多层自动编码器深层结构。此外，神经网络先驱奖 (2014 Pioneer Award) 获得者、美国纽约大学教授 Yann LeCun 等提出的卷积神经网络是第一个真正多层结构学习算法，它利用空间相对关系减少参数数目以提高训练性能。这几类神经网络模型不论从结构上还是从算法上都属于一类复杂神经网络。复杂网络有不同的研究分支，包括结构、算法、动力学行为和应用等分支，进而吸引着不同兴趣爱好者从不同的角度来深刻认识复杂网络 [218, 220]。本节的重点在于复杂神经网络的同步性等动态行为上，进而对深入理解谜一般的世界的脑科学以及相应的工程应用提供一点探究，以尽绵薄之力。

一般来讲，复杂网络中的信息流是不会及时传递的。路径分布的空间特性、传递介质的特性（如含有记忆的介质的信息存储和计算等因素）等，使得在对复杂网络模型描述中考虑时滞的作用是合理的。时滞的存在，通常会影响系统的总体性能，如导致系统的不稳定或振荡等。当然，有时人为地引入时滞也会对系统的某些特性起到阻尼作用，进而时滞的作用要辩证地看，不能绝对化。时滞是一种特性，也是一种现象，进而在复杂神经网络研究中，时滞不仅存在于节点网络中，而且也存在于耦合互联的信息交互中。

具有时滞耦合的复杂互联神经网络的动态特性得到了广泛学者的研究 [221-224]。例如，具有时滞耦合的振子网络中的同步问题在文献 [221]、[222] 中得到研究，并且建立了相应的同步稳定性判据。文献 [223] 讨论了一类具有耦合时滞的复杂神经网络，并通过构造适当的 Lyapunov-Krasovskii 泛函建立了相应的同步稳定判据。文献 [224] 研究了一类具有不同耦合时滞的动力网络，并基于矩阵测度的定义建立了几个关于同步特性的判据。如文献 [224] 指出的那样，针对具有耦合时滞的复杂网络，一般很难通过构建合适的 Lyapunov-Krasovskii 泛函来建立同步稳定判据。基于此，针对具有耦合时滞的复杂网络同步性问题，仍有很多科学难题要解决。

需指出的是，复杂网络的同步主要有自同步和受控同步两类。自同步是网络本身稳态后的特性，属于自然行为。受控同步是在外部控制作用的情况下使得复杂网络的同步态达到期望的目标。自同步是经典稳定性概念的延拓，而受控同步是经典跟踪控制概念的延拓。由于复杂网络有自身节点的动力学行为，又有邻域节点动力学的交互耦合作用，进而通过调节不同的环节，都可以实现网络的同步集群行为。事实上，任何主客观系统或网络都不可避免地受干扰、不确定性等的影响，这些因素的存在将会破坏同步性甚至使复杂网络不稳定 [225, 226]。为了保证网络的同步性，增强自身的调节能力和适应能力，一些自适应同步方法被相继提出[186, 188, 227]。文献 [188] 基于切换系统的架构研究了一类部分互联结构缺失情况下的复杂网络全局同步问题。文献 [186] 研究了一类防止网络退化/恶化的不确定复杂动力网络的鲁棒同步问题，并提出了一种自适应同步方法来调节未知耦合作用。文献 [227] 提出了两种自适应更新律，分别用来修改耦合强度和耦合系数，进而实现复杂网络的自适应同步。需注意的是，文献 [186]、[188]、[227] 中的方法主要是针对耦合连接系数的自适应调节，这是基于复杂网络的内部调解机制进行的（即只需要自身调节，而没有外部控制或激励作用）。尽管这类内部自适应调节机制能够在一定程度上克服一定范围内的不确定和扰动的影响，进而保证整个系统的同步性，但对于外部异常干扰的强势入侵和内部结构的大变革，这种只靠自适应调节内部连接权的机制将受到很大的约束。挖掘内部潜力和合理利用外界作用需要相辅相成，靠外力调节内部结构划分，进而化外力为内力，实现复杂系统自身的抗扰能力和处理突发事件的能力。因此，为了提高复杂网络的可靠同步能力，外部控制或外部激励是必要的，如牵引 pinning 控制 [228-230]、全节点控制 [201, 202, 231] 和分布控制 [232, 233] 等。这些控制策略是外部施加到复杂网络上的，能够调解全部节点动态或实现部分节点动态的调节, 进而实现全网的同步行为 [234]。这类外部激励作用的同步机制称作受控同步（即复杂网络以外的控制器是必不可少的，通过设计外部的调节机制来实现内部的有序化）。当这些外部作用进行实际操作的时候，必然要通过传感器、执行器和网络等途径与复杂网络发生关系。这些联系通道，由于长距离、常年在外裸露、自然老化或者人为破坏，以及电磁干扰等，不可避免地会发生故障，进而影响外部激励对复杂网络内部的调节作用。因此，针对具有时滞的复杂互联神经网络的受控同步问题，有必要考虑在传感器、执行器或者控制器异常情况下的可靠容错同步问题。

由于对复杂动力系统的安全性和运行可靠性等性能指标的要求不断提高，自 1970 年以来，容错控制理论已经取得了显著的发展 [235-239]。在传统的故障诊断理论中，研究对象主要是单一的孤立闭环系统，进而研究的故障发生部位主要集中在两个位置: 执行器和传感器。执行器故障直接作用到系统上，使得正常的控制强度受到影响，进而影响系统状态变量偏离正常值，直接的后果就是控制作用不够充分（实际上不是控制器的不给力，而是执行控制作用的信号通道受阻所致）。传感器是能量变换和信号变换的转换环节，是由各种电力电子器件组成的设备装置，免不了要受到电子元器件的老化、线路的破损、人为破坏、高温高压等非标准环境的影响等，导致能量转换环节发生异常。传感器故障则直接影响复杂网络的检测输出信号，没有直接作用到系统上，但对于利用系统输出信号进行调控的环节将产生严重的影响，如各种反馈环节、异常报警环节等。因此，这两类故障在传统的控制系统中受到广泛关注，在当今的复杂网络系统中也是不可忽视的重要环节。容错控制与正常控制不同的地方在于，不仅要设计正常的控制器，还要设计相应的参数调节律；与传统自适应控制有相似之处，但是在考虑各种故障等异常环节方面，又是传统自适应控制所不及的；与切换控制相似，但考虑的各种故障又不是事先就确定的，难以给出完整的切换律；与事件触发控制相似，但故障包含时间和事件两类不同类型故障，难以统一概括；与智能控制相似，但又有很多机理信息必须要利用，不能一味利用专家知识。由此可见，容错控制是一门交叉学科融合下的综合性技术，具有自身的特色，同时也随着相关学科和技术的发展而不断完善和发展，是一种实用的手段。容错控制不仅能够保证系统在正常情况下运行，而且能保证系统在异常情况下运行，付出的代价就是整体性能指标的非最优性 [174,240-245]。合理地实现正常优化控制和容错控制的协调，也是控制理论领域期待要解决的一项综合技术问题，目前的研究成果非常少，需要关注。尽管应用对象发生了变化，但不同的实用对象都需要容错控制，都有相似的特征。这样，针对复杂网络的容错同步问题，也是一项具有实际意义的课题。

目前，关于具有时滞的复杂网络的自同步的研究，已经有很多方法被提出来，但主要集中在耦合系数和耦合强度的调节方面 [185,200-202,246,247]。相对照，具有时滞的复杂网络的受控同步也逐渐受到人们的关注，并给出了一些相应的有效控制策略。但是针对传感器故障和执行器故障情况下的受控同步问题，却少有人研究。主要问题在于复杂网络的研究主要集中在计算机和通信领域，在控制领域涉及的范围不宽，进而没有将控制领域的故障诊断理论的研究思想和应用对象拓展到复杂网络上，由此导致有许多新的问题需要探索和研究。控制对象的变化给容错控制的分析和设计也带来了很多挑战，特别是互联耦合项的信息处理以及各节点子系统之间的信息交互等问题，都不是能简单利用传统的控制理论来处理的。基于上面的讨论和分析，本节将研究传感器故障情况下的具有时滞的复杂互联神经网络的容错同步问题。主要工作是同时设计自适应控制律和耦合系数自适应更新律，由此来实现传感器故障下的容错同步问题。具体来讲，首先设计一个被动容错控制器以实现故障情况下的容错同步；然后基于驱动–响应同步的概念，同时设计自适应容错控制律和耦合系数更新律以实现响应网络在传感器断线的情况下的容错同步；最后针对指定同步态的情况，设计一类自适应容错控制器，该控制器包括状态反馈控制器和自适应补偿控制器，补偿器用来实现对耦合系数的信息估计，以此来提高自适应容错同步性能。

4.4.1　问题描述与基础知识

考虑如下由 N 个相同节点网络组成的具有时滞的复杂互联神经网络：

$$\dot{x}_i(t) = Ax_i(t) + Bf(x_i(t)) + \sum_{j=1}^{N} c_{ij}\Gamma_1 x_j(t) + \sum_{j=1}^{N} h_{ij}\Gamma_2 x_j(t-\tau) \tag{4.57}$$

其中，$x_i(t) = (x_{i1}(t), x_{i2}(t), \cdots, x_{in}(t))^{\mathrm{T}}$ 是第 i 个节点网络在第 t 时刻的状态向量, n 是节点网络的维数，$A = \mathrm{diag}(a_1, a_2, \cdots, a_n) > 0$ 和 B 是具有适当维数的连接权矩阵, $f(x_i(t)) = (f_1(x_{i1}(t)), f_2(x_{i2}(t)), \cdots, f_n(x_{in}(t)))^{\mathrm{T}}$ 为节点网络的神经元激励函数，$\Gamma_1 = \mathrm{diag}(\gamma_{11}, \gamma_{12}, \cdots, \gamma_{1n})$ 和 $\Gamma_2 = \mathrm{diag}(\gamma_{21}, \gamma_{22}, \cdots, \gamma_{2n})$ 分别是正对角矩阵，$C = (c_{ij})_{N\times N}$ 和 $H = (h_{ij})_{N\times N}$ 分别是耦合配置矩阵和时滞耦合配置矩阵, $i, j = 1, \cdots, N$，$\tau > 0$ 为常值传输时滞。

下面的假设将对后面的分析起到重要作用。

假设 4.4.1 激励函数 $f_i(\zeta)$ 是有界和连续的函数，满足 $|f_i(\zeta)| \leqslant f_i^b$，且对于任意的 $\zeta \neq v, \zeta, v \in \mathbb{R}$:

$$0 \leqslant \frac{f_i(\zeta) - f_i(v)}{\zeta - v} \leqslant \delta_i \tag{4.58}$$

其中，$\delta_i > 0$, $f_i(0) = 0$, $i = 1, 2, \cdots, n$。令 $2\Delta = \mathrm{diag}(\delta_1, \delta_2, \cdots, \delta_n)$。

假设 4.4.2 耦合配置矩阵 C 和 H 满足如下扩散条件:

$$c_{ij} = c_{ji} \geqslant 0, \quad c_{ii} = -\sum_{j=1, j\neq i}^{N} c_{ij}, \quad h_{ij} = h_{ji} \geqslant 0, \quad h_{ii} = -\sum_{j=1, j\neq i}^{N} h_{ij} \tag{4.59}$$

注释 4.4.1 假设 4.4.2 的意义有两方面: ① 假定了复杂网络 (4.57) 的拓扑连接是没有孤立节点存在，即 $C = (c_{ij})_{N\times N}$ 和 $H = (h_{ij})_{N\times N}$ 分别是不可约简矩阵。这对应着控制理论中的系统矩阵非奇异、满秩等适定条件，或者系统辨识中的可持续激励条件。在理论研究中，不论问题的形式如何变化，但总有基本不变的属性或黑洞在里面。在参数辨识时为了保证估计值的可逆性，施加了持续激励的假设；在研究具有结构特性的复杂网络时，为了保证全部节点的连通性而避免孤立节点的存在，出现了连通性、T 顺序连通性、根节点存在性以及每个跟随者都至少有一个领导者 (针对多智能体系统而言) 等假设 [248]。② 式 (4.59) 是著名的扩散条件，在复杂网络的同步研究中被广为使用 [201,228-233]。条件式 (4.59) 也可分别表示为 $\sum_{j=1}^{N} c_{ij} = 0$ 和 $\sum_{j=1}^{N} h_{ij} = 0$。只有在这样的条件下, 复杂网络式 (4.57) 才能够实现同步态，进而在达到同步态时，耦合关系被守恒，整个网络的状态收敛到如下节点网络的状态:

$$\dot{s}(t) = As(t) + Bf(s(t)) \tag{4.60}$$

其中，$s(t) = (s_1(t), s_2(t), \cdots, s_n(t))^{\mathrm{T}} \in \mathbb{R}^n$ 是节点网络的状态向量。实际上，条件式 (4.59) 是实现同步的一个充分条件，仅是在外耦合矩阵上施加了很强的约束。纵观整个耦合作用，涉及外耦合、内耦合以及和交互变量之间的作用。这样，如何研究更一般意义下的同步性或者更加放宽假设条件来研究同步性，将是更有挑战性的研究课题。

需指出的是，在 20 世纪 80 年代研究互联大系统的控制问题时，往往将互联耦合项当作一种不确定项来处理，没有对互联耦合矩阵的细节进行假定，进而导致当时的研究重点放在了如何解耦和如何克服因为耦合的作用而带来的不确定性的影响上来。因为当时没有复杂网络的大概念以及同步性的大认识，进而在当时的研究水平和认识能力下，智能囿于当时的研究水平，这体现的就是相对性。当假设 4.4.2 施加作用以后，很多传统的控制理论和方法都可以进行应用。所以，理论研究的关键之一也是如何构建研究的承上启下点，即合理的科学假设也是非常重要的。当然，施加一定的假设以后，研究的方向可能就会发生变化，这是一种分叉。如果不想改变初衷的研究路线，那就是假设越少越好。现代的科学研究之一，就是减少假设来进行科学研究，进而使得相应的研究成果有更广的适应性。

注释 4.4.2 节点网络式 (4.60) 可代表一大类递归神经网络 [217-220]，这类递归神经网络可用在优化计算、信号处理和联想记忆等方面。然而，由于耦合连接 c_{ij} 和时滞耦合连接 h_{ij} 的作用（$i,j=1,\cdots,N$），节点网络式 (4.60) 的动力学行为往往与复杂网络式 (4.57) 的动力学行为不一样。例如，节点网络式 (4.60) 的动态稳定特性可以是稳定的，而复杂网络式 (4.57) 的动力学特性可能是不稳定的。这一点在后面的仿真中可以看到。如果对耦合连接关系加以一定的约束限制，如扩散条件式 (4.59)，则节点网络式 (4.60) 以及由其组成的复杂网络式 (4.57) 的一些关系就得以建立。这既体现了复杂系统的分层性，也体现了神经网络的拓扑微分同胚特性。进而，研究一类复杂系统，不仅是数的问题，也是形的问题。

引理 4.4.1[185] 令 X、Y 和 P 为具有适当维数的实矩阵，P 是正定对称矩阵。则对于任意正标量 $\epsilon>0$，下面的不等式成立：

$$X^{\mathrm{T}}Y+Y^{\mathrm{T}}X\leqslant\epsilon^{-1}X^{\mathrm{T}}P^{-1}X+\epsilon Y^{\mathrm{T}}PY \tag{4.61}$$

4.4.2 传感器故障下的复杂互联神经网络的容错同步

考虑含有外部输入 $u_i(t)$ 的复杂互联神经网络式 (4.57) 的受控同步问题：

$$\begin{aligned}\dot{x}_i(t)=&Ax_i(t)+Bf(x_i(t))+\sum_{j=1}^{N}c_{ij}\Gamma_1x_j(t)\\&+\sum_{j=1}^{N}h_{ij}\Gamma_2x_j(t-\tau)+D_iu_i(t)\end{aligned} \tag{4.62}$$

其中，D_i 是一个适当维数的矩阵，与控制通道的特性相关，$u_i(t)$ 表示待设计的控制律，用以确保复杂网络式 (4.62) 的同步性，$i=1,2,\cdots,N$。

不失一般性，假定 (A,D_i) 对是可控制的，且控制器具有线性形式 $u_i(t)=K_ix_i(t)$, 其中，K_i 是待设计的适维增益矩阵。针对传感器故障情况，考虑如下故障形式 $F_i\in\Omega_i=\{f_{ij}|F_i=\mathrm{diag}(f_{i1},f_{i2},\cdots,f_{in})\}$, 其中，$\Omega_i$ 表示第 i 个节点网络的所有传感器故障集合。$f_{ij}=1$ 表示在第 i 个节点网络中第 j 个传感器是正常的, 而 $f_{ij}=0$ 表示在第 i 个节点网络中第 j 个传感器是故障的。

在传感器故障情况下，复杂网络式 (4.62) 可写成如下形式：

$$\begin{aligned}\dot{x}_i(t)=&(A+D_iK_iF_i)x_i(t)+Bf(x_i(t))+\sum_{j=1}^{N}c_{ij}\varGamma_1x_j(t)\\&+\sum_{j=1}^{N}h_{ij}\varGamma_2x_j(t-\tau)\end{aligned}\tag{4.63}$$

其中，$i=1,2,\cdots,N$。

注释 4.4.3 针对复杂网络式 (4.63), 可以看出，考虑相同节点网络构成的复杂网络式 (4.57) 的同步问题被转化成具有非相同节点网络构成的复杂网络的同步问题。在现有的文献中，通用的方法就是设计一个公共的控制器 $u_i(t)=Kx_i(t)$ 来确保网络的同步性，此时常假定控制输入矩阵 $D_i=I_n$ 是一个单位矩阵。就作者所知，尚未见到采用相关的线性矩阵不等式方法来解决 $D_iu_i(t)$ 情况下的网络同步问题, $i=1,2,\cdots,N$。如果假定 $D_i=I_n$，则所有的节点网络都具有可控制性，进而实现的是全网络的控制；而对于 $D_iu_i(t)$ 情况，则某些节点网络就可能不具有可控制性，进而使得相应的控制设计问题变得更加实际、客观和复杂。此时对于 $D_iu_i(t)$ 情况的设计，实际上已经含有牵引控制 pinning 的思想，只不过没有更加具体化而已，犹如 20 世纪 80 年代复杂互联大系统的概念与 21 世纪初复杂互联网络的概念一样，是整体和局部的关系。此外，需要特别说明一下，(A,D_i) 对是可控制的，指的是节点网络的线性主导部分 A 受控制输入部分 $D_iu_i(t)$ 的直接影响，或者说，至少这两部分之间存在冗余，这样才能够在出现故障的情况下，可以通过调节外部输入的结构来实现对整个闭环系统的特征值的分布进行调整。可以说与线性系统的能控性有一定的关联，但不如线性系统能控性那样明细具体。针对含有非线性环节的系统，尚没有非常具体的能控性和能观性判据表示。所以，这里的能控性 (A,D_i) 主要指的是二者之间的良态关系 (良态的或者适定的，在理论研究中往往指的是一种理想情况，即所考虑的问题能够有解的所有条件都成立。换句话说，讨论问题的前提是有意义的或可行的，但如何求解是要关注的重点)，由此能够满足系统的实际要求。针对其他类型的非线性系统的能控性和能观性的要求，基本上都是这个含义。

下面给出确保复杂网络式 (4.63) 容错同步的结果。

定理 4.4.1 如果存在正定对称矩阵 P_i、Q_i, 正对角矩阵 S_i, 正常数 ϵ_c、ϵ_h 和适维矩阵 K_i, 使得如下条件成立:

$$\Phi_1 = \begin{bmatrix} \Phi_{11} & P_iB & P_i & P_i \\ * & -S_i & 0 & 0 \\ * & * & -\epsilon_c\Big(\sum_{j=1}^{N} c_{ij}^2\Big)^{-1} I & 0 \\ * & * & * & -\epsilon_h\Big(\sum_{j=1}^{N} h_{ij}^2\Big)^{-1} I \end{bmatrix} < 0 \tag{4.64}$$

$$N\epsilon_h \Gamma_2^{\mathrm{T}} \Gamma_2 - Q_i < 0 \tag{4.65}$$

则对于传感器故障 F_i, 复杂网络式 (4.63) 可实现容错同步, 其中，$\Phi_{11} = P_i(A + D_iK_iF_i) + (A + D_iK_iF_i)^{\mathrm{T}}P_i + \Delta S_i \Delta + Q_i + N\epsilon_c \Gamma_1^{\mathrm{T}}\Gamma_1$, I 是具有适当维数的单位矩阵, $*$ 表示相应的对称部分, $i = 1, 2, \cdots, N$。

证明 考虑如下的 Lyapunov-Krasovskii 泛函:

$$V(t) = \sum_{i=1}^{N} \Big[x_i^{\mathrm{T}}(t)P_ix_i(t) + \int_{t-\tau}^{t} x_i^{\mathrm{T}}(s)Q_ix_i(s)\mathrm{d}s\Big] \tag{4.66}$$

沿着复杂网络式 (4.63) 的轨迹，对 $V(t)$ 进行求导，可得

$$\begin{aligned} \dot{V}(t) =& \sum_{i=1}^{N} 2x_i^{\mathrm{T}}(t)P_i\Big[(A + D_iK_iF_i)x_i(t) + Bf(x_i(t)) \\ &+ \sum_{j=1}^{N} c_{ij}\Gamma_1x_j(t) + \sum_{j=1}^{N} h_{ij}\Gamma_2x_j(t-\tau)\Big] \\ &+ \sum_{i=1}^{N} \Big[x_i^{\mathrm{T}}(t)Q_ix_i(t) - x_i^{\mathrm{T}}(t-\tau)Q_ix_i(t-\tau)\Big] \end{aligned} \tag{4.67}$$

根据假设 4.4.1 和引理 4.4.1, 下列不等式成立:

$$2x_i^{\mathrm{T}}(t)P_iBf(x_i(t)) \leqslant x_i^{\mathrm{T}}(t)P_iBS_i^{-1}B^{\mathrm{T}}P_ix_i(t) + x_i^{\mathrm{T}}(t)\Delta S_i\Delta x_i(t) \tag{4.68}$$

$$\begin{aligned} \sum_{i=1}^{N}\sum_{j=1}^{N} 2x_i^{\mathrm{T}}(t)P_ic_{ij}\Gamma_1x_j(t) \leqslant& \sum_{i=1}^{N} \Big[x_i^{\mathrm{T}}(t)\epsilon_c^{-1}\Big(\sum_{j=1}^{N} c_{ij}^2\Big)P_iP_ix_i(t) \\ &+ Nx_i^{\mathrm{T}}(t)\epsilon_c\Gamma_1^{\mathrm{T}}\Gamma_1x_i(t)\Big] \end{aligned} \tag{4.69}$$

$$\sum_{i=1}^{N}2x_i^{\mathrm{T}}(t)P_i\sum_{j=1}^{N}h_{ij}\Gamma_2x_j(t-\tau)$$
$$\leqslant\sum_{i=1}^{N}\left[x_i^{\mathrm{T}}(t)\epsilon_h^{-1}\left(\sum_{j=1}^{N}h_{ij}^2\right)P_iP_ix_i(t)+Nx_i^{\mathrm{T}}(t-\tau)\epsilon_h\Gamma_2^{\mathrm{T}}\Gamma_2x_i(t-\tau)\right] \tag{4.70}$$

将式 (4.68)~ 式 (4.70) 代入式 (4.67), 可得

$$\begin{aligned}\dot V(t)\leqslant&\sum_{i=1}^{N}x_i^{\mathrm{T}}(t)\Big[2P_i(A+D_iK_iF_i)+P_iBS_i^{-1}B^{\mathrm{T}}P_i+\Delta S_i\Delta+Q_i\\&+\epsilon_c^{-1}\left(\sum_{j=1}^{N}c_{ij}^2\right)P_iP_i+N\epsilon_c\Gamma_1^{\mathrm{T}}\Gamma_1+\epsilon_h^{-1}\left(\sum_{j=1}^{N}h_{ij}^2\right)P_iP_i\Big]x_i(t)\\&+\sum_{i=1}^{N}x_i^{\mathrm{T}}(t-\tau)\left(N\epsilon_h\Gamma_2^{\mathrm{T}}\Gamma_2-Q_i\right)x_i(t-\tau)\end{aligned} \tag{4.71}$$

考虑条件式 (4.64) 和式 (4.65), 则对于任意的 $x_i(t)\neq 0$ 和 $x_i(t-\tau)\neq 0$，有

$$\dot V(t)<0 \tag{4.72}$$

$\dot V(t)=0$ 当且仅当 $x_i(t)=0$ 和 $x_i(t-\tau)=0,\ i=1,2,\cdots,N$。根据 Lyapunov 稳定性理论, 复杂网络式 (4.63) 在控制 $u_i(t)=K_ix_i(t)$ 的作用下，实现了同步。换句话说，在传感器故障的情况下，控制器 $u_i(t)=K_ix_i(t)$ 保证了复杂网络式 (4.57) 的同步性。证毕。

补充一点，复杂网络的同步性和 Lyapunov 稳定性理论之间的关系。从字面上来看，同步性和稳定性二者之间没有关系，实质上，同步性是稳定性概念的拓展和深化。经典的 Lyapunov 稳定性主要研究的是某一固定平衡点的稳定性，即在某一扰动的情况下，系统的稳态能否回归到该固定平衡点。内在实质是，系统的稳态与某一个固定平衡点之间的相对静止或相对稳定的问题。同步性则是明确指出，针对某一参考系或参考点，二者之间的相对静止行为，只不过同步性的参考目标可以是一个固定点、流形、时变曲线、给定轨迹或者集合等。这样，同步性和稳定性问题最终都是转化到误差系统上来，即经过坐标平移之后，都是归结到（广义）原点的稳定性问题。这样，通过不同形式的问题或表述的转化，最终都落到一个比较系统——误差系统的相对静止问题（这就是经典理论之为根本为基础的体现）上来。此时，零点是指定的平衡点，进而可以应用 Lyapunov 稳定性理论等来进行相应的分析。所以，在研究同步性、一致性、状态估计、滤波、系统辨识、模式恢复、跟踪、调节、预测等问题时，它们的共有分析基础都是 Lyapunov 稳定性理论和其他相关的稳定性理论。控制理论的研究，本质上都是基于稳定性控制，进而实现自动化系

统。稳定性是本，控制技术是术，二者融汇于自动控制系统当中。本为基，少变浑厚；术为端，纷杂炫耀有效。本是挖掘事物内在物理机制规律，术是强调各种变幻捷径直接效用。本与术共融一体，一道一术，和谐共生，确保天地生复杂网络周而复始。

由于非线性耦合项的作用，在式 (4.64) 中的增益矩阵 K_i 一般不易求取。下面讨论当 $P_i = P_1$ 时的定理 4.4.1的可解性问题。

（1）D_i 是可逆的。此时，在式 (4.64) 中令 $P_1D_iK_i = Y_i$, 则可直接得到 $K_i = (P_1D_i)^{-1}Y_i$。

（2）$D_i = D$ 是不可逆的, 但假定 D 满足 $WD = \begin{bmatrix} I \\ 0 \end{bmatrix}$, 其中 W 是可逆矩阵, I 是具有适当维数的单位矩阵。

此时，$P_1DK_i = P_1W^{-1}WDK_i = P_1W^{-1}\begin{bmatrix} I \\ 0 \end{bmatrix}K_i = \begin{bmatrix} G_{11} & G_{12} \\ 0 & G_{22} \end{bmatrix}\begin{bmatrix} K_i \\ 0 \end{bmatrix} = \begin{bmatrix} G_{11}K_i \\ 0 \end{bmatrix} = \begin{bmatrix} \hat{Y}_i \\ 0 \end{bmatrix} = Y_i$，则定理 4.4.1 可重新陈述如下。

修改的定理 4.4.1 假定 $WD = \begin{bmatrix} I \\ 0 \end{bmatrix}$, W 是一个已知矩阵。如果存在正定对称矩阵 G, 正对角矩阵 S_i, 正常数 ϵ_c、ϵ_h, 适维矩阵 Y_i, 使得如下条件成立:

$$\bar{\Phi}_1 = \begin{bmatrix} \bar{\Phi}_{11} & GWB & GW & GW \\ * & -S_i & 0 & 0 \\ * & * & -\epsilon_c\left(\sum\limits_{j=1}^{N} c_{ij}^2\right)^{-1}I & 0 \\ * & * & * & -\epsilon_h\left(\sum\limits_{j=1}^{N} h_{ij}^2\right)^{-1}I \end{bmatrix} < 0 \tag{4.73}$$

$$N\epsilon_h\Gamma_2^{\mathrm{T}}\Gamma_2 - Q < 0 \tag{4.74}$$

则针对传感器故障 F_i, 复杂网络式 (4.63) 是容错同步的, 其中，$G = P_1W^{-1} = \begin{bmatrix} G_{11} & G_{12} \\ 0 & G_{22} \end{bmatrix}$, $Y_i = \begin{bmatrix} \hat{Y}_i \\ 0 \end{bmatrix}$, $\Phi_{11} = GWA + A^{\mathrm{T}}W^{\mathrm{T}}G^{\mathrm{T}} + Y_iF_i + F_i^{\mathrm{T}}Y_i^{\mathrm{T}} + \Delta S_i\Delta + Q_i + N\epsilon_c\Gamma_1^{\mathrm{T}}\Gamma_1$, 控制器增益矩阵为 $K_i = G_{11}^{-1}\hat{Y}_i$, $i = 1, 2, \cdots, N$。

针对 $P_i = P, K_i = K, Q_i = Q, S_i = S$ 和 $F_i = F$ 情况, $i = 1, 2, \cdots, N$, 有如下结果。

推论 4.4.1 如果存在正定对称矩阵 P、Q, 正对角矩阵 S, 正常数 ϵ_c、ϵ_h 和

适维矩阵 K, 使得如下条件成立:

$$\Phi_1 = \begin{bmatrix} \Phi_{11} & PB & P & P \\ * & -S & 0 & 0 \\ * & * & -\epsilon_c\Big(\sum_{j=1}^{N} c_{ij}^2\Big)^{-1} I & 0 \\ * & * & * & -\epsilon_h\Big(\sum_{j=1}^{N} h_{ij}^2\Big)^{-1} I \end{bmatrix} < 0 \tag{4.75}$$

$$N\epsilon_h \Gamma_2^{\mathrm{T}} \Gamma_2 - Q < 0 \tag{4.76}$$

则针对传感器故障 $F_i = F$, 复杂网络式 (4.63) 是容错同步的, 其中，$\Phi_{11} = P(A + DKF) + (A + DKF)^{\mathrm{T}} P + \Delta S \Delta + Q + N\epsilon_c \Gamma_1^{\mathrm{T}} \Gamma_1$, $*$ 表示相应的对称部分。

注释 4.4.4　推论 4.4.1 主要针对在每个节点网络中发生相同的传感器故障时，提供一个公共的控制器增益。也就是说，设计的公共容错控制器，能够处理节点网络中发生相同传感器故障情况的同步问题。

注释 4.4.5　当 $i = 1, j = 1$, 推论 4.4.1 则约简到针对一个节点网络设计容错控制器的情况，这种情况就是经典的故障诊断处理的问题，在之前的文献中已得到广泛研究 [162]。

4.4.3　传感器故障下基于驱动–响应网络框架的自适应容错同步

定理 4.4.1 是针对传感器故障情况设计了一个被动容错控制器来实现复杂网络式 (4.57) 的容错同步。这类同步问题属于自同步，是局限于一个复杂网络内部的行为。事实上，同步也可以发生在两类复杂网络之间，如基于驱动–响应概念下的同步 [249]。通常，控制器需要在响应网络端进行设计，以此来实现与驱动网络的同步性。此时，传感器故障可能发生在响应网络中，这将破坏网络的同步性能。因此，有必要在响应网络中设计自适应容错控制器来实现整个网络的同步性。本节将复杂网络式 (4.57) 看做驱动网络, 并构造如下的响应网络:

$$\begin{aligned} \dot{\hat{x}}_i(t) =& A\hat{x}_i(t) + Bf(\hat{x}_i(t)) + \sum_{j=1}^{N} \hat{c}_{ij}(t)\Gamma_1 \hat{x}_j(t) \\ &+ \sum_{j=1}^{N} \hat{h}_{ij}(t)\Gamma_2 \hat{x}_j(t-\tau) + D_i u_i(t) \end{aligned} \tag{4.77}$$

其中，$\hat{x}_i(t) = (\hat{x}_{i1}(t), \hat{x}_{i2}(t), \cdots, \hat{x}_{in}(t))^{\mathrm{T}} \in \mathbb{R}^n$ 为第 i 个节点网络的状态向量, $u_i(t)$ 是待设计的外部控制器, $\hat{c}_{ij}(t)$ 和 $\hat{h}_{ij}(t)$ 是待设计的自适应耦合连接项, $i, j =$

$1,2,\cdots,N$。需注意的是，在响应网络式 (4.77) 中的耦合连接项可以与驱动网络式 (4.57) 中的耦合连接项不同。本节的目的就是设计驱动–响应框架下的自适应容错同步控制律。

令 $\tilde{x}_i(t)=\hat{x}_i(t)-x_i(t)$, $\tilde{c}_{ij}(t)=\hat{c}_{ij}(t)-c_{ij}$, $\tilde{h}_{ij}(t)=\hat{h}_{ij}(t)-h_{ij}$, 则同步误差系统为

$$\begin{aligned}\dot{\tilde{x}}_i(t)=&A\tilde{x}_i(t)+B[f(\hat{x}_i(t))-f(x_i(t))]+\sum_{j=1}^{N}\tilde{c}_{ij}(t)\Gamma_1\hat{x}_j(t)\\&+\sum_{j=1}^{N}c_{ij}\Gamma_1\tilde{x}_j(t)+\sum_{j=1}^{N}\tilde{h}_{ij}(t)\Gamma_2\hat{x}_j(t-\tau)\\&+\sum_{j=1}^{N}h_{ij}\Gamma_2\tilde{x}_j(t-\tau)+D_iu_i(t)\end{aligned}\tag{4.78}$$

其中，$u_i(t)=-k_i(t)F_i\tilde{x}_i(t)$ 是传感器故障下 F_i 待设计的自适应控制律, $k_i(t)$ 是时变控制增益, $i=1,2,\cdots,N$。

如果随着 $t\to\infty$, $\tilde{x}_i(t)\to 0$, $i=1,2,\cdots,N$，称复杂网络式 (4.57) 和式 (4.77) 达到渐近同步。

定理 4.4.2 对于给定的正常数 k^*, 如果存在正定对称矩阵 P、Q 和 Q_1, 使得下面的不等式成立：

$$\begin{bmatrix}\Phi_i & PB & P\Gamma_1\bar{c}N & P\Gamma_2\bar{h}N\\ * & -Q_1 & 0 & 0\\ * & * & -Q & 0\\ * & * & 0 & -Q\end{bmatrix}<0\tag{4.79}$$

同时，如果构造选取如下的自适应控制律和耦合连接项更新律：

$$\begin{cases}u_i(t)=-k_i(t)F_i\tilde{x}_i(t)\\ \dot{k}_i(t)=2d_i\tilde{x}_i^{\mathrm{T}}(t)PD_iF_i\tilde{x}_i(t)\\ \dot{\hat{c}}_{ij}(t)=-2\delta_{ij}\tilde{x}_i^{\mathrm{T}}(t)P\Gamma_1\hat{x}_j(t)\end{cases}\tag{4.80}$$

$$\dot{\hat{h}}_{ij}(t)=-2\sigma_{ij}\tilde{x}_i^{\mathrm{T}}(t)P\Gamma_2\hat{x}_j(t-\tau)\tag{4.81}$$

则传感器故障 F_i 下, 驱动网络式 (4.57) 和响应网络式 (4.77) 能够实现容错同步, 其中，$\Phi_i=PA+A^{\mathrm{T}}P+\Delta Q_1\Delta+2Q-(k^*PD_iF_i+k^*F_i^{\mathrm{T}}D_i^{\mathrm{T}}P)$, d_i、δ_{ij} 和 σ_{ij} 是已知的正常数; $\bar{c}=\max\{|c_{ij}|\}$ 和 $\bar{h}=\max\{|h_{ij}|\}$ 是已知常数, 且 $k_i(t)$ 的初始条件是一个正常数, $i,j=1,2,\cdots,N$。

证明　考虑如下 Lyapunov-Krasovskii 泛函：

$$
\begin{aligned}
2V_2(t) =& 2\sum_{i=1}^{N}\tilde{x}_i^{\mathrm{T}}(t)P\tilde{x}_i(t)+\sum_{i=1}^{N}\sum_{j=1}^{N}\frac{1}{\delta_{ij}}\tilde{c}_{ij}^2(t)+\sum_{i=1}^{N}\sum_{j=1}^{N}\frac{1}{\sigma_{ij}}\tilde{h}_{ij}^2(t)\\
&+\sum_{i=1}^{N}\frac{1}{d_i}(k_i(t)-k^*)^2+2\int_{t-\tau}^{t}\sum_{i=1}^{N}\tilde{x}_i^{\mathrm{T}}(s)Q\tilde{x}_i(s)\mathrm{d}s
\end{aligned}
\tag{4.82}
$$

其中，k^* 是一个充分大的正常数。$V_2(t)$ 的导数计算如下：

$$
\begin{aligned}
\dot{V}_2(t) =& 2\sum_{i=1}^{N}\tilde{x}_i^{\mathrm{T}}(t)P\dot{\tilde{x}}_i(t)+\sum_{i=1}^{N}\sum_{j=1}^{N}\frac{1}{\delta_{ij}}\tilde{c}_{ij}(t)\dot{\tilde{c}}_{ij}(t)\\
&+\sum_{i=1}^{N}\sum_{j=1}^{N}\frac{1}{\sigma_{ij}}\tilde{h}_{ij}(t)\dot{\tilde{h}}_{ij}(t)\\
&+\sum_{i=1}^{N}\frac{1}{d_i}(k_i(t)-k^*)\dot{k}_i(t)+\sum_{i=1}^{N}\tilde{x}_i^{\mathrm{T}}(t)Q\tilde{x}_i(t)\\
&-\sum_{i=1}^{N}\tilde{x}_i^{\mathrm{T}}(t-\tau)Q\tilde{x}_i(t-\tau)
\end{aligned}
\tag{4.83}
$$

将式 (4.78) 代入式 (4.83), 并考虑假设 4.4.1 和引理 4.4.1, 可得

$$
\begin{aligned}
\dot{V}_2(t) \leqslant& 2\sum_{i=1}^{N}\tilde{x}_i^{\mathrm{T}}(t)PA\tilde{x}_i(t)+\sum_{i=1}^{N}\tilde{x}_i^{\mathrm{T}}(t)(PBQ_1^{-1}B^{\mathrm{T}}P+\varDelta Q_1\varDelta)\tilde{x}_i(t)\\
&+\sum_{i=1}^{N}\sum_{j=1}^{N}2\tilde{x}_i^{\mathrm{T}}(t)P\tilde{c}_{ij}(t)\varGamma_1\hat{x}_j(t)+\sum_{i=1}^{N}\sum_{j=1}^{N}\frac{1}{\delta_{ij}}\tilde{c}_{ij}(t)\dot{\tilde{c}}_{ij}(t)\\
&+\sum_{i=1}^{N}\sum_{j=1}^{N}2\tilde{x}_i^{\mathrm{T}}(t)P\tilde{h}_{ij}(t)\varGamma_2\hat{x}_j(t-\tau)+\sum_{i=1}^{N}\sum_{j=1}^{N}\frac{1}{\sigma_{ij}}\tilde{h}_{ij}(t)\dot{\tilde{h}}_{ij}(t)\\
&+\sum_{i=1}^{N}\sum_{j=1}^{N}2\tilde{x}_i^{\mathrm{T}}(t)Pc_{ij}\varGamma_1\tilde{x}_j(t)+\sum_{i=1}^{N}\sum_{j=1}^{N}2\tilde{x}_i^{\mathrm{T}}(t)Ph_{ij}\varGamma_2\tilde{x}_j(t-\tau)\\
&-\sum_{i=1}^{N}\left[2\tilde{x}_i^{\mathrm{T}}(t)PD_ik_i(t)F_i\tilde{x}_i(t)-\frac{1}{d_i}k_i(t)\dot{k}_i(t)\right]-\sum_{i=1}^{N}\frac{1}{d_i}k^*\dot{k}_i(t)\\
&+\sum_{i=1}^{N}\tilde{x}_i^{\mathrm{T}}(t)Q\tilde{x}_i(t)-\sum_{i=1}^{N}\tilde{x}_i^{\mathrm{T}}(t-\tau)Q\tilde{x}_i(t-\tau)
\end{aligned}
\tag{4.84}
$$

如果选取了自适应控制律式 (4.80) 和耦合连接项更新律式 (4.81), 则

$$\begin{aligned}\dot{V}_2(t) \leqslant &\sum_{i=1}^{N}\tilde{x}_i^{\mathrm{T}}(t)(2PA+PBQ_1^{-1}B^{\mathrm{T}}P+\varDelta Q_1\varDelta+Q-2k^*PD_iF_i)\tilde{x}_i(t)\\&+\sum_{i=1}^{N}\sum_{j=1}^{N}2\tilde{x}_i^{\mathrm{T}}(t)Pc_{ij}\varGamma_1\tilde{x}_j(t)+\sum_{i=1}^{N}\sum_{j=1}^{N}2\tilde{x}_i^{\mathrm{T}}(t)Ph_{ij}\varGamma_2\tilde{x}_j(t-\tau)\\&-\sum_{i=1}^{N}\tilde{x}_i^{\mathrm{T}}(t-\tau)Q\tilde{x}_i(t-\tau)\end{aligned}\tag{4.85}$$

注意到下式成立:

$$\begin{aligned}&\sum_{i=1}^{N}\sum_{j=1}^{N}2\tilde{x}_i^{\mathrm{T}}(t)Pc_{ij}\varGamma_1\tilde{x}_j(t)\\\leqslant&\sum_{i=1}^{N}\sum_{j=1}^{N}[\epsilon_1\tilde{x}_i^{\mathrm{T}}(t)Pc_{ij}\varGamma_1Q^{-1}(Pc_{ij}\varGamma_1)^{\mathrm{T}}\tilde{x}_i(t)+\epsilon_1^{-1}\tilde{x}_j^{\mathrm{T}}(t)Q\tilde{x}_j(t)]\\=&\sum_{i=1}^{N}\sum_{j=1}^{N}\epsilon_1\tilde{x}_i^{\mathrm{T}}(t)Pc_{ij}\varGamma_1Q^{-1}(Pc_{ij}\varGamma_1)^{\mathrm{T}}\tilde{x}_i(t)+\sum_{j=1}^{N}N\epsilon_1^{-1}\tilde{x}_j^{\mathrm{T}}(t)Q\tilde{x}_j(t)\end{aligned}\tag{4.86}$$

$$\begin{aligned}&\sum_{i=1}^{N}\sum_{j=1}^{N}2\tilde{x}_i^{\mathrm{T}}(t)Ph_{ij}\varGamma_2\tilde{x}_j(t-\tau)\\\leqslant&\sum_{i=1}^{N}\sum_{j=1}^{N}[\epsilon_2\tilde{x}_i^{\mathrm{T}}(t)Ph_{ij}\varGamma_2Q^{-1}(Ph_{ij}\varGamma_2)^{\mathrm{T}}\tilde{x}_i(t)+\epsilon_2^{-1}\tilde{x}_j^{\mathrm{T}}(t-\tau)Q\tilde{x}_j(t-\tau)]\\=&\sum_{i=1}^{N}\sum_{j=1}^{N}\epsilon_2\tilde{x}_i^{\mathrm{T}}(t)Ph_{ij}\varGamma_2Q^{-1}(Ph_{ij}\varGamma_2)^{\mathrm{T}}\tilde{x}_i(t)\\&+\sum_{j=1}^{N}N\epsilon_2^{-1}\tilde{x}_j^{\mathrm{T}}(t-\tau)Q\tilde{x}_j(t-\tau)\end{aligned}\tag{4.87}$$

将式 (4.86) 和式 (4.87) 代入式 (4.85) 中, 可得

$$\begin{aligned}\dot{V}_2(t) \leqslant &\sum_{j=1}^{N}\sum_{i=1}^{N}\tilde{x}_i^{\mathrm{T}}(t)\Bigg[\frac{1}{N}\Big(2PA+PBQ_1^{-1}B^{\mathrm{T}}P+\varDelta Q_1\varDelta+Q-2k^*PD_iF_i\Big)\\&+\epsilon_1^{-1}Q+\epsilon_1Pc_{ij}\varGamma_1Q^{-1}(Pc_{ij}\varGamma_1)^{\mathrm{T}}+\epsilon_2Ph_{ij}\varGamma_2Q^{-1}(Ph_{ij}\varGamma_2)^{\mathrm{T}}\Bigg]\tilde{x}_i(t)\\&+\sum_{i=1}^{N}\tilde{x}_i^{\mathrm{T}}(t-\tau)(N\epsilon_2^{-1}Q-Q)\tilde{x}_i(t-\tau)\end{aligned}\tag{4.88}$$

如果取 $\epsilon_1 = \epsilon_2 = N$, 则有

$$\dot{V}_2(t) \leqslant \sum_{j=1}^{N}\sum_{i=1}^{N} \tilde{x}_i^{\mathrm{T}}(t)\bigg\{\frac{1}{N}\Big[2PA + PBQ_1^{-1}B^{\mathrm{T}}P + \varDelta Q_1 \varDelta + 2Q - 2k^* PD_i F_i + \bar{c}^2 N^2 P\varGamma_1 Q^{-1}(P\varGamma_1)^{\mathrm{T}} + \bar{h}^2 N^2 P\varGamma_2 Q^{-1}(P\varGamma_2)^{\mathrm{T}}\Big]\bigg\}\tilde{x}_i(t) \tag{4.89}$$

考虑到线性矩阵不等式（LMI）条件式 (4.79), 如果 $\tilde{x}_i(t) \neq 0$，可得 $\dot{V}_2(t) < 0$, 且 $\dot{V}_2(t) = 0$ 当且仅当 $\tilde{x}_i(t) = 0$。根据 Lyapunov 稳定性理论，同步误差系统渐近稳定，并收敛到零点。因此，在驱动网络式 (4.57) 和响应网络式 (4.77) 之间实现了容错同步。证毕。

注释 4.4.6　定理 4.4.2 的一个显著特征就是提供了一个如何确定控制器增益 k^* 下界的方法。在现有的文献中，k^* 通常是随机选取的，这将使得 k^* 的选取没有目的性，必须经过很多试凑环节才能够最终确定。

注释 4.4.7　针对驱动–响应框架下的复杂互联神经网络，定理 4.4.2 提供了一种容错同步控制方法。如果驱动网络式 (4.57) 本身是同步的，则响应网络式 (4.77) 在自适应更新律式 (4.80) 和式 (4.81) 的作用下也能实现同步，即响应网络本身最初可能不同步，但在控制律的作用下，自身最终也达到了同步，且是以驱动网络为同步目标的跟随同步。尽管在驱动网络中的耦合配置矩阵要求满足扩散条件，但在响应网络中估计出来的耦合配置矩阵却不必要求满足扩散条件，此时也能实现驱动–响应同步目的。其中的可能原因之一是响应网络中的自适应控制律和自适应耦合连接项更新律的联合作用的结果，进而改变了整个响应网络的配置参数。另一个原因，也是根本的原因，驱动–响应框架下的同步本质上就是传统自适应控制中的模型参考自适应框架。驱动网络产生待跟踪目标，通过在响应网络中设计相应的自适应律达到驱动–响应跟踪目标一致的目的。因此，耦合配置矩阵要求满足扩散条件，是为了使驱动网络本身产生同步行为。即使驱动网络的动态行为不是同步的，含有自适应调节功能的响应网络也能够跟踪驱动网络的轨迹曲线，最终实现跟踪同步！这样，对响应系统的耦合结构配置就没有必要限制为满足扩散条件。驱动系统相当于一个榜样的作用，响应系统就是一个跟随者。好的榜样起到积极的作用，跟随者也就跟着起到积极的作用，这是靠外部的调控作用改变响应系统的结构特性和参数分布实现的。

注释 4.4.8　使用自适应更新律 (4.81), 耦合连接强度幅值就能够被实时估计出来。如果估计出来的耦合连接系数能够精确跟踪上实际的耦合连接真值, 则该估计系数值可用来诊断耦合连接是否出现了故障。这是一种可行的复杂网络故障诊断研究方向。在利用自适应方法进行耦合连接故障诊断时，可能存在的难点仍旧是传统的自适应控制所面临的难点：参数持续激励的问题和参数初始域确定的问题。

或许，针对不同约束下的复杂网络的耦合连接故障诊断问题，有可能用某一特殊的自适应方法来解决。但是，本节的重点在于设计自适应容错控制律来实现驱动网络式 (4.57) 和响应网络式 (4.77) 之间的同步，进而关于耦合连接的故障诊断是另一个有待研究的课题。

4.4.4 具有期望同步态的自适应容错同步

上面基于驱动–响应同步框架，提出了一种自适应容错同步控制方法。由于混沌系统的初始条件的敏感性和耦合结构的依赖性，驱动网络式 (4.57) 的动态特性可以有很大的变化。然而，针对一类特殊的驱动网络式 (4.57), 它的整体动力学行为与每个节点网络的动力学相同，或者具有某一期望或给定的同步态，此时定理 4.4.2 中的容错控制律将变得复杂，且增加了硬件实现的成本。为此，如何设计一类简单有效的自适应容错控制律，显得更有意义。本节将给出这种情况下的一种研究成果。

假定期望的同步态 $x_1(t)=x_2(t)=\cdots=x_N(t)=s(t)$ 是已知的, 即

$$\begin{aligned}\dot{s}(t)=&As(t)+Bf(s(t))+\sum_{j=1}^{N}c_{ij}\Gamma_1 s(t)+\sum_{j=1}^{N}h_{ij}\Gamma_2 s(t)\\=&As(t)+Bf(s(t))\end{aligned}\tag{4.90}$$

构造如下的响应网络:

$$\dot{x}_i(t)=Ax_i(t)+Bf(x_i(t))+\sum_{j=1}^{N}c_{ij}\Gamma_1 x_j(t)+\sum_{j=1}^{N}h_{ij}\Gamma_2 x_j(t-\tau)+D_i u_i(t)\tag{4.91}$$

其中，$u_i(t)$ 是待设计的控制律, $i=1,2,\cdots,N$。

为了保证驱动网络式 (4.90) 和响应网络式 (4.91) 之间的同步，可得到如下的同步误差动力系统:

$$\dot{\tilde{x}}_i(t)=A\tilde{x}_i(t)+B\tilde{f}(\tilde{x}_i(t))+\sum_{j=1}^{N}c_{ij}\Gamma_1\tilde{x}_j(t)+\sum_{j=1}^{N}h_{ij}\Gamma_2\tilde{x}_j(t-\tau)+D_i u_i(t)\tag{4.92}$$

其中，$\tilde{x}_i(t)=x_i(t)-s(t), i=1,2,\cdots,N$。

下面, 设计控制律 $u_i(t)=-K_iF_i\tilde{x}_i(t)+\phi_i(t)$ 以实现传感器故障下的容错同步，其中，$\phi_i(t)=\phi_{i1}(t)+\phi_{i2}(t)$ 是外部控制输入，后面将要给出具体设计, F_i 表示传感器故障, $i=1,2,\cdots,N$。

定理 4.4.3 对于给定的矩阵 K_i, 给定的正常数 g_1 和 g_2, 如果存在正定对称

矩阵 P、Q, 正对角矩阵 M, 使得下面的条件成立:

$$\begin{bmatrix} PA + A^{\mathrm{T}}P + \varDelta M\varDelta + Ng_1^{-1}I + Q - PD_iK_iF_i - (PD_iK_iF_i)^{\mathrm{T}} & PB \\ * & -M \end{bmatrix} < 0 \tag{4.93}$$

$$Ng_2^{-1}I - Q < 0 \tag{4.94}$$

且自适应律选取如下:

$$\begin{aligned}
\dot{\hat{\gamma}}_{ci}(t) &= g_1\tilde{x}_i^{\mathrm{T}}(t)P\varGamma_1\varGamma_1P\tilde{x}_i(t) \\
\dot{\hat{\gamma}}_{hi}(t) &= g_2\tilde{x}_i^{\mathrm{T}}(t)P\varGamma_2\varGamma_2P\tilde{x}_i(t) \\
\phi_{i1}(t) &= -0.5g_1(D_i)^{+}\hat{\gamma}_{ci}(t)\varGamma_1\varGamma_1P\tilde{x}_i(t) \\
\phi_{i2}(t) &= -0.5g_2(D_i)^{+}\hat{\gamma}_{hi}(t)\varGamma_2\varGamma_2P\tilde{x}_i(t) \\
u_i(t) &= -K_iF_i\tilde{x}_i(t) + \phi_{i1}(t) + \phi_{i2}(t)
\end{aligned} \tag{4.95}$$

则传感器故障情况下的响应网络式 (4.91) 与具有期望同步态的驱动网络式 (4.90) 实现容错同步, 其中, $\tilde{\gamma}_{ci} = \gamma_{ci} - \hat{\gamma}_{ci}$, $\tilde{\gamma}_{hi} = \gamma_{hi} - \hat{\gamma}_{hi}$, $\gamma_{ci} = \sum\limits_{j=1}^{N} c_{ij}^2$, $\gamma_{hi} = \sum\limits_{j=1}^{N} h_{ij}^2$, $(D_i)^{+}$ 表示矩阵 D_i 的一种广义逆矩阵, $i = 1, 2, \cdots, N$。

证明 考虑如下 Lyapunov-Krasovskii 泛函:

$$V_3(t) = \sum_{i=1}^{N}\tilde{x}_i^{\mathrm{T}}(t)P\tilde{x}_i(t) + \frac{1}{2}\sum_{i=1}^{N}\tilde{\gamma}_{ci}^2 + \frac{1}{2}\sum_{i=1}^{N}\tilde{\gamma}_{hi}^2 + \int_{t-\tau}^{t}\sum_{i=1}^{N}\tilde{x}_i^{\mathrm{T}}(s)Q\tilde{x}_i(s)\mathrm{d}s \tag{4.96}$$

沿着同步误差系统式 (4.92) 求 $V_3(t)$ 的导数, 可得

$$\begin{aligned}
\dot{V}_3(t) \leqslant{} & \sum_{i=1}^{N}\tilde{x}_i^{\mathrm{T}}(t)\Big(PA + A^{\mathrm{T}}P + PBM^{-1}B^{\mathrm{T}}P + \varDelta M\varDelta + Q\Big)\tilde{x}_i(t) \\
& + 2\sum_{i=1}^{N}\sum_{j=1}^{N}\tilde{x}_i^{\mathrm{T}}(t)Pc_{ij}\varGamma_1\tilde{x}_j(t) + 2\sum_{i=1}^{N}\sum_{j=1}^{N}\tilde{x}_i^{\mathrm{T}}(t)Ph_{ij}\varGamma_2\tilde{x}_j(t-\tau) - \sum_{i=1}^{N}\tilde{\gamma}_{ci}\dot{\hat{\gamma}}_{ci}(t) \\
& + 2\sum_{i=1}^{N}\tilde{x}_i^{\mathrm{T}}(t)PD_i(-K_iF_i\tilde{x}_i(t) + \phi_i(t)) \\
& - \sum_{i=1}^{N}\tilde{\gamma}_{hi}\dot{\hat{\gamma}}_{hi}(t) - \sum_{i=1}^{N}\tilde{x}_i^{\mathrm{T}}(t-\tau)Q\tilde{x}_i(t-\tau)
\end{aligned} \tag{4.97}$$

式 (4.97) 用到了假设 4.4.1 和引理 4.4.1。

考虑到下面的条件成立:

$$
\begin{aligned}
2\tilde{x}_i^{\mathrm{T}}(t)\sum_{j=1}^{N}Pc_{ij}\Gamma_1\tilde{x}_j(t) \leqslant& \sum_{j=1}^{N}\tilde{x}_i^{\mathrm{T}}(t)g_1c_{ij}^2P\Gamma_1\Gamma_1P\tilde{x}_i(t)+\sum_{j=1}^{N}g_1^{-1}\tilde{x}_j^{\mathrm{T}}(t)\tilde{x}_j(t)\\
=&g_1\gamma_{ci}\tilde{x}_i^{\mathrm{T}}(t)P\Gamma_1\Gamma_1P\tilde{x}_i(t)+\sum_{j=1}^{N}g_1^{-1}\tilde{x}_j^{\mathrm{T}}(t)\tilde{x}_j(t)\\
=&g_1(\tilde{\gamma}_{ci}+\hat{\gamma}_{ci})\tilde{x}_i^{\mathrm{T}}(t)P\Gamma_1\Gamma_1P\tilde{x}_i(t)\\
&+\sum_{j=1}^{N}g_1^{-1}\tilde{x}_j^{\mathrm{T}}(t)\tilde{x}_j(t)
\end{aligned}
\tag{4.98}
$$

$$
\begin{aligned}
&2\tilde{x}_i^{\mathrm{T}}(t)\sum_{j=1}^{N}Ph_{ij}\Gamma_2\tilde{x}_j(t-\tau)\\
\leqslant&\sum_{j=1}^{N}\tilde{x}_i^{\mathrm{T}}(t)g_2h_{ij}^2P\Gamma_2\Gamma_2P\tilde{x}_i(t)+\sum_{j=1}^{N}g_2^{-1}\tilde{x}_j^{\mathrm{T}}(t-\tau)\tilde{x}_j(t-\tau)\\
=&g_2\gamma_{hi}\tilde{x}_i^{\mathrm{T}}(t)P\Gamma_2\Gamma_2P\tilde{x}_i(t)+\sum_{j=1}^{N}g_2^{-1}\tilde{x}_j^{\mathrm{T}}(t-\tau)\tilde{x}_j(t-\tau)\\
=&g_2(\tilde{\gamma}_{hi}+\hat{\gamma}_{hi})\tilde{x}_i^{\mathrm{T}}(t)P\Gamma_2\Gamma_2P\tilde{x}_i(t)\\
&+\sum_{j=1}^{N}g_2^{-1}\tilde{x}_j^{\mathrm{T}}(t-\tau)\tilde{x}_j(t-\tau)
\end{aligned}
\tag{4.99}
$$

其中，$\gamma_{ci}=\sum_{j=1}^{N}c_{ij}^2$，$\gamma_{hi}=\sum_{j=1}^{N}h_{ij}^2$。

将式 (4.98) 和式 (4.99) 代入式 (4.96), 可得

$$
\begin{aligned}
\dot{V}_3(t)\leqslant&\sum_{i=1}^{N}\tilde{x}_i^{\mathrm{T}}(t)\Big(PA+A^{\mathrm{T}}P+PBM^{-1}B^{\mathrm{T}}P+\Delta M\Delta+Q\Big)\tilde{x}_i(t)\\
&+\sum_{i=1}^{N}\tilde{\gamma}_{ci}[g_1\tilde{x}_i^{\mathrm{T}}(t)P\Gamma_1\Gamma_1P\tilde{x}_i(t)-\dot{\hat{\gamma}}_{ci}(t)]+\sum_{i=1}^{N}g_1\hat{\gamma}_{ci}\tilde{x}_i^{\mathrm{T}}(t)P\Gamma_1\Gamma_1P\tilde{x}_i(t)\\
&+\sum_{i=1}^{N}\tilde{\gamma}_{hi}[g_2\tilde{x}_i^{\mathrm{T}}(t)P\Gamma_2\Gamma_2P\tilde{x}_i(t)-\dot{\hat{\gamma}}_{hi}(t)]+\sum_{i=1}^{N}g_2\hat{\gamma}_{hi}\tilde{x}_i^{\mathrm{T}}(t)P\Gamma_2\Gamma_2P\tilde{x}_i(t)
\end{aligned}
$$

$$
\begin{aligned}
&+\sum_{i=1}^{N}\sum_{j=1}^{N}g_1^{-1}\tilde{x}_j^{\mathrm{T}}(t)\tilde{x}_j(t)+\sum_{i=1}^{N}\sum_{j=1}^{N}g_2^{-1}\tilde{x}_j^{\mathrm{T}}(t-\tau)\tilde{x}_j(t-\tau)\\
&-\sum_{i=1}^{N}\tilde{x}_i^{\mathrm{T}}(t-\tau)Q\tilde{x}_i(t-\tau)\\
&-2\sum_{i=1}^{N}\tilde{x}_i^{\mathrm{T}}(t)PD_iK_iF_i\tilde{x}_i(t)+2\sum_{i=1}^{N}\tilde{x}_i^{\mathrm{T}}(t)PD_i[\phi_{i1}(t))+\phi_{i2}(t)]
\end{aligned}
\tag{4.100}
$$

如果采用自适应容错控制律式 (4.95), 式 (4.100) 可约简到如下形式:

$$
\begin{aligned}
\dot{V}_3(t)\leqslant&\sum_{i=1}^{N}\tilde{x}_i^{\mathrm{T}}(t)\Big(PA+A^{\mathrm{T}}P+PBM^{-1}B^{\mathrm{T}}P\\
&+\varDelta M\varDelta+Q+Ng_1^{-1}I-2PD_iK_iF_i\Big)\tilde{x}_i(t)\\
&+\sum_{i=1}^{N}Ng_2^{-1}\tilde{x}_i^{\mathrm{T}}(t-\tau)\tilde{x}_i(t-\tau)-\sum_{i=1}^{N}\tilde{x}_i^{\mathrm{T}}(t-\tau)Q\tilde{x}_i(t-\tau)
\end{aligned}
\tag{4.101}
$$

根据条件式 (4.93) 和式 (4.94), 对于任意的 $\tilde{x}_i(t)\neq 0$ 和 $\tilde{x}_i(t-\tau)\neq 0$，有 $\dot{V}_3(t)<0$。当且仅当 $\tilde{x}_i(t)=0$ 和 $\tilde{x}_i(t-\tau)=0$，$\dot{V}_3(t)=0$。根据 Lyapunov 稳定性理论, 具有传感器故障的响应网络式 (4.91) 可容错同步到驱动网络式 (4.90) 的期望同步态上。

当响应网络式 (4.91) 中没发生传感器故障时, 可得到如下的自适应同步策略，这是定理 4.4.3 的一个直接结果。

推论 4.4.2 如果存在正定对称矩阵 P、Q, 正对角矩阵 M, 适维矩阵 Y_i, 正常数 g_1 和 g_2, 使得下面条件成立:

$$
\begin{bmatrix}
PA+A^{\mathrm{T}}P+\varDelta M\varDelta+Ng_1^{-1}I+Q-Y_i-Y_i^{\mathrm{T}} & PB\\
* & -M
\end{bmatrix}<0
\tag{4.102}
$$

$$
Ng_2^{-1}I-Q<0
\tag{4.103}
$$

且自适应控制律选取如下:

$$
\begin{aligned}
\dot{\hat{\gamma}}_{ci}(t)=&g_1\tilde{x}_i^{\mathrm{T}}(t)P\varGamma_1\varGamma_1P\tilde{x}_i(t)\\
\dot{\hat{\gamma}}_{hi}(t)=&g_2\tilde{x}_i^{\mathrm{T}}(t)P\varGamma_2\varGamma_2P\tilde{x}_i(t)\\
\phi_{i1}(t)=&-0.5g_1(D_i)^{+}\hat{\gamma}_{ci}(t)\varGamma_1\varGamma_1P\tilde{x}_i(t)\\
\phi_{i2}(t)=&-0.5g_2(D_i)^{+}\hat{\gamma}_{hi}(t)\varGamma_2\varGamma_2P\tilde{x}_i(t)\\
u_i(t)=&-K_i\tilde{x}_i(t)+\phi_{i1}(t)+\phi_{i2}(t)
\end{aligned}
\tag{4.104}
$$

则响应网络式 (4.91) 能够自适应地同步到驱动网络式 (4.90), 其中，$\tilde{\gamma}_{ci}=\gamma_{ci}-\hat{\gamma}_{ci}$，$\tilde{\gamma}_{hi}=\gamma_{hi}-\hat{\gamma}_{hi}$，$\gamma_{ci}=\sum_{j=1}^{N}c_{ij}^2$，$\gamma_{hi}=\sum_{j=1}^{N}h_{ij}^2$，$(D_i)^+$ 表示矩阵 D_i 的一种广义逆，$K_i=(PD_i)^+Y_i, i=1,2,\cdots,N$。

注释 4.4.9　现在可以比较一下上面所建立的几种容错同步控制策略。定理 4.4.1 是建立在被动容错控制理论基础之上的，在故障期间容错控制器是保持不变的。定理 4.4.2 和定理 4.4.3 是基于驱动–响应同步框架下的自适应容错同步控制策略。在定理 4.4.2 中, 由于不同的耦合连接，驱动网络的集群行为可以与响应网络不同。相对照，在定理 4.4.3 中, 驱动网络的集群行为与每个节点网络的动态行为一样。从这一点来看，定理 4.4.2 可能要比定理 4.4.3 更具有一般性。然而，针对驱动网络的集群行为与每个节点网络的动力学行为一样的情况, 定理 4.4.2 要求有 N 个自适应控制律和 $2N^2$ 个自适应耦合连接更新律；而在定理 4.4.3 中，则仅要求 N 个自适应控制律和 $2N$ 个自适应耦合连接更新律。显然，在同步控制器的硬件实现中, 定理 4.4.3 将需要更少的硬件资源。

注释 4.4.10　这里仅是讨论了传感器故障的情况。针对执行器故障的情况，仿效定理 4.4.1～ 定理 4.4.3 的分析过程，也可以建立相应的自适应容错同步控制律。

注释 4.4.11　在文献 [250]、[251] 中, 研究了一类大规模互联系统的容错控制问题。复杂互联网络与大规模复杂系统的主要区别在于对耦合连接项的认识和处理方法。在大规模的复杂系统研究中，耦合互联项常被看做一种子系统之间彼此相互影响的不确定项，进而各子系统之间的相互作用信息没有得到足够和充分的利用。相对照，在复杂网络的研究中，充分利用耦合互联信息是复杂网络理论的一大特色，不论是拓扑结构的相关性还是信息传递的交互性，都得到充分的挖掘和利用。这样，针对复杂网络所特有的同步问题而言，就可以充分利用对耦合互联信息的估计并在线自适应调整，实现自适应同步的目的。

4.4.5　仿真算例

本节将用两个例子来说明所建立结果的有效性。

例 4.4.1　考虑具有三个节点的一类复杂网络式 (4.57), 每个节点网络都是由如下的一类 Hopfield 神经网络所构成：

$$\dot{x}(t)=Ax(t)+Bf(x) \tag{4.105}$$

其中，$A=-\mathrm{diag}(1,1)$，$B=\begin{bmatrix}1.5 & 0.1\\ 0.2 & 2.5\end{bmatrix}$，$f(x(t))=\tanh(x(t))$。显然，$\varDelta=\mathrm{diag}(1,1)$。

当初始条件 $x_0 = (0.1 \quad -0.1)^{\mathrm{T}}$ 时, 节点网络式 (4.105) 的轨迹如图 4.16 所示, 显然节点网络是稳定的。

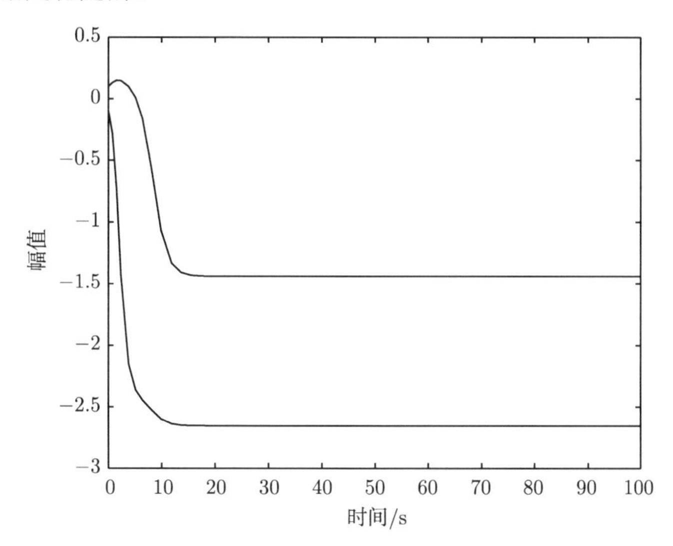

图 4.16 节点网络式 (4.105) 的状态轨迹

现在考虑复杂网络式 (4.57), 其中

$$C = \begin{bmatrix} -2 & 1 & 1 \\ 1 & -2 & 1 \\ 0 & 1 & -1 \end{bmatrix}, \quad H = \begin{bmatrix} -1 & 1 & 0 \\ 1 & -2 & 1 \\ 1 & 0 & -1 \end{bmatrix}$$

$$\varGamma_1 = \mathrm{diag}(1,1), \varGamma_2 = \mathrm{diag}(1,2), \quad \tau = 1, \quad D_i = \mathrm{diag}(1,1), \quad i = 1,2,3$$

当没有外部控制输入时, 即 $u_i(t) = 0$, 复杂网络式 (4.57) 的状态轨迹如图 4.17 所示。显然，尽管节点网络式 (4.105) 是稳定的，但复杂网络式 (4.57) 却变得不稳定，这进一步验证了注释 4.4.2 的内容。

现在考虑控制器 $u_i(t) = Kx_i(t)$ 的作用, 并应用推论 4.4.1, 可得

$$\begin{aligned} &Q = \mathrm{diag}(1.2450, 1.6984), \quad S = \mathrm{diag}(1.0936, 1.0930) \\ &\epsilon_c = 0.7216, \quad \epsilon_h = 0.0676 \\ &P = \begin{bmatrix} 0.0440 & -0.0029 \\ -0.0029 & 0.0232 \end{bmatrix}, \quad Y = \begin{bmatrix} -2.7561 & -0.0029 \\ -0.0029 & -3.0030 \end{bmatrix} \end{aligned}$$

相应地, 正常的控制器增益为

$$K_n = (PD)^{-1}Y = \begin{bmatrix} -63.0997 & -8.5745 \\ -7.9340 & -130.7363 \end{bmatrix}$$

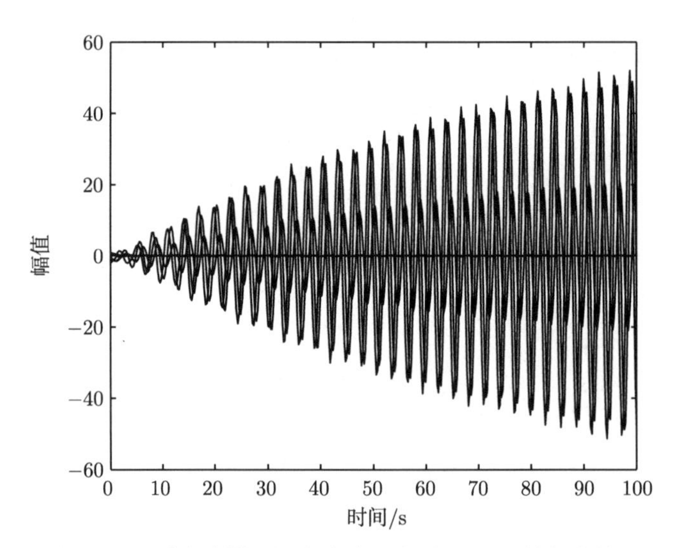

图 4.17　没有控制作用下的复杂网络式 (4.57) 的状态轨迹

控制器 $u_i(t) = K_n x_i(t)$ 作用下的复杂网络式 (4.57) 的轨迹如图 4.18 所示。显然，复杂网络实现了受控同步。

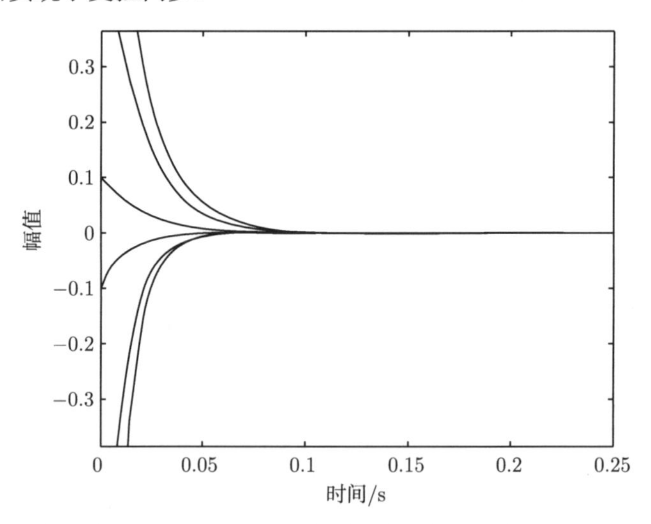

图 4.18　在控制律 $u_i(t) = K_n x_i(t)$ 作用下的复杂网络式 (4.57) 的状态轨迹

当传感器故障发生时，$F_1 = \mathrm{diag}(0, 1)$, 推论 4.4.1 仍旧成立，且容错控制器增益为

$$K = (PD)^{-1}Y = \begin{bmatrix} -103.0374 & -28.4254 \\ -37.7693 & -180.9852 \end{bmatrix}$$

此时，正常的控制器增益 K_n 已经不是推论 4.4.1 中的条件式 (4.75) 和式 (4.76) 的

解。在传感器故障情况下，采用正常的控制器增益 $u_i(t) = K_n x_i(t)$ 情况下的复杂网络式 (4.57) 的状态轨迹如图 4.19 所示。从图 4.19 可见，无故障情况下设计的控制器 $u_i(t) = K_n x_i(t)$ 不能够实现传感器故障下的同步控制。

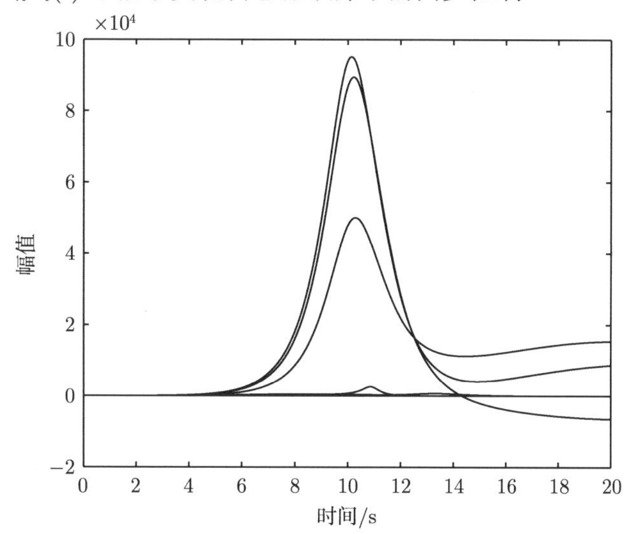

图 4.19 当传感器故障 $F_1 = \mathrm{diag}(0, 1)$ 发生时，复杂互联网络式 (4.57) 在控制律 $u_i(t) = K_n x_i(t)$ 作用下的状态轨迹

当传感器故障 $F_1 = \mathrm{diag}(0, 1)$ 发生在第二个节点网络时，复杂网络的状态轨迹如图 4.20 所示。当传感器故障 $F_1 = \mathrm{diag}(0, 1)$ 发生在第三个节点网络时，复杂

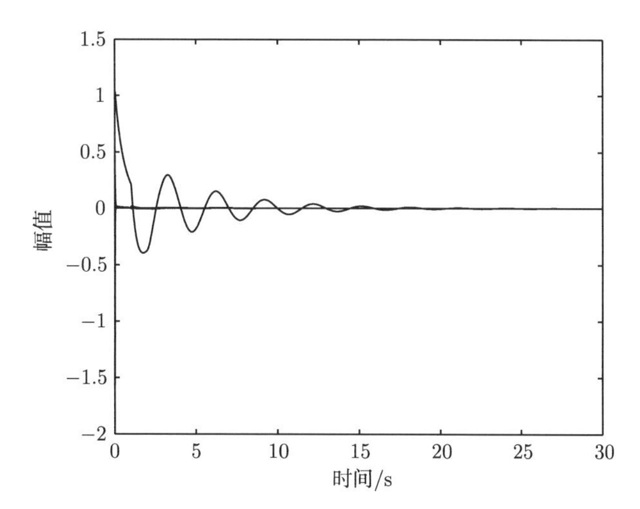

图 4.20 当传感器故障 $F_1 = \mathrm{diag}(0, 1)$ 发生在第二个节点网络时，复杂互联网络式 (4.57) 在控制律 $u_i(t) = K x_i(t)$ 作用下的状态轨迹

网络的状态轨迹如图 4.21 所示。当传感器故障 $F_1 = \mathrm{diag}(0,1)$ 同时发生在每一个节点网络时，复杂网络的状态轨迹如图 4.22 所示。

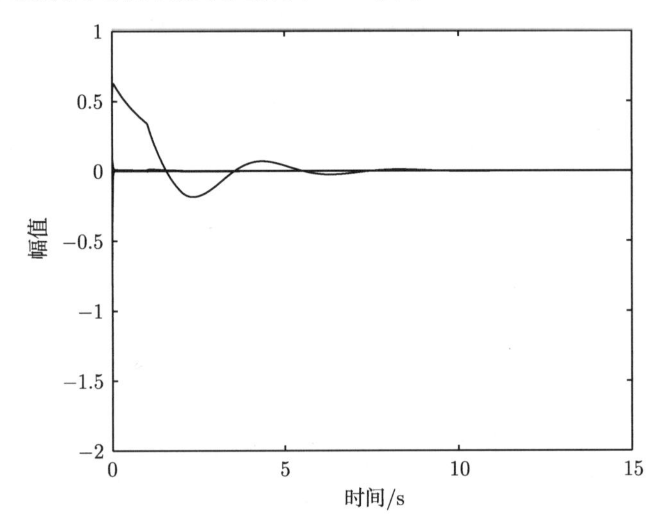

图 4.21 当传感器故障 $F_1 = \mathrm{diag}(0,1)$ 发生在第三个节点网络时，复杂网络式 (4.57) 在控制律 $u_i(t) = Kx_i(t)$ 作用下的状态轨迹

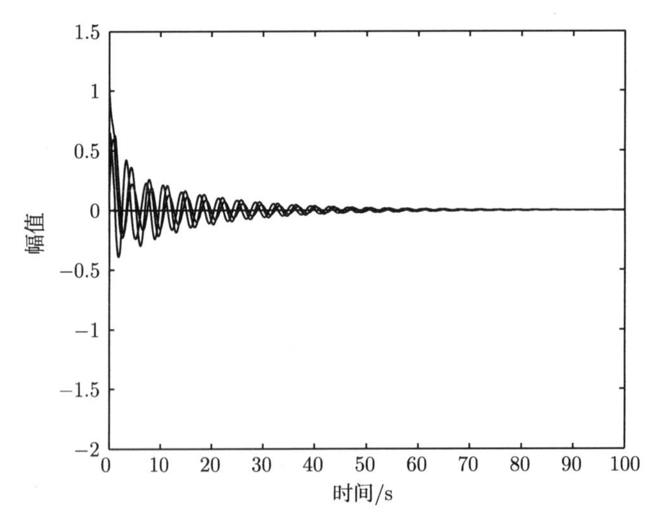

图 4.22 当传感器故障 $F_1 = \mathrm{diag}(0,1)$ 同时发生在每一个节点网络时，复杂网络式 (4.57) 在控制律 $u_i(t) = Kx_i(t)$ 作用下的状态轨迹

然而，当传感器故障 $F_1 = \mathrm{diag}(1,0)$ 发生时, 推论 4.4.1 不再成立。因此，按照推论 4.4.1 无法进行容错控制器设计。当传感器故障 $F_1 = \mathrm{diag}(1,0)$ 发生在第一个节点网络时, 复杂网络式 (4.57) 的状态轨迹是不稳定的，如图 4.23 所示。由仿真过

程可以看出，每一个节点网络中的第二个传感器通道是重要环节，即第二个传感器是重要保护环节。或者说，第二个传感器故障是致命性故障，难以通过软件冗余容错技术来解决。此时，需要增加传感器的硬件冗余环节或者硬件备份来提高第二个传感器的可靠性。所有的容错控制算法，都是在硬件存在冗余的情况下进行的。对于硬件不能提供冗余的过程，软件冗余控制也就无从谈起。

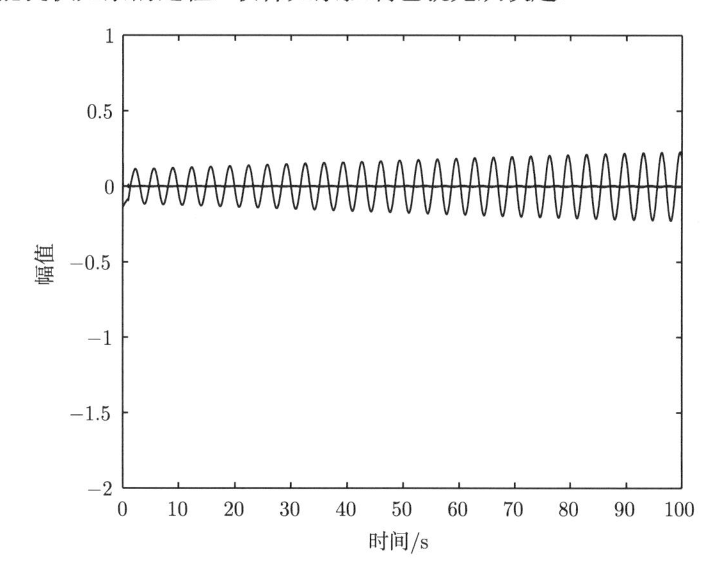

图 4.23 当传感器故障 $F_1 = \mathrm{diag}(1, 0)$ 发生在第一个节点网络时，复杂网络式 (4.57) 在控制律 $u_i(t) = Kx_i(t)$ 作用下的状态轨迹

例 4.4.2 作为复杂互联网络的一个实际应用, 这里考虑在虚拟组织中描述荣誉计算 (reputation computation in virtual organizations) 的网络模型 [252]。如果在文献 [252] 中不考虑分布时滞的影响，网络模型式 (4.57) 就可看做虚拟组织中的一类特殊的荣誉模型。在仿真中，考虑仅有三个节点的简化荣誉计算模型式 (4.57)。节点网络模型仍同模型式 (4.105) 所描述的一样，单参数选取如下:

$$A = \mathrm{diag}(-6,\ -4), \quad C = H = \begin{bmatrix} -0.5 & 0.5 & 0 \\ 0.2 & -0.6 & 0.4 \\ 0 & 0.3 & -0.3 \end{bmatrix}, \quad \varGamma_1 = \varGamma_2 = \begin{bmatrix} 1 & 0 \\ 0 & 1 \end{bmatrix}$$

当初始条件为 $x_1(0) = (0.0303, 0.0883)^{\mathrm{T}}$, $x_2(0) = (0.2917, 0.2171)^{\mathrm{T}}$ 和 $x_3(0) = (0.2307, 0.1346)^{\mathrm{T}}$ 时, 简化荣誉计算模型式 (4.57) 的状态轨迹如图 4.24 所示，显然此状态轨迹是稳定的。

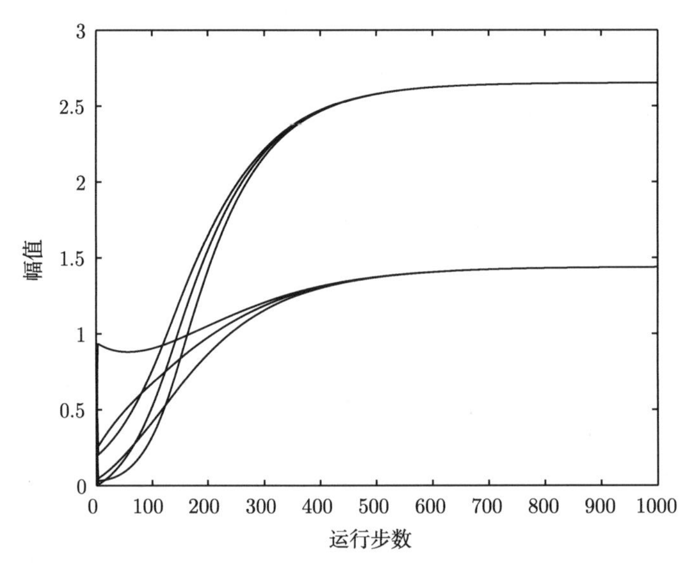

图 4.24　简化荣誉计算模型式 (4.57) 的状态轨迹

在本例中，将采用自适应律式 (4.80) 和式 (4.81) 来实现响应网络式 (4.77) 和简化荣誉计算模型驱动网络式 (4.57) 之间的同步性。在传感器正常情况下 $F_1 = F_2 = F_3 = \mathrm{diag}(1,1)$, 对于给定的常数 $k^* = 2$, 应用定理 4.4.2, 计算得到

$$P = \begin{bmatrix} 1.3378 & -0.0108 \\ -0.0108 & 1.4755 \end{bmatrix}, \quad Q = \begin{bmatrix} 5.5084 & -0.0284 \\ -0.0284 & 4.6470 \end{bmatrix}$$

$$Q_1 = \begin{bmatrix} 3.1084 & -0.1039 \\ -0.1039 & 1.1093 \end{bmatrix}$$

当在自适应控制律式 (4.80) 和式 (4.81) 中的初始参数选取如下:

$$(\sigma_{ij})_{3\times 3} = \begin{bmatrix} 1 & 1 & 1 \\ 1 & 1 & 2 \\ 2 & 2 & 2 \end{bmatrix}, \quad (\delta_{ij})_{3\times 3} = \begin{bmatrix} 2 & 2 & 1 \\ 2 & 2 & 1 \\ 2 & 1 & 1 \end{bmatrix}, \quad d_1 = 2, \quad d_2 = 1, \quad d_3 = 1$$

采样周期选为 $t_s = 0.01\mathrm{s}$ 时, 驱动网络式 (4.57) 和响应网络式 (4.77) 的动态轨迹如图 4.25 所示，C 和 H 的自适应估计值分别如图 4.26 和图 4.27 所示。

需指出的是，尽管估计参数 $\hat{c}_{ij}$ 和 $\hat{h}_{ij}$ 没能精确跟踪上实际参数 c_{ij} 和 h_{ij}, 但仍旧实现了式 (4.57) 和式 (4.77) 之间的同步。一种合理的解释就是，耦合连接参数的不同组合都可以满足所谓的扩散条件，进而可以实现网络之间的同步。由此引申的另一个问题，是从仿真过程来推断的，两个网络之间的实际同步是否需要所谓的扩散条件也未可知。实现同步的方式方法不唯一，进而一种方法不满足另一种理论的要求就未必不具有合理性。对未知世界的探索，远没有那么简单容易。如何精确辨识耦合连接参数 c_{ij} 和 h_{ij}，需要结合自适应辨识理论来进行深入研究，这已经超出本节讨论的内容范围，但这一方向的研究将具有很大的挑战性和重要意义。由于本节的目的就是考虑传感器故障下的自适应容错同步问题，下面就给出这方面的仿真验证。

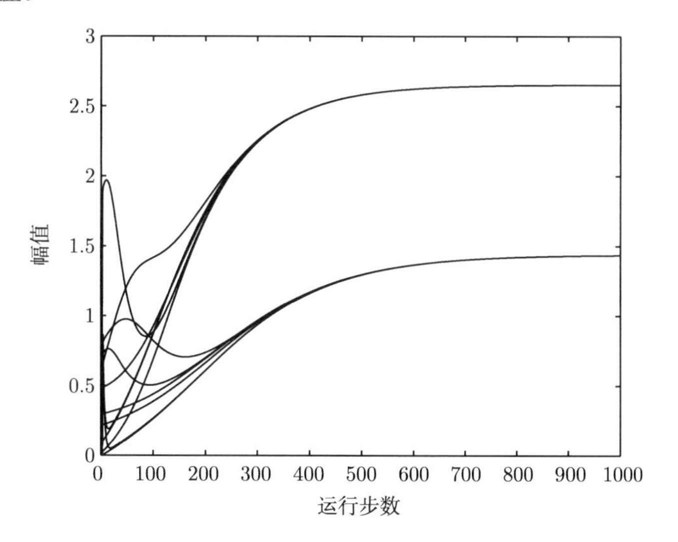

图 4.25 在自适应律式 (4.80) 和式 (4.81) 作用下的驱动网络式 (4.57) 和响应网络式 (4.77) 的状态轨迹

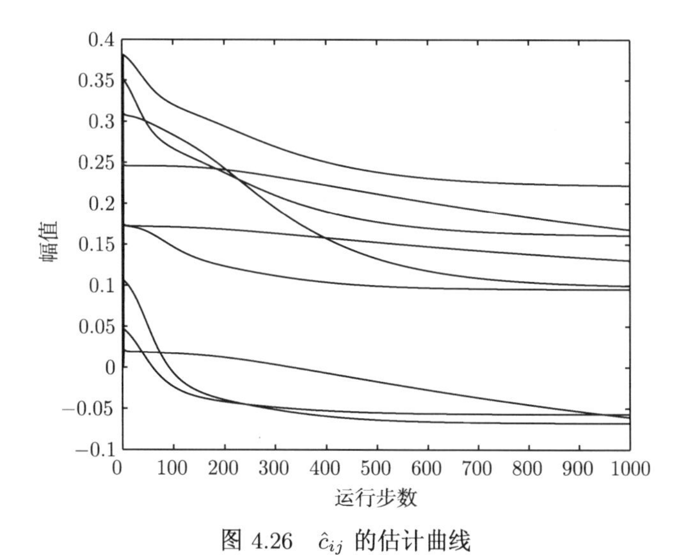

图 4.26 $\hat{c}_{ij}$ 的估计曲线

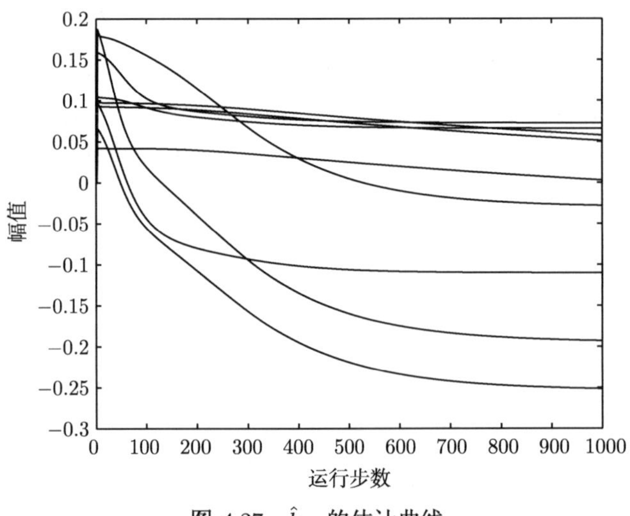

图 4.27　$\hat{h}_{ij}$ 的估计曲线

当传感器故障 $F_1 = \mathrm{diag}(0,1)$ 分别发生在第 i 个节点网络中, $i = 1,2,3$, 求解定理 4.4.2 中的 LMI 条件式 (4.79), 可得

$$P = \begin{bmatrix} 1.6449 & -0.0173 \\ -0.0173 & 1.7510 \end{bmatrix}, \quad Q = \begin{bmatrix} 6.0167 & -0.0425 \\ -0.0425 & 5.5624 \end{bmatrix}$$

$$Q_1 = \begin{bmatrix} 2.6903 & -0.1218 \\ -0.1218 & 1.2965 \end{bmatrix}$$

此时, 第一个节点网络中的状态轨迹和估计参数分别如图 4.28～ 图 4.30 所示。

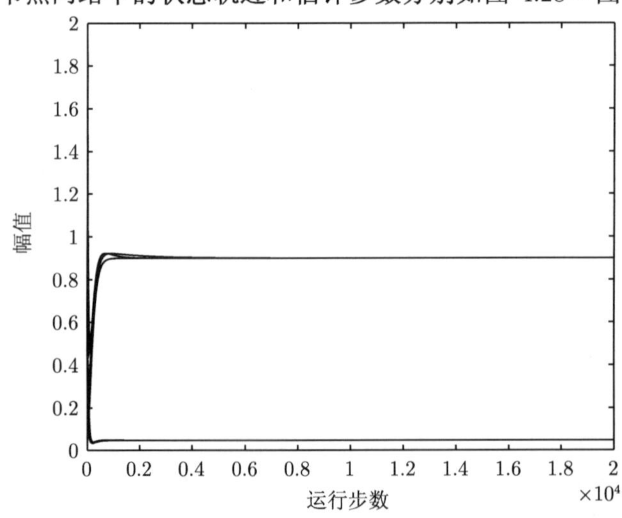

图 4.28　第一个节点网络发生传感器故障 $F_1 = \mathrm{diag}(0,1)$ 时的状态轨迹

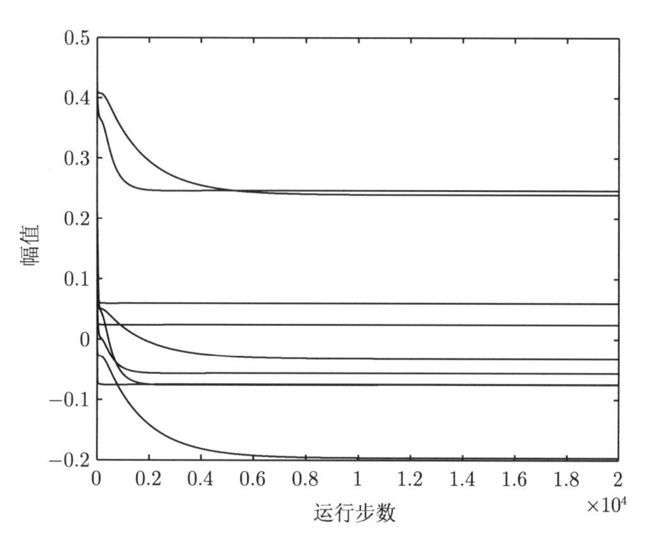

图 4.29 第一个节点网络发生传感器故障 $F_1 = \mathrm{diag}(0,1)$ 时的 $\hat{c}_{ij}$ 估计曲线

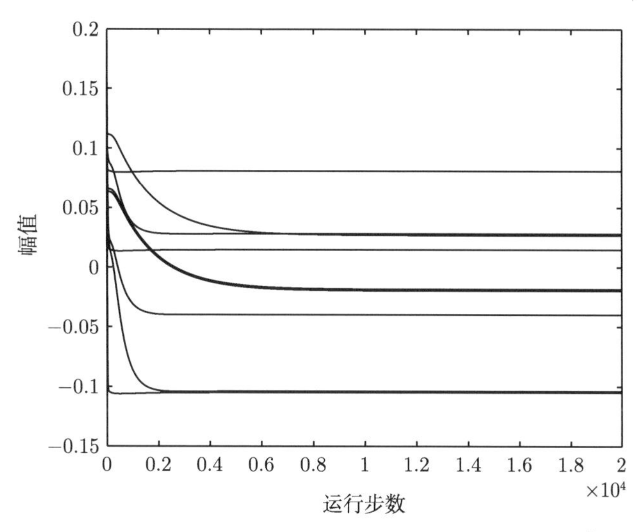

图 4.30 第一个节点网络发生传感器故障 $F_1 = \mathrm{diag}(0,1)$ 时的 $\hat{h}_{ij}$ 估计曲线

当传感器故障 $F_1 = \mathrm{diag}(0,1)$ 同时发生在每一个节点网络中, 求解定理 4.4.2 中的 LMI 条件式 (4.79), 可得

$$P = \begin{bmatrix} 1.5543 & -0.0202 \\ -0.0202 & 1.3888 \end{bmatrix}, \quad Q = \begin{bmatrix} 4.7631 & -0.0508 \\ -0.0508 & 4.3070 \end{bmatrix}$$

$$Q_1 = \begin{bmatrix} 1.8587 & -0.1077 \\ -0.1077 & 1.0641 \end{bmatrix}$$

此时，复杂网络的状态轨迹和自适应耦合参数估计值分别如图 4.31～图 4.33 所示。

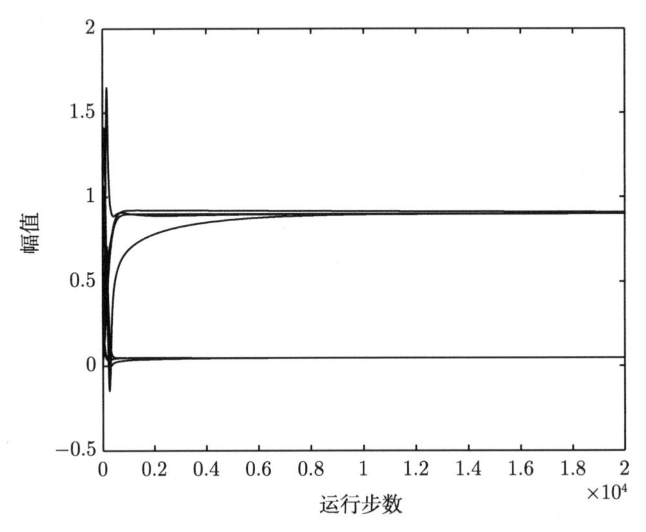

图 4.31　传感器故障 $F_1=\mathrm{diag}(0,1)$ 时的荣誉计算模型式 (4.77) 状态轨迹

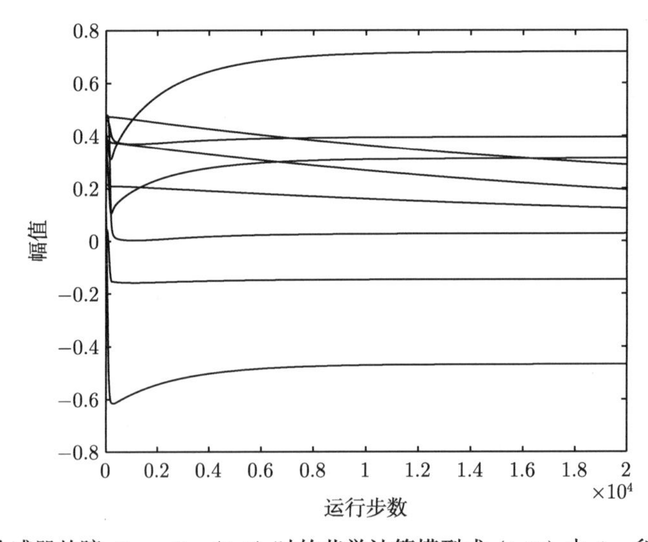

图 4.32　传感器故障 $F_1=\mathrm{diag}(0,1)$ 时的荣誉计算模型式 (4.77) 中 $\hat{c}_{ij}$ 参数估计曲线

当传感器故障 $F_2=\mathrm{diag}(1,0)$ 发生在响应网络系统式 (4.77) 时，定理 4.4.2 中的判定条件式 (4.79) 不再成立，进而无法设计自适应容错控制律。

通过上面的两个仿真可以看出，本节所提出的容错控制方法能够有效地解决传感器故障下的容错同步问题。同时，通过所提出的容错方法，也可以判别哪类传感器故障是有冗余的，哪类传感器是重点保护的，以便加强对重点传感器的保护采取相应的硬件冗余措施。

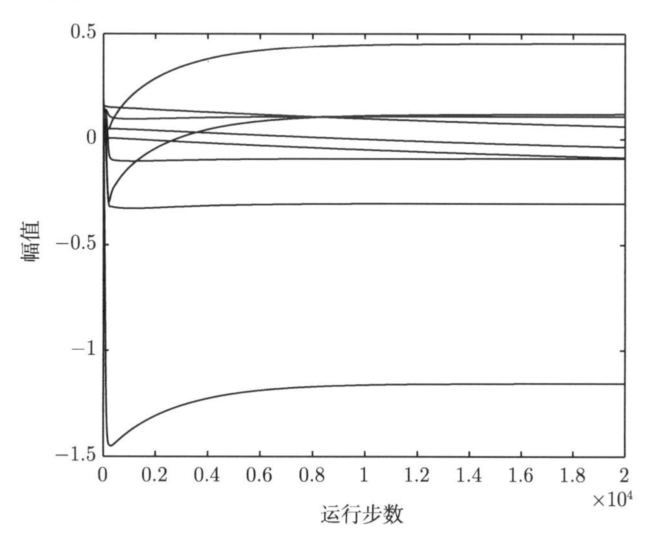

图 4.33　传感器故障 $F_1 = \mathrm{diag}(0, 1)$ 时的荣誉计算模型式 (4.77) 中 $\hat{h}_{ij}$ 参数估计曲线

4.5 小　结

4.1 节利用递归神经网络的动力学特性，研究了一类非线性系统的故障参数估计问题，进而说明递归神经网络不仅能够实现模式识别和图像处理等静态特性，也能够利用研究问题的性质研究一类优化问题，以实现故障参数估计与优化问题的直接映射。4.2 节和 4.3 节都对具有时滞的复杂互联神经网络的容错同步问题进行了研究，针对自同步情况和给定同步态情况，分别进行了自适应观测器设计和驱动响应控制器设计，实现了在传感器故障下的容错同步。即使复杂系统具有很多复杂特点，但是传统常规系统中仍具有一些基本问题，因此对复杂网络系统的研究是对传统孤立闭环系统控制理论的提升和延拓。通过对复杂系统的认识不断深入，人们对复杂系统的认识、开发、利用和维护等问题都会得到全面的提升，进而为实现人机友好的绿色控制提供基础理论和有效手段。

第 5 章　基于反步法的状态反馈容错控制

5.1　引　　言

近年来，因为容错控制技术可以避免或者补偿故障发生所带来的各种灾难，容错控制的研究得到广泛关注。当一些异常现象发生时，如部件老化或者外部环境的异常改变，都将可能会产生故障。在线性系统的容错控制领域，已经提出了许多很好的结果，如文献 [253]、[254] 所示。此外，非线性系统的容错技术也在文献 [255]、[256] 中提出。在文献 [257] 中，针对离散多输入多输出非线性系统，提出了一种新型的故障检测和预测方法，构建了统一的设计框架。值得一提的是，在文献 [258] 中，自适应控制策略被用来设计有效的故障检测和估计方法。另外，在文献 [259] 中，解析结果确保未知的故障动态可以用在线自适应参数估计的方法近似，其核心是利用恰当的自适应律。在文献 [260] 中，针对参数严格反馈系统，提出了两种自适应容错方法来抵消执行器的故障效果。上述方法可以用来针对多种不同的非线性系统设计故障估计和检测方法。然而，这些 FDE 或者容错控制方法均是针对单变量系统而言，并没有考虑到多变量系统的情况。

事实上，随着科学技术的发展，在工业生产和社会生活中面临的控制与管理系统规模越来越大，系统之间的联系与影响及系统的结构越来越复杂 [261]。传统的容错控制方法已经不能适用于这样复杂多变量系统的建模、分析和设计。又因为多变量系统与经济发展、社会进步、日常生活、国家安危、世界稳定、生态环境等大问题息息相关，在实际应用的需求推动下，不同的容错控制方法也被相继提出，如复杂网络的传感器容错控制 [262]，以及基于多模块内核偏最小二乘法的故障检测 [263]。然而，这些研究都属于集中控制方法。在文献 [264] 中，针对一类带有强互联项的多变量非线性系统，提出了一种基于神经网络的分散式自适应控制方法并且得到了半全局渐近稳定的结果。但是，此类方法忽略了系统有故障的情况。同时，有关多变量系统的容错控制方法也应运而生，如文献 [265]。显然，在文献 [265] 中，所考虑的系统必须满足匹配条件。当系统不满足匹配条件时，该方法无效。

值得一提的是，不满足匹配条件的离散系统的容错技术的研究一般更加有意义。因为除了控制通道以外，其他系统动态的通道里仍然含有未知动态，导致该类系统的容错控制研究更加困难。一些基于反步法的自适应控制方法在文献 [266]~[270] 中相继提出来解决非线性三角结构系统的控制问题。自适应控制技术，就是利用系统已知的或者可测的信息来学习系统的未知参数，使系统的未知动态可以被补偿，并因此而得到期望的系统性能。由于模糊逻辑系统（fuzzy logic system，FLS）或者神经网络具有万能逼近性，基于模糊或神经网络的控制方法得到广泛的发展，详见文献 [271]~[273]。然而，针对三角结构离散系统的执行器容错控制问题仍亟待解决。

本章提出一类不确定非线性多变量三角结构离散系统的执行器容错控制方案，首次解决下三角结构的多输入单输出离散系统的容错控制问题。执行器故障包括失效和卡死两种故障。利用径向基神经网络具有强大的逼近能力来近似系统的未知函数。基于此，本章提出一种基于神经网络的容错控制技术。然后，证明所提容错方法可确保系统的半全局一致最终有界性，并保证输出信号可以跟踪上参考信号。最后，数值仿真验证所提方法的有效性。

5.2 问题描述和预备知识

考虑如下可能发生执行器故障的一类具有块三角结构的单输入多输出离散系统：

$$\begin{cases} x_i(k+1) = f_i\big(\bar{x}_i(k)\big) + g_i\big(\bar{x}_i(k)\big)x_{i+1}(k), \quad i = 1,2,\cdots,n-1 \\ x_n(k+1) = f_n\big(\bar{x}_n(k)\big) + \bar{b}_m\bar{u}(k) + d_1(k) \\ y(k) = x_1(k) \end{cases} \tag{5.1}$$

其中，$\bar{x}_i(k) = [x_1(k), x_2(k), \cdots, x_i(k)]^{\mathrm{T}} \in \mathbb{R}^i, i = 1,2,\cdots,n$，$\bar{u}(k) = [u_1, u_2, \cdots, u_m]^{\mathrm{T}} \in \mathbb{R}^m$ 以及 $y_k \in \mathbb{R}$ 分别是系统状态变量、系统输入和输出；$f_i\big(\bar{x}_i(k)\big)$ 和 $g_i\big(\bar{x}_i(k)\big)(i = 1,2,\cdots,n-1)$ 是未知的非线性函数；$\bar{b}_m = [b_1, b_2, \cdots, b_m] \in \mathbb{R}^m$ 是正的常数向量；$d_1(k)$ 是一个未知有界的外部扰动，满足 $d_1 \leqslant d_M$，其中，d_M 是一个已知的正常数。

本章考虑的执行器故障类型为卡死或失效，其连续系统情形下的详细介绍已在文献 [38]、[270] 中给出。类似地，下面将给出离散系统情形下这两种故障类型的描述。

卡死模型：

$$\begin{aligned} &u_j^F(k) = \hat{u}_j, \quad k \geqslant k_j \\ &j \in \{j_1, j_2, \cdots, j_p\} \subset \{1,2,\cdots,m\} \end{aligned} \tag{5.2}$$

其中，$\hat{u}_j$ 代表系统的第 j 个执行器的卡死输出；k_j 是故障发生的时刻。卡死模型描述的意思是如果一个执行器发生卡死现象，那么相对应的输入保持常值输入。

失效模型：

$$
\begin{aligned}
&u_l^F(k)=\eta_l(k)u_j, \quad k\geqslant k_l\\
&l\in\overline{\{j_1,j_2,\cdots,j_p\}}\cap\{1,2,\cdots,m\}
\end{aligned}
\tag{5.3}
$$

其中，u_l 是系统的第 l 个应用控制输入；$\overline{\{j_1,j_2,\cdots,j_p\}}$ 是 $\{j_1,j_2,\cdots,j_p\}$ 的补集；k_l 是失效故障发生的时刻；$\eta_l(k)\in[\underline{\eta}_l,1]$ 是对应执行器 $u_l^F(k)$ 的失效因子且 $0<\underline{\eta}_l\leqslant 1$ 是 $\eta_l(k)$ 的下界。一般而言，如果 $\underline{\eta}_l=1$，那么系统的第 l 个控制输入通道没发生执行器故障。因此，综合式 (5.2) 和式 (5.3)，最终控制输入 $u_{Fs}(s=1,2,\cdots,m)$ 可以表示为

$$
u_{Fs}=(1-\delta_s)\eta_s(k)u_s(k)+\delta_s\hat{u}_s \tag{5.4}
$$

其中，δ_s 是卡死因子，描述如下：

$$
\delta_s=\begin{cases}1, & \text{系统第}s\text{个执行器卡死}\\ 0, & \text{其他}\end{cases} \tag{5.5}
$$

假设 5.2.1 $g_i\big(\bar{x}_i(k)\big)$ 符号已知且存在已知常数 $\underline{g}_i>0$，$\bar{g}_i>0$，使得 $\underline{g}_i\leqslant g_i\big(\bar{x}_i(k)\big)\leqslant\bar{g}_i$，$\forall\bar{x}_i(k)\in\Omega_i\subset\mathbb{R}^i$，$i=1,2,\cdots,n$。

假设 5.2.2 理想轨迹 $y_d(k)\in\Omega_y$，$\forall k>0$ 光滑且已知，其中，Ω_y 是有界紧集。

引理 5.2.1 [274] 考虑如下线性时变离散系统：

$$
\begin{cases}x(k+1)=A(k)x(k)+Bu(k)\\ y_k=Cx(k)\end{cases} \tag{5.6}
$$

其中，$A(k)$、B 和 C 是适当维数的矩阵且 B 和 C 是常数矩阵。令 $\varphi(k_1,k_0)$ 是系统式 (5.6) 中 $A(k)$ 对应的状态转移矩阵，也就是说，$\varphi(k_1,k_0)=\prod\limits_{k=k_0}^{k_1-1}A(k)$。如果 $\|\varphi(k_1,k_0)\|<1$,$\forall k_1>k_0\geqslant 0$，则自制系统式 (5.6) 全局指数稳定（$u(k)=0$）且输入输出有界稳定。

本章控制目标是为具有块三角结构且带有执行器故障的系统式 (5.1) 设计一个自适应容错机制使得：① 此多输入单输出闭环系统中的所有信号都半全局一致最终有界；② 系统输出能跟踪上理想参考信号 $y_d(k)$。

5.3 控制器设计

考虑具有块三角结构的多输入单输出非线性离散系统式 (5.1)。类似文献 [274] 中的方法，系统式 (5.1) 可以转换成一个适合运用反步法的结构，其形式如下：

$$\begin{cases} x_1(k+n) = F_1\big(\bar{x}_n(k)\big) + G_1\big(\bar{x}_n(k)\big)x_2(k+n-1) \\ \qquad\vdots \\ x_{n-1}(k+2) = F_{n-1}\big(\bar{x}_n(k)\big) + G_{n-1}\big(\bar{x}_n(k)\big)x_n(k+1) \\ x_n(k+1) = f_n\big(\bar{x}_n(k)\big) + \bar{b}_m\bar{u}(k) + d_1(k) \\ y_k = x_1(k) \end{cases} \tag{5.7}$$

其中

$$F_i\big(\bar{x}_n(k)\big) = f_i\Big(F_{i+1,j}^c\big(\bar{x}_n(k)\big)\Big)$$

$$G_i\big(\bar{x}_n(k)\big) = g_i\Big(F_{i+1,j}^c\big(\bar{x}_n(k)\big)\Big)$$

$$F_{i+1,j}^c\big(\bar{x}_n(k)\big) = \Big[f_{i+1,1}^c\big(\bar{x}_2(k)\big), \cdots, f_{i+1,j}^c\big(\bar{x}_{j+1}(k)\big)\Big]^{\mathrm{T}}$$

$$f_{i+1,j}^c\big(\bar{x}_{j+1}(k)\big) = f_j\Big(F_{i+2,j}^c\big(\bar{x}_{j+1}(k)\big)\Big) + g_j\Big(F_{i+2,j}^c\big(\bar{x}_{j+1}(k)\big)\Big)f_{i+2,j+1}^c\big(\bar{x}_{j+2}(k)\big)$$

$$i = 1, 2, \cdots, n-1; j = 1, 2, \cdots, i$$

注释 5.3.1 式 (5.7) 的状态转移很有必要。这在运用反步法设计的离散领域是一个很重要的计算。下面将说明这个必要性。当 $i=1$ 时，假设设计理想的虚拟控制输入

$$\alpha_{iv1}^*(k) = -\frac{1}{g_1\big(\bar{x}_1(k)\big)}\big[f_1\big(\bar{x}_1(k)\big) - y_d(k+1)\big] \tag{5.8}$$

来镇定系统式 (5.1)。类似地，当 $i=2$ 时，如果设计理想的虚拟控制

$$\alpha_{iv2}^*(k) = -\frac{1}{g_2\big(\bar{x}_2(k)\big)}\big[f_2\big(\bar{x}_2(k)\big) - \alpha_{iv1}^*(k+1)\big] \tag{5.9}$$

来镇定系统式 (5.1)。但是，如果式 (5.8) 和式 (5.9) 所示的虚拟控制输入 $\alpha_{iv1}^*(k)$ 和 $\alpha_{iv2}^*(k)$ 中包含未来信息，这就意味着，在实际应用中，虚拟控制输入 $\alpha_{iv1}^*(k)$ 和 $\alpha_{iv2}^*(k)$ 是不可行的。如果重复上述过程来构造实际控制 $u(k)$，那么由于 $u(k)$ 中包含更多的未来信息，将导致 $u(k)$ 也不可行。

很显然，式 (5.7) 中的特殊形式很适合使用反步法。由式 (5.7) 可以看出，函数 $F_i\big(\bar{x}_n(k)\big)$ 和函数 $G_i\big(\bar{x}_n(k)\big)$ 是高度非线性的。因为函数 $F_i\big(\bar{x}_n(k)\big)$ 和函数 $G_i\big(\bar{x}_n(k)\big)$ 是由函数 $F_{n-1}\big(\bar{x}_n(k)\big)$ 和函数 $F_{n-1}\big(\bar{x}_n(k)\big)$ 经过 1 步替换得到的，是由函数 $F_1\big(\bar{x}_n(k)\big)$ 和函数 $F_1\big(\bar{x}_n(k)\big)$ 经过 $n-1$ 步替换得到的，所以随着 i 从 n 到 1 逐渐减小，函数 $F_i\big(\bar{x}_n(k)\big)$ 和函数 $G_i\big(\bar{x}_n(k)\big)$ 的非线性将会越来越强。这也就意味着容错控制任务是不容易实现的。由于径向基神经网络可以逼近给定非线性函数，那么在不能准确获得 $F_i\big(\bar{x}_n(k)\big)$ 和 $G_i\big(\bar{x}_n(k)\big)$ 结构的情况下，利用径向基神经网络

近似它们来构造控制器是一个很好的选择。在下文的讨论中，将会给出怎样运用反步法构造径向基神经网络控制器。

为了方便分析和讨论，令 $F_i(k)=F_i\big(\bar{x}_n(k)\big)$，$G_i(k)=G_i\big(\bar{x}_n(k)\big)$，$f_n(k)=f_n\big(\bar{x}_n(k)\big)$，$g_n(k)=g_n\big(\bar{x}_n(k)\big)$，$i=1,2,\cdots,n-1$。然后，根据假设 5.2.1，$G_i\big(\bar{x}_n(k)\big)(i=1,2,\cdots,n-1)$ 满足 $\underline{g}_i\leqslant G_i\big(\bar{x}_n(k)\big)\leqslant\bar{g}_i$，$\forall\bar{x}_n(k)\in\varOmega$。

本章运用反步法进行控制器设计，自适应容错控制器将在最后一步给出。虚拟控制设计如下：

$$\alpha_i(k)=\varPhi_i^{\mathrm{T}}\big(S_i(k)\big)\hat{\theta}_i(k)\tag{5.10}$$

其中，$S_i(k)=\big[\bar{x}_n^{\mathrm{T}}(k),\alpha_{i-1}(k)\big]^{\mathrm{T}}\in\varOmega_i\subset\mathbb{R}^{n+1}$，$i=1,2,\cdots,n-1$，且 $\hat{\theta}_i(k)$ 是 θ_i^* 的估计。定义估计误差为 $\tilde{\theta}_i(k)=\hat{\theta}_i(k)-\theta_i^*$。

选取如下自适应律：

$$\hat{\theta}_i(k+1)=\hat{\theta}_i(m_i)-\varGamma_i\sigma_i\hat{\theta}_i(m_i)-\varGamma_i\varPhi_i\big(S_i(m_i)\big)z_i(k+1)\tag{5.11}$$

其中，$m_i=k-n+i$，$i=1,2,\cdots,n$；$\varGamma_i=\varGamma_i^{\mathrm{T}}>0$ 是对角常矩阵；$\sigma_i>0$ 是设计参数。

定义

$$v_s=\omega_s(\bar{x}_s)u_0\tag{5.12}$$

其中，u_0 是无故障执行器；$0<\underline{\omega}_s\leqslant\omega_s(\bar{x}_s)\leqslant\bar{\omega}_s$，$s\in\{1,2,\cdots,m\}$。$\underline{\omega}_s$ 和 $\bar{\omega}_s$ 分别是 $\omega_s(\bar{x}_s)$ 的下界和上界。

因此，我们有

$$\begin{aligned}\bar{b}_m\bar{u}(k)&=\sum_{s=1}^{m}b_su_s(k)\\&=\sum_{s=j_1,\cdots,j_p}b_su_s+\sum_{s=j_1,\cdots,j_p}b_s\eta_s(k)\omega_s(\bar{x}_s)u_0\end{aligned}\tag{5.13}$$

定义理想控制输入为

$$u_0^*=-(g_s)^{-1}\Big(f_n\big(\bar{x}_n(k)\big)-\alpha_{n-1}(k)+\sum_{s=j_1,\cdots,j_p}b_su_s\Big)\tag{5.14}$$

其中，$g_s=\displaystyle\sum_{s=j_1,\cdots,j_p}b_s\eta_s(k)\omega_s(\bar{x}_s)>0$。

由于理想控制输入式 (5.14) 是不可得的，因此用神经网络近似为

$$u_0^*=\varPhi_n^{\mathrm{T}}\big(S_n(k)\big)\theta_n^*+\varepsilon_n\big(S_n(k)\big)\tag{5.15}$$

其中，$S_n(k)=\left[\bar{x}_n(k)\quad \alpha_{n-1}(k)\in\Omega_n\subset\mathbb{R}^{n+1}\right]^{\mathrm{T}}$。

定义 $\tilde{\theta}_n(k)=\hat{\theta}_n(k)-\theta_n^*$。构造如下控制律：

$$u_0=\Phi_n^{\mathrm{T}}\big(S_n(k)\big)\hat{\theta}_n(k) \tag{5.16}$$

定理 5.3.1 考虑带有执行器故障式 (5.4) 的多输入单输出离散系统式 (5.1)。基于假设 5.2.1 和假设 5.2.2，通过设计虚拟控制式 (5.10) 和实际控制输入式 (5.16)，以及构造自适应律假设 (5.11)，本章所提出的容错控制方法可以保证闭环离散多输入单输出系统的所有信号都半全局一致最终有界且系统输出跟踪参考信号到一个紧集，也就是 $\lim\limits_{k\to\infty}\|y(k)-y_d(k)\|\leqslant\Delta$，其中，$\Delta$ 是任意小的正常数。

证明 第 $i(1\leqslant i<n)$ 步：定义 $z_i(k)=x_i(k)-\alpha_{i-1}(m_{i-1})$，其中，$m_{i-1}=k-n+i-1$。当 $i=1$ 时，令 $\alpha_0(k-n)=y_d(k)$。因此，第 $n-i+1$ 阶微分可表示为

$$z_i(k+n-i+1)=F_i(k)+G_i(k)x_{i+1}(k+n-i)-\alpha_{i-1}(k) \tag{5.17}$$

将 $x_{i+1}(k+n-i)$ 看做虚拟控制，选取如下形式可令 $z_i(k+n-i+1)=0$：

$$x_{i+1}(k+n-i)=\alpha_i^*(k)=-\frac{1}{G_i(k)}\big[F_i(k)-\alpha_{i-1}(k)\big] \tag{5.18}$$

由于 $F_i(k)$ 和 $G_i(k)$ 是未知的，上述控制器不可用。因此，用径向基神经网络来逼近 $\alpha_i^*(k)$，有

$$\alpha_i^*(k)=\Phi_i^{\mathrm{T}}\big(S_i(k)\big)\theta_i^*+\varepsilon_i\big(S_i(k)\big) \tag{5.19}$$

$\hat{\theta}_i(k)$ 是 θ_i^* 的估计，θ_i^* 未知。构造的虚拟控制器如式 (5.10) 所示。

定义 $z_i(k+n-i+1)=x_{i+1}(k+n-i)-\alpha_i(k)$。那么，有

$$\begin{aligned}z_i(k+n-i+1)=&F_i(k)+G_i(k)\Phi_i^{\mathrm{T}}\big(S_i(k)\big)\hat{\theta}_i(k)\\&-\alpha_{i-1}(k)+G_i(k)z_i(k+n-i)\end{aligned} \tag{5.20}$$

由式 (5.19)，可得

$$\begin{aligned}z_i(k+n-i+1)=&G_i(k)\Phi_i^{\mathrm{T}}\big(S_i(k)\big)\tilde{\theta}_i(k)\\&+G_i(k)\big[z_i(k+n-i)-\varepsilon_i\big(S_i(k)\big)\big]\end{aligned} \tag{5.21}$$

进而，可得

$$\Phi_i^{\mathrm{T}}\big(S_i(m_i)\big)\tilde{\theta}_i(m_i)=z_i(k+1)/G_i(m_i)-z_i(k)+\varepsilon_i\big(S_i(m_i)\big) \tag{5.22}$$

选择如下备选李雅普诺夫函数:

$$V_i(k) = \frac{1}{\bar{g}_i} z_i^2(k) + \sum_{j=0}^{n-i} \tilde{\theta}_i^{\mathrm{T}}(m_i + j) \Gamma_i^{-1} \tilde{\theta}_i(m_i + j) \tag{5.23}$$

式 (5.23) 的一阶差分为

$$\Delta V_i(k) = \frac{1}{\bar{g}_i} \left[z_i^2(k+1) - z_i^2(k) \right] + \tilde{\theta}_i^{\mathrm{T}}(k+1) \Gamma_i^{-1} \tilde{\theta}_i(k+1) - \tilde{\theta}_i^{\mathrm{T}}(m_i) \Gamma_i^{-1} \tilde{\theta}_i(m_i) \tag{5.24}$$

在式 (5.11) 的两边同时减去 θ_i^*，有

$$\tilde{\theta}_i(k+1) = \tilde{\theta}_i(m_i) - \Gamma_i \sigma_i \hat{\theta}_i(m_i) - \Gamma_i \Phi_i\big(S_i(m_i)\big) z_i(k+1) \tag{5.25}$$

进而，可得

$$\begin{aligned} \Delta V_i(k) = & \frac{1}{\bar{g}_i} \left[z_i^2(k+1) - z_i^2(k) \right] - 2\tilde{\theta}_i^{\mathrm{T}}(m_i) \\ & \times \left[\Phi_i\big(S_i(m_i)\big) z_i(k+1) + \sigma_i \hat{\theta}_i(m_i) \right] \\ & + \left[\Phi_i\big(S_i(m_i)\big) z_i(k+1) + \sigma_i \hat{\theta}_i(m_i) \right]^{\mathrm{T}} \\ & \times \Gamma_i \left[\Phi_i\big(S_i(m_i)\big) z_i(k+1) + \sigma_i \hat{\theta}_i(m_i) \right] \end{aligned} \tag{5.26}$$

将式 (5.26) 最后一项展开计算，进一步可得

$$\begin{aligned} \Delta V_i(k) = & \frac{1}{\bar{g}_i} \left[z_i^2(k+1) - z_i^2(k) \right] \\ & - 2\Phi_i\big(S_i(m_i)\big) \tilde{\theta}_i(m_i) z_i(k+1) \\ & + \Phi_i^{\mathrm{T}}\big(S_i(m_i)\big) \Gamma_i \Phi_i\big(S_i(m_i)\big) z_i^2(k+1) \\ & + 2\sigma_i \Phi_i^{\mathrm{T}}\big(S_i(m_i)\big) \Gamma_i \hat{\theta}_i(m_i) z_i(k+1) \\ & - 2\sigma_i \tilde{\theta}_i^{\mathrm{T}}(m_i) \hat{\theta}_i(m_i) + \sigma_i^2 \Gamma_i \|\hat{\theta}_i(m_i)\|^2 \end{aligned} \tag{5.27}$$

基于式 (5.22)，有

$$\begin{aligned} \Delta V_i(k) = & -\frac{1}{\bar{g}_i} z_i^2(k+1) + 2z_{i+1}(k) z_i(k+1) \\ & - \frac{1}{\bar{g}_i} z_i^2(k) - 2\varepsilon_i\big(S_i(m_i)\big) z_i(k+1) \\ & + \Phi_i^{\mathrm{T}}\big(S_i(m_i)\big) \Gamma_i \Phi_i\big(S_i(m_i)\big) z_i^2(k+1) \\ & + 2\sigma_i \Phi_i^{\mathrm{T}}\big(S_i(m_i)\big) \Gamma_i \hat{\theta}_i(m_i) z_i(k+1) \\ & - 2\sigma_i \tilde{\theta}_i^{\mathrm{T}}(m_i) \hat{\theta}_i(m_i) + \sigma_i^2 \Gamma_i \|\hat{\theta}_i(m_i)\|^2 \end{aligned} \tag{5.28}$$

根据径向基神经网络的性质，有 $\Phi_i^{\mathrm{T}}\big(S_i(m_i)\big)\Phi_i\big(S_i(m_i)\big) \leqslant l_i$，其中，$l_i$ 是神经网络节点数。

根据不等式 $2ab \leqslant a^2+b^2$，有如下不等式成立：

$$\Phi_i^{\mathrm{T}}\big(S_i(m_i)\big)\Gamma_i\Phi_i\big(S_i(m_i)\big)z_i^2(k+1) \leqslant l_i\lambda_i^* z_i^2(k+1) \tag{5.29}$$

$$-2\varepsilon_i\big(S_i(m_i)\big)z_i(k+1) \leqslant \frac{\lambda_i^* z_i^2(k+1)}{\bar{g}_i} + \frac{\bar{g}_i\bar{\varepsilon}_i^2}{\lambda_i^*} \tag{5.30}$$

$$2z_{i+1}(k)z_i(k+1) \leqslant \frac{\lambda_i^* z_i^2(k+1)}{\bar{g}_i} + \frac{\bar{g}_i z_{i+1}^2(k)}{\lambda_i^*} \tag{5.31}$$

$$2\sigma_i\Phi_i^{\mathrm{T}}\big(S_i(m_i)\big)\Gamma_i\hat{\theta}_i(m_i)z_i(k+1) \leqslant \frac{\lambda_i^* l_i z_i^2(k+1)}{\bar{g}_i} + \sigma_i^2\bar{g}_i\lambda_i^*\|\hat{\theta}_i(m_i)\|^2 \tag{5.32}$$

其中，λ_i^* 是矩阵 Γ_i 的最大特征值。

同时，有如下等式成立：

$$2\sigma_i\tilde{\theta}_i^{\mathrm{T}}(m_i)\hat{\theta}_i(m_i) = \sigma_i\big(\|\tilde{\theta}_i(m_i)\|^2 + \|\hat{\theta}_i(m_i)\|^2 - \|\theta_i^*)\|^2\big) \tag{5.33}$$

根据式 (5.29)~ 式 (5.33)，可得

$$\begin{aligned}\Delta V_i(k) \leqslant & -\frac{\rho_i}{\bar{g}_i}z_i^2(k+1) - \frac{1}{\bar{g}_i}z_i^2(k) + \bar{g}_i z_{i+1}^2(k)/\lambda_i^* \\ & + \beta_i - \sigma_i(1-\sigma_i\lambda_i^* - \bar{g}_i\sigma_i\lambda_i^*)\|\hat{\theta}_i(m_i)\|^2\end{aligned} \tag{5.34}$$

其中，$\rho_i = 1 - 2\lambda_i^* - \lambda_i^* l_i - \bar{g}_i l_i \lambda_i^*$，$\beta_i = \dfrac{\bar{g}_i\bar{\varepsilon}_i^2}{\lambda_i^*} + \sigma_i\|\theta_i^*)\|^2$。

第 n 步：定义 $z_n(k) = x_n(k) - \alpha_{n-1}(k-1)$。其一阶微分可表示为

$$\begin{aligned}z_n(k+1) =& x_n(k+1) - \alpha_{n-1}(k) \\ =& f_n\big(\bar{x}_n(k)\big) + d_1(k) - \alpha_{n-1}(k) + \bar{b}_m\bar{u}(k)\end{aligned} \tag{5.35}$$

在式 (5.35) 的右侧同时加上和减去 $\bar{g}_n u_0^*(k)$，可得

$$z_n(k+1) = \bar{g}_n\big[\Phi_n^{\mathrm{T}}\big(S_n(k)\big)\tilde{\theta}_n^{\mathrm{T}}(k) - \varepsilon_n\big(S_n(k)\big)\big] + d_1(k) \tag{5.36}$$

进一步，可得

$$\Phi_n^{\mathrm{T}}\big(S_n(k)\big)\tilde{\theta}_n^{\mathrm{T}}(k) = z_n(k+1)/\bar{g}_n - d_1(k)/\bar{g}_n + \varepsilon_n\big(S_n(k)\big) \tag{5.37}$$

选择如下备选李雅普诺夫函数:

$$V_n(k)=\frac{1}{\bar{g}_n}z_n^2(k)+\tilde{\theta}_n^{\mathrm{T}}(k)\Gamma_n^{-1}\tilde{\theta}_n(k) \tag{5.38}$$

其一阶差分为

$$\Delta V_n(k)=\frac{1}{\bar{g}_n}\left[z_n^2(k+1)-z_n^2(k)\right]+\tilde{\theta}_n^{\mathrm{T}}(k+1)\Gamma_n^{-1}\tilde{\theta}_n(k+1)-\tilde{\theta}_n^{\mathrm{T}}(k)\Gamma_n^{-1}\tilde{\theta}_n(k) \tag{5.39}$$

在式 (5.11) 的两边同时减去 θ_n^*，有

$$\tilde{\theta}_n(k+1)=\tilde{\theta}_n(k)-\Gamma_n\sigma_n\hat{\theta}_n(k)-\Gamma_n\Phi_n\big(S_n(k)\big)z_n(k+1) \tag{5.40}$$

把式 (5.37) 和式 (5.40) 代入式 (5.39)，有

$$\begin{aligned}\Delta V_n(k)=&\frac{1}{\bar{g}_n}\left[z_n^2(k+1)-z_n^2(k)\right]-2\tilde{\theta}_n^{\mathrm{T}}(k)\\&\times\left[\Phi_n\big(S_n(k)\big)z_n(k+1)+\sigma_n\hat{\theta}_n(k)\right]\\&+\left[\Phi_n\big(S_n(k)\big)z_n(k+1)+\sigma_n\hat{\theta}_n(k)\right]^{\mathrm{T}}\\&\times\Gamma_n\left[\Phi_n\big(S_n(k)\big)z_n(k+1)+\sigma_n\hat{\theta}_n(k)\right]\end{aligned} \tag{5.41}$$

将式 (5.41) 最后一项展开计算，进一步可得

$$\begin{aligned}\Delta V_n(k)=&\frac{1}{\bar{g}_n}\left[z_n^2(k+1)-z_n^2(k)\right]\\&-2\Phi_n\big(S_n(k)\big)\tilde{\theta}_n(k)z_n(k+1)\\&+\Phi_n^{\mathrm{T}}\big(S_n(k)\big)\Gamma_n\Phi_n\big(S_n(k)\big)z_n^2(k+1)\\&+2\sigma_n\Phi_n^{\mathrm{T}}\big(S_n(k)\big)\Gamma_n\hat{\theta}_n(k)z_n(k+1)\\&-2\sigma_n\tilde{\theta}_n^{\mathrm{T}}(k)\hat{\theta}_n(k)+\sigma_n^2\Gamma_n\|\hat{\theta}_n(k)\|^2\end{aligned} \tag{5.42}$$

基于式 (5.37)，有

$$\begin{aligned}\Delta V_n(k)=&-\frac{1}{\bar{g}_n}z_n^2(k+1)-\frac{1}{\bar{g}_n}z_n^2(k)\\&-2\varepsilon_n\big(S_n(k)\big)z_n(k+1)+2d_1(k)z_n(k+1)/g_s\\&+\Phi_n^{\mathrm{T}}\big(S_n(k)\big)\Gamma_n\Phi_n\big(S_n(k)\big)z_n^2(k+1)\\&+2\sigma_n\Phi_n^{\mathrm{T}}\big(S_n(k)\big)\Gamma_n\hat{\theta}_n(k)z_n(k+1)\\&-2\sigma_n\tilde{\theta}_n^{\mathrm{T}}(k)\hat{\theta}_n(k)+\sigma_n^2\Gamma_n\|\hat{\theta}_n(k)\|^2\end{aligned} \tag{5.43}$$

根据径向基神经网络的性质，有 $\Phi_n^{\mathrm{T}}\big(S_n(k)\big)\Phi_n\big(S_n(k)\big)\leqslant l_n$，其中，$l_n$ 是神经网络节点数。

根据不等式 $2ab \leqslant a^2+b^2$，有如下不等式成立：

$$\Phi_n^{\mathrm{T}}\big(S_n(k)\big)\Gamma_n\Phi_n\big(S_n(k)\big)z_n^2(k+1) \leqslant l_n\lambda_n^* z_n^2(k+1) \tag{5.44}$$

$$-2\varepsilon_n\big(S_n(k)\big)z_n(k+1) \leqslant \frac{\lambda_n^* z_n^2(k+1)}{\bar{g}_n} + \frac{\bar{g}_n\bar{\varepsilon}_n^2}{\lambda_n^*} \tag{5.45}$$

$$2\frac{d_1(k)z_n(k+1)}{\bar{g}_n} \leqslant \frac{\lambda_n^* z_n^2(k+1)}{\bar{g}_n} + \frac{d_M^2}{\lambda_n^*\bar{g}_n} \tag{5.46}$$

$$2\sigma_n\Phi_n^{\mathrm{T}}\big(S_n(k)\big)\Gamma_n\hat{\theta}_n(k)z_n(k+1) \leqslant \frac{\lambda_n^* l_n z_n^2(k+1)}{\bar{g}_n} + \sigma_n^2\bar{g}_n\lambda_n^*\|\hat{\theta}_n(k)\|^2 \tag{5.47}$$

其中，λ_n^* 是矩阵 Γ_n 的最大特征值。

同时，有如下等式成立：

$$-2\sigma_n\tilde{\theta}_n^{\mathrm{T}}(k)\hat{\theta}_n(k) = -\sigma_n\big(\|\tilde{\theta}_n(k)\|^2 + \|\hat{\theta}_n(k)\|^2 - \|\theta_n^*)\|^2\big) \tag{5.48}$$

根据式 (5.44)~ 式 (5.48)，可得

$$\begin{aligned}\Delta V_n(k) \leqslant & -\frac{\rho_n}{\bar{g}_n}z_n^2(k+1) - \frac{1}{\bar{g}_n}z_n^2(k)\\ & + \beta_n - \sigma_n(1-\sigma_n\lambda_n^* - g_s\sigma_n\lambda_n^*)\|\hat{\theta}_n(k)\|^2\end{aligned} \tag{5.49}$$

其中，$\rho_n = 1-2\lambda_n^* - \lambda_n^* l_n - \bar{g}_n l_n\lambda_n^*$，$\beta_n = \dfrac{\bar{g}_n\bar{\varepsilon}_n^2}{\lambda_n^*} + \sigma_n\|\theta_n^*)\|^2 + \dfrac{d_M^2}{\lambda_n^*\bar{g}_n}$。

在式 (5.49) 中，如果设计参数满足 $\lambda_n^* < \dfrac{1}{2+l_n+\bar{g}_n l_n}$ 和 $\sigma_n < \dfrac{1}{\lambda_n^* + \bar{g}_n\lambda_n^*}$，则当 $z_n(k) > \sqrt{\bar{g}_n\beta_n}$ 时，有 $\Delta V_n(k) \leqslant 0$。因此，对所有 $k \geqslant 0$，$V_n(k)$ 是有界的，继而保证了 $z_n(k)$ 的有界性。$z_n(k)$ 有界，所以当 $i=n-1$ 时，式 (5.34) 中 $\bar{g}_{n-1}z_n^2(k)/\lambda_{n-1}^*$ 有界。令 $\bar{g}_{n-1}z_n^2(k)/\lambda_{n-1}^* \leqslant \bar{\beta}_{n-1}$。在第 $n-1$ 步，如果设计参数满足 $\lambda_{n-1}^* < \dfrac{1}{2+l_{n-1}+\bar{g}_{n-1}l_{n-1}}$ 和 $\sigma_{n-1} < \dfrac{1}{\lambda_{n-1}^* + \bar{g}_{n-1}\lambda_{n-1}^*}$，则当 $z_{n-1}(k) > \sqrt{\bar{g}_{n-1}(\beta_{n-1}+\bar{\beta}_{n-1})}$ 时，有 $\Delta V_{n-1}(k) \leqslant 0$。通过运用归纳法，可知 $\bar{g}_i z_{i+1}^2(k)/\lambda_i^*$，$i=1,2,\cdots,n-2$ 是有界的。同时如果设计参数满足 $\lambda_i^* < \dfrac{1}{2+l_i+\bar{g}_i l_i}$ 和 $\sigma_i < \dfrac{1}{\lambda_i^* + \bar{g}_i\lambda_i^*}$，$i=1,2,\cdots,n-2$，则当 $z_i(k) > \sqrt{\bar{g}_i(\beta_i+\bar{\beta}_i)}$ 时，有 $\Delta V_i(k) \leqslant 0$，其中，$\bar{g}_{i-1}z_i^2(k)/\lambda_{i-1}^* \leqslant \bar{\beta}_{i-1}$。此外，跟踪误差 $z_1(k)$ 一致收敛到紧集

$$\Omega_1 := \Big\{y_k \mid |y_k - y_d(k)| \leqslant \sqrt{\bar{g}_1(\beta_1+\bar{\beta}_1)}\Big\}$$

式 (5.11) 的自适应律可以重写为

$$\tilde{\theta}_i(k+1)=\tilde{\theta}_i(m_i)-\Gamma_i\sigma_i\tilde{\theta}_i(m_i)-\Gamma_i\Phi_i\big(S_i(m_i)\big)z_i(k+1)-\Gamma_i\sigma_i\theta_i^* \tag{5.50}$$

那么，式 (5.21) 可以表示为

$$z_i(k+1)=-G_i(m_i)\Phi_i^{\mathrm{T}}\big(S_i(m_i)\big)\tilde{\theta}_i(m_i)+G_i(m_i)\big[z_{i+1}(k)-\varepsilon_i\big(S_i(m_i)\big)\big]$$

把 $z_i(k+1)$ 代入式 (5.50)，可得

$$\begin{aligned}\tilde{\theta}_i(k+1)=&\tilde{\theta}_i(m_i)-\Gamma_i\Phi_i\big(S_i(m_i)\big)G_i(m_i)\Phi_i^{\mathrm{T}}\big(S_i(m_i)\big)\tilde{\theta}_i(m_i)\\&-\Gamma_i\sigma_i\tilde{\theta}_i(m_i)-\Gamma_i\Phi_i\big(S_i(m_i)\big)G_i(m_i)z_{i+1}(k)\\&-\Gamma_i\sigma_i\theta_i^*+\Gamma_i\Phi_i\big(S_i(m_i)\big)G_i(m_i)\varepsilon_i\big(S_i(m_i)\big)\end{aligned}$$

上式可进一步表示为

$$\tilde{\theta}_i(k+1)=A_i(k)\tilde{\theta}_i(m_i)+B_i(k) \tag{5.51}$$

其中，$A_i(k)=I-\sigma_i\Gamma_i-\Gamma_i\Phi_i\big(S_i(m_i)\big)G_i(m_i)\Phi_i^{\mathrm{T}}\big(S_i(m_i)\big)$，$B_i(k)=-\Gamma_i\sigma_i\theta_i^*-\Gamma_i\Phi_i\big(S_i(m_i)\big)G_i(m_i)z_{i+1}(k)+\Gamma_i\Phi_i\big(S_i(m_i)\big)G_i(m_i)\varepsilon_i\big(S_i(m_i)\big)$。

由假设 5.2.2 可知，$G_i(k)$ 是有界的。$\varepsilon_i\big(S_i(m_i)\big)$ 是有界的近似误差。$z_{i+1}(k)$ 在前文已经被证明是有界的。对于矩阵 $A_i(k)$，总能找到 $\|\varphi(k_1,k_0)\|<1$，再根据引理 5.2.1，可知 $\hat{\theta}_i(k)$ 是有界的。因为 $z_1(k)$ 和 $y_d(k)$ 有界，根据 $z_1(k)=x_1(k)-y_d(k)$，所以 $x_1(k)$ 有界。再由 $\alpha_i(k)(i=1,2,\cdots,n-1)$ 的定义可知 $\alpha_i(k)$ 有界。类似地，$\bar{x}_n(k)$ 和 $u(k)$ 的有界性也可以保证。由此可以推断出 $\bar{x}_n(k+1)$ 是有界的，假设其有界到集合 Ω。因此，如果初始化 $\bar{x}_n(0)\in\Omega$ 且适当选择参数，那么存在 k^* 使得所有误差渐近收敛到集合 Ω_n 同时权重误差有界。这也意味着，闭环多输入单输出系统的所有信号都半全局一致最终有界。

注释 5.3.2 由式 (5.36) 和式 (5.38)，可以知道如果设计参数 $\lambda_i^*(i=1,2,\cdots,n)$ 选取得足够小，就能保证 ρ_i 是正的。同时随着 $\lambda_i^*(i=1,2,\cdots,n)$ 减小，σ_i 将增大，从而，β_i 增大。然而，为了得到 $\rho\Delta V_i\leqslant 0$，有如下结论：$\beta_i$ 越大，$z_i(k)$ 就越大。也就是说，β_i 越大，跟踪性能越不好。因此在实际应用中，设计参数 $\lambda_i^*(i=1,2,\cdots,n)$ 应适当选择。

5.4 仿真算例

本节将用两个例子来说明本章所提出的容错控制方法的有效性。

例 5.4.1 考虑如下一类非线性多输入单输出系统:

$$
\begin{aligned}
x_1(k+1) &= \frac{1.4x_1^2(k)}{1+x_1^2(k)} + \Big(0.1 + 0.005\cos\big(x_1(k)\big)\Big)x_2(k) \\
x_2(k+1) &= \frac{x_1(k)}{1+x_1^2(k)+x_2^2(k)} + 0.2 + \bar{b}_m\bar{u}(k) + d(k) \\
y(k) &= x_1(k)
\end{aligned}
\tag{5.52}
$$

其中，$m=2$，$\bar{b}_2=[b_1 \ \ b_2]=[0.8 \ \ 0.8]$，$d(k)=0.05$，$\bar{u}(k)=[u_1(k) \ \ u_2(k)]^{\mathrm{T}}$。

容错控制的目的是使得输出 $y(k)$ 跟踪上参考信号 $y_d(k)=0.05\sin(\pi/2+0.1k\pi/20)$，同时闭环系统的所有信号都有界。

根据本章所提出的容错控制策略，针对系统式 (5.52)，构造如下自适应径向基神经网络控制器:

$$u_0 = \varPhi_2^{\mathrm{T}}\big(S_2(k)\big)\hat{\theta}_2(k)$$

其中，$S_2(k)=[x_1(k) \ \ x_2(k) \ \ \alpha_1(k)]^{\mathrm{T}}$。

选择如下关于 $\hat{\theta}_2(k)$ 的自适应律:

$$\hat{\theta}_2(k+1) = \hat{\theta}_2(k) - \varGamma_2\sigma_2\hat{\theta}_2(k) - \varGamma_2\varPhi_2\big(S_2(k)\big)z_2(k+1)$$

其中，$z_2(k+1)=x_2(k+1)-\alpha_1(k)$ 且设计虚拟控制器 $\alpha_1(k)$ 为

$$\alpha_1(k) = \varPhi_1^{\mathrm{T}}\big(S_1(k)\big)\hat{\theta}_1(k)$$

其中，$S_1(k)=[x_1(k) \ \ x_2(k) \ \ y_d(k+2)]^{\mathrm{T}}$。

选择如下关于 $\hat{\theta}_1(k)$ 的自适应律:

$$\hat{\theta}_1(k+1) = \hat{\theta}_1(k-1) - \varGamma_1\big[\sigma_1\hat{\theta}_1(k-1) + \varPhi_1\big(S_1(k)\big)z_1(k+1)\big]$$

其中，$S_1(k-1)=[x_1(k-1) \ \ x_2(k-1) \ \ y_d(k+1)]^{\mathrm{T}}$，$z_1(k+1)=x_1(k+1)-y_d(k+1)$。

在这个仿真中，当 $k\geqslant 1000$ 步时，执行器 u_1 和 u_2 分别发生失效 $u_1=0.7u_0$ 和卡死故障 $u_2=0.05u_0$。u_0 是无故障状态下的执行器。选取神经网络基向量为常用的高斯函数。径向基神经网络 $\varPhi_1^{\mathrm{T}}\big(S_1(k)\big)\hat{\theta}_1(k)$ 包含 25 个节点，中心 $\mu_i^1(i=1,2,\cdots,25)$ 平均分布在区域 $[-5,5]\times[-5,5]\times[-5,5]$ 中，宽度为 $\tau_{i1}=2$。径向基神经网络 $\varPhi_2^{\mathrm{T}}\big(S_2(k)\big)\hat{\theta}_2(k)$ 包含 25 个节点，中心 $\mu_i^2(i=1,2,\cdots,25)$ 平均分布在区域 $[-4,4]\times[-4,4]\times[-4,4]$ 中，宽度为 $\tau_{i2}=1.5$。

在所提出的控制方法中，设计参数分别选取为 $\varGamma_1=0.5I$，$\sigma_1=0.02$，$\varGamma_2=0.5I$，$\sigma_2=0.5$。自适应律 $\hat{\theta}_1$ 和 $\hat{\theta}_2$ 的初值选取为 $\hat{\theta}_1=\hat{\theta}_2=0.5$，系统状态的初值为 $x_1(0)=0.2$，$x_2(0)=-0.5$。

应用所提出的容错控制方法所得到的图 5.1～ 图 5.7 展现了仿真结果。图 5.1 给出了跟踪效果图，由此可以看出得到了一个很好的跟踪性能。图 5.2 展现的是跟踪误差 $z_1(k)$ 的轨迹，进一步说明了跟踪效果的显著性。中间变量 $z_2(k)$ 的轨迹在图 5.3 中给出，在执行器刚发生故障时，抖动幅度有点大，这很正常，因为容错过程是需要一定时间的。图 5.4 给出的是 $u_0(k)$ 的轨迹。控制输入 $u_1(k)$ 和 $u_2(k)$ 在图 5.5 中给出。自适应律 $\hat{\theta}_1(k)$ 和 $\hat{\theta}_2(k)$ 分别在图 5.6 和图 5.7 中描述。通过观察图 5.1～ 图 5.7，可以看出这些变量都是有界的。因此，可以得出结论：跟踪性能得以保证；闭环离散系统所有信号都半全局一致最终有界。

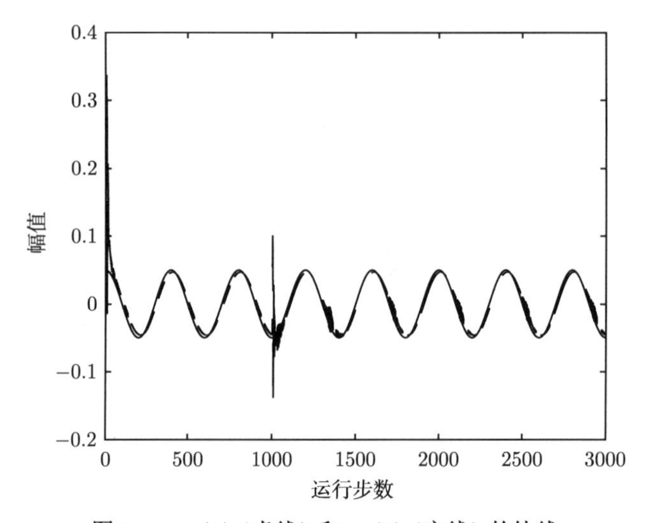

图 5.1　$x_1(k)$（虚线）和 $y_d(k)$（实线）的轨线

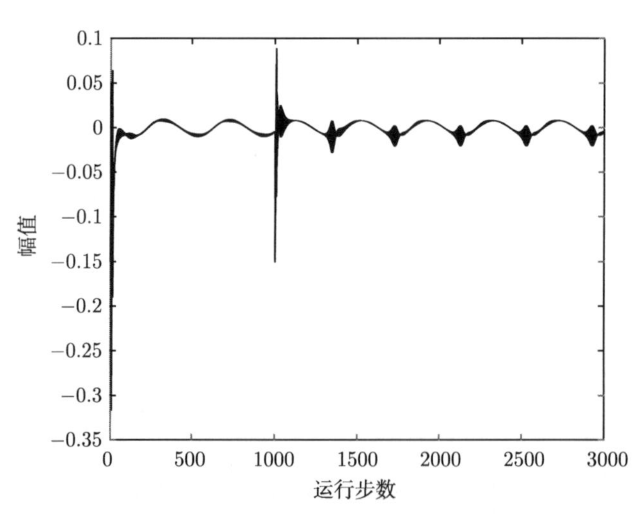

图 5.2　跟踪误差 $z_1(k)$ 的轨线

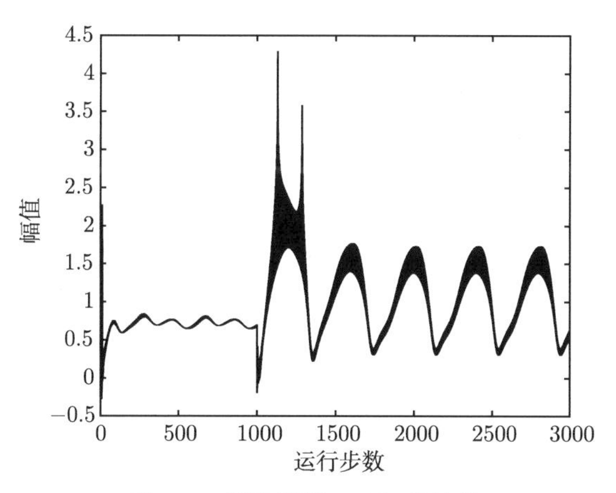

图 5.3 跟踪误差 $z_2(k)$ 的轨线

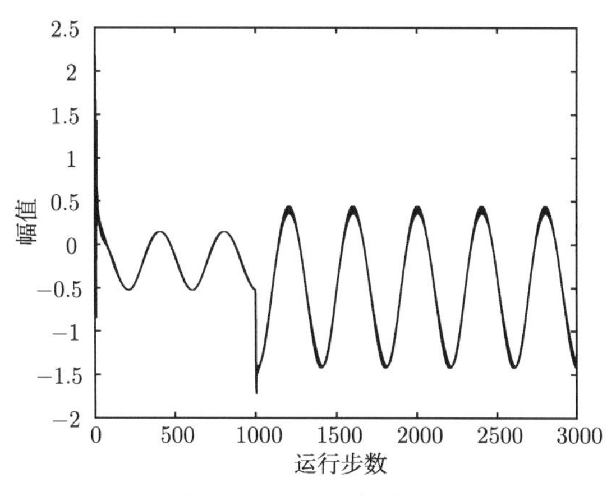

图 5.4 $u_0(k)$ 的轨线

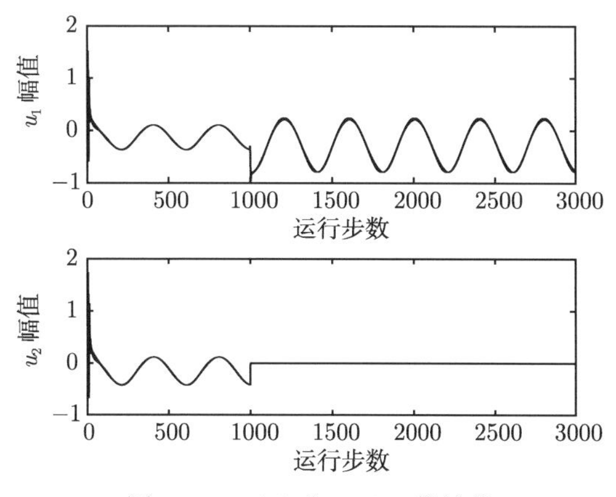

图 5.5 $u_1(k)$ 和 $u_2(k)$ 的轨线

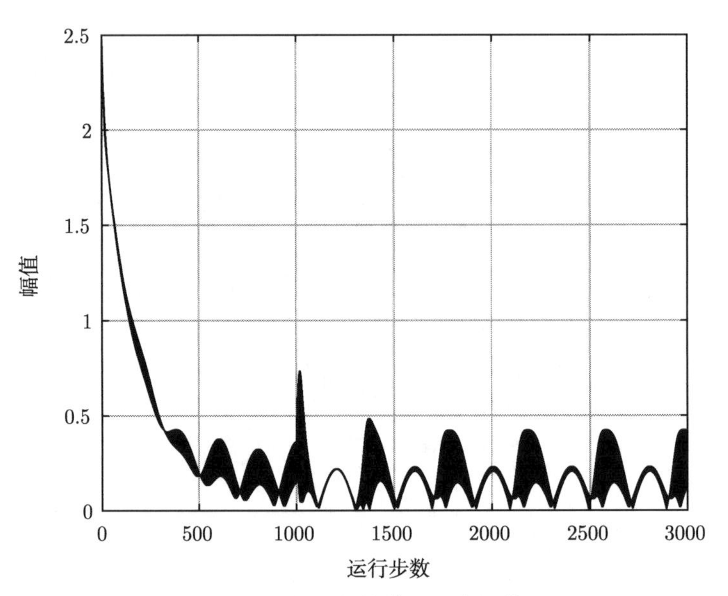

图 5.6　自适应律 $\hat{\theta}_1(k)$ 的范数

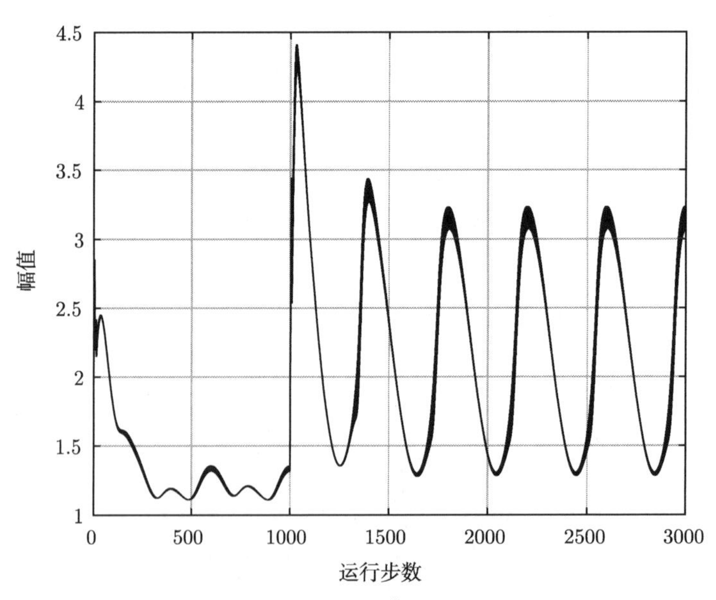

图 5.7　自适应律 $\hat{\theta}_2(k)$ 的范数

为了说明本章所提出容错控制方法的有效性，在图 5.8~ 图 5.10 画了在未用容错控制方法情形下的跟踪以及跟踪误差的轨线。从图 5.8 可以看到输出 $y(k)=x_1(k)$ 不能跟踪上理想参考信号 $y_d(k)$。由图 5.9 和图 5.10 可以知道在未用容错控制方法时，闭环系统的跟踪误差 $z_1(k)$ 和中间变量 $z_2(k)$ 是没有界的。

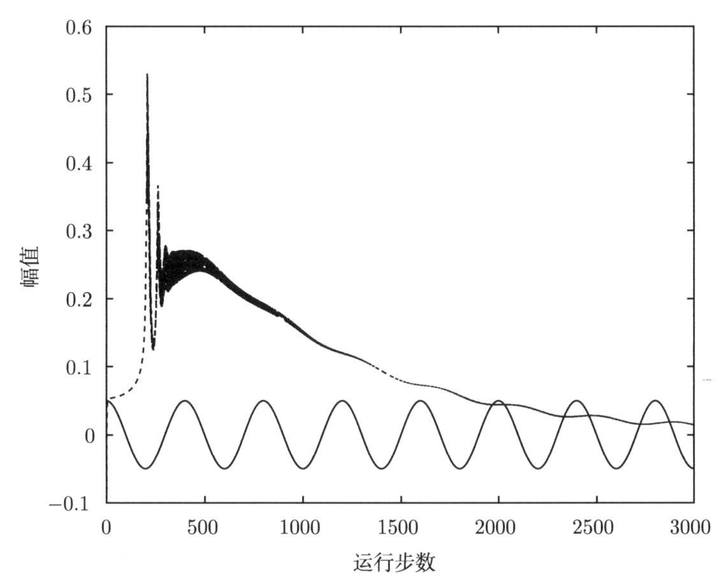

图 5.8 未用容错控制的 $x_1(k)$（虚线）和 $y_d(k)$（实线）的轨线

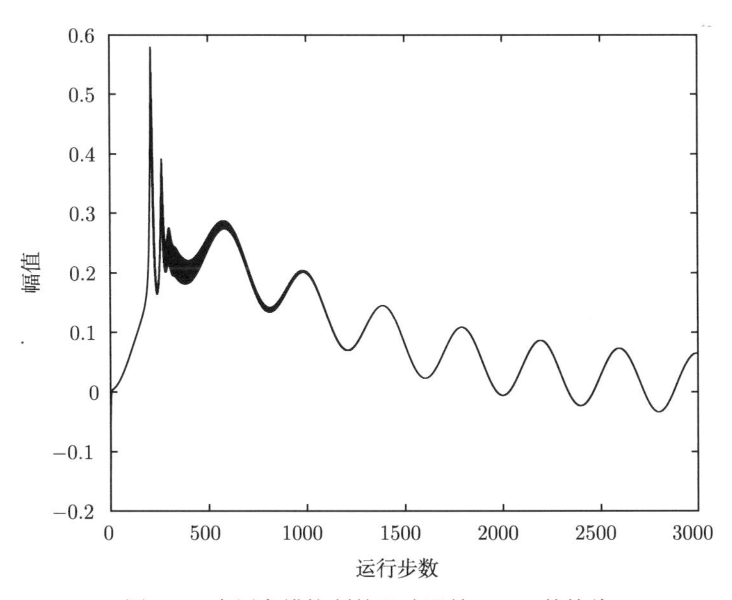

图 5.9 未用容错控制的跟踪误差 $z_1(k)$ 的轨线

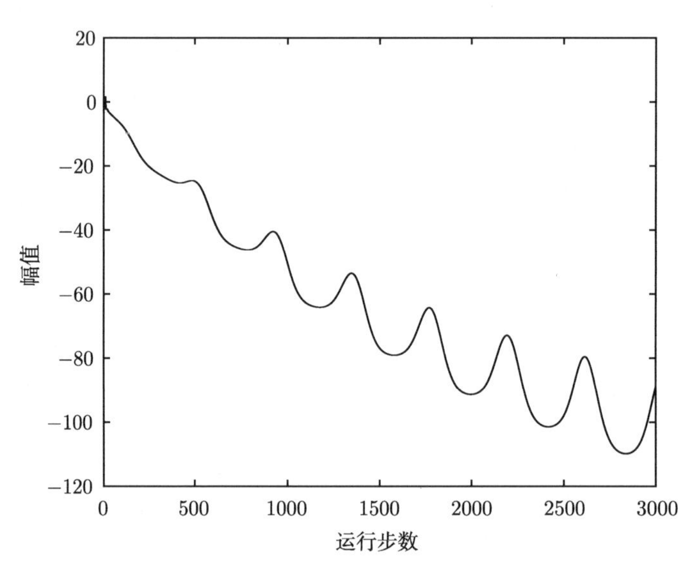

图 5.10　未用容错控制的跟踪误差 $z_2(k)$ 的轨线

例 5.4.2　为了进一步给出与现有结果的对比，这里研究了文献 [275] 所提出的方法。

$$\begin{cases} x_{1,1}(k+1) = f_{1,1}\big(\bar{x}_{1,1}(k)\big) + g_{1,1}\big(\bar{x}_{1,1}(k)\big)x_{1,2}(k) \\ x_{1,2}(k+1) = f_{1,2}\big(x(k)\big) + g_{1,2}\big(x(k)\big)u_1(k) + d_1(k) \\ x_{2,1}(k+1) = f_{2,1}\big(\bar{x}_{2,1}(k)\big) + g_{2,1}\big(\bar{x}_{2,1}(k)\big)x_{2,2}(k) \\ x_{2,2}(k+1) = f_{2,2}\big(x(k)\big) + g_{2,2}\big(x(k)\big)u_2(k) + d_2(k) \\ y_1(k) = x_{1,1}(k) \\ y_2(k) = x_{2,1}(k) \end{cases} \tag{5.53}$$

其中

$$\begin{cases} f_{1,1}\big(\bar{x}_{1,1}(k)\big) = \dfrac{x_{1,1}^2(k)}{1+x_{1,1}^2}, \quad g_{1,1}\big(\bar{x}_{1,1}(k)\big) = 0.3 \\ f_{1,2}\big(x(k)\big) = \dfrac{x_{1,1}^2(k)}{1+x_{1,2}^2(k)+x_{2,1}^2(k)+x_{2,2}^2(k)} \\ g_{1,2}\big(x(k)\big) = 1, \quad d_1(k) = 0.1\cos(0.05k)\cos\big(x_{1,1}(k)\big) \\ f_{2,1}\big(\bar{x}_{2,1}(k)\big) = \dfrac{x_{2,1}^2(k)}{1+x_{2,1}^2}, \quad g_{1,1}\big(\bar{x}_{1,1}(k)\big) = 0.2 \\ f_{2,2}\big(x(k)\big) = \dfrac{x_{1,1}^2(k)}{1+x_{1,2}^2(k)+x_{2,1}^2(k)+x_{2,2}^2(k)}u_1^2(k) \\ g_{2,2}\big(x(k)\big) = 1, \quad d_2(k) = 0.1\cos(0.05k)\cos\big(x_{2,1}(k)\big) \end{cases}$$

选择相同的神经网络、相同的系统状态初值以及相同的增益矩阵、自适应律和虚拟控制。

图 5.11 描述的是采用文献 [275] 中的方法所得到的仿真结果。在文献 [275] 中，得到了很好的控制输入及跟踪性能。然而，一旦执行器发生一定的故障，如失效或者卡死，那么原来的跟踪曲线都会发生变化。为了方便对比，当 $k \geqslant 1000$ 步时，令 $u_1^F = 0.6u_1$（代表文献 [275] 的第一个子系统执行器发生失效故障）和 $u_2 = 1.2$（代表文献 [275] 的第一个子系统执行器发生卡死故障）。两个执行器的输入轨迹在图 5.12 中给出。跟踪效果图是在图 5.13 给出的。可以观察到尽管在故障发生前 $k = 1000$ 步时，两个理想参考信号都能被很好地跟踪上，但是在 $k \geqslant 1000$ 步后跟踪性能不是很好。运用本章所提的方法得到的跟踪性能在图 5.14 给出。显然，得到了一个很好的跟踪性能。因此，这进一步说明了所提出的容错控制方法的有效性。

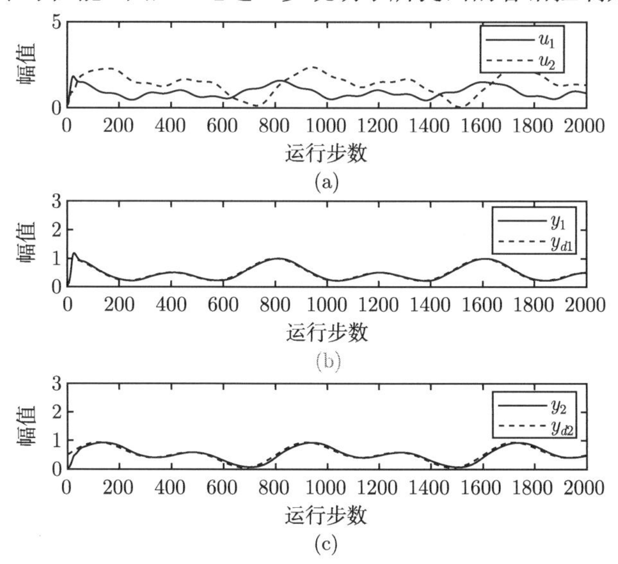

图 5.11 无执行器故障时文献 [275] 中控制输入及跟踪性能

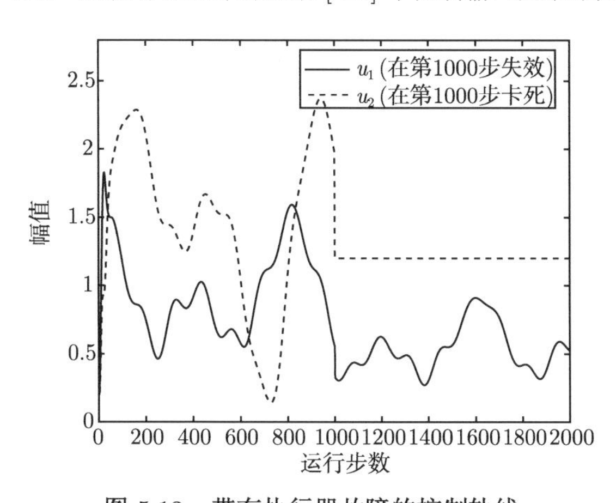

图 5.12 带有执行器故障的控制轨线

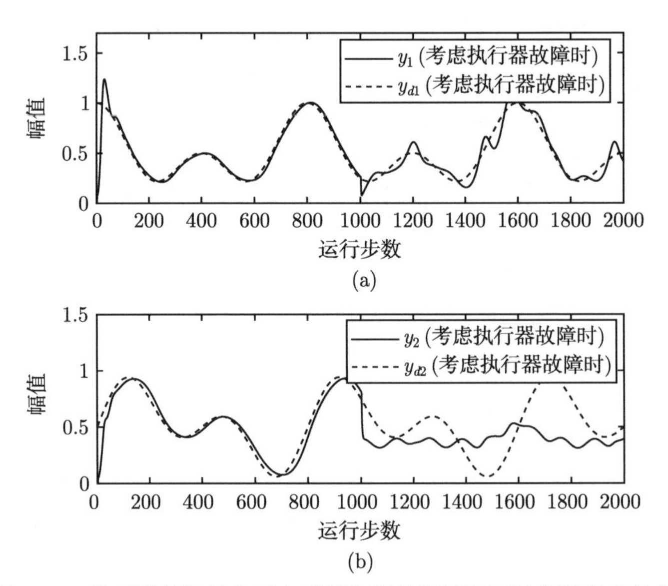

图 5.13　执行器故障发生后未采用容错控制情况下的跟踪性能轨线

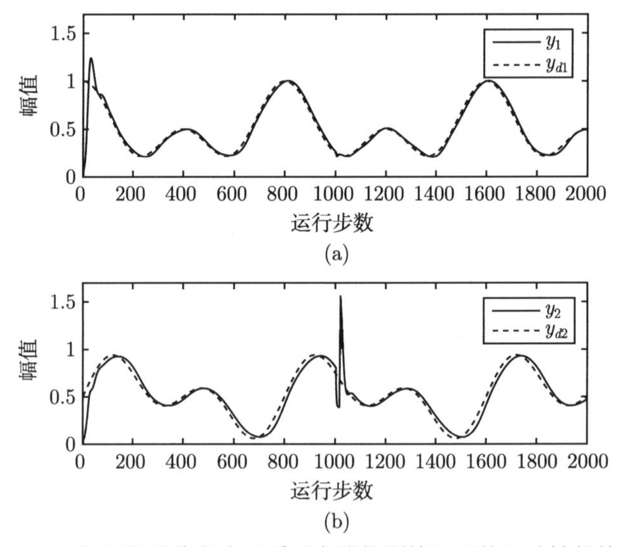

图 5.14　执行器故障发生后采用容错控制情况下的跟踪性能轨线

5.5　小　　结

本章提出了一种自适应容错控制方法来解决一类具有块三角结构的离散多输入单输出非线性不确定系统的跟踪问题。用径向基神经网络来逼近未知函数。本章考虑了失效和卡死两种执行器故障。运用反步法构造控制输入和自适应律。基于李雅普诺夫稳定性理论，证明了闭环系统的所有信号都一致最终有界，同时跟踪误差收敛到一个小紧集内。最后，两个仿真例子说明了所提方法的有效性。

第 6 章 基于神经网络的输出反馈容错控制

6.1 引 言

动态系统的容错控制是伴随着基于解析冗余的故障诊断技术的发展而发展起来的。针对非线性连续系统的容错控制已有许多成果 [3, 270, 276, 277]，如单输入单输出（SISO）系统 [260]、多输入单输出（MISO）系统 [278]、多输入多输出（MIMO）系统 [279] 等。随着互联网及计算机演算的发展，离散系统比连续系统更能描述实际的控制系统 [280]，因为计算机的运算往往会用到采样技术，而采样技术就是一种典型的离散系统的应用。目前，针对非线性离散系统的容错控制也已成为热点，并取得了一些研究成果 [281-283]。但是，这些在离散系统中的容错控制方法，都是在状态反馈的基础上建立的。

此外，第 5 章的神经网络的容错控制主要是基于直接自适应控制的方法实现的。直接自适应控制的方法也得到了广泛的研究，如基于模糊逻辑系统（FLS）的控制 [34] 以及基于神经网络技术的控制 [38-40]。直接自适应控制的方法主要是利用通用逼近器（如模糊逻辑系统、神经网络等）来直接近似未知的控制器。如此一来，系统的未知动态仍然是不确定的，导致系统的动态信息不能很好地被利用。然而，间接自适应控制可以利用智能逼近器来直接近似系统的未知动态。间接自适应控制的发展也很迅速，见文献 [284]~[287]。但是，这些方法主要都集中在连续系统的控制综合上，且很少考虑到系统发生故障的情况。这促使作者对间接自适应容错控制进行研究。

注意到基于输出反馈的离散系统的控制理论也得到人们的广泛研究 [288-290]。文献 [288] 针对带有服务质量约束的网络控制系统，提出了基于输出反馈的镇定化控制器。文献 [42] 基于网络化的运动系统，提出一种改进的鲁棒静态输出反馈 PID 控制策略。然而，这两种输出反馈的控制方法，均需要满足匹配条件，即系统的未知动态必须与控制信号在一个通道里。文献 [290] 针对不满足匹配条件的离散系统，灵活运用预测控制方法，提出了一种基于未知方向的输出反馈神经网络控制方法。另外，当系统的执行器发生故障时，系统的正常运行将受到影响，这些方法均不能直接有效地控制系统。

综上所述，本章将第 5 章的系统变得更复杂——从多输入单输出离散时间系统到多输入多输出离散时间系统，且从输出反馈（第 5 章是状态反馈）的角度建立了容错控制机制，改进了第 5 章的状态反馈容错控制方法，提出了下三角结构的输出反馈容错控制方法。考虑执行器卡死或者失效的情况，提出了一种基于神经网络的间接自适应输出反馈容错控制器。由于故障类型有两种，采用比例驱动法，将这两种故障类型表示成一种凸组合的形式，便于容错控制器的设计。同时，由于控制信道之外，仍然含有未知函数，利用神经网络具有万能逼近的原理来估计该未知函数。通过仿真实验，证明了所提容错控制方法的有效性。

6.2 问题描述和预备知识

考虑如下带有执行器故障的非线性多输入多输出严格反馈离散系统：

$$\Sigma_i \begin{cases} \xi_{i,j}(k+1) = f_{i,j}\left(\bar{\xi}_{i,j}(k)\right) + g_{i,j}\left(\bar{\xi}_{i,j}(k)\right)\xi_{i,j+1}(k), \\ \qquad j = 1,2,\cdots,\tau-1 \\ \xi_{i,\tau}(k+1) = f_{i,\tau}(\xi(k)) + \bar{b}_i\bar{u}_i(k), \\ \qquad y_i(k) = \xi_{i,1}(k), \quad i = 1,2,\cdots,m \end{cases} \tag{6.1}$$

其中，$\xi(k) = [\xi_1^{\mathrm{T}}(k), \xi_2^{\mathrm{T}}(k), \cdots, \xi_m^{\mathrm{T}}(k)]^{\mathrm{T}}$，$\xi_i(k) = [\xi_{i,1}(k), \xi_{i,2}(k), \cdots, \xi_{i,\tau}(k)]^{\mathrm{T}} \in \mathbb{R}^{\tau}$（$\tau$ 是系统延迟 [42]）是第 i 个子系统的状态，$\bar{u}_i(k) = [u_{i,1}(k), u_{i,2}(k), \cdots, u_{i,l_i}(k)]^{\mathrm{T}} \in \mathbb{R}^{l_i}$、$y_i(k) \in \mathbb{R}$ 分别是系统输入向量和输出量，l_i 定义的是第 i 个子系统的执行器个数，$f_{i,j}(\cdot)$，$g_{i,j}(\cdot), j = 1,2,\cdots,\tau-1$，及 $f_{i,\tau}(\cdot)$ 是系统内的光滑函数，$\bar{\xi}_{i,j}(k) = [\xi_{i,1}(k), \xi_{i,2}(k), \cdots, \xi_{i,j}(k)]^{\mathrm{T}} \in \mathbb{R}^j$ 是第 i 个子系统的前 j 个状态，$\bar{b}_i = [b_{i,1}, b_{i,2}, \cdots, b_{i,l_i}](i = 1,2,\cdots,m; j = 1,2,\cdots,\tau)$ 是常数增益。本章中，输出 $y_i(k)$ 是可测的。

为了研究的方便，首先，建立如下的执行器故障模型：

$$u_{ipq}^F(k) = \rho_{ip}^q u_{ip}(k) + \delta_{ip}^q u_{ips}(k), \quad \rho_{ip}^q \delta_{ip}^q = 0 \tag{6.2}$$

其中，$u_{ipq}^F(k)$ 是第 i 个子系统的第 p 个执行器发生了故障，$p = 1,2,\cdots,l_i, q = 1,2,\cdots,L$，$u_{ip}(k)$ 第 i 个子系统的第 p 个执行器的实际输出信号，$u_{ips}(k)$ 表示第 i 个子系统的第 p 个执行器发生了卡死故障。定义 $\bar{\rho}_{ip}^q$ 及 $\underline{\rho}_{ip}^q$ 分别为 ρ_{ip}^q（相应执行器的有效因子）的已知的上界及下界。根据实际经验，得到 $0 \leqslant \underline{\rho}_{ip}^q \leqslant \rho_{ip}^q \leqslant \bar{\rho}_{ip}^q \leqslant 1$。常数 δ_{ip}^q 的定义如下所示：

$$\delta_{ip}^q = \begin{cases} 0, & 0 < \rho_{ip}^q \leqslant 1 \\ 0 \text{ 或 } 1, & \rho_{ip}^q = 0 \end{cases} \tag{6.3}$$

注释 6.2.1 式 (6.3) 所表达的故障模型包含了两种典型故障：卡死故障和失效故障。具体而言，当 $\rho_{ip}^q \neq 0, \rho_{ip}^q \neq 1$，$\delta_{ip}^q = 0$，$u_{ipq}^F(k) = \rho_{ip}^q u_{ip}(k)$ 时，意味着执行器发生了失效故障。在这种条件下，$0 < \underline{\rho}_{ip}^q \leqslant \rho_{ip}^q \leqslant \bar{\rho}_{ip}^q < 1$。通常假设失效的故

障数满足 $p_l \in \{p_1, p_2, \cdots, p_j\} \subset \{1,2,\cdots,l_i\}$。如果 $\rho_{ip}^q = 0$ 及 $\delta_{ip}^q \neq 0$，暗示着将再也不会收到执行器端的任何信息，也就是说，系统发生了卡死故障。在此，假设发生卡死故障的个数满足 $p_s \in \overline{\{p_1, p_2, \cdots, p_j\}} \cap \{1,2,\cdots,l_i\}$。另外，有一种特殊情况值得指出。当 $\rho_{ip}^q = 0$ 以及 $\delta_{ip}^q = 0$ 时，执行器相当于遭受到了中断（outage）故障（可以看成是特殊的卡死故障）。此外，当 $\rho_{ip}^q = 1$ 及 $\delta_{ip}^q = 0$ 时，系统相当于没有发生故障。此类无故障的情况在许多文献中都被研究。

在本章，为了便于控制器的设计，做如下假设。

假设 6.2.1　系统增益函数 $g_{i,j}\left(\bar{\xi}_{i,j}(k)\right)$ 以及它们的符号均已知，并假设存在常数 $\underline{g}_{i,j}$ 及已知的光滑函数 $\bar{g}_{i,j}\left(\bar{\xi}_{i,j}(k)\right)$ 使得 $0 < \underline{g}_{i,j} \leqslant \left|g_{i,j}\left(\bar{\xi}_{i,j}(k)\right)\right| \leqslant \bar{g}_{i,j}\left(\bar{\xi}_{i,j}(k)\right), \forall \bar{\xi}_{i,j}(k) \in \mathbb{R}^j$。

基于假设 6.2.1，不失一般性，假设 $g_{i,j}\left(\bar{\xi}_{i,j}(k)\right)$ 都是正的。

假设 6.2.2　存在已知的正常数 $\bar{u}_{ips}$，对于每个卡死故障，均满足 $|u_{ips}(k)| \leqslant \bar{u}_{ips}$。

假设 6.2.3　对于本章的执行器故障，第 i 个子系统发生卡死故障的总数不能超过 $l_i - 1$，剩余其他执行器可以都是失效故障。而且，假设用这些剩余的执行器仍然可以有效实现闭环多输入多输出系统的控制任务。

注释 6.2.2　以上两个假设是合理的：①假设 6.2.2 很有必要。它刻画了文中所考虑的卡死故障函数 $u_{ips}(k)$ 的一些特性。假设卡死故障函数的绝对值小于某个已知常数，相当于用其上界来约束该函数。若卡死故障函数无界，则无法研究其稳定性。在已有的容错类论文 [278, 291, 292] 中，卡死故障都假设是一个已知的常数。将其进行拓展，假设其是一个时变的函数。②假设 6.2.3 是一个基本的前提假设。系统还剩余的非卡死的执行器能够确保系统的可控性。暗示系统里不是所有的执行器都发生卡死故障，即非致命性故障情况。类似的假设可见论文 [277] 和 [291]。若假设 6.2.3 不满足，即所有执行器都发生卡死故障，容错控制将很难实现或不能实现。这样，针对传感器或者执行器故障的情况，所有的执行器或传感器都是部分失效的以维持非致命性故障的现实，否则失去了研究问题的客观前提，使得巧妇难为无米之炊。

本章的主要控制目标是：对于多输入多输出离散非线性严格反馈系统，设计一个基于最小学习参数的分散式间接自适应输出反馈容错控制器，使得如下两点同时得到确保：

(1) 输出型 $y_i(k)$ 能跟踪上给定的期望信号 $y_{ir}(k)$（对于任意 $k > 0$，$y_{ir}(k) \in \Omega_{yi}$ 是已知的光滑函数，其中 Ω_{yi} 有界紧集）；

(2) 闭环系统的所有信号及设计过程中的中间变量均是半全局一致最终有界的（SGUUB）。

6.3 坐标系变换

为了便于设计和稳定性分析，定义如下缩写：

$$F_{i,j}(k) = F_{i,j}\left(\bar{\xi}_{i,\tau}(k)\right)$$

$$G_{i,j}(k) = G_{i,j}\left(\bar{\xi}_{i,\tau}(k)\right)$$

其中，$F_{i,j}(k) = f_{i,j}(\xi(k))$，$G_{i,j}(k) = \bar{b}_i$，$i = 1,2,\cdots,m$，$j = 1,2,\cdots,\tau-1$。根据假设 6.2.1，系统函数 $G_{i,j}(k)$ 和 $i = 1,2,\cdots,m$，$j = 1,2,\cdots,\tau-1$ 均满足 $\underline{G}_{i,j} \leqslant G_{i,j}(k) \leqslant \bar{G}_{i,j}$，其中，$\underline{G}_{i,j}$ 和 $\bar{G}_{i,j}$ 是两个已知的正常数。

考虑多输入多输出非线性三角结构离散系统式 (6.1)。用文献 [275] 中的方法，系统方程可以重写成如下形式：

$$\Sigma_i \left\{ \begin{aligned} \xi_{i,1}(k+\tau) &= F_{i,1}\left(\bar{\xi}_{i,\tau}(k)\right) + G_{i,1}\left(\bar{\xi}_{i,\tau}(k)\right) \\ &\quad \times \xi_{i,2}(k+\tau-1) \\ &\quad \vdots \\ \xi_{i,\tau-1}(k+2) &= F_{i,\tau-1}\left(\bar{\xi}_{i,\tau}(k)\right) \\ &\quad + G_{i,\tau-1}\left(\bar{\xi}_{i,\tau}(k)\right)\xi_{i,\tau}(k+1) \\ \xi_{i,\tau}(k+1) &= f_{i,\tau}(\xi(k)) + \bar{b}_i\bar{u}_i(k) \\ y_i(k) &= \xi_{i,1}(k), \quad i = 1,2,\cdots,m \end{aligned} \right. \tag{6.4}$$

把 $\xi_{i,2}(k+\tau-1)$ 代入式 (6.4) 中的第一个式子，有

$$\xi_{i,1}(k+\tau) = F_{i,1}(k) + F_{i,2}(k)G_{i,1}(k) + G_{i,1}(k)G_{i,2}(k)\xi_{i,3}(k+\tau-2) \tag{6.5}$$

重复以上的推导过程式 (6.5) 直到控制输入 $\bar{u}_i(k)$ 出现，能得到

$$\xi_{i,1}(k+\tau) = \bar{F}_i(\bar{\xi}_{i,\tau}(k)) + \bar{G}_i(\bar{\xi}_{i,\tau}(k))\bar{u}_i(k) \tag{6.6}$$

其中

$$\bar{u}_i(k) = [u_{i,1}(k), u_{i,2}(k), \cdots, u_{i,l_i}(k)]^{\mathrm{T}} \in \mathbb{R}^{l_i}$$

$$\begin{aligned} \bar{F}_i(\bar{\xi}_{i,\tau}(k)) &= F_{i,1}(k) + F_{i,2}(k)G_{i,1}(k) + F_{i,3}(k)G_{i,1}(k)G_{i,2}(k) \\ &\quad + \cdots + F_{i,\tau}(k)\prod_{j=1}^{\tau-1} G_{i,j}(k) \end{aligned}$$

$$\bar{G}_i(\bar{\xi}_{i,\tau}(k)) = \left(\prod_{j=1}^{\tau-1} G_{i,j}(k)\right)\bar{b}_i$$

此时，引入一组新的状态变量 $z_i(k)=[z_{i,1}(k),z_{i,2}(k),\cdots,z_{i,\tau}(k)]^{\mathrm{T}}$，定义如下：

$$\begin{cases} z_{i,1}(k)=\xi_{i,1}(k) \\ z_{i,2}(k)=\xi_{i,1}(k+1) \\ \qquad\vdots \\ z_{i,\tau}(k)=\xi_{i,1}(k+\tau-1) \end{cases} \tag{6.7}$$

因此，系统的初始状态 $\xi(k)=[\xi_1^{\mathrm{T}}(k),\xi_2^{\mathrm{T}}(k),\cdots,\xi_m^{\mathrm{T}}(k)]^{\mathrm{T}}\in\mathbb{R}^n\ (n=m\times\tau)$ 就能转变成如下形式：

$$Z(k)=[z_1^{\mathrm{T}}(k),z_2^{\mathrm{T}}(k),\cdots,z_m^{\mathrm{T}}(k)]^{\mathrm{T}}\in\mathbb{R}^n \tag{6.8}$$

其中变换映射关系是 $T(\xi):\xi\longrightarrow Z$ 以及 $z_i(k)=[z_{i,1}(k),z_{i,2}(k),\cdots,z_{i,\tau}(k)]^{\mathrm{T}}$。

以上映射关系 $T(\xi(k)):\xi(k)\longrightarrow Z(k)$ 可以重写成

$$T\left(\xi\left(k\right)\right)=\begin{bmatrix} T_1\left(\xi_1\left(k\right)\right) & 0 & \cdots & 0 \\ 0 & T_2\left(\xi_2\left(k\right)\right) & \cdots & 0 \\ \vdots & \vdots & & \vdots \\ 0 & 0 & \cdots & T_m\left(\xi_m\left(k\right)\right) \end{bmatrix} \tag{6.9}$$

注意到以上坐标变换有效的一个前提条件是：该坐标变换的映射关系 $T(\xi(k))$: $\xi(k)\longrightarrow Z(k)$ 是微分同胚映射的。参考文献 [275] 的分析，可以证明出该映射关系是微分同胚映射的。

根据式 (6.7)，初始系统式 (6.1) 可以表述成如下状态空间表达式形式：

$$\begin{cases} z_{i,1}(k+1)=z_{i,2}(k) \\ z_{i,2}(k+1)=z_{i,3}(k) \\ \qquad\vdots \\ z_{i,\tau}(k+1)=f_i(z(k))+g_i(z_i(k))\bar{u}_i(k) \\ \quad y_i(k)=z_{i,1}(k) \end{cases} \tag{6.10}$$

其中，$f_i(z(k))=\bar{F}_i(\bar{\xi}_{i,\tau}(k))$ 是未知系统函数，$g_i(z_i(k))=\bar{G}_i(\bar{\xi}_{i,\tau}(k))$ 是增益函数。

定义一组参考轨迹 $z_{ir}(k)=[y_{ir}(k),y_{ir}(k+1),\cdots,y_{ir}(k+\tau-1)]^{\mathrm{T}}$。然后，定义一组误差变量 $e_i(k)=z_i(k)-z_{ir}(k)=[e_{i,1}(k),e_{i,2}(k),\cdots,e_{i,\tau}(k)]^{\mathrm{T}}$，其每个分量定义如下：

$$\begin{cases} e_{i,1}(k+1)=e_{i,2}(k) \\ e_{i,2}(k+1)=e_{i,3}(k) \\ \qquad\vdots \\ e_{i,\tau}(k+1)=f_i(z(k))+g_i(z_i(k)) \\ \qquad\qquad \times\bar{u}_i(k)-y_{ir}(k+\tau) \end{cases} \tag{6.11}$$

为了便于输出反馈容错控制器的设计，先定义一组如下变量：

$$\begin{aligned} \underline{y}_i(k)&=[y_i(k-\tau+1),\cdots,y_i(k-1),y_i(k)]^{\mathrm{T}} \\ \underline{u}_{i,k-1}(k)&=[\bar{u}_i(k-1),\bar{u}_i(k-2),\cdots,\bar{u}_i(k-\tau+1)]^{\mathrm{T}} \\ \underline{x}_i(k)&=[\underline{y}_i^{\mathrm{T}}(k),\underline{u}_{i,k-1}^{\mathrm{T}}(k)]^{\mathrm{T}} \end{aligned}$$

然后，就能推导出如下式子：

$$\underline{y}_i(k)=[z_{i,1}(k-\tau+1),\cdots,z_{i,1}(k-1),z_{i,1}(k)]^{\mathrm{T}} \tag{6.12}$$

考虑式 (6.10)，得到

$$\begin{aligned} y_i(k+1)&=z_{i,2}(k)=z_{i,3}(k-1)=\cdots \\ &=z_{i,\tau}(k-\tau+2) \\ &=f_i(z(k-\tau+1))+g_i(z_i(k-\tau+1))\bar{u}_i(k-\tau+1) \end{aligned} \tag{6.13}$$

这说明 $z_{i,2}(k)=y_i(k+1)$ 是关于 $Y(k)=[\underline{y}_1^{\mathrm{T}}(k),\underline{y}_2^{\mathrm{T}}(k),\cdots,\underline{y}_m^{\mathrm{T}}(k)]^{\mathrm{T}}$ 及 $\bar{u}_i(k-\tau+1)$ 的函数。注意到式 (6.13) 的右侧包含了 $x(k)=[Y(k),\underline{u}_i^{k-1}(k)]$ 中的部分变量。

定义

$$y_i(k+1)=z_{i,2}(k)\overset{\mathrm{def}}{=}\zeta_{i,2}(x(k)) \tag{6.14}$$

重复以上的递推过程式 (6.12)∼ 式 (6.14)，得到如下关系：

$$y_i(k+\tau-1)=z_{i,\tau}(k)\overset{\mathrm{def}}{=}\zeta_{i,\tau}(x(k)) \tag{6.15}$$

此时，式（6.15）的右侧包括了 $x(k)$ 中的所有变量。把式 (6.15) 代入式 (6.10) 的倒数第二个式子，能够得到

$$y_i(k+\tau)=f_i(Y(k))+g_i(\underline{y}_i(k))\bar{b}_i\bar{u}_i(k) \tag{6.16}$$

其中，$g_i(\underline{y}_i(k))\bar{b}_i = g_i(z_i(k)) \leqslant \bar{G}_i(\bar{\xi}_{i,\tau}(k))$。由于 $\bar{G}_i(\bar{\xi}_{i,\tau}(k))$ 是有界的（如式 (6.5) 所示），而 $\bar{b}_i$ 又是常数，这说明 $g_i(\underline{y}_i(k))$ 是有界的。

注释 6.3.1 如果考虑状态反馈情况，直接利用反步法（backstepping），对系统式 (6.1) 直接设计容错控制律，其实际控制以及虚拟控制将会包含将来的信息。该将来的信息是不可用的，在实际应用中，是不可得的。但是，如果对转换完之后的多输入多输出系统式 (6.4) 设计容错控制律，这个缺点就能被克服。因此，状态转移式 (6.4) 对于状态反馈机制而言，是必需的。即便如此，随着系统的阶数逐渐增加，需要调节的参数的个数将会呈几何倍数的增加，导致设计过程变得越来越复杂和难懂。同时，当系统的状态不可测时，状态反馈容错控制不能直接实现。对于输出反馈容错而言（本章的重点），上述不足都可以避免。由于转换之后的系统式 (6.4) 仍然包含了大量的系统状态，很有必要将其转变成另一种更加简单的形式，也更利于在仅仅输出可测的条件下实现输出反馈容错控制。幸运的是，输入输出形式的系统式 (6.16) 可以解决此问题。因为变量 $Y(k)$ 以及 $\underline{y}_i(k)$ 就直接决定了非线性系统函数 $f_i(\cdot)$ 和 $g_i(\cdot)$，说明它们是可以通过可测输出得到的。基于此，可以在式 (6.16) 的基础上，设计恰当的输出反馈容错控制策略。

6.4 基于最少调节参数的容错控制

定义第 i 个子系统的输出跟踪误差为 $\epsilon_i(k) = y_i(k) - y_{ir}(k)$。那么由式 (6.16)，有

$$\epsilon_i(k+\tau) = f_i(Y(k)) + g_i(\underline{y}_i(k))\bar{b}_i\bar{u}_i(k) - y_{ir}(k+\tau) \tag{6.17}$$

根据文献 [277] 所提出的方法，引入比例驱动机制，也就是

$$u_{i,j}(k) = \eta_{i,j}(k)\, u_{i,0}(k) \tag{6.18}$$

其中，$u_{i,0}(k)$ 是第 i 个子系统中无故障执行器，且有 $0 < \underline{\eta}_{i,j} \leqslant \eta_{i,j}(k) \leqslant \bar{\eta}_{i,j}$，$j \in \{1, 2, \cdots, l_i\}$。$\bar{\eta}_{i,j}$ 和 $\underline{\eta}_{i,j}$ 分别代表 $\eta_{i,j}(k)$ 的上界和下界。

把 $\bar{b}_i\bar{u}_i(k)$ 展开，可得

$$\begin{aligned}\bar{b}_i\bar{u}_i(k) &= \sum_{j=1}^{l_i} b_{i,j}u_{i,j}(k)\\ &= \sum_{j=p_s} b_{i,j}u_{ijs}(k) + \sum_{j=p_l} b_{i,j}\rho_{ij}^{q}\eta_{i,j}(k)\, u_{i,0}(k)\end{aligned} \tag{6.19}$$

把式 (6.19) 代入式 (6.17)，可以推出

$$\begin{aligned}\epsilon_i(k+\tau)=&f_i(Y(k))+g_i(\underline{y}_i(k))\sum_{j=p_s}b_ju_{ijs}(k)\\&+g_i(\underline{y}_i(k))\sum_{j=p_l}b_j\rho_{ij}^q\eta_{i,j}(k)\,u_{i,0}(k)-y_{ir}(k+\tau)\end{aligned}\tag{6.20}$$

定义 $g_{d,i}=g_i(\underline{y}_i(k))\sum_{j=p_l}b_j\rho_{ij}^q\eta_{i,j}(k)$。因为 $g_i(\underline{y}_i(k))$ 有界，所以，基于假设 6.2.2 可以证明 $g_{d,i}$ 是有界的。也就是说，存在两个正常数 $\underline{g}_{d,i}$ 和 $\bar{g}_{d,i}$，使得 $\underline{g}_{d,i}\leqslant g_{d,i}\leqslant\bar{g}_{d,i}$。这种情况下，可以为式 (6.20) 选取如下控制器 $u_{i,0}(k)$：

$$u_{i,0}(k)=\frac{1}{g_{d,i}}\left[-f_i(Y(k))-g_i(\underline{y}_i(k))\sum_{j=p_s}b_{i,j}u_{ijs}(k)+y_{ir}(k+\tau)\right]\tag{6.21}$$

由式 (6.21) 可知，跟踪误差 $\epsilon_i(k+\tau)$ 将收敛到零。然而，由于 $f_i(Y(k))$ 和 $g_i(\underline{y}_i(k))$ 不可得，所以精确的模型得不到，这就是说，控制器式 (6.21) 在实际系统中不可用。

鉴于神经网络的万能逼近性质，这里用径向基神经网络来估计未知项 $\Upsilon_i(k)\overset{\text{def}}{=}-f_i(Y(k))-g_i(\underline{y}_i(k))\sum_{j=p_s}b_{i,j}u_{ijs}(k)$，形式如下：

$$\Upsilon_i(k)=\vartheta_i^{\mathrm{T}}\varphi_i(S_i(k))+\varepsilon_i(S_i(k))\tag{6.22}$$

其中，$S_i(k)$ 是径向基神经网络的输入变量，$\vartheta_i=[\vartheta_{i,1},\vartheta_{i,2},\cdots,\vartheta_{i,\delta_i}]^{\mathrm{T}}$ 是权重向量，δ_i 是节点数，$\varepsilon_i(S_i(k))$ 是逼近误差，$\varphi_i(S_i(k))=[\varphi_{i,1}(S_i(k)),\cdots,\varphi_{i,\delta_i}(S_i(k))]^{\mathrm{T}}$ 是光滑的基函数向量，选取基函数为如下常用的高斯函数：

$$\varphi_i\left(S_i\left(k\right)\right)=\exp\left(-\frac{\left(S_i\left(k\right)-\pi_i\right)^{\mathrm{T}}\left(S_i\left(k\right)-\pi_i\right)}{\nu_i^2}\right)\tag{6.23}$$

其中，π_i 和 ν_i 分别是中心和宽度。显然，$-(S_i(k)-\pi_i)^{\mathrm{T}}(S_i(k)-\pi_i)/\nu_i^2$ 是负定的。根据指数函数的单调性，$\varphi(S(k))$ 中的每个分量 $\varphi_{i,h}(S(k))$ 都满足 $0<\varphi_{i,h}(S(k))<1(h=1,2,\cdots,\delta_i)$。进一步可得 $0<\varphi_i^{\mathrm{T}}(S_i(k))\varphi_i(S_i(k))<\delta_i$。

在容错控制领域，为了尽可能地降低控制系统的调节时间，神经网络的学习时间需要减小。通过降低在线计算量，可以直接减小时间和能量的消耗。为了满足这种需求，一个很有效可行的方法就是调节未知参数的界而不是直接调节神经网络权重。图 1.9 和图 6.1 分别描述了传统神经网络和改进的具有较少调节参数的神经网络。

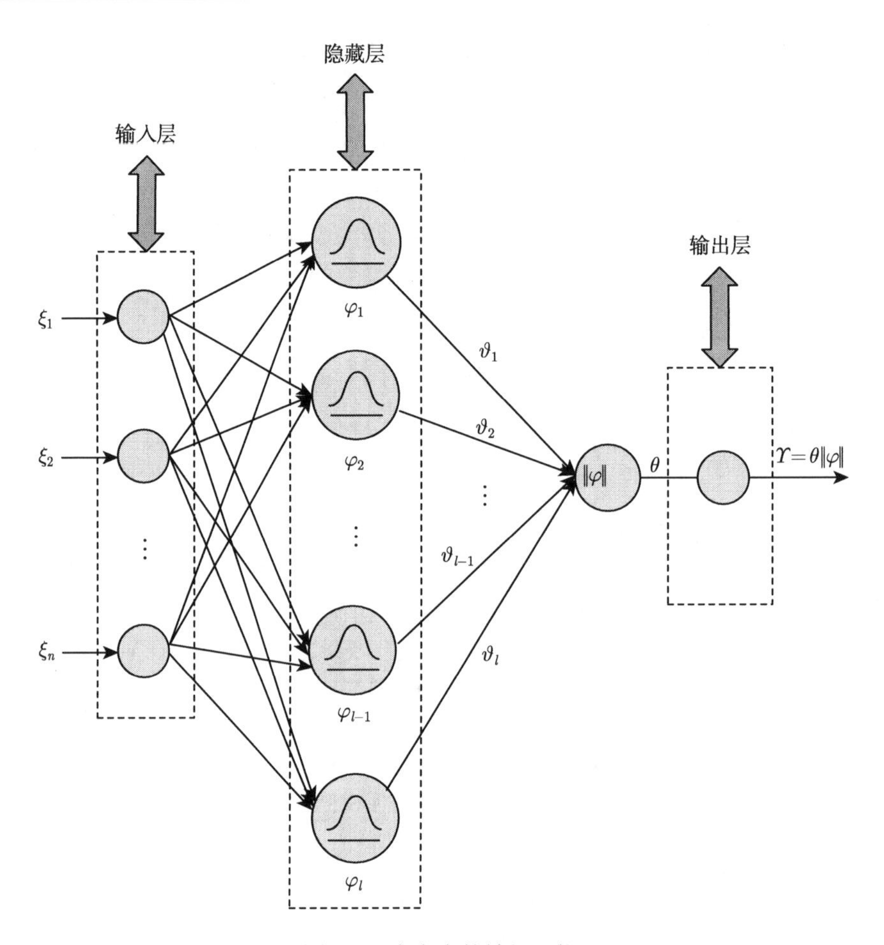

图 6.1　本章中的神经网络

令 $\hat{\vartheta}_i(k)$ 是 ϑ_i 的估计。那么，径向基神经网络的输出为

$$\varUpsilon_i(k) = \hat{\vartheta}_i^{\mathrm{T}}(k)\varphi_i(S_i(k)) \tag{6.24}$$

因此，实际的 $u_{i,0}(k)$ 设计如下：

$$u_{i,0}(k) = \frac{1}{\underline{g}_{d,i}}\left[\hat{\theta}_i\bar{\varphi}_i(S_i(k)) + y_{ir}(k+\tau)\right] \tag{6.25}$$

其中，$\hat{\theta}_i$ 是 θ_i 的估计，$\theta_i = \|\vartheta_i\|$，$\bar{\varphi}_i(S_i(k)) = \|\varphi_i(S_i(k))\|$。

自适应律选取如下：

$$\hat{\theta}_i(k) = \hat{\theta}_i(k-\tau) - \gamma_i\big(\bar{\varphi}_i(S_i(k-\tau))\epsilon_i(k) + \sigma_i\hat{\theta}_i(k-\tau)\big)$$

其中，$\gamma_i > 0$ 是自适应增益，σ_i 是正常数，且满足条件 $0 < \gamma_i\sigma_i < 1$。

运用 τ 步向前预测法，自适应律可重写为

$$\hat{\theta}_i(k+\tau) = \hat{\theta}_i(k) - \gamma_i\big(\bar{\varphi}_i(S_i(k))\epsilon_i(k+\tau) + \sigma_i\hat{\theta}_i(k)\big) \tag{6.26}$$

注释 6.4.1 在大量现有结果中，通过调节神经网络权重估计 [34, 42, 293] 和模糊参数 [274, 280] 的非线性系统的自适应控制得以广泛研究。然而，神经网络隐藏层节点数或者模糊规则数需要很大来保证逼近精度 [277]。因此，在那些方法中，很多在线自适应参数需要设计，学习时间也会变得很长。不过，在故障领域，为了实现故障的快速反应，通常期望容错控制方法尽可能快起作用，从而避免发生严重的故障。因此，在容错领域，如何减小基于神经网络的自适应容错控制的学习时间是一个很具挑战的问题。由式 (6.25) 可以看出，对于每个分散式输出反馈控制律，只需调节一个参数，但是在文献 [34]、[42]、[274]、[280]、[293] 中有 τ 个参数需要调节（$\delta_i, i=1,2,\cdots,\tau$）。所以，与现有的结果对比，本章减小了在线调节时间，从而减小了故障响应时间，尽早实施容错。

注释 6.4.2 在文献 [260]、[262]、[278]、[294] 中，基于传统的反步法提出了很多容错控制方法。这些方法通常会面对计算爆炸，当然这个问题在递归推导过程中是一个悬而未解的问题。另外，在这些容错控制中有很多参数需要调节。然而，在本章，基于输入输出表达式提出了如式 (6.25) 所示的非反步法来处理执行器故障。这样，计算爆炸问题得以避免（不需要那么多的中间变量和虚拟控制）。因此，相比传统的反步法，运用本章所提出的方法大大减少了计算时间。

接下来，将给出带有最小学习参数的分布式间接输出反馈容错控制的稳定性分析。

首先，给出如下假设和引理。

假设 6.4.1 [295] 径向基神经网络的逼近误差是有界的，即 $\varepsilon_i(S_i(k)) < \bar{\varepsilon}_i$，其中，$\bar{\varepsilon}_i$ 是已知的有界常数。

引理 6.4.1（杨氏不等式 [287]） 对 $\forall(x,y)\in\mathbb{R}^2$，有如下不等式成立：

$$xy \leqslant \frac{\kappa^\alpha}{\alpha}|x|^\alpha + \frac{1}{\beta\kappa^\beta}|y|^\beta$$

其中，$\alpha>0,\beta>0,\kappa>0$ 且 $(\alpha-1)(\beta-1)=1$。

定理 6.4.1 考虑闭环非线性离散多输入多输出系统式 (6.1) 或者式 (6.10)。当满足假设 6.2.1～假设 6.2.4，且带有最小学习参数的分布式间接自适应容错控制器和径向基神经网络权重自适应律分别选取如式 (6.25) 和式 (6.26) 所示，那么，如果适当选取设计参数，将保证闭环系统的自适应律和控制信号都半全局一致最终有界，且跟踪误差满足

$$\lim_{k\to\infty}|y_i(k) - y_{ir}(k)| \leqslant \varepsilon_{i0}$$

其中，ε_{i0} 是正常数。

证明　由于 $g_{d,i}$ 的上界和下界分别为 $\bar{g}_{d,i}$ 和 $\underline{g}_{d,i}$，那么可以保证存在一个正常数 $\bar{p}_i = \bar{g}_{d,i}/\underline{g}_{d,i} > 1$ 使得 $1 \leqslant g_{d,i}/\underline{g}_{d,i} \leqslant \bar{p}_i$。

考虑如下李雅普诺夫函数：

$$V_i(k) = \frac{1}{\bar{p}_i}\sum_{j=0}^{\tau-1}\epsilon_i^2(k+j) + \sum_{j=0}^{\tau-1}\frac{1}{\gamma_i}\tilde{\theta}_i^2(k+j) \tag{6.27}$$

其中，$\tilde{\theta}_i(k) = \hat{\theta}_i(k) - \theta_i$。

$V_i(k)$ 的一阶前向差分为

$$\begin{aligned}\Delta V_i(k) &= V_i(k+1) - V_i(k) \\ &= \frac{1}{\bar{p}_i}\epsilon_i^2(k+\tau) - \frac{1}{\bar{p}_i}\epsilon_i^2(k) + \frac{1}{\gamma_i}\tilde{\theta}_i^2(k+\tau) - \frac{1}{\gamma_i}\tilde{\theta}_i^2(k)\end{aligned} \tag{6.28}$$

基于 $\tilde{\theta}_i(k) = \hat{\theta}_i(k) - \theta_i$，考虑式 (6.26)，可得

$$\tilde{\theta}_i(k+\tau) = \tilde{\theta}_i(k) - \gamma_i\big(\bar{\varphi}_i(S_i(k))\epsilon_i(k+\tau) + \sigma_i\hat{\theta}_i(k)\big) \tag{6.29}$$

根据式 (6.20)、式 (6.22) 和式 (6.25)，有

$$\begin{aligned}\epsilon_i(k+\tau) =& -\theta_i\bar{\varphi}_i(S_i(k)) - \varepsilon_i(S_i(k)) + (g_{d,i}/\underline{g}_{d,i}) \\ &\times\Big[\hat{\theta}_i(k)\bar{\varphi}_i(S_i(k)) + y_{ir}(k+\tau)\Big] - y_{ir}(k+\tau)\end{aligned}$$

进而，可得

$$\begin{aligned}\epsilon_i(k+\tau) =& (g_{d,i}/\underline{g}_{d,i})\tilde{\theta}_i(k)\bar{\varphi}_i(S_i(k)) - \varepsilon_i(S_i(k)) + (g_{d,i}/\underline{g}_{d,i})\theta_i\bar{\varphi}_i(S_i(k)) \\ &+(g_{d,i}/\underline{g}_{d,i})y_{ir}(k+\tau) - y_{ir}(k+\tau) - \theta_i\bar{\varphi}_i(S_i(k))\end{aligned} \tag{6.30}$$

将式（6.30）写成如下形式：

$$\begin{aligned}\tilde{\theta}_i(k)\bar{\varphi}_i(S_i(k)) =& \frac{1}{g_{d,i}/\underline{g}_{d,i}}\Big[\epsilon_i(k+\tau) + \varepsilon_i(S_i(k)) - (g_{d,i}/\underline{g}_{d,i})\theta_i\bar{\varphi}_i(S_i(k)) \\ &+y_{ir}(k+\tau) + \theta_i\bar{\varphi}_i(S_i(k)) - (g_{d,i}/\underline{g}_{d,i})y_{ir}(k+\tau)\Big]\end{aligned} \tag{6.31}$$

将上述结果代入式 (6.28)，可以得出

$$\begin{aligned}\Delta V_i(k)=&\frac{1}{\bar{p}_i}\epsilon_i^2(k+\tau)-\frac{2}{g_{d,i}/\underline{g}_{d,i}}\epsilon_i^2(k+\tau)-\frac{2}{g_{d,i}/\underline{g}_{d,i}}\varepsilon_i(S_i(k))\epsilon_i(k+\tau)\\&+2\gamma_i\sigma_i\bar{\varphi}_i(S_i(k))\epsilon_i(k+\tau)\hat{\theta}_i(k)+\gamma_i\sigma_i^2\hat{\theta}_i^2(k)+\gamma_i\bar{\varphi}_i^2(S_i(k))\epsilon_i^2(k+\tau)\\&-\frac{2}{g_{d,i}/\underline{g}_{d,i}}\theta_i\bar{\varphi}_i(S_i(k))\epsilon_i(k+\tau)-\frac{1}{\bar{p}_i}\epsilon_i^2(k)-\frac{2}{g_{d,i}/\underline{g}_{d,i}}y_{ir}(k+\tau)\epsilon_i(k+\tau)\\&-2\sigma_i\tilde{\theta}_i(k)\hat{\theta}_i(k)+2\theta_i\bar{\varphi}_i(S_i(k))\epsilon_i(k+\tau)+2y_{ir}(k+\tau)\epsilon_i(k+\tau)\end{aligned}\tag{6.32}$$

由杨氏不等式（参见引理 6.4.1），可以得到如下结果：

$$-\frac{2}{g_{d,i}/\underline{g}_{d,i}}\varepsilon_i(S_i(k))\epsilon_i(k+\tau)\leqslant\frac{\gamma_i}{\bar{p}_i}\epsilon_i^2(k+\tau)+\frac{\bar{p}_i}{\gamma_i}\bar{\varepsilon}_i^2\tag{6.33}$$

$$-\frac{2}{g_{d,i}/\underline{g}_{d,i}}\theta_i\bar{\varphi}_i(S_i(k))\epsilon_i(k+\tau)\leqslant\frac{\delta_i\gamma_i}{\bar{p}_i}\epsilon_i^2(k+\tau)+\frac{\bar{p}_i}{\gamma_i}\theta_i^2\tag{6.34}$$

$$2\theta_i\bar{\varphi}_i(S_i(k))\epsilon_i(k+\tau)\leqslant\frac{\delta_i\gamma_i}{\bar{p}_i}\epsilon_i^2(k+\tau)+\frac{\bar{p}_i}{\gamma_i}\theta_i^2\tag{6.35}$$

$$-\frac{2}{g_{d,i}/\underline{g}_{d,i}}y_{ir}(k)\epsilon_i(k+\tau)\leqslant\frac{\gamma_i}{\bar{p}_i}\epsilon_i^2(k+\tau)+\frac{\bar{p}_i}{\gamma_i}\bar{y}_{ir}^2(k)\tag{6.36}$$

$$2y_{ir}(k)\epsilon_i(k+\tau)\leqslant\frac{\gamma_i}{\bar{p}_i}\epsilon_i^2(k+\tau)+\frac{\bar{p}_i}{\gamma_i}\bar{y}_{ir}^2(k)\tag{6.37}$$

$$-2\sigma_i\tilde{\theta}_i(k)\hat{\theta}_i(k)=\sigma_i\theta_i^2-\sigma_i\tilde{\theta}_i^2(k)-\sigma_i\hat{\theta}_i^2(k)\tag{6.38}$$

$$2\gamma_i\sigma_i\bar{\varphi}_i(S_i(k))\epsilon_i(k+\tau)\hat{\theta}_i(k)\leqslant\frac{\gamma_i\delta_i}{\bar{p}_i}\epsilon_i^2(k+\tau)+\bar{p}_i\gamma_i\sigma_i^2\hat{\theta}_i^2(k)\tag{6.39}$$

$$\gamma_i\bar{\varphi}_i^2(S_i(k))\epsilon_i^2(k+\tau)\leqslant\gamma_i\delta_i\epsilon_i^2(k+\tau)\tag{6.40}$$

把式 (6.33)∼ 式 (6.40) 代入式 (6.32)，$\Delta V_i(k)$ 变为

$$\begin{aligned}\Delta V_i(k)\leqslant&-\frac{1}{\bar{p}_i}\Big[1-(3+3\delta_i+\bar{p}_i\delta_i)\gamma_i\Big]\epsilon_i^2(k+\tau)\\&-\sigma_i\Big[1-(1+\bar{p}_i)\gamma_i\sigma_i\Big]\hat{\theta}_i^2(k)-\frac{1}{\bar{p}_i}\epsilon_i^2(k)+\beta_i\end{aligned}\tag{6.41}$$

其中，由于 $\bar{\beta}_i$ 有界，可知

$$\beta_i = \frac{\bar{p}_i}{\gamma_i}\bar{\varepsilon}_i^2 + \frac{2\bar{p}_i}{\gamma_i}\theta_i^2 + \frac{2\bar{p}_i}{\gamma_i}\bar{y}_{ir}^2(k) + \sigma_i\theta_i^2$$

是有界的。

如果下列条件成立：

$$\gamma_i < \frac{1}{3 + 3\delta_i + \bar{p}_i\delta_i} \tag{6.42}$$

和

$$\sigma_i < \frac{1}{(1 + \bar{p}_i)\gamma_i} \tag{6.43}$$

那么，有

$$\Delta V_i(k) \leqslant -\frac{1}{\bar{p}_i}\epsilon_i^2(k) + \bar{\beta}_i \tag{6.44}$$

基于文献 [293] 和 [295] 中稳定性分析方法，可知当 $|\epsilon_i(k)| > \sqrt{\bar{p}_i\bar{\beta}_i}$ 成立时，有 $\Delta V_i(k) < 0$。进而得出 $V_i(k) - V_i(k-1) < 0$，$V_i(k-1) - V_i(k-2) < 0$，$\cdots$，$V_i(1) - V_i(0) < 0$。根据这些不等式，可以推出 $V_i(k) < V_i(0)$。这就是说 $V_i(k)$ 是有界的。根据 $V_i(k)$ 的定义，$\epsilon_i(k)$ 的有界性得以保证。另外，$|\epsilon_i(k)| \leqslant \sqrt{\bar{p}_i\bar{\beta}_i}$，即误差 $\epsilon_i(k)$ 在一个有界紧集中有界。因此跟踪误差 $\epsilon_i(k)$ 将收敛到有界紧集 $\Omega_{\epsilon_i} = \{\epsilon_i \big| |\epsilon_i(k)| \leqslant \varepsilon_{i0}\}$，其中，$\varepsilon_{i0} = \sqrt{\bar{p}_i\bar{\beta}_i}$。

接下来，将说明权重估计 $\hat{\theta}_i(k)$ 和权重估计误差 $\tilde{\theta}_i(k)$ 的有界性。首先，证明权重估计 $\hat{\theta}_i(k)$ 是有界的。如式 (6.26) 所示的自适应律可以进一步表达为

$$\begin{aligned}\hat{\theta}_i(k+\tau) &= (1 - \gamma_i\sigma_i)\hat{\theta}_i(k) - \gamma_i\bar{\varphi}_i(S_i(k))\epsilon_i(k+\tau) \\ &= A_i\hat{\theta}_i(k) - \gamma_i\bar{\varphi}_i(S_i(k))\epsilon_i(k+\tau)\end{aligned} \tag{6.45}$$

其中，$A_i = 1 - \gamma_i\sigma_i$。因为 $0 < \gamma_i\sigma_i < 1$，所以 $0 < A_i < 1$。根据文献 [284] 中的引理 2，可得 $\hat{\theta}_i(k)$ 是有界的。又因为最优权重 θ_i 有界，所以估计误差 $\tilde{\theta}_i(k)$ 也是有界的。下面，再回顾一下式 (6.25) 中的控制信号。因为 $\hat{\theta}_i(k)$，$\bar{\varphi}_i(S_i(k)) = \|\varphi_i(S_i(k))\|$ 和 $y_{ir}(k)$ 是有界的，所以控制输入有界。因此，如果恰当选取参数，那么闭环系统半全局一致最终有界。证毕。

注释 6.4.3 有三点需要强调：① 为了对故障有快速响应，自适应容错机制必须尽可能快地容错。但是在保持一个好性能的情况下，在容错控制领域中如何加快对故障的响应是一个很难的问题。这里，选择调节神经网络权重的未知界来减小对故障的响应时间。② 在过去的文献中（如文献 [40]、[274] 和 [290]），对于下三角结构的系统提出过很多自适应控制机制，据我们所知，还没有关于离散下三角结构系统的容错控制结果。由于状态和子系统间的耦合，传统的自适应容错控制不适用。

本章首次提出解决具有下三角结构的非线性离散多输入多输出离散系统容错控制问题的方法。本章的分散式容错控制是通过设计每个子系统相应的容错控制来实现的。③ 与直接自适应方法对比（在直接自适应中只调节控制参数），在间接自适应方法中，不仅辨识系统参数，而且控制参数也能得到。因此，系统的动态可以得到，这对容错控制的设计是很有帮助的。

6.5 仿真算例

例 6.5.1 考虑如下 MIMO 离散系统 [35]：

$$\begin{cases} x_{1,1}(k+1)=f_{1,1}\big(\bar{x}_{1,1}(k)\big)+g_{1,1}\big(\bar{x}_{1,1}(k)\big)x_{1,1}(k) \\ x_{1,2}(k+1)=f_{1,2}\big(x(k)\big)+g_{1,2}\big(x(k)\big)u_1(k)+d_1(k) \\ x_{2,1}(k+1)=f_{2,1}\big(\bar{x}_{2,1}(k)\big)+g_{2,1}\big(\bar{x}_{2,1}(k)\big)x_{2,2}(k) \\ x_{2,2}(k+1)=f_{2,2}\big(x(k)\big)+g_{2,2}\big(x(k)\big)u_2(k)+d_2(k) \\ y_1(k)=x_{1,1}(k) \\ y_2(k)=x_{2,1}(k) \end{cases}$$

其中

$$\begin{cases} f_{1,1}\big(\bar{x}_{1,1}(k)\big)=\dfrac{x_{1,1}^2(k)}{1+x_{1,1}^2(k)}, \quad g_{1,1}\big(\bar{x}_{1,1}(k)\big)=0.3 \\ f_{1,2}\big(x(k)\big)=\dfrac{x_{1,1}^2(k)}{1+x_{1,2}^2(k)+x_{2,1}^2(k)+x_{2,2}^2(k)} \\ g_{1,2}\big(x(k)\big)=1, \quad d_1(k)=0.1\cos(0.05k)\cos\big(x_{1,1}(k)\big) \\ f_{2,1}\big(\bar{x}_{2,1}(k)\big)=\dfrac{x_{2,1}^2(k)}{1+x_{2,1}^2(k)}, \quad g_{2,1}\big(\bar{x}_{2,1}(k)\big)=0.2 \\ f_{2,2}\big(x(k)\big)=\dfrac{x_{1,1}^2(k)}{1+x_{1,2}^2(k)+x_{2,1}^2(k)+x_{2,2}^2(k)}u_1^2(k) \\ g_{2,2}\big(x(k)\big)=1, \quad d_2(k)=0.1\cos(0.05k)\cos\big(x_{2,1}(k)\big) \end{cases}$$

在这个仿真中，所有状态的初始值选取为 0，自适应律的初始值为 $\hat{\theta}_1(0)=0.01$，$\hat{\theta}_2(0)=0.02$，设计参数分别为 $T_1(0)=\mathrm{diag}(0.5)$，$T_2(0)=\mathrm{diag}(0.2)$，$\gamma_1=0.25$，$\gamma_2=0.7$。并假设系统从第 1000 步（$k=1000$）开始，$u_1^F=0.6u_1$（即第一个子系统的执行器发生失效故障）、$u_2=1.2$（即第二个子系统的执行器发生卡死故障）。

仿真结果如图 6.2~ 图 6.5 所示。图 6.2 为第一个子系统的跟踪效果。从图 6.2 可以看出，即使执行器失效，其跟踪效果仍然良好。图 6.3 为第二个子系统的跟踪效果。当系统发生卡死故障时，系统的跟踪效果有短暂的影响，但随后，跟踪误差也在“零”的小邻域内。图 6.4 和图 6.5 分别为执行器失效和卡死时，系统的输入信号。

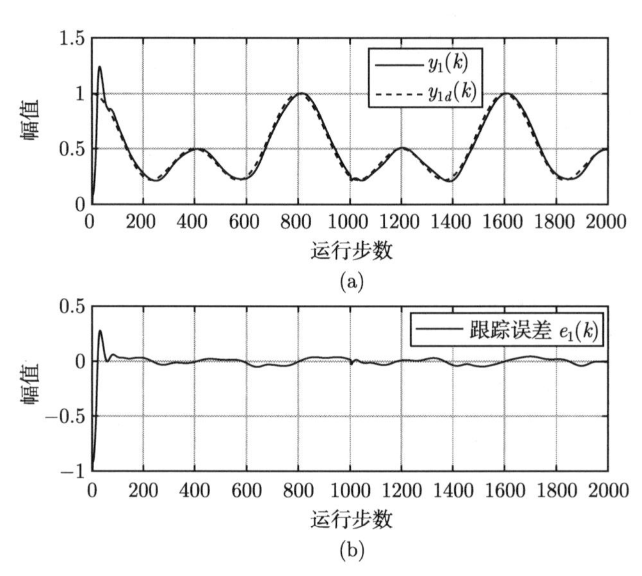

图 6.2　$y_1(k)$ 和 $y_{1d}(k)$ 的跟踪性能以及跟踪误差 $e_1(k)$

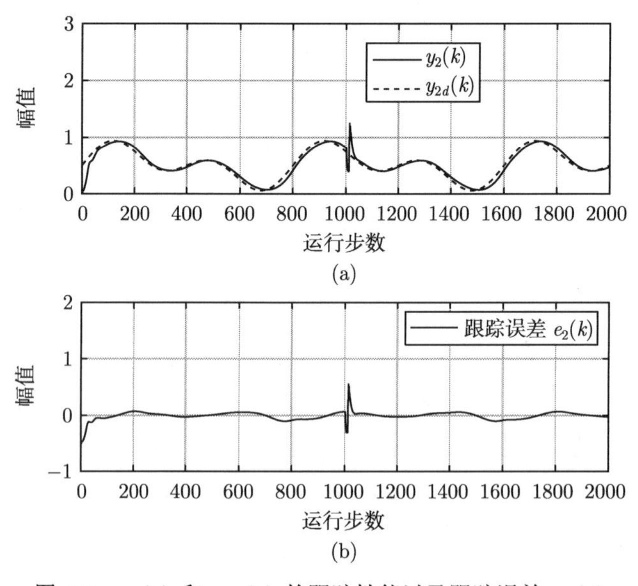

图 6.3　$y_2(k)$ 和 $y_{2d}(k)$ 的跟踪性能以及跟踪误差 $e_2(k)$

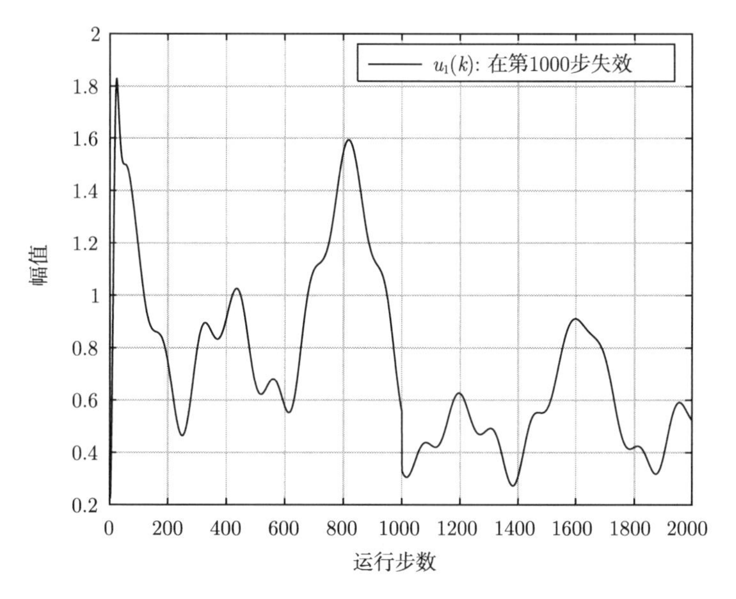

图 6.4　控制输入 $u_1(k)$

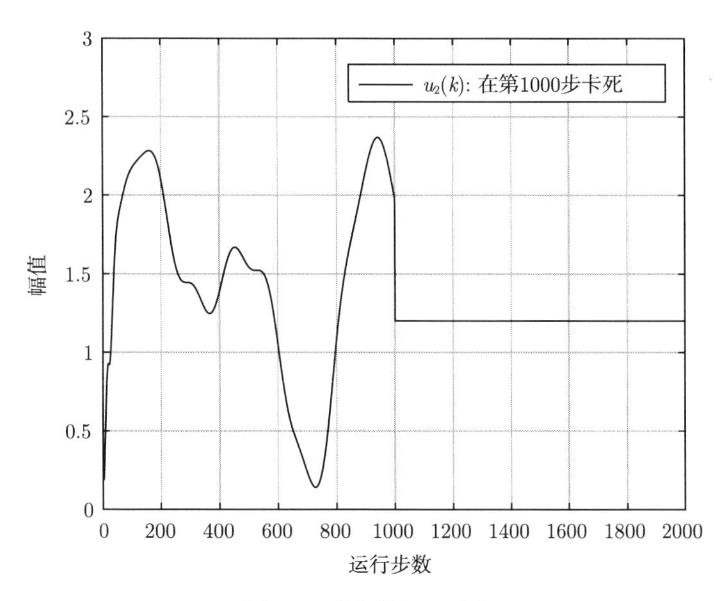

图 6.5　控制输入 $u_2(k)$

例 6.5.2　为了进一步说明本章提出方法的有效性。下面考虑一类连续搅拌釜反应器（continuous stirred tank reactor，CSTR）。CSTR 是一个极具代表性的化工过程。不论在何种化工生产过程中，决定化工产品的品质、效率和过程生产能力的一个关键设备就是反应器，而在化工生产的各个领域中都得到广泛应用的是一种比较常见的带搅拌器式的反应器。该反应过程中具有强非线性、变量耦合等特点，这些现象不但会影响被控系统的稳定性，甚至会导致产品的质量下降。众所周知，化工生产工程的特殊之处在于：大部分是需要在高温、高压、易燃、易爆等恶劣场合和环境下进行生产，对人体是有危害的。这就意味着，一旦系统发生故障，非常可能会产生较大的影响甚至导致财产和人员的损失。随着经济和社会的发展，因为此类反应器是化工生产过程中的核心设备，所以连续搅拌釜反应器的容错控制研究具有重要的理论价值和现实意义。图 6.6 是可循环使用的搅拌反应釜的原理图。假设 $F_0=F_2=F$，$V_1=V_2=V$，$F+F_R=F_1$，$V_j=V_{j1}=V_{j2}$。在整个过程中，冷却剂分别以温度 T_{j1} 和 T_{j2}，流速 F_{j1} 和 F_{j2} 进入两个反应釜周围的冷却夹套。其他符号，如 F_0、F_2、V_1、V_2、F_R、V_{j1} 和 V_{j2} 的具体物理含义参见文献[274]、[296]、[297]。搅拌反应釜系统由如下六个方程描述：

$$
\left\{\begin{aligned}
\frac{\mathrm{d}C_{A1}}{\mathrm{d}t} &= \frac{F_0}{V}C_{A0} - \frac{F+F_R}{V}C_{A1} + \frac{F_R}{V}C_{A2} \\
&\quad - \alpha C_{A1}\mathrm{e}^{-(E/RT_1)} \\
\frac{\mathrm{d}C_{A2}}{\mathrm{d}t} &= \frac{F+F_R}{V}C_{A1} - \frac{F+F_R}{V}C_{A2} \\
&\quad - \alpha C_{A2}\mathrm{e}^{-(E/RT_2)} \\
\frac{\mathrm{d}T_1}{\mathrm{d}t} &= \frac{F_0}{V}T_0 - \frac{F+F_R}{V}T_1 + \frac{F_R}{V}T_2 \\
&\quad - \frac{\alpha\lambda}{\rho c_p}C_{A1}\mathrm{e}^{-(E/RT_1)} - \frac{UA}{\rho c_p V}(T_1 - T_{j1}) \\
\frac{\mathrm{d}T_2}{\mathrm{d}t} &= \frac{F+F_R}{V}T_1 - \frac{F+F_R}{V}T_2 - \frac{\alpha\lambda}{\rho c_p}C_{A2}\mathrm{e}^{-(E/RT_2)} \\
&\quad - \frac{UA}{\rho c_p V}(T_2 - T_{j2})
\end{aligned}\right. \tag{6.46}
$$

$$
\left\{\begin{aligned}
\frac{\mathrm{d}T_{j1}}{\mathrm{d}t} &= \frac{F_{j1}}{V_j}(T_{j10} - T_{j1}) + \frac{UA}{\rho_j c_j V_j}(T_1 - T_{j1}) \\
\frac{\mathrm{d}T_{j2}}{\mathrm{d}t} &= \frac{F_{j2}}{V_j}(T_{j20} - T_{j2}) + \frac{UA}{\rho_j c_j V_j}(T_2 - T_{j2})
\end{aligned}\right. \tag{6.47}
$$

其中，α 表示反应速率，是一个常数，c_j 和 c_p 分别表示冷却剂和反应器中液体的热容。ρ_j 和 ρ 分别代表冷却缸和反应器中液体的浓度。λ 表示生热率，E 是活化能。系统的参数值以及搅拌反应釜反应过程中的一些固定值详见表 6.1。

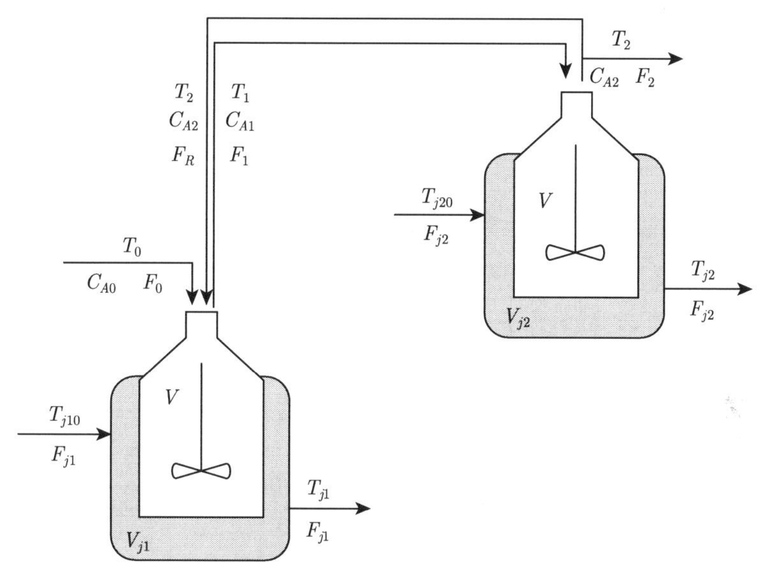

图 6.6 搅拌反应釜原理图

表 6.1 搅拌反应釜参数

$\rho_j = 997.9450\text{kg/m}^3$	$C_{A0}^d = 18.3728\text{mol/m}^3$
$\rho = 800.9189\text{kg/m}^3$	$C_{A1}^d = 12.3061\text{mol/m}^3$
$F = 2.8317\text{m}^3/\text{h}$	$C_{A2}^d = 10.4178\text{mol/m}^3$
$F_{j1} = 1.4130\text{m}^3/\text{h}$	$V_j = 0.1090\text{m}^3$
$F_{j2} = 1.4130\text{m}^3/\text{h}$	$V = 1.3592\text{m}^3$
$A = 23.2\text{m}^2$	$F_R = 1.4158\text{m}^3/\text{h}$
$T_{j10}^d = 629.2℃$	$c_\rho = 1395.3\text{J/(mol·℃)}$
$T_{j20}^d = 608.2℃$	$c_j = 1860.3\text{J/(mol·℃)}$
$T_0^d = 703.7℃$	$\lambda = -3.1644 \times 10^7\text{J/mol}$
$T_1^d = 750℃$	$R = 1679.2\text{J/(mol·℃)}$
$T_2^d = 737.5℃$	$E = 3.1644 \times 10^7\text{J/mol}$
$T_{j1}^d = 740.8℃$	$\alpha = 7.08 \times 10^{10}\text{h}^{-1}$
$T_{j2}^d = 727.6℃$	$U = 1.3625 \times 10^7\text{J/(h} \cdot \text{m}^2\text{·℃)}$

实际中，故障可能由部件退化或执行器失效或阀口松散或进气管道泄漏等原因引起。本仿真主要目的是通过操作 T_{j10}、C_{A0} 和 T_{j20} 得到合适的 T_1、C_{A2} 和 T_2，进而容忍执行器故障。

如文献 [297] 所述，定义 $x_{11}=C_{A2}-C_{A2}^d$，$x_{12}=f_2$，$x_{21}=T_2-T_2^d$，$x_{22}=T_{j2}-T_{j2}^d$，$x_{31}=T_1-T_1^d$ 和 $x_{32}=T_{j1}-T_{j1}^d$。因此，搅拌反应釜系统式 (6.46) 与式 (6.47) 可以表示为

$$\begin{cases}\dot{x}_{11}(t)=b_{11}x_{12}(t)\\ \dot{x}_{12}(t)=b_{12}u_1\\ y_1(t)=x_{11}(t)\\ \dot{x}_{21}(t)=b_{21}x_{22}(t)+\phi_{21}+\varPhi x_{31}\\ \dot{x}_{22}(t)=b_{22}u_2+\phi_{22}\\ y_2=x_{21}(t)\\ \dot{x}_{31}(t)=b_{31}x_{32}(t)+\phi_{31}+\varPsi\omega\\ \dot{x}_{32}(t)=b_{32}u_3+\phi_{32}\\ y_3(t)=x_{31}(t)\end{cases}\tag{6.48}$$

其中

$$b_{11}=1,\quad b_{12}=1,\quad b_{21}=\frac{UA}{\rho c_pV},\quad b_{22}=\frac{F_{j2}}{V_j},\quad b_{31}=\frac{UA}{\rho c_pV}$$
$$b_{32}=\frac{F_{j1}}{V_j},\quad \varPsi=\frac{F_0}{V},\quad \varPhi=\frac{F+F_R}{V},\quad \omega=T_0-T_0^d$$

$$\begin{cases}f_1=\dfrac{F+F_R}{V}C_{A1}+\dfrac{F_R}{V}C_{A2}-\alpha C_{A1}\mathrm{e}^{-(E/RT_1)}\\ f_2=\dfrac{F+F_R}{V}C_{A1}-\dfrac{F_R}{V}C_{A2}-\alpha C_{A2}\mathrm{e}^{-(E/RT_2)}\\ f_3=\dfrac{F+F_R}{V}T_1-\dfrac{F_R}{V}T_2-\dfrac{\alpha\lambda}{\rho c_p}C_{A2}\mathrm{e}^{-(E/RT_2)}\\ \qquad -\dfrac{UA}{\rho c_pV}(T_2-T_{j2})\\ f_4=\dfrac{F+F_R}{V}f_1-\left[\dfrac{F+F_R}{V}+\alpha\mathrm{e}^{-(E/RT_2)}\right]f_2\\ \qquad -\alpha\dfrac{E}{RT_2^2}C_{A2}\mathrm{e}^{-(E/RT_2)}f_3\end{cases}$$

$$\begin{cases}C_{A1}=\dfrac{V}{F+F_R}\left[x_{12}+\dfrac{F+F_R}{V}\left(x_{11}+C_{A2}^d\right)\right.\\ \qquad \left.+\alpha\left(x_{11}+C_{A2}^d\right)\mathrm{e}^{-\left(E/R\left(x_{21}+T_2^d\right)\right)}\right]\end{cases}$$

$$\begin{cases} u_1 = \dfrac{(F+F_R)\,F_0}{V^2} C_{A0} - f_4 \\ u_2 = T_{j20} - T_{j20}^d \\ u_3 = T_{j10} - T_{j10}^d \end{cases}$$

$$\begin{cases} \phi_{21} = \dfrac{F+F_R}{V} T_1^d - \dfrac{F+F_R}{V}\left(x_{21}+T_2^d\right) \\ \qquad - \dfrac{\alpha\lambda}{\rho c_p}\left(x_{11}+C_{A2}^d\right) \mathrm{e}^{-\left(E/R\left(x_{21}+T_2^d\right)\right)} \\ \qquad - \dfrac{UA}{\rho c_p V}\left(x_{21}+T_2^d-T_{j2}^d\right) \\ \phi_{22} = \dfrac{F_{j2}}{V}\left(T_{j20}^d - x_{22} - T_{j2}^d\right) \\ \qquad + \dfrac{UA}{\rho_j c_j V_j}\left(x_{21}+T_2^d-x_{22}-T_{j2}^d\right) \\ \phi_{31} = \dfrac{F_0}{V} T_0^d - \dfrac{F+F_R}{V}\left(x_{31}+T_1^d\right) \\ \qquad - \dfrac{\alpha\lambda}{\rho c_p} C_{A1} \mathrm{e}^{-\left(E/R\left(x_{31}+T_1^d\right)\right)} - \dfrac{F_R}{V}\left(x_{21}+T_2^d\right) \\ \qquad - \dfrac{UA}{\rho c_p V}\left(x_{31}+T_1^d-T_{j1}^d\right) \\ \phi_{32} = \dfrac{F_{j1}}{V_j}\left(T_{j10}^d - x_{32} - T_{j1}^d\right) \\ \qquad + \dfrac{UA}{\rho_j c_j V_j}\left(x_{31}+T_1^d-x_{32}-T_{j1}^d\right) \end{cases}$$

下面，将离散化连续搅拌反应釜系统式 (6.48)。类似文献 [40] 中的离散化方法，通过应用一阶泰勒展开，可将式 (6.48) 重写为

$$\begin{cases} \xi_{11}(k+1) = \xi_{11}(k) + b_{11}\xi_{12}(k)\,\Delta T \\ \xi_{12}(k+1) = \xi_{12}(k) + b_{12}u_1\Delta T \\ y_1(k) = \xi_{11}(k) \\ \xi_{21}(k+1) = \xi_{21}(k) + \left(b_{21}\xi_{22}(k) + \phi_{21} + \varPhi x_{31}(k)\right)\Delta T \\ \xi_{22}(k+1) = \xi_{22}(k) + \left(b_{22}u_2 + \phi_{22}\right)\Delta T \\ y_2(k) = \xi_{21}(k) \\ \xi_{31}(k+1) = \xi_{31}(k) + \left(b_{31}\xi_{32}(k) + \phi_{31} + \varPsi\omega\right)\Delta T \\ \xi_{32}(k+1) = \xi_{32}(k) + \left(b_{32}u_3 + \phi_{32}\right)\Delta T \\ y_3(k) = \xi_{31}(k) \end{cases} \tag{6.49}$$

其中，ΔT 是采样周期。从物理的角度解释，输出 $y_1(k)$ 可以看成是回流组件浓度的偏差，输出 $y_2(k)$ 是回流组件温度的偏差，输出 $y_3(k)$ 表示流入反应釜温度的偏差。

同时，期望输出 $y_i(k)\,(i=1,2,3)$ 尽可能小。明显地，$y_i(k)=0(i=1,2,3)$ 是最理想的，也就是说相应的偏差都是零。但事实上，偏差不能为零。为了说明本章方法的有效性，这里使输出 $y_i(k)\,(i=1,2,3)$ 跟踪下列参考信号：

$$y_{1r}(k)=0.05\sin(\pi/2+0.1k\pi/20)+0.5\sin(0.05k\pi/10)$$

$$y_{2r}(k)=0.05\cos(\pi/2+0.1k\pi/20)+0.5\cos(0.05k\pi/10)$$

$$y_{3r}(k)=0.125\sin(\pi/2+0.1k\pi/20)$$

（1）搅拌反应釜的容错控制。

当大于 800 步时，第一个子系统的执行器失效 $u_1(k)=0.7u_{10}(k)$，第二个子系统执行器在 $u_2(k)=1.5(0.9+\sin(0.03k))$ 处卡死，第三个子系统执行器发生中断。参数以及初值列于表 6.2 中。选择采样周期为 $\Delta T=0.02\mathrm{s}$。

表 6.2 初值及设计参数

$\xi_{11}(0)=0.5$	$\xi_{12}(0)=0.5$	$\xi_{21}(0)=0.1$
$\xi_{22}(0)=0.1$	$\xi_{31}(0)=0.1$	$\xi_{32}(0)=0.1$
$\theta_1(0)=0.5$	$\gamma_1=2$	$\sigma_1=0.01$
$\theta_2(0)=0.3$	$\gamma_2=2$	$\sigma_2=0.02$
$\theta_3(0)=0.4$	$\gamma_3=2.5$	$\sigma_3=0.04$

限于篇幅，下面只给出了关于第一个子系统的仿真结果。

图 6.7 和图 6.8 给出了相应的仿真结果。由图 6.7 可知得到了一个很好的关于第一个子系统的跟踪性能。图 6.8 是第一个子系统相应的控制器及自适应律的轨线。观察图 6.8，可见这些信号都是有界的。事实上，对于第二个子系统和第三个子系统也得到了类似的结果。因此，本章提出的基于神经网络的间接自适应容错控制方法得到了理想的跟踪性能，同时，即使在有故障发生的情况下，也保证了搅拌反应釜系统中所有变量都是有界的。由于在第 800 步为执行器加入了故障，因此，在第 800 步时曲线变化很大是正常的。之后一段时间内的波动也是正常的，这是因为容错过程需要一定的时间。

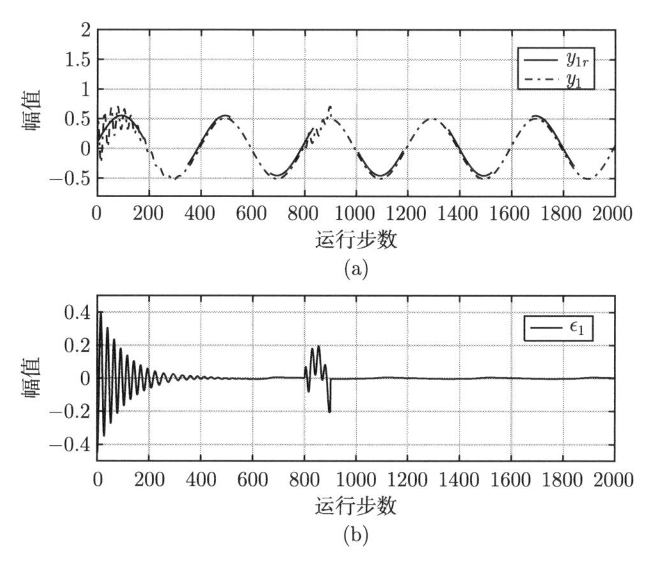

图 6.7 第一个子系统的跟踪性能

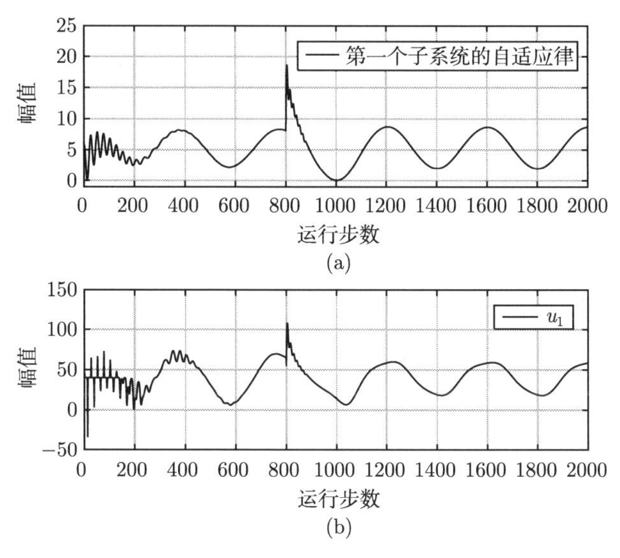

图 6.8 第一个子系统的自适应律和控制器

（2）与现有结果对比。

为了突出本章提出的输出反馈容错控制方法的有效性，下面给出与两个现有结果的对比。

首先，将文献 [278] 中提出的直接自适应控制方法应用到具有执行器故障的系统式 (6.49) 上。神经网络和执行器故障都与 6.4 节中的选取一致。参数及初值也与

表 6.2 的一样。所得的关于跟踪的仿真结果如图 6.9 所示。图 6.9 中描绘的是第一个子系统的跟踪轨线。事实上，第二个子系统和第三个子系统的跟踪轨线也类似。从图 6.9 可以发现，尽管在第 800 步以前，输出和理想输出信号几乎重合。但是，当故障发生后，跟踪效果特别不好。

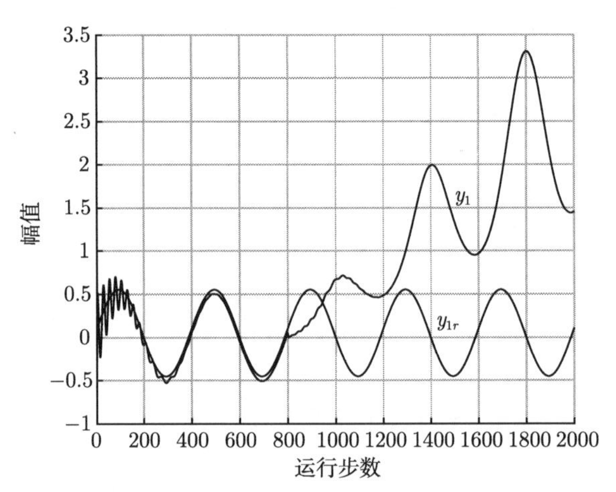

图 6.9　文献 [278] 中第一个子系统的跟踪效果

文献 [40] 的方法是本章提出的自适应跟踪容错控制方法的一个特例。其特殊在于，文献 [40] 没有考虑执行器故障，考虑的是无故障的情形，即相当于 $\rho_{ip}^q=1$ 和 $\delta_{ip}^q=0$ 的情况。为了说明对比，图 6.10 给出了仿真结果。从图 6.10 可以看出，尽管在第 800 步以前，输出和理想输出的轨线几乎重合。但是，当故障发生后，两条轨线相差越来越大。

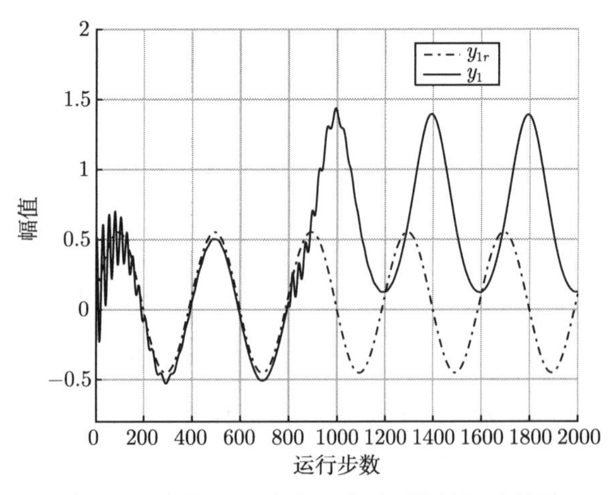

图 6.10　文献 [40] 中第一个子系统的跟踪效果

6.6 小　结

本章建立的基于神经网络的容错控制器通过输出反馈方式给出。被考虑的离散系统是多输入多输出系统，不仅考虑了执行器的卡死故障，也考虑了执行器的失效故障。通过微分同胚变换，将严格反馈系统式 (6.1) 变换成适合实现分散式间接容错控制的输入输出形式。由于多输入多输出离散系统中包含未知函数，利用径向基神经网络可以有效估计该未知函数。设计了带有最小学习参数的容错控制器，从而减小了计算时间。最后，通过李雅普诺夫稳定性分析法，证明了闭环系统中的所有信号均一致最终有界。

第 7 章　基于增强学习算法的容错控制

7.1　引　　言

在实际工业应用中，系统的规模变得越来越大，这使得工业控制系统变得越来越复杂，也使得提高工业系统的可靠性和安全性变得越来越重要。如何消除或减少这些潜在的危险引起了许多学者的广泛关注。因此，为了解决执行器故障、传感器故障或者其他部件故障，故障诊断技术和容错控制的发展越来越迅速[278-281]。具体而言，两种不同的自适应容错控制方法在文献 [292]~[298] 中提出，来解决线性系统的执行器故障问题。此外，一种基于信息（information-based）的故障检测、隔离及调节方法在文献 [299] 中提出，建立了一般多变量非线性系统的在线监测模块和控制器模块。总之，已有的很多成果都集中在了非线性系统的容错问题上，如针对马尔可夫跳跃系统[300, 301]、复杂网络控制系统[262]、大规模互联非线性系统[302]以及多智能体系统[303]。但是，这些结论都是针对连续系统而言。当被考虑的系统是离散形式时，由于差分与求导的区别，这些结论不能直接推广到离散系统。

正如在第 5 章所说，随着数字时代的到来，计算机科学技术的飞速发展，使得其运算过程均是基于采样的技术实现的。众所周知，采样技术便可以看成是离散化的过程。因此，对离散系统的控制综合及稳定性分析十分有必要。在已有的成果中，存在很多关于离散系统的故障诊断及容错类文献[304-306]。文献 [307] 提出了一种实时故障估计方法来重构补偿控制器，使得多输入多输出离散系统里的失效故障效果可以被抵消。虽然很多此类方法已经被提出，但是，这些方法仅仅只是考虑系统的可控性设计，忽略了容错控制的最优性。

在容错控制里，为了保证生产率在一定的可接受范围或者避免有危险的情况发生，很多容错控制系统的运行成本相当大。因此，如何构造一个最优的或者近似最优的容错控制变得尤为重要。有一些综合优化算法的容错控制策略在文献 [308]~[310] 中提出。但是，这些方法要么是联合 H_- 性能指标[308, 309]，要么就是优化非观测器的参数[310]。换言之，这些方法忽略了自我修订行为和容错控制器与其环境中的交互作用。在文献 [311] 中指出，增强学习算法有解决此问题的潜能。这使得人们将增强学习算法拓展到容错控制领域。

作为一种强大的能够得到最优或者近似最优控制的方法，增强学习算法应运而生。由于增强学习算法不依赖于系统动态信息[312, 313]，许多基于增强学习算法的控制方法相继被提出。与传统的神经网络学习或者监督式学习不一样，在增强学习算法里，评判神经网络是用来监测状态行为的，一般用来近似长期花费函数（long-term cost function）或者性能指标，并提供满意的增强信号给执行神经网络。现有文献中有一些增强学习的近义词，如自适应评判设计、自适应/近似动态规划、神经动态规划等。已有文献里，基于增强学习的状态反馈 [314, 315] 和输出反馈 [316, 317] 已经被提出。虽然在这些已有的文献中，自适应最优控制是一个关键的创新点，但是，它们有一个共同的劣势，即均忽略了被控系统里存在未知故障的情况。

基于以上的讨论，本章在第 5 章和第 6 章的基础上，考虑容错控制器与其环境中的交互作用，引入最优控制的思想，研究基于增强学习算法的多输入多输出非线性离散时间系统的容错控制策略，不仅考虑缓变故障，也考虑快变故障。这是两种典型的故障类型。由于神经网络具有强大的近似能力，执行神经网络用来近似最优容错器，评判神经网络用来逼近性能指标。注意到评判神经网络的设计过程满足启发式动态规划的递归方程。所有神经网络的权值都是在线自适应调节而不是离线调节。最后，跟踪误差、最优容错控制器以及自适应律的一致有界性得到证明。本章通过引入增强学习算法，首次建立离散系统的最优容错控制机制，所提容错控制器不仅能补偿故障，也能实现最优控制降低能耗的目的。

7.2 问题描述和预备知识

7.2.1 系统描述

考虑如下 mn 阶非线性多输入多输出离散系统，故障可能发生在第 k_f 步：

$$\begin{cases} \xi_1(k+1)=\xi_2(k) \\ \qquad\vdots \\ \xi_{n-1}(k+1)=\xi_n(k) \\ \xi_n(k+1)=f(\xi(k))+g(\xi(k))u(k) \\ \qquad\qquad +\varphi(k-k_f)h(\xi(k)) \\ y(k)=\xi_1(k) \end{cases} \tag{7.1}$$

其中，$\xi(k)=[\xi_1^{\mathrm{T}}(k),\xi_2^{\mathrm{T}}(k),\cdots,\xi_n^{\mathrm{T}}(k)]^{\mathrm{T}}\in\mathbb{R}^{mn}$ 是状态向量，其组成元素为 $\xi_i(k)\in\mathbb{R}^m, i=1,2,\cdots,n$。控制输入 $u(k)\in\mathbb{R}^m$ 是连续函数。$f(\xi(k))$ 是未知非线性仿射函数，代表非线性内部动态。$g(\xi(k))$ 是未知输入增益矩阵。从定性的角度看，$\varphi(k-k_f)h(\xi(k))$ 代表未知故障动态。$\varphi(k-k_f)$ 是一个指数函数，表示故障发生类型（渐变或者突发），$h(\xi(k))$ 是故障函数。系统输出为 $y(k)\in\mathbb{R}^m$，另外，选取初值为 $\xi(0)=\xi_0\in\mathbb{R}^{mn}$。

在连续系统中，根据故障诊断过程 [318]，$\varphi(t-t_f)$ 可以表示为

$$\varphi\left(t-t_f\right)=\begin{cases}0, & t<t_f \\ 1-\mathrm{e}^{-\bar{k}_i\left(t-t_f\right)}, & t \geqslant t_f\end{cases} \tag{7.2}$$

其中，t_f 是连续系统发生故障的已知时刻，$\bar{k}_i$ 是未知常数，表示故障发生时的变化率。

对于离散系统，$\varphi(k-k_f)$ 以另外一种形式表达。假设初始采样点 k_0 是连续系统中的初始时刻 t_0。那么，$\varphi(k-k_f)$ 表示为

$$\varphi\left(k-k_f\right)=\begin{cases}0, & k<k_f \\ 1-\mathrm{e}^{-\bar{k}_i^{\prime} \Delta T\left(k-k_f\right)}, & k \geqslant k_f\end{cases} \tag{7.3}$$

其中，ΔT 是采样周期，k_f 是已知的，表示多输入多输出离散系统发生故障的时刻，$\bar{k}_i^{\prime}$ 的定义类似 $\bar{k}_i$。

注释 7.2.1　式 (7.3) 中给出的 $\varphi\left(k-k_f\right)$ 的定义是合理的。因为初始采样点在初始时刻 t_0 处，很自然地有 $\Delta T(k-k_f)=t-t_f$，进一步，如果 $\bar{k}_i^{\prime}=\bar{k}_i$，当故障发生后，有 $\varphi\left(k-k_f\right)=\varphi\left(t-t_f\right)$。因此，可将式 (7.2) 中连续形式下的 $\varphi\left(t-t_f\right)$ 转化为式 (7.3) 中离散形式下的 $\varphi\left(k-k_f\right)$。另外，式 (7.3) 中的 $\varphi\left(k-k_f\right)$ 还可以刻画一些非线性系统中故障动态的特性。一般来说，$\bar{k}_i^{\prime}$ 的值越小，故障变化速度越慢；$\bar{k}_i^{\prime}$ 的值很大，一定程度上代表故障为突变故障。

7.2.2　预备知识和控制目标

为了保证所考虑的多输入多输出系统的可控性，需要下列假设。

假设 7.2.1　状态反馈控制中，输出 $y(k)$ 和状态 $\xi(k)$ 在第 k 步是可得到的或者可测的。

假设 7.2.2　存在一个正常数 $L_1>0$ 使得未知故障函数 $h(\xi(k))$ 满足条件：

$$\|h\left(\xi\left(k\right)\right)\| \leqslant L_1\|\xi_n\left(k\right)\| \tag{7.4}$$

其中，$\|\xi_n\left(k\right)\|=\sqrt{\xi_{n1}^2(k)+\cdots+\xi_{nn}^2(k)}$ 为欧几里得范数。

注释 7.2.2　约束条件式 (7.4) 满足无界性。文献 [300]、[302]、[303]、[307] 中的故障动态都满足这个约束条件。本章需要假设 7.2.2 中常数 L_1 是已知的。如果常数 L_1 是未知的，那么，可能不满足式 (7.28) 中的稳定性条件和 C_6。本章的重点在于如何实现基于增强学习算法的容错控制。所以，本章没有考虑 L_1 未知以及状态 $\xi(k)$ 部分不可测的情形。

假设 7.2.3　理想输出轨迹 $y_r(k)\in\Omega_y$，其中，Ω_y 是一个有界紧集，$y_r(k)$ 是一个已知的光滑函数。

本章主要的控制目的是设计一个基于在线增强学习的容错控制策略来容忍多输入多输出系统式（7.1）中的未知故障动态。同时，保证如下需求：

（1）式 (7.17) 定义的长期成本函数尽可能小，从而求得近似最优（最优）的容错控制策略；

（2）输出 $y(k)$ 可以跟踪上理想信号 $y_r(k) \in \mathbb{R}^m$，且设计过程中出现的所有信号都一致有界。

7.3　基于增强学习的容错控制设计

7.3.1　执行网及其权重自适应律

本节中，故障在第 k_f 步发生，运用执行网来估计最优控制信号，该控制不仅能镇定多输入多输出系统，而且能使后面定义的成本函数式 (7.17) 最小。

选择理想状态轨迹 $\xi_d(k) = [\xi_{1d}(k), \cdots, \xi_{nd}(k)]^{\mathrm{T}}$ 如下：

$$\xi_{id}(k+1) = \xi_{(i+1)d}(k), \quad i = 1, 2, \cdots, n-1$$

因此，可以推出

$$\begin{aligned}
\xi_{id}(k) &= \xi_{(i-1)d}(k+1) \\
&= \xi_{(i-2)d}(k+2) \\
&\ \ \vdots \\
&= \xi_{1d}(k+i-1) \\
&\overset{\text{def}}{=\!=} y_r(k+i-1)
\end{aligned}$$

这意味着 $y_r(k) = \xi_{1d}(k)$。也就是说，当状态 $\xi_1(k)$ 到达 $\xi_{1d}(k)$，$\xi_1(k)$ 就接近 $y_r(k)$。事实上，给定 $\xi_d(k)$ 和 $y_r(k)$ 中的一个，另外一个可以根据式（7.1）推出。这里重点放在理想输出 $y_r(k)$ 上。

令第 k 步的跟踪误差为 $e_i(k) = \xi_i(k) - \xi_{id}(k)$，于是，有

$$e_i(k) = \xi_i(k) - y_r(k+i-1), \quad i = 1, 2, \cdots, n \tag{7.5}$$

进一步，可得

$$e_n(k+1) = f(\xi(k)) + g(\xi(k))u(k) + \varphi(k-k_f)h(\xi(k)) - y_r(k+n) \tag{7.6}$$

为了突出本章的主要工作，只考虑增益矩阵 $g(\xi(k))$ 是正定的情形（即 $g(\xi(k)) > 0$）。令正常数 $g_{\max}$ 和 $g_{\min}$ 分别代表正定增益矩阵 $g(\xi(k))$ 的最大和最小特征值。

则有 $0 < g_{\min} \leqslant g_{\max}$。选择标称系统（无故障的系统）的理想控制输入如下：

$$u_N(k) = g^{-1}(\xi(k))\left[-f(\xi(k)) + y_r(k+n) + \varGamma e_n(k)\right] \tag{7.7}$$

其中，$\varGamma \in \mathbb{R}^{m\times m}$ 是设计矩阵，它的最大特征值为 $\lambda_{\max}(\varGamma)$。那么，标称系统将会稳定，同时跟踪误差收敛到零。

设计容错控制器为

$$u(k) = u_N(k) + u_F(k)$$

其中

$$u_F(k) = -g^{-1}(\xi(k))\, L_1 \|\xi(k)\|$$

是补偿容错控制律。

定义 $\bar{\xi}_0(k) = \max\{\|\xi_1(k)\|, \|\xi_2(k)\|, \cdots, \|\xi_n(k)\|\}$。由式 (7.4)，可得 $h(\xi(k)) \leqslant L_1\|\xi_n(k)\| \leqslant L\|\xi(k)\|$，其中，$L = L_1\sqrt{n}$。

因为非线性内部动态 $f(\xi(k))$ 是未知的，所以容错控制器$u(k)$ 在实际应用中不能直接得到。这样，用执行网逼近 $u(k)$，即

$$u_i(k) = \omega_{ai}^{\mathrm{T}}\theta_{ai}(S_a(k)) + \varepsilon_{ai}(S_a(k)) \tag{7.8}$$

其中，$u_i(k)\ (i=1,2,\cdots,m)$ 是 $u(k)$ 的第 i 个组成元素，$\omega_{ai} \in \mathbb{R}^{l_a}$ 是权重向量，$l_a > 1$ 是节点数，$\theta_{ai}(S_a(k)) \in \mathbb{R}^{l_a}$ 是执行网的基函数，执行网的输出是 $S_a(k) = \left[\xi^{\mathrm{T}}(k), y_r^{\mathrm{T}}(k+n-1), y_r^{\mathrm{T}}(k+n)\right]^{\mathrm{T}}$，$\varepsilon_{ai}(S_a(k))$ 是执行网的逼近误差。

事实上，执行网的权重值是不可得的。因此，实际权重值可以在线训练。设计控制信号如下：

$$u(k) = \hat{\omega}_a^{\mathrm{T}}\theta_a(S_a(k)) \tag{7.9}$$

其中，$\hat{\omega}_a^{\mathrm{T}} \in \mathbb{R}^{m\times ml_a}$ 是块对角矩阵，$\hat{\omega}_{ai}(i=1,2,\cdots,m)$ 是其第 i 个对角元素。$\hat{\omega}_a^{\mathrm{T}}$ 的具体展开形式如下：

$$\hat{\omega}_a^{\mathrm{T}} = \begin{bmatrix} \hat{\omega}_{a1}^{\mathrm{T}} & 0 & \cdots & 0 \\ 0 & \hat{\omega}_{a2}^{\mathrm{T}} & \cdots & 0 \\ \vdots & \vdots & & \vdots \\ 0 & 0 & \cdots & \hat{\omega}_{am}^{\mathrm{T}} \end{bmatrix} \in \mathbb{R}^{m\times ml_a}$$

$\theta_a(S_a(k)) = \left[\theta_{a1}(S_a(k)), \theta_{a2}(S_a(k)), \cdots, \theta_{am}(S_a(k))\right]^{\mathrm{T}} \in \mathbb{R}^{ml_a}$ 是一个列向量，第 i 个元素是 $\theta_{ai}(S_a(k)) = \left[\theta_{ai,1}(S_a(k)),\ \theta_{ai,2}(S_a(k)),\ \cdots,\ \theta_{ai,l_a}(S_a(k))\right]^{\mathrm{T}}$。

本章选取基函数为高斯函数，其形式如下：

$$\theta_{ai}(S_a(k)) = \exp\left(-\frac{(S_a(k)-\pi_i)^{\mathrm{T}}(S_a(k)-\pi_i)}{\upsilon_i^2}\right)$$

其中，υ_i 和 π_i 分别是执行网的宽度和中心。根据基函数的表达式，可以得出 $0 < \theta_{ai}(S_a(k)) < 1$，进一步，有 $0 < \theta_a^{\mathrm{T}}(S_a(k))\theta_a(S_a(k)) < l_a$。

把式 (7.7) 和式 (7.9) 代入式 (7.6)，跟踪误差可以表示为

$$
\begin{aligned}
e_n(k+1) = & g(\xi(k))[\hat{\omega}_a^{\mathrm{T}}\theta_a(S_a(k)) - \omega_a^{\mathrm{T}}\theta_a(S_a(k))] \\
& -g(\xi(k))\varepsilon_a(S_a(k)) - L\|\xi(k)\| \\
& +\varphi(k-k_f)h(\xi(k)) + \Gamma e_n(k)
\end{aligned}
\tag{7.10}
$$

令 $W_a(k) = \tilde{\omega}_a^{\mathrm{T}}\theta_a(S_a(k))$，$\tilde{\omega}_a(k) = \hat{\omega}_a(k) - \omega_a$。进一步，有

$$
e_n(k+1) = g(\xi(k))W_a(k) + \Gamma e_n(k) + D(k) \tag{7.11}
$$

其中

$$
D(k) = -g(\xi(k))\varepsilon_a(S_a(k)) + \varphi(k-k_f)h(\xi(k)) - L\|\xi(k)\|
$$

应用执行网的主要目的是提出一个容错控制方案使得

(1) 系统跟踪误差尽可能小；

(2) 尽管多输入多输出系统中有故障发生，也能减小成本函数。

执行网自适应律的调节是通过调节一些误差项的二次型的泛函来确定的。该泛函包括两项：一项是关于估计误差 $W_a(k)$ 的项，另一项是关于性能指标的期望值 $J_d(k)$ 与真实值 $\hat{J}(k)$（该真实值的定义见式 (7.21)）之间的误差项。一般而言，假设每一步的性能指标的期望值是“0”，这意味着系统输出可以很好地跟踪期望输出。

定义如下符号：

$$
e_{a1}(k) = \sqrt{g(\xi(k))}W_a(k) \tag{7.12}
$$

$$
e_{a2}(k) = \sqrt{g(\xi(k))}(\bar{J}(k) - BJ_d(k)) \tag{7.13}
$$

其中，$\sqrt{g(\xi(k))} \in \mathbb{R}^{m\times m}$ 是 $g(\xi(k))$ 的均方根，$B = [1, 1, \cdots, 1]^{\mathrm{T}} \in \mathbb{R}^m$，向量 $\bar{J}(k) = [\hat{J}(k), \hat{J}(k), \cdots, \hat{J}(k)]^{\mathrm{T}} \in \mathbb{R}^m$，$\hat{J}(k)$ 是 $J(k)$ 的估计（见式 (7.17)）。

类似文献 [314]，需要用执行网最小化的目标函数定义为

$$
E_a(k) = \frac{1}{2}e_a^{\mathrm{T}}(k)e_a(k) \tag{7.14}
$$

其中，$e_a(k) = [e_{a1}^{\mathrm{T}}(k), e_{a2}^{\mathrm{T}}(k)]^{\mathrm{T}}$。

通过运用微分方程的链式法则，并综合式 (7.12)、式 (7.13) 和式 (7.14)，有如下等式成立：

$$
\Delta\hat{\omega}_a(k) = -\sigma_a \frac{\partial E_a(k)}{\partial e_a(k)} \frac{\partial e_a(k)}{\partial W_a(k)} \frac{\partial W_a(k)}{\partial \hat{\omega}_a(k)} \tag{7.15}
$$

其中，$\sigma_a \in \mathbb{R}$ 是自适应增益，是一个正的设计参数。

由梯度下降法，可得执行网自适应律为

$$\hat{\omega}_a(k+1) = \hat{\omega}_a(k) - \sigma_a \theta_a^{\mathrm{T}}(S_a(k)) \left[e_n(k+1) - \Gamma e_n(k) + B\hat{J}(k) \right] \tag{7.16}$$

式 (7.16) 所示的自适应律是运用类似文献 [312]、[313] 中的方法得到的。具体细节可以参见文献 [312]、[313]。

7.3.2 评判网及其自适应律

由于优化的需求，期望提出的容错控制机制能同时达到最优控制的目标。

如文献 [312] 所述，一个最优的控制器需要能镇定闭环系统，同时最小化花费函数。在本章中，评判网用来估计成本函数 $J(k)$。因为 $J(k)$ 在在线学习框架下是不可得的，所以在线训练评判网以保证其输出接近 $J(k)$。

在容错控制方法中引入最优思想，考虑如下长期成本函数：

$$\begin{aligned} J(k) &= J(\xi(k), u(k)) \\ &= \sum_{j=k_0}^{\infty} \gamma^j [p(\xi(k+j)) + q^2(\xi(k+j)) \\ &\quad + u^{\mathrm{T}}(\xi(k+j)) Q u(\xi(k+j))] \end{aligned} \tag{7.17}$$

其中，k_0 是初始时刻，$\gamma\,(0 \leqslant \gamma \leqslant 1)$ 是折扣因子，$p(\xi(k+j))$ 是关于 $e_n(k)$ 的半正定函数，$q(\xi(k+j))$ 是一个正定函数，满足条件 $q(\xi(k+j)) = L_1|\xi(k+j)| \geqslant |h(\xi(k+j))|$，$Q$ 是对称正定矩阵。

注释 7.3.1 在式 (7.17) 的成本函数中引入折扣因子是有必要的。最小化成本函数式 (7.17) 的一个重要条件是当时间趋于无穷时，理想跟踪误差趋于零。但是在实际系统中，这很难实现，如正弦余弦信号、S 形曲线以及单位阶跃。这意味着极小性的意义在这种情况下达不到。通过引入折扣因子，放松了这个约束条件。类似的方法在文献 [310]、[312]、[313] 中也有应用。此外，由式 (7.17)，根据折扣因子的介绍，成本函数 $J(k)$ 随着 k 的增加而趋于零。这种情况更加使得 $J_d(k) = 0$（式 (7.12) 上方有提到）。

事实上，对于最优控制律 $u^*(k) = u^*(\xi(k))$，最优长期成本函数可以表示为 $J^*(k) = J^*(\xi(k), u^*(\xi(k))) = J^*(\xi(k))$，是一个关于当前状态的函数。

第 j 步的即时花费定义为 $[p(\xi(k+j)) + q^2(\xi(k+j)) + u^{\mathrm{T}}(\xi(k+j)) Q u(\xi(k+j))]$，也可以看成是带有故障动态 $\varphi(k-k_f)\,h(\xi(k))$ 的系统式（7.1）在第 j 步的性能指标。在本章，期望在容错过程中，构造最优容错控制器，来最小化总的花费（长期花费函数，定义见式 (7.17)）。用评判网来近似该函数。下面，给出具体近似过程。

假设评判网的隐藏层具有足够的节点数，可以在任意小的误差 $\varepsilon_c(S_c(k))$ 范围内估计最优的长期成本函数 $J^*(k)$。因此，引入评判网来生成最小成本，即

$$J^*(k) = \omega_c^{\mathrm{T}}\theta_c(S_c(k)) + \varepsilon_c(S_c(k)) \tag{7.18}$$

其中，$\omega_c \in \mathbb{R}^{l_c}, l_c > 1, \theta_c(S_c(k)) \in \mathbb{R}^{l_c}$ 和 $\varepsilon_c(S_c(k))$ 分别是评判网的权重向量、节点数、基函数以及逼近误差。类似在执行网中的分析，有 $0 < \theta_c^{\mathrm{T}}(S_c(k))\theta_c(S_c(k)) < l_c$ 成立。

定义评判网的预测误差为

$$e_c(k) = \delta\hat{J}(k) - \hat{J}(k-1) + \Phi(k) \tag{7.19}$$

其中

$$\Phi(k) = q^2(\xi(k)) + e_n(k)Pe_n^{\mathrm{T}}(k) + u^{\mathrm{T}}(k)Qu(k) \tag{7.20}$$

P 是正定对称矩阵，$\delta > 0$ 是已知的正常数（通常选取的 δ 值接近 γ。这里，为了保证预测误差收敛到零，选择 $\delta = \gamma$），有

$$\hat{J}(k) = \hat{\omega}_c^{\mathrm{T}}(k)\theta_c(S_c(k)) \tag{7.21}$$

$\hat{J}(k)$ 是 $J(k)$ 的估计，代表评判网的输出。

根据以上的讨论以及类似文献 [312] 的方法，需要评判网最小化的目标函数可以表示为如下二次函数的形式：

$$E_c(k) = \frac{1}{2}e_c^{\mathrm{T}}(k)e_c(k) \tag{7.22}$$

基于标准的梯度下降法，可以得到评判网的权重自适应律为

$$\hat{\omega}_c(k+1) = \hat{\omega}_c(k) + \Delta\hat{\omega}_c(k) \tag{7.23}$$

其中

$$\Delta\hat{\omega}_c(k) = \sigma_c\left[-\frac{\partial E_c(k)}{\partial\hat{\omega}_c(k)}\right] \tag{7.24}$$

$\sigma_c > 0$ 是自适应增益常数。

通过应用微分方程的链式法则[310, 312]，并综合式 (7.22)、式 (7.23) 和式 (7.24)，评判网的自适应律可以进一步表示为

$$\Delta\hat{\omega}_c(k) = -\sigma_c\frac{\partial E_c(k)}{\partial e_c(k)}\frac{\partial e_c(k)}{\partial\hat{J}(k)}\frac{\partial\hat{J}(k)}{\partial\hat{\omega}_c(k)} \tag{7.25}$$

因此，设计评判网自适应律为

$$\hat{\omega}_c(k+1) = \hat{\omega}_c(k) - \sigma_c\gamma\theta_c^{\mathrm{T}}(S_c(k))\left[\gamma\hat{J}(k) - \hat{J}(k-1) + \Phi(k)\right] \tag{7.26}$$

其中，$\sigma_c > 0$ 的定义见式 (7.24)。

7.3.3　性能结果及稳定性分析

本节中，将给出本章的主要结果，同时优化性能指标。

假设 7.3.1　每个理想输出层权重 ω_{ai} 和 ω_{ci} 在紧集 Ω 上是有界的，其界分别是 ω_{aiM} 和 ω_{ciM}，即

$$\|\omega_{ai}\| \leqslant \omega_{aiM}, \quad \|\omega_{ci}\| \leqslant \omega_{ciM} \tag{7.27}$$

令 $\omega_{aM} = \max\{\omega_{aiM}, \cdots, \omega_{amM}\}$ 和 $\omega_{cM} = \max\{\omega_{ciM}, \cdots, \omega_{cmM}\}$，那么，根据假设 7.3.1，有 $\| \omega_a \| \leqslant \omega_{aM}$ 和 $\| \omega_c \| \leqslant \omega_{cM}$ 成立。这个重要的性质将在定理 7.3.1 的证明中得以应用。

定理 7.3.1　假设 7.2.1～假设 7.2.3 和假设 7.3.1 成立。考虑系统式（7.1），在第 k_f 步有故障发生。选取式 (7.9) 控制信号，式 (7.8) 执行网以及式 (7.18) 评判网。另外分别设计如式 (7.16) 和式 (7.26) 所示的执行网权重自适应律和评判网权重自适应律。若下列条件成立：

$$\begin{aligned}\lambda_{\max}^2(\varGamma) \leqslant & \frac{1}{3} - 12L^2 - 4\frac{\mu_3}{\mu_1}\lambda_{\max}(P) - 12\frac{\mu_2^2}{\mu_1^2}g_{\max}^{-2}L^2 \\ & - 48\frac{\mu_2}{\mu_1}\sigma_a l_a L^2 - 8\frac{\mu_3}{\mu_1}L^2\end{aligned} \tag{7.28}$$

$$C_2 = \mu_2 g_{\min} - 4\mu_3\lambda_{\max}(Q) - 2\left(\mu_1 + \mu_2\sigma_a l_a\right) g_{\max}^2 > 0 \tag{7.29}$$

$$C_3 = \mu_3\delta^2 - \frac{m\mu_2^2}{\mu_1}g_{\max}^{-2} - 4m\mu_2\sigma_a l_a - \mu_4 > 0 \tag{7.30}$$

$$\mu_4 \geqslant 4\mu_3, \quad \sigma_c \leqslant 1/(\delta^2 l_c) \tag{7.31}$$

那么跟踪误差 $e(k)$，神经网权重 $\hat{\omega}_a(k)$ 和 $\hat{\omega}_c(k)$ 一致有界，其中 μ_1、μ_2、μ_3 和 μ_4 是已知正参数，$\lambda_{\max}(P)$ 和 $\lambda_{\max}(Q)$ 分别是 P 和 Q 的最大特征值。

证明　选择如下李雅普诺夫函数：

$$V(k) = \sum_{i=1}^{4} V_i(k) \tag{7.32}$$

其中

$$\begin{aligned}V_1(k) &= \frac{\mu_1}{3}e_n^{\mathrm{T}}(k)\, e_n(k) \\ V_2(k) &= \frac{\mu_2}{\sigma_a}\mathrm{tr}(\tilde{\omega}_a^{\mathrm{T}}(k)\,\tilde{\omega}_a(k)) \\ V_3(k) &= \frac{\mu_3}{\sigma_c}\mathrm{tr}(\tilde{\omega}_c^{\mathrm{T}}(k)\,\tilde{\omega}_c(k)) \\ V_4(k) &= \mu_4\|W_c(k-1)\|^2\end{aligned}$$

且 $W_c(k)=\tilde{\omega}_c^{\mathrm{T}}(k)\theta_c(S_c(k))$ 和 $\tilde{\omega}_c(k)=\hat{\omega}_c(k)-\omega_c$。

由式 (7.3)，可得 $0\leqslant\varphi(k-k_f)<1$。基于假设 7.2.2，故障函数满足条件：

$$\|\varphi(k-k_f)h(\xi(k))\|\leqslant L\|e_n(k)\|+L\|y_r(k+n-1)\| \tag{7.33}$$

注意到式 (7.33) 的条件是很常见的。在文献 [303]、[307] 有类似的条件。为了简化推导，下面用 y_r 代替 $y_r(k+n-1)$。

根据式 (7.11)，有

$$\begin{aligned}\Delta V_1(k)&=\frac{\mu_1}{3}\|e_n(k+1)\|^2-\frac{\mu_1}{3}\|e_n(k)\|^2\\&=\frac{\mu_1}{3}\|g(\xi(k))W_a(k)+\varGamma e_n(k)+D(k)\|^2-\frac{\mu_1}{3}\|e_n(k)\|^2\end{aligned} \tag{7.34}$$

由式 (7.33)，有

$$\|\varphi(k-k_f)h(\xi(k))\|^2\leqslant 2L^2\|e_n(k)\|^2+2L^2\|y_r\|^2 \tag{7.35}$$

于是，可以得到

$$\begin{aligned}\|D(k)\|^2&=\|-g(\xi(k))\varepsilon_a(S_a(k))-L_1\|\xi(k)\|+\varphi(k-k_f)h(\xi(k))\|^2\\&\leqslant 3g_{\max}^2\bar{\varepsilon}_a^2+12L^2\|e_n(k)\|^2+12L^2\|y_r\|^2\\&\leqslant 3\alpha^2+12L^2\|e_n(k)\|^2+12L^2\|y_r\|^2\end{aligned} \tag{7.36}$$

其中，$\alpha=g_{\max}\bar{\varepsilon}_a$。

运用以下不等式 [315]：

$$\left(\sum_{i=1}^{n}a_i\right)^2\leqslant n\sum_{i=1}^{n}a_i^2$$

可得

$$\begin{aligned}&\|g(\xi(k))W_a(k)+\varGamma e_n(k)+D(k)\|^2\\\leqslant&3g_{\max}^2\|W_a(k)\|^2+3\lambda_{\max}^2(\varGamma)\|e_n(k)\|^2+3\|D(k)\|^2\\\leqslant&3g_{\max}^2\|W_a(k)\|^2+3\lambda_{\max}^2(\varGamma)\|e_n(k)\|^2\\&+9\alpha^2+36L^2\|e_n(k)\|^2+36L^2\|y_r\|^2\end{aligned} \tag{7.37}$$

$V_1(k)$ 的一阶微分为

$$\begin{aligned}\Delta V_1(k)\leqslant&-\frac{\mu_1}{3}\left(1-3\lambda_{\max}^2(\varGamma)\right)\|e_n(k)\|^2+\mu_1 g_{\max}^2\|W_a(k)\|^2\\&+3\mu_1\alpha^2+12\mu_1L^2\|e_n(k)\|^2+12\mu_1L^2\|y_r\|^2\end{aligned} \tag{7.38}$$

根据式 (7.16)，$V_2(k)$ 的差分为

$$\begin{aligned}\Delta V_2(k)=&\frac{\mu_2}{\sigma_a}\operatorname{tr}\left(\tilde{\omega}_a^{\mathrm{T}}(k+1)\tilde{\omega}_a(k+1)-\tilde{\omega}_a^{\mathrm{T}}(k)\tilde{\omega}_a(k)\right)\\=&-2\mu_2W_a^{\mathrm{T}}(k)\left[g(\xi(k))W_a(k)\right.\\&\left.+D(k)+B\hat{J}(k)\right]+\mu_2\sigma_a\|\theta_a(S_a(k))\|^2\\&\times\|g(\xi(k))W_a(k)+D(k)+B\hat{J}(k)\|^2\end{aligned}\tag{7.39}$$

运用引理 6.4.1，有如下不等式成立:

$$-2\mu_2W_a^{\mathrm{T}}(k)g(\xi(k))W_a(k)\leqslant-2\mu_2g_{\min}\|W_a(k)\|^2\tag{7.40}$$

$$\begin{aligned}-2\mu_2W_a^{\mathrm{T}}(k)D(k)\leqslant&\frac{\mu_2^2}{\mu_1}g_{\max}^{-2}\left(3\alpha^2+12L^2\|e_n(k)\|^2\right.\\&\left.+12L^2\|y_r\|^2\right)+\mu_1g_{\max}^2\|W_a(k)\|^2\end{aligned}\tag{7.41}$$

$$-2\mu_2W_a^{\mathrm{T}}(k)BW_c(k)\leqslant\frac{m\mu_2^2}{\mu_1}g_{\max}^{-2}\|W_c(k)\|^2+\mu_1g_{\max}^2\|W_a(k)\|^2\tag{7.42}$$

$$-2\mu_2W_a^{\mathrm{T}}(k)B\omega_c\theta_c(S_c(k))\leqslant\frac{m\mu_2^2}{\mu_1}g_{\max}^{-2}l_c\|\omega_{cM}\|^2+\mu_1g_{\max}^2\|W_a(k)\|^2\tag{7.43}$$

$\hat{J}(k)$ 可以重写为

$$\hat{J}(k)=W_c(k)+\omega_c\theta_c(S_c(k))\tag{7.44}$$

把式 (7.40)~式 (7.44) 代入式 (7.39) 中，可得

$$\begin{aligned}\Delta V_2(k)\leqslant&-\mu_2\left[2g_{\min}-\left(\frac{3\mu_1}{\mu_2}+4\sigma_al_a\right)g_{\max}^2\right]\\&\times\|W_a(k)\|^2+\left(\frac{m\mu_2^2}{\mu_1}g_{\max}^{-2}+4m\mu_2\sigma_al_a\right)\\&\times\|W_c(k)\|^2+3(\frac{\mu_2^2}{\mu_1}g_{\max}^{-2}+4\mu_2\sigma_al_a)(\alpha^2\\&+4L^2\|e_n(k)\|^2+4L^2\|y_r\|^2)+\frac{m\mu_2^2}{\mu_1}l_c\|\omega_{cM}\|^2\\&\times g_{\max}^{-2}+4m\mu_2\sigma_al_al_c\|\omega_{cM}\|^2\end{aligned}\tag{7.45}$$

由式 (7.26)，$V_3(k)$ 的一阶差分可以重写为

$$\begin{aligned}\Delta V_3(k)=&\frac{\mu_3}{\sigma_c}\operatorname{tr}\left(\tilde{\omega}_c^{\mathrm{T}}(k+1)\tilde{\omega}_c(k+1)-\tilde{\omega}_c^{\mathrm{T}}(k)\tilde{\omega}_c(k)\right)\\=&-2\mu_3\delta W_c(k)e_c(k)+\mu_3\sigma_c\delta^2\|e_c(k)\|^2\|\theta_c(\xi(k))\|^2\\\leqslant&-\mu_3\left(1-\sigma_c\delta^2l_c\right)e_c^2(k)-\mu_3\delta^2\|W_c(k)\|^2+\mu_3[e_c(k)-\delta W_c(k)]^2\end{aligned}\tag{7.46}$$

根据式 (7.20) 中 $\varPhi(k)$ 的定义，有

$$\varPhi(k) \leqslant \lambda_{\max}(P)\|e_n(k)\|^2 + 2\lambda_{\max}(Q) \times (\|W_a(k)\|^2 + \|\omega_{aM}\|^2 l_a) + q^2(\xi(k)) \tag{7.47}$$

定义 $\varPsi(k) = \delta\omega_c\theta_c(S_c(k)) - \omega_c\theta_c(S_c(k-1))$。考虑式 (7.19)，可得

$$e_c(k) = \delta W_c(k) - W_c(k-1) + \varPsi(k) + \varPhi(k) \tag{7.48}$$

又由于 $|\varPsi(k)| \leqslant \psi$，其中

$$\psi = \delta\omega_c\sqrt{l_c} + \omega_c\sqrt{l_c} \tag{7.49}$$

于是，有

$$\begin{aligned}\Delta V_3(k) \leqslant & -\mu_3\left(1-\sigma_c\delta^2 l_c\right)\|e_c(k)\|^2 + 8\mu_3 L^2\|y_r\|^2 \\ & -\mu_3\delta^2\|W_c(k)\|^2 + 4\mu_3\|W_c(k-1)\|^2 \\ & +8\mu_3\lambda_{\max}(Q)(\|W_a(k)\|^2 + \|\omega_{aM}\|^2 l_a) \\ & +4\mu_3\lambda_{\max}(P)\|e_n(k)\|^2 + 4\mu_3\psi^2 + 8\mu_3 L^2\|e_n(k)\|^2\end{aligned} \tag{7.50}$$

$V_4(k)$ 的一阶差分为

$$\Delta V_4 = \mu_4\left(\|W_c(k)\|^2 - \|W_c(k-1)\|^2\right) \tag{7.51}$$

综合式 (7.38)、式 (7.45)、式 (7.50) 和式 (7.51)，可得

$$\begin{aligned}\Delta V(k) \leqslant & -C_1\|e_n(k)\|^2 - 2C_2\|W_a(k)\|^2 - C_3\|W_c(k)\|^2 \\ & -C_4\|W_c(k-1)\|^2 - C_5\|e_c(k)\|^2 + C_6\end{aligned} \tag{7.52}$$

其中

$$\begin{aligned}C_1 = & \frac{\mu_1}{3} - \mu_1\lambda_{\max}^2(\varGamma) - 12\mu_1 L^2 - 4\mu_3\lambda_{\max}(P) \\ & -\frac{12\mu_2^2}{\mu_1}g_{\max}^{-2}L^2 - 48\mu_2\sigma_a l_a L^2 - 8\mu_3 L^2 \\ C_4 = & \mu_4 - 4\mu_3 \\ C_5 = & \mu_3\left(1-\sigma_c\delta^2 l_c\right) \\ C_6 = & \frac{3\mu_2^2}{\mu_1}g_{\max}^{-2}\alpha^2 + \frac{m\mu_2^2}{\mu_1}l_c g_{\max}^{-2}\|\omega_{cM}\|^2 + 12\mu_2\sigma_a l_a\alpha^2 \\ & + 4\mu_3\psi^2 + 4m\mu_2\sigma_a l_a l_c\|\omega_{cM}\|^2 + 8\mu_3 L^2\|y_r\|^2 \\ & + 48\mu_2\sigma_a l_a L^2\|y_r\|^2 + 3\mu_1\alpha^2 + 12\mu_1 L^2\|y_r\|^2 \\ & + \frac{12\mu_2^2}{\mu_1}g_{\max}^{-2}L^2\|y_r\|^2 + 8\mu_3\lambda_{\max}(Q)\|\omega_{aM}\|^2 l_a\end{aligned}$$

C_2 和 C_3 的定义在式 (7.29) 和式 (7.30) 中给出。

选择 $\mu_4 \geqslant 4\mu_3$ 和 $\sigma_c \leqslant 1/(\delta^2 l_c)$（见文献 [315]），那么有 $C_4>0$ 和 $C_5>0$ 成立，进一步可得

$$\Delta V(k) \leqslant -C_1\|e_n(k)\|^2 - 2C_2\|W_a(k)\|^2 - C_3 W_c^2(k) + C_6 \tag{7.53}$$

把式 (7.28) 代入 C_1，可以保证 $C_1>0$。由式 (7.29) 和式 (7.30)，可得 $C_2>0$ 和 $C_3>0$。基于李雅普诺夫稳定性分析方法，如果下面不等式至少成立一个：

$$\|e_n(k)\| > \sqrt{C_1/C_6}$$

$$\|W_a(k)\| > \sqrt{2C_2/C_6}$$

$$\|W_c(k)\| > \sqrt{C_3/C_6}$$

有 $\Delta V(k)<0$。因此，跟踪误差 $\|e_n(k)\|$，权重估计误差 $W_a(k)$ 和 $W_c(k)$ 是有界的。考虑等式 $e_i(k)=\xi_i(k)-y_r(k+i-1)$ $(i=1,2,\cdots,n)$，可知 $e_i(k)$ 也是有界的。另外，由于 $W_a(k)$ 和 $W_c(k)$ 的有界性，权重估计 $\hat{\omega}_a(k)$ 和 $\hat{\omega}_c(k)$ 也是有界的。证毕。

注释 7.3.2 在文献 [311] 中，基于广义双启发式动态规划算法，针对复杂的非线性系统，提出了先进的容错重构控制器。但是，该方法的实现有一个大前提，就是存储在动态模型库（dynamic model bank）里的知识必须提前已知。而在一些非线性系统中，很多系统动态的准确信息不能获得，这自然大大提高了实现最优控制的难度。为了解决该问题，本章提出了基于增强学习算法的容错控制技术。

7.4 仿真算例

为了说明所提出的基于增强学习的容错控制方法的可行性和有效性，考虑如下多输入多输出离散系统：

$$\begin{cases} \xi_1(k+1)=\xi_2(k) \\ \xi_2(k+1)=f(\xi(k))+g(\xi(k))u(k) \\ \qquad\qquad +\varphi(k-k_f)h(\xi(k))+d(k) \\ y(k)=\xi_1(k) \end{cases} \tag{7.54}$$

其中，$\xi_1(k)=[\xi_{11}(k),\xi_{12}(k)]$ 和 $\xi_2(k)=[\xi_{21}(k),\xi_{22}(k)]$ 是系统状态，$u(k)\in\mathbb{R}^2$ 是系统输入，$y(k)=[y_1(k),y_2(k)]\in\mathbb{R}^2$ 是系统输出，$d(k)=[d_1(k),d_2(k)]$ 是随机扰动，在区间 [0,1] 内取值。非线性内部动态 $f(\xi(k))$ 定义为

$$f(\xi(k))=\begin{bmatrix} 0.4\xi_{11}(k)/\left(1+\xi_{21}^2(k)\right) \\ (0.1+0.05\cos(\xi_{12}(k)))\,\xi_{22}(k) \end{bmatrix}^{\mathrm{T}}$$

增益矩阵 $g(\xi(k)) = [2\ \ 0, 0\ \ 2]$。选择状态 $\xi(k) = [\xi_1^{\mathrm{T}}(k),\ \ \xi_2^{\mathrm{T}}(k)] \in \mathbb{R}^{2\times 2}$ 的初始值为 $\xi_1(1) = [-1, 1]$ 和 $\xi_2(1) = [-0.5, 1]$。

本仿真的主要目的是为系统式 (7.54) 提出一个基于在线增强学习的容错控制策略，使得

（1）输出 $y(k)$ 跟踪上如下参考信号：

$$y_r(k) = \begin{bmatrix} y_{r1}(k) \\ y_{r2}(k) \end{bmatrix} = \begin{bmatrix} 0.3\sin(0.5k\pi/50 + \pi/4) \\ 0.2\cos(0.5k\pi/50 - \pi/4) \end{bmatrix}$$

到一个小的有界紧集；

（2）多输入多输出系统式 (7.54) 的所有信号都有界。

假设多输入多输出系统中的故障发生在第 $k_f = 500$ 步，给定故障动态如下：

$$\varphi_1(k-k_f)\, h_1(\xi(k)) = \begin{cases} 0, & k < k_f \\ 0.78\left(1 - \mathrm{e}^{-0.15(k-k_f)}\right)\xi_{11}(k), & k \geqslant k_f \end{cases} \tag{7.55}$$

$$\varphi_2(k-k_f)\, h_2(\xi(k)) = \begin{cases} 0, & k < k_f \\ 0.42\left(1 - \mathrm{e}^{-0.11(k-k_f)}\right)\xi_{12}(k), & k \geqslant k_f \end{cases} \tag{7.56}$$

为了方便分析所提出的容错控制方法，在多输入多输出系统式 (7.54) 中，只考虑发生突发故障的情况。也就是说，当 $k \geqslant k_f = 500$ 时，$\varphi_1(k-k_f) = \varphi_2(k-k_f) = 1$。

在此仿真研究中，用来估计 $u_i(k)\,(i = 1, 2)$ 的执行网包含 15 个节点，其中心平均分布在区间 $[-2, 2] \times [-1.5, 1.5] \times [-2.5, 2.5] \times [-2.5, 2.5] \times [-2, 2] \times [-3, 3]$ 上，宽度为 3。执行网的输入变量为 $S_a(k) = \left[\xi_1^{\mathrm{T}}(k), \xi_2^{\mathrm{T}}(k), y_r^{\mathrm{T}}(k), y_r^{\mathrm{T}}(k+n)\right]^{\mathrm{T}}$。用来逼近 $J^*(k)$ 的评判网含有 25 个节点。其中心平均分布在区间 $[-2, 2] \times [-2.5, 2.5] \times [-1.5, 1.5] \times [-1, 1]$ 上，宽度为 2，输入变量是 $\xi(k) = \left[\xi_1^{\mathrm{T}}(k), \xi_2^{\mathrm{T}}(k)\right]^{\mathrm{T}}$。

选取自适应律的初值分别为 $\hat{\omega}_a(1) = 0.02$ 和 $\hat{\omega}_c(1) = 0.01$。另外，给定设计参数 $\sigma_a = 0.05$，$\sigma_c = 0.02$，$\delta = 0.3$，对角矩阵选取为 $\varGamma = \mathrm{diag}(0.2, 0.2)$，$P = \mathrm{diag}(0.02, 0.02)$，$Q = \mathrm{diag}(0.5, 0.5)$。

根据以上讨论，本章的基于增强学习的容错控制器设计为

$$u(k) = \hat{\omega}_a^{\mathrm{T}}\theta_a(S_a(k)) \tag{7.57}$$

自适应律分别设计如下：

$$\hat{\omega}_a(k+1) = \hat{\omega}_a(k) - \sigma_a\theta_a^{\mathrm{T}}(S_a(k))\left[e_n(k+1) - \varGamma e_n(k) + B\hat{J}(k)\right] \tag{7.58}$$

$$\hat{\omega}_c(k+1) = \hat{\omega}_c(k) - \sigma_c\delta\theta_c^{\mathrm{T}}(S_c(k))\left[\delta\hat{J}(k) - \hat{J}(k-1) + \varPhi(k)\right] \tag{7.59}$$

其中，$\hat{J}(k) = \hat{\omega}_c^{\mathrm{T}} \theta_c (S_c(k))$。

如果在多输入多输出系统发生故障后，不采用提出的基于增强学习的容错控制方法，对应的曲线在图 7.1～图 7.4 给出。由图 7.1 和图 7.3 可以看出，$y_1(k)$ 和 $y_{r1}(k)$ 以及 $y_2(k)$ 和 $y_{r2}(k)$ 的跟踪轨迹都不匹配或者说都跟踪不上。同时，相应的跟踪误差 e_{11}（图 7.2）和 e_{12}（图 7.4）也不能收敛到一个紧集。

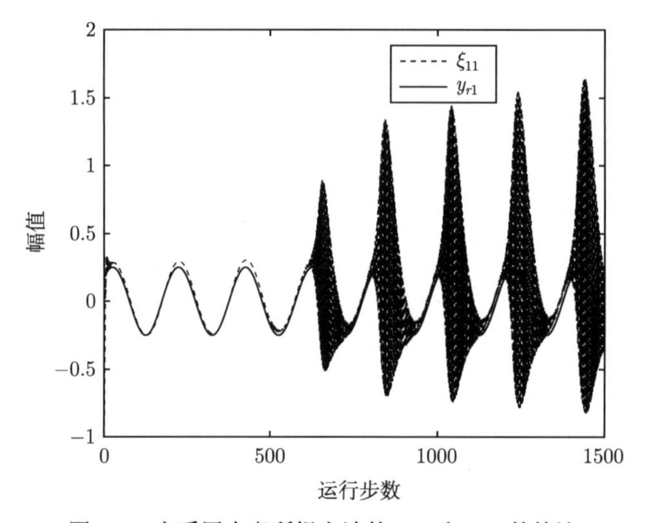

图 7.1　未采用本章所提方法的 y_{r1} 和 ξ_{11} 的轨迹

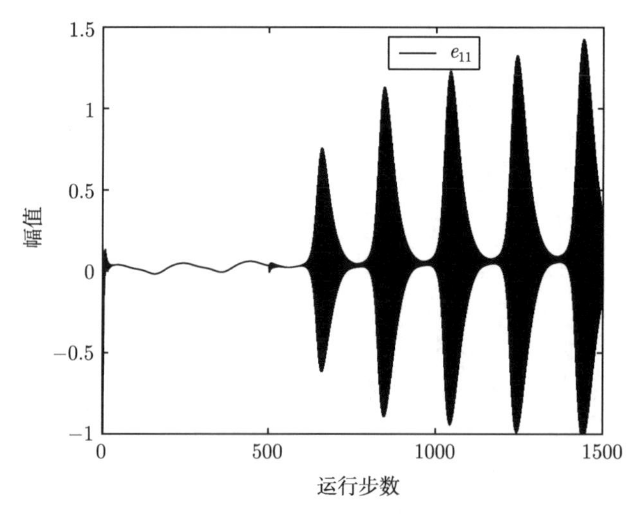

图 7.2　未采用本章所提方法的 e_{11} 的轨迹

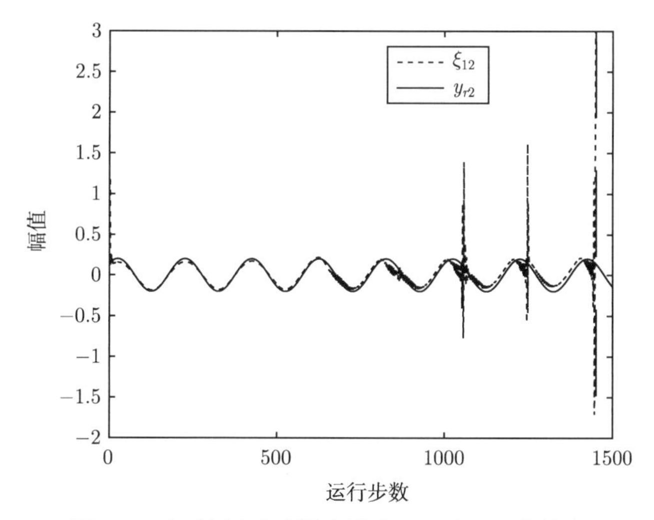

图 7.3 未采用本章所提方法的 y_{r2} 和 ξ_{12} 的轨迹

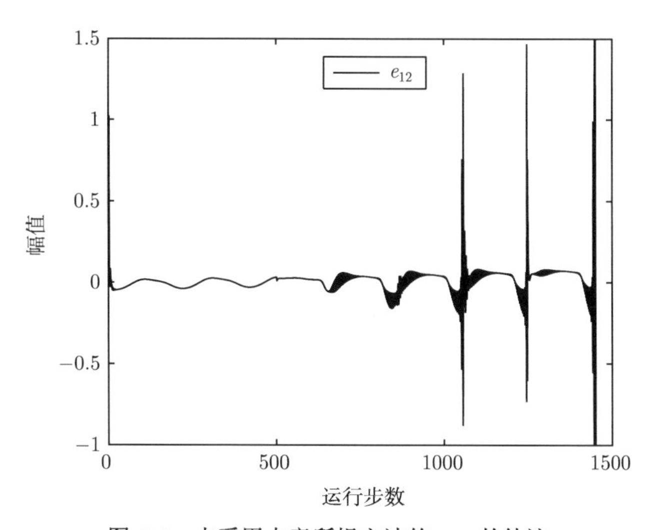

图 7.4 未采用本章所提方法的 e_{12} 的轨迹

图 7.5~图 7.9 给出了应用基于增强学习的容错控制方法的仿真结果。图 7.5 展示的是 $y_1(k)$ 和 $y_{r1}(k)$ 的跟踪轨迹。从中可以看出，得到了一个很好的关于 $y_1(k)$ 的跟踪性能。能进一步说明此观点的跟踪误差 e_{11} 的轨迹在图 7.6 中给出。图 7.7 中的是 $y_2(k)$ 和 $y_{r2}(k)$ 的跟踪轨迹，从中也可以看到一个很好的关于 $y_2(k)$ 的跟踪性能。相应的跟踪误差 e_{12} 的轨线在图 7.8 中给出，其中跟踪误差的值几乎等于零。图 7.9 展现的是容错控制器 $u_1(k)$ 和 $u_2(k)$ 的轨迹。由于故障发生在第 $k_f = 500$ 步，500 步之后的曲线特征表示容错。

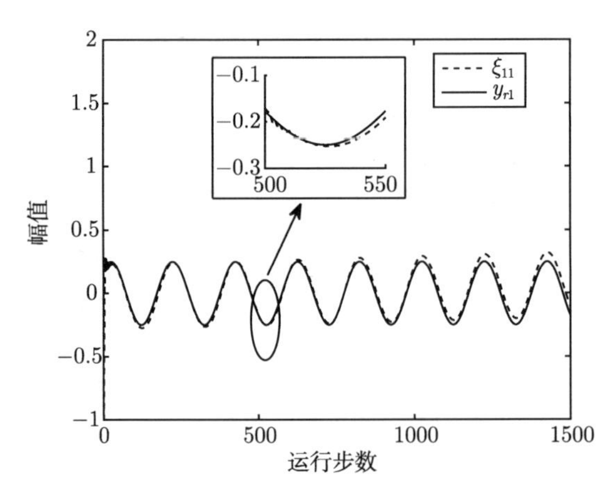

图 7.5　采用本章所提方法的 y_{r1} 和 ξ_{11} 的轨迹

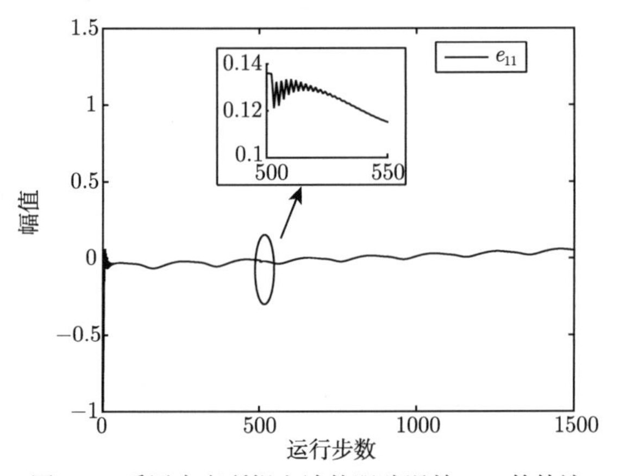

图 7.6　采用本章所提方法的跟踪误差 e_{11} 的轨迹

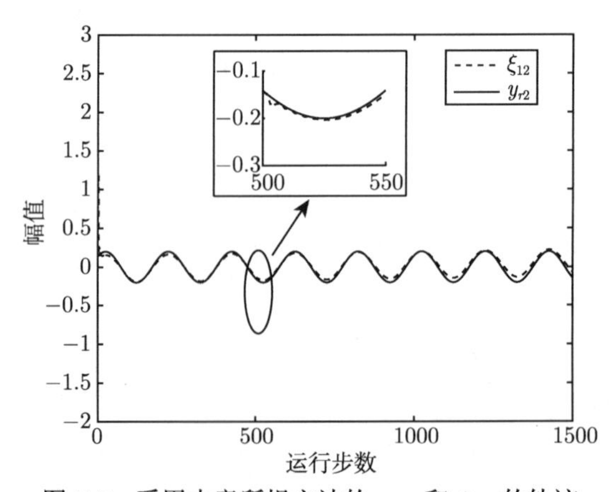

图 7.7　采用本章所提方法的 y_{r2} 和 ξ_{12} 的轨迹

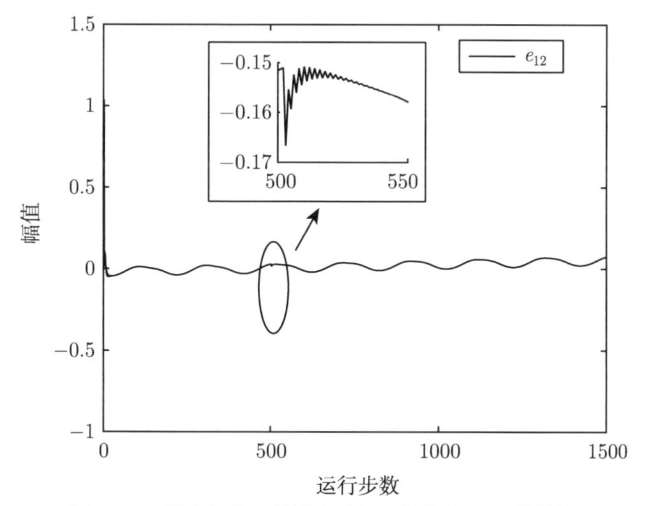

图 7.8 采用本章所提方法的跟踪误差 e_{12} 的轨迹

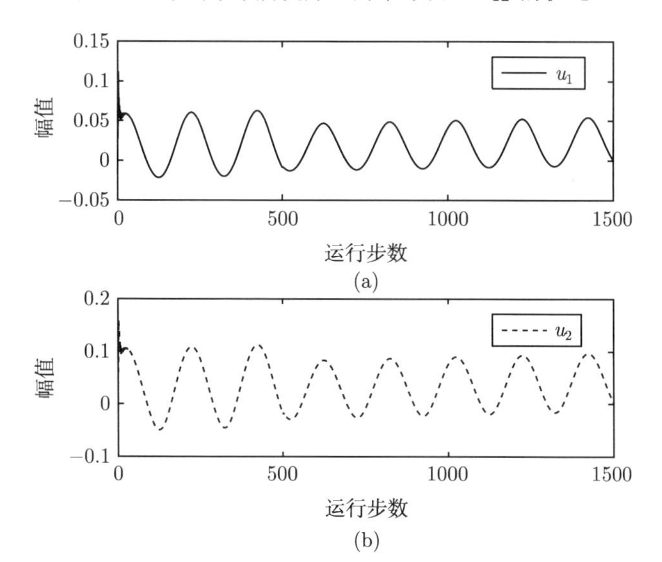

图 7.9 本章中的控制信号 $u_1(k)$ 和 $u_2(k)$ 的轨迹

为了进一步说明与现有结果的对比，这里研究了文献 [317] 中的自适应方法。选择与其相同的神经网络、相同的系统初值条件、相同的增益矩阵以及自适应律，所得的仿真结果在图 7.10~图 7.13 中给出。图 7.10 和图 7.11 分别给出的是 $y_1(k)$ 和 $y_{r1}(k)$ 以及 $y_2(k)$ 和 $y_{r2}(k)$ 的轨迹。可见，直接应用文献 [317] 中的方法得到的跟踪性能并不理想。另外，$u_1(k)$ 和 $u_2(k)$ 的轨迹分别由图 7.12 和图 7.13 给出。通过观察图 7.9、图 7.12 和图 7.13，很容易发现应用文献 [317] 中方法所得到的 $u_1(k)$ 和 $u_2(k)$ 的值明显大于应用本章方法得到的 $u_1(k)$ 和 $u_2(k)$ 的值。

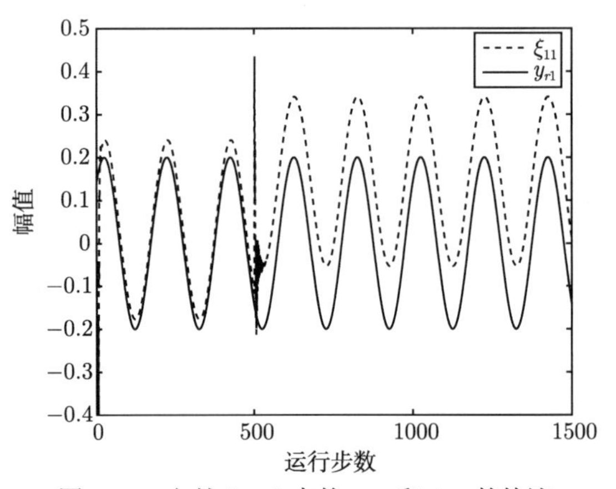

图 7.10　文献 [317] 中的 y_{r1} 和 ξ_{11} 的轨迹

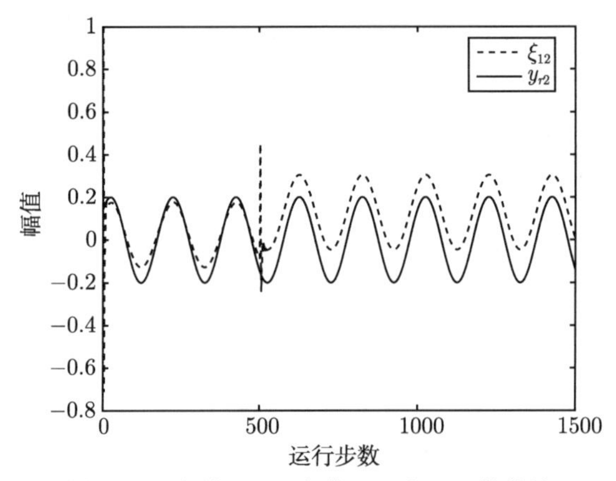

图 7.11　文献 [317] 中的 y_{r2} 和 ξ_{12} 的轨迹

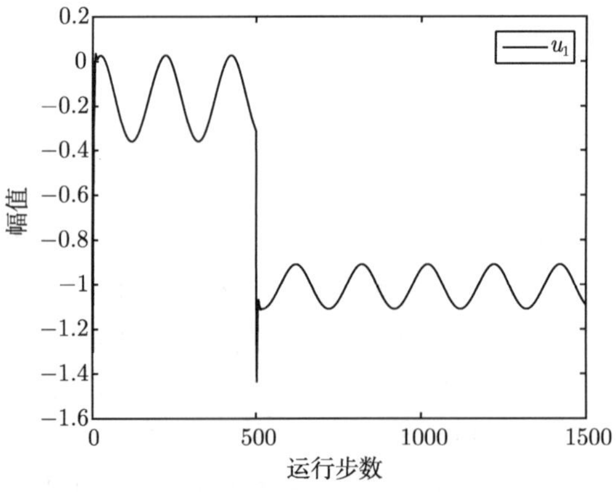

图 7.12　文献 [317] 中的控制信号 $u_1(k)$

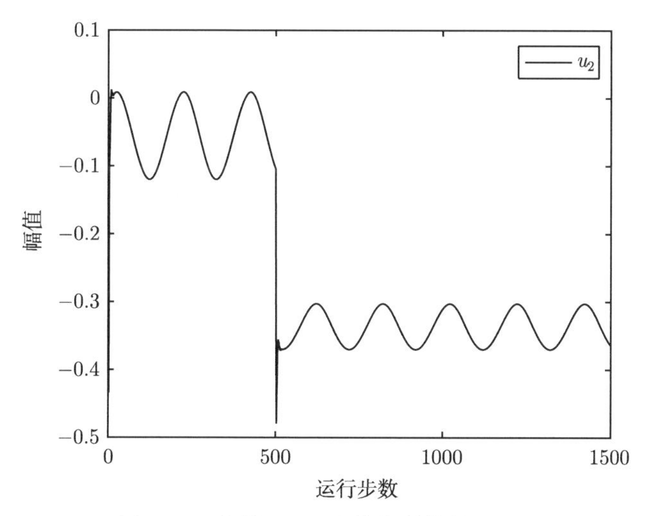

图 7.13　文献 [317] 中的控制信号 $u_2(k)$

7.5　小　结

本章研究了一类非线性多输入多输出离散系统的基于增强学习算法的容错控制问题，同时考虑了突变故障和缓变故障两种类型，分别用执行网和评判网估计最优控制器和性能指标函数（长期成本函数），并用在线调节神经网络权重代替离线调节。另外，即使有故障发生，也可以证明自适应律、跟踪误差，以及最优控制器是一致有界的。最后，应用一个数值仿真说明此方法（基于增强学习算法的容错控制方法）的有效性。

第 8 章　基于最少调节参数的最优容错控制

8.1　引　　言

伴随着现代工业系统的复杂性日益增加，动态系统的故障检测和故障分离技术得到越来越多的关注，它可以用于确保系统的安全性，预防严重的灾难性事故，同时有助于在紧急的情况下采取快速的反应和适当的措施等。为了解决系统的故障问题，很多学者提出了很多自适应容错控制技术 [318-321]。例如，文献 [262] 针对带有时滞和传感器故障的复杂互联神经网络提出了一种主动容错控制方案和两种被动容错控制方案。如前文所述，基于连续系统的容错控制相对较多，而针对离散系统的容错控制研究较少。离散系统在基于计算机技术的控制方面有更大的优势。在文献 [304]、[307] 中分别都做了不同的研究。然而，这些方法均难以判断出设计的容错控制方案是否是最优的。

在已有的容错控制技术里，着重点主要集中在确保故障动态的补偿上，很少将注意力转移到判断所设计的控制方法是否是一个最优或者近似最优的控制。这使得我们将最优控制理论 —— 自适应动态规划引入到容错控制领域。自适应动态规划的研究及应用已经得到了充分的发展 [322-325]。不同于传统的监督式学习，自适应动态规划里，评判网络用来近似性能指标并产生一个满意的训练信号给执行网络。即使自适应动态规划发展迅速，这些结论仍然忽略了被控对象发生故障的情况。

在一些已有的容错控制中，基于优化理论的容错思想略有体现。例如，针对线性离散时变系统，文献 [308] 提出了一种优化的故障检测机制，其中，提出了优化 H_∞/H_∞ 或者 H_-/H_∞ 方法。通过优化一些 H_∞ 性能指标，得到了检测和诊断系统是否发生故障的有效判据。另外，文献 [309] 提出了基于时域和 H_- 性能指标的故障可检测的充分必要条件。在其他的文献中 [310, 311]，也提出了一些类似的优化容错方法。但是，这些方法要么优化的是非观测器的参数 [310]，要么优化的是 H_∞ 性能指标 [326, 327]，都忽略了被控对象和周围环境的响应、交互及修订行为。然而，自适应动态规划算法有解决该问题的潜能。这促使本书将自适应动态规划算法推广到容错控制器的设计中。

除了以上所提及的问题，在自适应动态规划算法中，因为参数的训练或者学习过程是一步步迭代的，所以需要调节的参数个数相当多，这导致在线/离线的计算量很庞大。因此，研究者自然会提出问题：如何构造一种有效的方法来减少计算量？在一些已有的成果中，相继提出了基于最少调节参数的控制方法，如针对单变量系统的文献 [328] 和 [329] 及针对多变量系统的文献 [330]。然而，在基于最少调节参数的最优容错控制方面，鲜有相关报道。如果既能花费最小，又能避免额外的计算负担，那就两全其美了。因此，如何设计一种基于最少调节参数的最优或者近似最优的容错控制方案变得尤为重要。

综上所述，针对多输入多输出非线性离散系统，本章提出一种基于最少调节参数的最优容错控制方法。所考虑的故障包含突变故障和缓变故障。首先，根据神经网络的万能逼近性原理，执行网和评判网分别用来近似最优的容错控制器和新的性能指标。这两种网络共同使用，可以导致花费函数无论是在故障发生或者没发生时保持最小。其次，为了减少神经网络的学习时间和训练时间，对其权重值求欧氏范数，再对其进行自适应调节（而不是直接调节权值本身）。对比第 7 章的神经网络，本章神经网络的调节参数的个数有所减少，同时神经网络的在线训练时间也有所减少，这使得计算量比第 7 章的方法大大减少。因此，当系统发生故障时，容错控制系统通过执行网尽可能快的修订行为，可以确保花费函数最优或近似最优，并提高了计算速度。

8.2 问题描述和预备知识

8.2.1 问题描述

考虑下列一类带有故障的多输入多输出离散系统：

$$\begin{cases} X_1(k+1) = X_2(k) \\ \qquad\vdots \\ X_{n-1}(k+1) = X_n(k) \\ X_n(k+1) = F(X(k)) + G(X(k))u(k) \\ \qquad\qquad +\Phi(k-k_f)H(X(k),u(k)) \\ y(k) = X_1(k) \end{cases} \tag{8.1}$$

其中，$X(k)=[X_1^{\mathrm{T}}(k),X_2^{\mathrm{T}}(k),\cdots,X_n^{\mathrm{T}}(k)]^{\mathrm{T}}\in\mathbb{R}^{mn}$ 是系统状态向量，$u(k)\in\mathbb{R}^m$ 表示控制输入，$F(X(k))$ 和 $G(X(k))$ 分别是未知非线性内部动态和正定增益矩阵（即 $G(X(k))>0$），$y(k)\in\mathbb{R}^m$ 表示系统输出。$\Phi(k-k_f)H(X(k),u(k))$ 代表由故障引起的系统动态偏移，其中 $H(X(k),u(k))$ 是非线性故障函数，$\Phi(k-k_f)$ 的定义如下：

$$\Phi(k-k_f) = \begin{cases} 0, & k<k_f \\ 1-\mathrm{e}^{-\bar{k}_i\Delta T(k-k_f)}, & k\geqslant k_f \end{cases} \tag{8.2}$$

其中，k_f 表示系统式 (8.1) 发生故障的时刻，ΔT 是采样周期，$\bar{k}_i$ 是故障衰减指数，通常是一个常数。一般来说，$\Phi(k-k_f)$ 既可以表示缓变故障，又可以代表突变故障。当 $k<k_f$ 时，$\Phi(k-k_f)=0$；且当 $k\geqslant k_f$ 时，$0<\Phi(k-k_f)<1$ 单调递增，这是缓变故障。当 $k<k_f$ 时，$\Phi(k-k_f)=0$；且当 $k\geqslant k_f$ 时，$\Phi(k-k_f)=1$，则是突变故障 [331-333]。很明显，无论是缓变故障还是突变故障都只需用 $\Phi(k-k_f)$ 来描述，与故障函数 $H(X(k))$ 完全不相关。因此，控制系统中用来刻画故障本身特点的传统的缓变故障与式 (8.2) 中定义的缓变故障不同。它们是处理故障信息的两种不同方式。

值得注意的是，式 (8.2) 中的 $\Phi(k-k_f)$ 只反映故障的衰减率，其他基本特点由函数 $H(X(k),u(k))$ 刻画，可以描述成由故障引起的动态变化。另外，系统式 (8.1) 可以描述很多实际系统，如化学反应釜系统和机械臂系统 [324]。

8.2.2　预备知识以及主要控制目标

在给出主要结果之前，有必要给出以下假设条件。

假设 8.2.1　在设计过程中，输出向量 $y(k)$ 和状态向量 $X(k)$ 在第 k 步都是可测的并可得的。

假设 8.2.1 保证了系统式 (8.1) 的输入和输出数据的可得性，这些数据在后文中将通过神经网络来估计最优控制器和成本函数。实际上，很多容错控制方法都是基于相同的假设提出的（见文献 [331]、[332]、[334]）。文献 [331]、[332]、[334] 的主要工作是在存在故障的情况下，设计不同的容错控制器来镇定非线性系统。相比而言，本章提出的基于增强学习的容错控制器不仅能镇定存在故障时的系统，而且可以达到最优控制性能的需求。如果 $y(k)$ 和 $X(k)$ 不可测，那么将用观测器或滤波器来估计系统状态。本章的重点是如何构造基于增强学习的容错控制器。因此，并未把重点放在状态不可测的情况上。

假设 8.2.2　存在一个已知的正常数 $L>0$ 使得未知故障函数 $H(X(k),u(k))$ 满足如下条件：

$$\|H\left(X\left(k\right),u(k)\right)\|\leqslant L\|X\left(k\right)\| \tag{8.3}$$

其中，$\|\cdot\|$ 表示欧几里得范数。

注释 8.2.1　当系统的状态变量无界时，以上关于故障函数的约束条件满足无界性。如果故障函数的欧氏范数被一个常数约束，容错控制就可能退化成直接鲁棒控制。如文献 [331] 中的假设 1 或文献 [335] 的假设 3 及注释 5 所述，为了实现基于自适应逼近技术的故障重构控制器的设计，需要假设 $\|H(X(k),u(k))\|\leqslant\sum\limits_{i=1}^{n}\|\psi_i(X_i(k))\|$，其中，$\psi_i(\cdot)$ 是一类 $\mathcal{K}$ 类函数。然而，为了实现故障估计，该假设条件在文献 [336] 和 [337] 中，被放松成了 $\|H(X_1(k),u(k))-H(X_2(k),u(k))\|\leqslant$

$L_1\|X_1(k)-X_2(k)\|$，其中，$L_1>0$ 是一个常数。同样，在本章节中，为了满足给定的性能指标和便于最优容错控制的设计，假设 8.2.2 是必需的。

假设 8.2.3 参考输出信号 $y_d(k)\in\Omega_y$，其中，Ω_y 是一个有界紧集。另外，$y_d(k)$ 是定义在有界紧集 Ω_y 上的已知光滑函数。

假设 8.2.3 是可行的，因为在实际工程中，参考输出信号是由设计者决定的，所以总可以选择适当的满足条件的信号作为理想输出信号。

根据假设8.2.3，本章选择理想状态轨迹为$X_d(k)=[X_{1d}(k),X_{2d}(k),\cdots,X_{nd}(k)]^{\mathrm{T}}$，其中，$X_{id}(k+1)=X_{(i+1)d}(k)$，$y_d(k)=X_{1d}(k)$。进一步，有 $X_{id}(k)=X_{i-1,d}(k+1)=X_{i-2,d}(k+2)=\cdots=X_{1d}(k+i-1)$。定义跟踪误差 $z_i(k)=X_i(k)-X_{id}(k)$，还可以表示为

$$z_i(k)=X_i(k)-y_d(k+i-1),\quad i=1,2,\cdots,n \tag{8.4}$$

本章的控制目的是为多输入多输出离散系统式 (8.1)，设计一个基于在线增强学习（具有最小学习参数）的自适应跟踪容错控制器，来容未知故障，同时达到下列目的：

（1）式 (8.10) 定义的成本函数要尽可能小，以产生近似最优容错控制策略；

（2）系统输出 $y(k)$ 能快速跟踪上理想轨迹 $y_d(k)\in\mathbb{R}^m$，且闭环多输入多输出系统的所有信号都一致有界。

8.3 基于增强学习的自适应跟踪容错控制设计

本小节的目标是提出具有最小学习参数的基于增强学习的自适应跟踪容错控制策略。在设计过程中，引入了一个新的长期成本函数来评估系统的花费。如果长期成本函数的值最小，则最优。

本节首先介绍执行网的设计；其次给出评判网的设计并给出长期成本函数的定义；最后分别给出执行网和评判网的权重自适应律。

8.3.1 执行网设计

本节中，故障发生在第 k_f 步，执行网将用来逼近近似最优控制器。

根据式 (8.4)，可得

$$\begin{aligned}z_n(k+1)=&F(X(k))+G(X(k))u(X(k))\\&+\Phi(k-k_f)H(X(k),u(k))-y_d(k+n)\end{aligned} \tag{8.5}$$

用正常数 $\lambda_{\min}(G)$ 和 $\lambda_{\max}(G)$ 分别表示矩阵 $G(X(k))$ 的最小特征值和最大特征值。因此，满足条件 $0<\lambda_{\min}(G)\leqslant\lambda_{\max}(G)$。考虑无故障情况下的系统式 (8.1)，标

称系统的控制器设计为

$$u^*(k)=G^{-1}(X(k))[-F(X(k))+y_d(k+n)+\Gamma z_n(k)] \tag{8.6}$$

其中，$\Gamma\in\mathbb{R}^{m\times m}$ 是正定矩阵，其最大特征值为 $\lambda_{\max}(\Gamma)$。

由 $u^*(k)$ 得到的闭环系统的跟踪误差因故障的发生，不会收敛到零。所以，容错需要保证跟踪性能。

设计容错控制器为

$$u(k)=u_N(k)+u_F(k)$$

其中，$u_N(k)=G^{-1}(X(k))[-F(X(k))+y_d(k+n)+\Gamma z_n(k)]$，$u_F(k)=-G^{-1}(X(k))L\|z_n(k)\|$ 是补偿故障的容错控制律。需要注意的是这个容错控制律 $u_F(k)$ 是受文献 [331]、[332] 中结果的启发。这里，提出 $u_F(k)$ 补偿故障使其满足假设 8.2.2。

事实上，因为非线性动态 $F(X(k))$ 和增益 $G(X(k))$ 是未知的，所以在实际控制工程中，控制器 $u(k)$ 不能直接应用。因此，选择用执行网来逼近理想控制器。由假设 8.2.1，可以估计理想控制器为

$$u_i\left(k\right)=\theta_{ai}^{\mathrm{T}}\varphi_{ai}\left(S_a\left(k\right)\right)+\varepsilon_{ai}\left(S_a\left(k\right)\right) \tag{8.7}$$

其中，$u_i(k)(i=1,2,\cdots,m)$ 是 $u(k)$ 的第 i 个元素，$\theta_{ai}\in\mathbb{R}^{l_a}$ 是权重向量，$l_a>1$ 是神经网络节点数，$\varphi_{ai}\left(S_a\left(k\right)\right)\in\mathbb{R}^{l_a}$ 是执行网的基函数，执行网的输入为 $S_a\left(k\right)=\left[X^{\mathrm{T}}\left(k\right),y_d^{\mathrm{T}}\left(k\right),y_d^{\mathrm{T}}\left(k+n\right)\right]^{\mathrm{T}}$，$\varepsilon_{ai}(S_a(k))$ 表示逼近误差且满足 $\varepsilon_{ai}(S_a(k))\leqslant\bar{\varepsilon}_{ai}$，其中，$\bar{\varepsilon}_{ai}$ 是一个正常数。

于是，基于增强学习的最优容错控制器可以表示为

$$u\left(k\right)=\theta_a^{\mathrm{T}}\varphi_a\left(S_a\left(k\right)\right)+\varepsilon_a\left(S_a\left(k\right)\right) \tag{8.8}$$

其中，$\varphi_a(S_a(k))$ 表示执行网的基函数，$\varphi_a\left(S_a\left(k\right)\right)=\left[\varphi_{a1}\left(S_a\left(k\right)\right),\varphi_{a2}\left(S_a\left(k\right)\right),\cdots,\varphi_{am}\left(S_a\left(k\right)\right)\right]^{\mathrm{T}}\in\mathbb{R}^{ml_a}$ 是一个列向量。本章中，选择 $\varphi_{ai}\left(S_a\left(k\right)\right)$ 为高斯函数：

$$\varphi_{ai}\left(S_a\left(k\right)\right)=\exp\left(-\frac{\left(S_a\left(k\right)-\pi_i\right)^{\mathrm{T}}\left(S_a\left(k\right)-\pi_i\right)}{\upsilon_i^2}\right)$$

$\theta_a^{\mathrm{T}}\in\mathbb{R}^{m\times ml_a}$ 是执行网的权重向量，是一个块对角矩阵。θ_a^{T} 的具体结构如下：

$$\theta_a^{\mathrm{T}}=\begin{bmatrix}\theta_{a1}^{\mathrm{T}} & 0 & \cdots & 0\\ 0 & \theta_{a2}^{\mathrm{T}} & \cdots & 0\\ \vdots & \vdots & & \vdots\\ 0 & 0 & \cdots & \theta_{am}^{\mathrm{T}}\end{bmatrix}\in\mathbb{R}^{m\times ml_a}$$

$\varepsilon_a(S_a(k)) = [\varepsilon_{a1}(S_a(k)), \cdots, \varepsilon_{am}(S_a(k))]^{\mathrm{T}}$ 是一个列向量，$\bar{\varepsilon}_a = \max\{\bar{\varepsilon}_{ai}\}$ $(i = 1, 2, \cdots, m)$ 是 $\varepsilon_a(S_a(k))$ 的上界。

为了降低容错控制机制的调节时间，应该减少执行网和评判网的学习时间。这可以通过减少在线计算量来实现。借鉴第 3 章的方法，就是由调节权重范数的估计来代替直接调节权重。

设计控制输入为

$$u(k) = \hat{\rho}_a^{\mathrm{T}} \bar{\varphi}_a(S_a(k)) \tag{8.9}$$

其中，$\bar{\varphi}_a(S_a(k)) = [\|\varphi_{a1}(S_a(k))\|, \|\varphi_{a2}(S_a(k))\|, \cdots, \|\varphi_{am}(S_a(k))\|]$，$\rho_a = \|\theta_a\|$，且 $\hat{\rho}_a$ 是 ρ_a 的估计。

8.3.2　评判网设计

在容错控制的研究中，最优化控制系统的成本函数或性能指标是一个很重要的课题。在以前的容错控制中，最优容错控制器通常有一个设计前提，就是预先指定性能指标。然而，性能指标会随着不同操作条件而变化。因此，如何评估动态性能指标并同时设计相应的最优容错控制器是很重要的问题。在基于模型的容错控制方法中，由于操作条件的复杂性，这个问题并没有得到很好的解决。随着基于数据方法的发展（如增强学习、动态规划等），这个问题可以运用评判和执行的原则得以解决。然而，在增强学习和动态规划方法的研究中，一般都是针对标称系统而言。对于带有故障的系统，几乎没有这方面的研究成果。一般而言，传统的增强学习和动态规划方法不能直接拓展到带有故障的系统。这一点将会在后文的仿真里验证。

在本节中，为了达到优化性能指标的需要，将用评判网络逼近式 (8.10) 定义的长期成本函数 $J(k)$。因为 $J(k)$ 在在线学习框架下，在第 k 步是不可得的，所以，在线初始化的评判网会保证输出特别接近 $J(k)$。定义长期成本函数 $J(k)$ 为

$$\begin{aligned} J(k) &= J(X(k), u(k)) \\ &= \sum_{j=k_0}^{\infty} \gamma^j [W(X(k+j)) + P^2(X(k+j)) \\ &\quad + u^{\mathrm{T}}(X(k+j)) Q u(X(k+j))] \end{aligned} \tag{8.10}$$

其中，$\gamma\,(0 \leqslant \gamma \leqslant 1)$ 是折扣因子，$W(X(k+j))$ 是关于 $z(k)$ 的半正定的函数，$P(X(k+j))$ 是正定函数，且满足条件 $P(X(k+j)) = L\|X(k+j)\| \geqslant \|H(X(k+j))\|$（见假设 8.2.2），$Q$ 是对称正定矩阵。

一般而言，一个最优控制律可以表示成 $u^*(k) = u^*(X(k))$。因此，最优长期成本函数可以表示为 $J^*(k) = J^*(X(k))$，是关于当前状态的函数 [319]。第 j 步的花费

为 $[W(X(k+j))+P^2(X(k+j))+u^{\mathrm{T}}(X(k+j))Qu(X(k+j))]$，同时也可以看做具有故障动态 $\Phi(k-k_f)H(X(k),u(k))$ 的系统式 (8.1) 在第 j 步的性能指标。事实上，本章期望设计一个最优估值容错控制器来最小化性能指标。

因此，用评判网近似成本函数如下：

$$J^*(k)=\theta_c^{\mathrm{T}}\varphi_c(X(k))+\varepsilon_c(X(k)) \tag{8.11}$$

其中，$\theta_c\in\mathbb{R}^{l_c},l_c>1,\varphi_c(X(k))\in\mathbb{R}^{l_c}$ 和 $\varepsilon_c(X(k))$ 分别是权重向量、神经网络节点数、基函数以及评判网的逼近误差。

定义 $\hat{J}(k)$ 是 $J(k)$ 的估计。利用第 3 章中具有较少学习参数的神经网络，$\hat{J}(k)$ 可以表示为

$$\hat{J}(k)=\hat{\rho}_c^{\mathrm{T}}(k)\bar{\varphi}_c(X(k)) \tag{8.12}$$

其中，$\rho_c=\|\theta_c\|$，$\hat{\rho}_c$ 是 ρ_c 的估计，$\bar{\varphi}_c(X(k))=\|\varphi_c(X(k))\|$。

注释 8.3.1　神经网络的逼近性可参照文献 [275]、[325]、[338]。根据这些文献中的讨论，可知图 8.1 所示的神经网络可以保证 $\sup\limits_{X(k)}\left|\theta_c^{\mathrm{T}}\varphi_c(X(k))-J^*(k)\right|<\varepsilon_c(X(k))$。根据文献 [328] 的描述，可知图 8.2 所示的神经网络也具有逼近能力，可以估计最优长期花费函数 $J^*(k)$。图 8.1 和图 8.2 的神经网络都有它们各自的优点和不足。图 8.2 的神经网络更适合需要快速调节的情形。考虑容错控制的需求，对故障的快速响应和控制律的快速执行是两个基本的需求。因此，图 8.2 的神经网络能解决如易变的工作条件等复杂情形。后文的数值仿真会说明这一点。

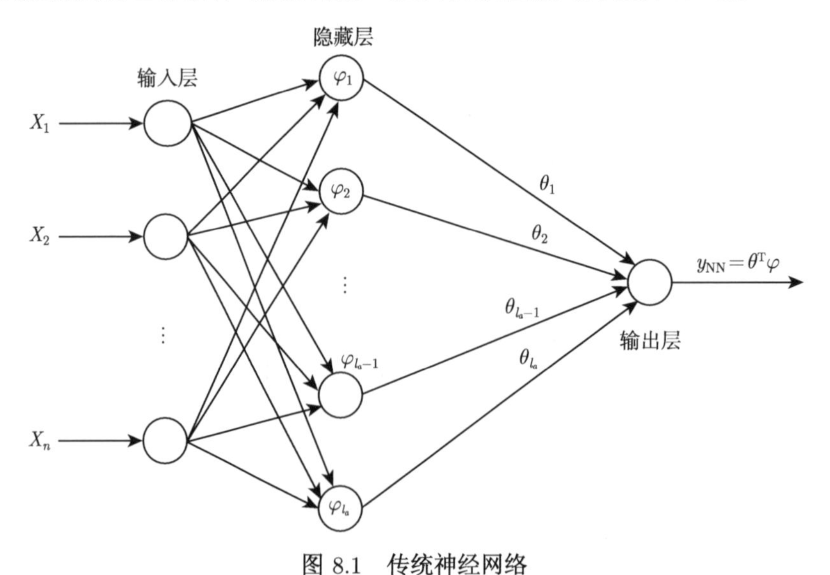

图 8.1　传统神经网络

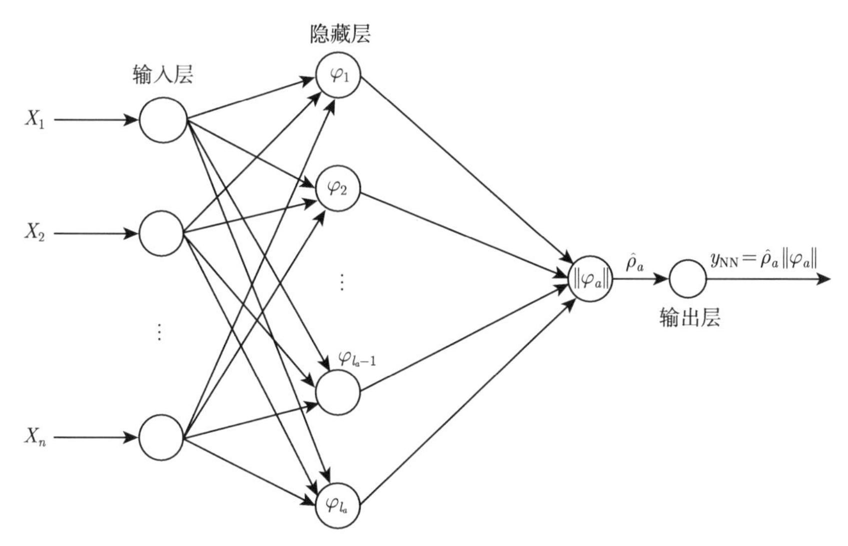

图 8.2 本章中的神经网络

8.3.3 执行网和评判网的更新律

在本节中，将基于链式法则给出执行网和评判网的更新律。

根据 8.3.1 节中的讨论，用评判网最小化的目标函数可以表示为如下二次函数的形式 [312]:

$$Z_c(k)=\frac{1}{2}z_c^{\mathrm{T}}(k)z_c(k) \tag{8.13}$$

其中，$z_c(k)$ 代表评判网的预测误差，其定义为

$$z_c\left(k\right)=\delta\hat{J}\left(k\right)-\hat{J}\left(k-1\right)+\xi\left(k\right) \tag{8.14}$$

且

$$\xi(k)=[P^2(X(k))+z_n^{\mathrm{T}}(k)\Lambda z_n(k)+u^{\mathrm{T}}(X(k))Qu(X(k))] \tag{8.15}$$

Λ 是对称正定矩阵，$\delta>0$ 是已知正常数。

根据梯度下降法，评判网权重向量的更新律为

$$\hat{\rho}_c(k+1)=\hat{\rho}_c(k)+\Delta\hat{\rho}_c(k) \tag{8.16}$$

其中

$$\Delta\hat{\rho}_c(k)=\eta_c\left[-\frac{\partial Z_c(k)}{\partial\hat{\rho}_c(k)}\right] \tag{8.17}$$

$\eta_c>0$ 是自适应增益常数。

采用文献 [312]、[327] 中的链式法则，并综合式 (8.13)、式 (8.16) 和式 (8.17)，可以进一步将评判网的更新律表示为

$$\hat{\rho}_c(k+1)=\hat{\rho}_c(k)-\eta_c\delta\bar{\varphi}_c(X(k))\left[\delta\hat{J}(k)-\hat{J}(k-1)+\xi(k)\right] \tag{8.18}$$

接下来，将运用类似的方法给出执行网的更新律。用执行网最小化的目标函数表示为

$$Z_a(k)=\frac{1}{2}z_a^{\mathrm{T}}(k)z_a(k) \tag{8.19}$$

其中，$z_a(k)=[z_{a1}(k),z_{a2}(k)]$。定义：

$$z_{a1}(k)=\sqrt{G(X(k))}\vartheta_a(k) \tag{8.20}$$

$$z_{a2}(k)=\sqrt{G(X(k))}(\overline{J}(k)-BJ_d(k)) \tag{8.21}$$

其中，$\sqrt{G(X(k))}\in\mathbb{R}^{m\times m}$ 是 $G(X(k))$ 的均方根，$B=[1,1,\cdots,1]\in\mathbb{R}^m$，定义向量 $\overline{J}(k)$ 为 $\overline{J}(k)=[\hat{J}(k),\hat{J}(k),\cdots,\hat{J}(k)]^{\mathrm{T}}\in\mathbb{R}^m$，$\hat{J}(k)$ 是 $J(k)$ 的估计（见式 (8.12)）。

运用微分方程链式法则，有如下等式成立：

$$\Delta\hat{\rho}_a(k)=-\eta_a\frac{\partial Z_a(k)}{\partial z_a(k)}\frac{\partial z_a(k)}{\vartheta_a(k)}\frac{\vartheta_a(k)}{\partial\hat{\rho}_a(k)} \tag{8.22}$$

其中，$\eta_a\in\mathbb{R}$ 是自适应增益，是一个正参数。

根据梯度下降法 [312, 324, 327]，可得执行网更新律为

$$\hat{\rho}_a(k+1)=\hat{\rho}_a(k)-\eta_a\bar{\varphi}_a^{\mathrm{T}}(S_a(k))\left[z_n(k+1)-\varGamma z_n(k)+B\hat{J}(k)\right] \tag{8.23}$$

其中，$z_n(k+1)$ 的定义见式 (8.24)。

把式 (8.6)、式 (8.8) 和式 (8.9) 代入式 (8.5)，可得跟踪误差为

$$\begin{aligned}z_n(k+1)=&G(X(k))\left[\hat{\rho}_a\bar{\varphi}_a(S_a(k))\right.\\&\left.-\theta_a^{\mathrm{T}}\varphi_a(S_a(k))\right]-G(X(k))\varepsilon_a(S_a(k))\\&+\varPhi(k-k_f)H(X(k),u(k))+\varGamma Z_n(k)\\=&G(X(k))\vartheta_a(k)+\varGamma Z_n(k)-G(X(k))\\&\times\varepsilon_a(S_a(k))+\varPhi(k-k_f)H(X(k),u(k))\\&+G(X(k))\left[\rho_a\bar{\varphi}_a(S_a(k))-\theta_a^{\mathrm{T}}\varphi_a(S_a(k))\right]\end{aligned} \tag{8.24}$$

其中，$\vartheta_a(k)=\tilde{\rho}_a(k)\overline{\varphi}_a(S_a(k))$，$\tilde{\rho}_a(k)=\hat{\rho}_a(k)-\rho_a$。

注释 8.3.2 与传统的容错控制机制 [300, 259, 282] 对比，它们没有采用最优花费函数，本章方法在容错的过程中同时最小化了花费函数。事实上，一个控制方法不仅要能保证非线性动态系统的稳定性，而且能使花费函数足够小。通过应用增强学习算法，一个新的长期花费函数（见式 (8.10)）得以最小化。

8.4 基于增强学习的容错控制的性能分析

定理 8.4.1 如果假设 8.2.1~假设 8.2.3 成立，考虑多输入多输出离散系统式 (8.1)，假设第 k_f 步发生故障。设计式 (8.9) 所示的最优容错控制器。另外，分别选择式 (8.18) 和式 (8.23) 的权重更新律。若下列条件成立：

$$\begin{aligned}\lambda_{\max}^2(\Gamma) \leqslant & \frac{1}{5} - 2L^2 - 4\frac{\tau_3}{\tau_1}\lambda_{\max}(\Lambda) - 6\frac{\tau_2^2}{\tau_1^2}\lambda_{\max}^{-2}(G)L^2 \\ & - 24\frac{\tau_2}{\tau_1}\eta_a l_a L^2 - 8\frac{\tau_3}{\tau_1}L^2\end{aligned} \tag{8.25}$$

$$A_2 = \tau_2\lambda_{\min}(G) - 4\tau_3\lambda_{\max}(Q) - 2\left(\tau_1 + \tau_2^2\eta_a l_a\right)\lambda_{\max}^2(G) > 0 \tag{8.26}$$

$$A_3 = \tau_3\delta^2 - \frac{m\tau_2^2}{\tau_1}\lambda_{\max}^{-2}(G) - 4m\tau_2\eta_a l_a - \tau_4 > 0 \tag{8.27}$$

$$\tau_4 \geqslant 4\tau_3, \quad \eta_c \leqslant 1/\delta^2 l_c \tag{8.28}$$

那么，跟踪误差 $z(k)$，更新参数 $\hat{\rho}_a(k)$ 和 $\hat{\rho}_c(k)$ 一致有界，其中，τ_1、τ_2、τ_3 和 τ_4 都是已知正常数，$\lambda_{\max}(\Lambda)$ 和 $\lambda_{\max}(Q)$ 分别是 Λ 和 Q 的最大特征值。

证明 选择如下李雅普诺夫函数：

$$V(k) = \sum_{i=1}^{4} V_i(k) \tag{8.29}$$

其中

$$\begin{aligned} V_1(k) &= \frac{\tau_1}{5} z_n^{\mathrm{T}}(k) z_n(k) \\ V_2(k) &= \frac{\tau_2}{\eta_a}\tilde{\rho}_a^2(k) \\ V_3(k) &= \frac{\tau_3}{\eta_c}\tilde{\rho}_c^2(k) \\ V_4(k) &= \tau_4\vartheta_c^2(k-1) \end{aligned}$$

$\vartheta_c(k) = \tilde{\rho}_c(k)\bar{\varphi}_c(X(k))$，$\tilde{\rho}_c(k) = \hat{\rho}_c(k) - \rho_c$。

根据式 (8.2)，有 $0 < \Phi(k-k_f) < 1$。由假设 8.2.2，可以推出

$$\begin{aligned}\left\|\Phi(k-k_f)H(X(k),u(k))\right\|^2 \leqslant & L^2\left\|\Phi(k-k_f)\right\|^2\left\|X(k)\right\|^2 \\ \leqslant & 2L^2\left\|z_n(k)\right\|^2 + 2L^2\|y_d\|^2\end{aligned} \tag{8.30}$$

为了方便分析，定义

$$\begin{aligned}R(k) =&G\left(X\left(k\right)\right)\left[\rho_a\bar{\varphi}_a\left(S_a\left(k\right)\right)-\theta_a^{\mathrm{T}}\varphi_a\left(S_a\left(k\right)\right)\right]\\&-G\left(X\left(k\right)\right)\varepsilon_a\left(S_a\left(k\right)\right)+\varPhi\left(k-k_f\right)H\left(X(k),u(k)\right)\end{aligned} \tag{8.31}$$

根据下面不等式 [310]：

$$\left(\sum_{i=1}^{n}a_i\right)^2\leqslant n\sum_{i=1}^{n}a_i^2$$

有

$$\begin{aligned}\|z_n(k+1)\|^2=&\|G\left(X\left(k\right)\right)\vartheta_a\left(k\right)+\varGamma z_n\left(k\right)+R\left(k\right)\|^2\\\leqslant&5\lambda_{\max}^2(G)\|\vartheta_a\left(k\right)\|^2+5\lambda_{\max}^2\left(\varGamma\right)\|z_n\left(k\right)\|^2+5\lambda_{\max}^2(G)\bar{\varepsilon}_a^2\\&+10L^2\|z_n\left(k\right)\|^2+10L^2\|y_d\|^2+10\lambda_{\max}^2(G)l_a\rho_a^2\end{aligned} \tag{8.32}$$

由式 (8.24)，可得 $V_1\left(k\right)$ 的一阶差分为

$$\begin{aligned}\Delta V_1\left(k\right)=&\frac{\tau_1}{5}\|z_n\left(k+1\right)\|^2-\frac{\tau_1}{5}\|z_n\left(k\right)\|^2\\\leqslant&-\frac{\tau_1}{5}\left(1-5\lambda_{\max}^2\left(\varGamma\right)\right)\|z_n\left(k\right)\|^2+\tau_1\lambda_{\max}^2(G)\|\vartheta_a\left(k\right)\|^2\\&+\tau_1\lambda_{\max}^2(G)\bar{\varepsilon}_a^2+2\tau_1L^2\|z_n\left(k\right)\|^2+2\tau_1L^2\|y_d\|^2\end{aligned} \tag{8.33}$$

根据式 (8.23)，可得 $\Delta V_2\left(k\right)$ 为

$$\begin{aligned}\Delta V_2\left(k\right)=&\frac{\tau_2}{\eta_a}\tilde{\rho}_a^2\left(k+1\right)-\tilde{\rho}_a^2\left(k\right)\\=&-2\tau_2\vartheta_a^{\mathrm{T}}\left(k\right)G\left(X\left(k\right)\right)\vartheta_a\left(k\right)-2\tau_2\vartheta_a^{\mathrm{T}}\left(k\right)R\left(k\right)\\&-2\tau_2\vartheta_a^{\mathrm{T}}\left(k\right)B\hat{J}\left(k\right)+\tau_2\eta_a\|\varphi_a\left(S_a\left(k\right)\right)\|^2\\&\times\|G\left(X\left(k\right)\right)\vartheta_a\left(k\right)+R\left(k\right)+B\hat{J}\left(k\right)\|^2\end{aligned} \tag{8.34}$$

根据 $\vartheta_c(k)$ 的定义，$\hat{J}\left(k\right)$ 可以重写为

$$\hat{J}\left(k\right)=\vartheta_c\left(k\right)+\rho_c\bar{\varphi}_c\left(X\left(k\right)\right) \tag{8.35}$$

应用引理 6.4.1，可得

$$-2\tau_2\vartheta_a^{\mathrm{T}}\left(k\right)G\left(X\left(k\right)\right)\vartheta_a\left(k\right)\leqslant-2\tau_2\lambda_{\min}(G)\|\vartheta_a\left(k\right)\|^2 \tag{8.36}$$

$$\begin{aligned}-2\tau_2\vartheta_a^{\mathrm{T}}(k)R(k)\leqslant&\frac{\tau_2^2}{\tau_1}\lambda_{\max}^{-2}(G)3\lambda_{\max}^2(G)\bar{\varepsilon}_a^2+6L^2\|z_n(k)\|^2\\&+3\lambda_{\max}^2(G)l_a\rho_a^2+6L^2\|y_d\|^2+\tau_1\lambda_{\max}^2(G)\|\vartheta_a(k)\|^2\end{aligned} \tag{8.37}$$

$$-2\tau_2\vartheta_a^{\mathrm{T}}(k)\,B\vartheta_c(k) \leqslant \frac{m\tau_2^2}{\tau_1}\lambda_{\max}^{-2}(G)\vartheta_c^2(k) + \tau_1\lambda_{\max}^2(G)\|\vartheta_a(k)\|^2 \tag{8.38}$$

$$-2\tau_2\vartheta_a^{\mathrm{T}}(k)\,B\rho_c\varphi_c(X(k)) \leqslant \frac{m\tau_2^2}{\tau_1}\lambda_{\max}^{-2}(G)l_c\rho_c^2 + \tau_1\lambda_{\max}^2(G)\|\vartheta_a(k)\|^2 \tag{8.39}$$

于是，$\Delta V_2(k)$ 变为

$$\begin{aligned}\Delta V_2(k) \leqslant &-\tau_2[2\lambda_{\min}(G) - \left(\frac{3\tau_1}{\tau_2} + 4\eta_a l_a\right)\lambda_{\max}^2(G)]\\ &\times\|\vartheta_a(k)\|^2 + \left(\frac{m\tau_2^2}{\tau_1}\lambda_{\max}^{-2}(G) + 4m\tau_2\eta_a l_a\right)\\ &\times\|\vartheta_c(k)\|^2 + 3\left(\frac{\tau_2^2}{\tau_1}\lambda_{\max}^{-2}(G) + 4\tau_2\eta_a l_a\right)\\ &\times(\lambda_{\max}^2(G)\bar{\varepsilon}_a^2 + 2L^2\|z_n(k)\|^2 + 2L^2\|y_d\|^2)\\ &+\frac{m\tau_2^2}{\tau_1}l_c\rho_c^2\lambda_{\max}^{-2}(G) + 4m\tau_2\eta_a l_a l_c\rho_c^2\\ &+3\lambda_{\max}^2(G)l_a\rho_a^2(1 + 4\tau_2\eta_a l_a)\end{aligned} \tag{8.40}$$

根据式 (8.18)，可得 $V_3(k)$ 的一阶差分为

$$\begin{aligned}\Delta V_3(k) &= \frac{\tau_3}{\eta_c}\tilde{\rho}_c^2(k+1) - \frac{\tau_3}{\eta_c}\tilde{\rho}_c^2(k)\\ &= -2\tau_3\delta\vartheta_c(k)\,z_c(k) + \tau_3\eta_c\delta^2\|z_c(k)\|^2\|\varphi_c(X(k))\|^2\\ &\leqslant -\tau_3\left(1-\eta_c\delta^2 l_c\right)z_c^2(k) - \tau_3\delta^2\|\vartheta_c(k)\|^2 + \tau_3[z_c(k) - \delta\vartheta_c(k)]^2\end{aligned} \tag{8.41}$$

基于 $\xi(k)$ 的定义，有

$$\begin{aligned}\xi^2(k) &\leqslant P^2(X(k)) + \lambda_{\max}(\Lambda)\|z_n(k)\|^2 + \lambda_{\max}(Q)\|u(k)\|^2\\ &\leqslant \lambda_{\max}(\Lambda)\|z_n(k)\|^2 + P^2(X(k)) + 2\lambda_{\max}(Q)(\|\vartheta_a(k)\|^2 + \rho_a^2 l_a)\end{aligned} \tag{8.42}$$

把式 (8.35) 代入式 (8.14)，可得

$$z_c(k) = \delta\vartheta_c(k) - \vartheta_c(k-1) + \delta\rho_c\varphi_c(X(k)) - \rho_c\varphi_c(X(k-1)) + \xi(k) \tag{8.43}$$

其中

$$|\delta\rho_c\varphi_c(X(k)) - \rho_c\varphi_c(X(k-1))| \leqslant \delta\rho_c\sqrt{l_c} + \rho_c\sqrt{l_c} \overset{\text{def}}{=\!=} \zeta \tag{8.44}$$

考虑式 (8.43)，可以得出

$$\begin{aligned}\tau_3[z_c(k) - \delta\vartheta_c(k)]^2 &= \tau_3[\delta\rho_c\varphi_c(X(k)) - \rho_c\varphi_c(X(k-1)) - \vartheta_c(k-1) + \xi(k)]^2\\ &\leqslant 4\tau_3\zeta^2 + 4\tau_3\vartheta_c^2(k-1) + 4\tau_3\xi^2(k)\end{aligned}$$

于是，$\Delta V_3(k)$ 变为

$$\begin{aligned}\Delta V_3(k) \leqslant & -\tau_3\left(1-\eta_c\delta^2 l_c\right)\|z_c(k)\|^2+8\tau_3 L^2\|y_d\|^2+8\tau_3 L^2\|z_n(k)\|^2 \\ & -\tau_3\delta^2\vartheta_c^2(k)+4\tau_3\zeta^2+4\tau_3\vartheta_c^2(k-1)+4\tau_3\lambda_{\max}(\varLambda)\|z_n(k)\|^2 \\ & +8\tau_3\lambda_{\max}(Q)(\|\vartheta_a(k)\|^2+\rho_a^2 l_a)\end{aligned} \tag{8.45}$$

可得 $\Delta V_4(k)$ 为

$$\Delta V_4=\tau_4\left(\vartheta_c^2(k)-\vartheta_c^2(k-1)\right) \tag{8.46}$$

综合式 (8.33)、式 (8.40)、式 (8.45) 和式 (8.46)，可得

$$\begin{aligned}\Delta V(k) \leqslant & -A_1\|z_n(k)\|^2-2A_2\|\vartheta_a(k)\|^2-A_3\vartheta_c^2(k) \\ & -A_4\vartheta_c^2(k-1)-A_5\|z_c(k)\|^2+A_6\end{aligned} \tag{8.47}$$

其中

$$\begin{aligned}A_1 = & \frac{\tau_1}{5}-\tau_1\lambda_{\max}^2(\varGamma)-2\tau_1 L^2-4\tau_3\lambda_{\max}(\varLambda) \\ & -\frac{6\tau_2^2}{\tau_1}\lambda_{\max}^{-2}(G)L^2-24\tau_2\eta_a l_a L^2-8\tau_3 L^2 \\ A_4 = & \tau_4-4\tau_3 \\ A_5 = & \tau_3\left(1-\eta_c\delta^2 l_c\right) \\ A_6 = & \frac{3\tau_2^2}{\tau_1}\bar{\varepsilon}_a^2+\frac{m\tau_2^2}{\tau_1}l_c\lambda_{\max}^{-2}(G)\rho_c^2+12\tau_2\eta_a l_a\lambda_{\max}^2(G)\bar{\varepsilon}_a^2 \\ & +4\tau_3\zeta^2+4m\tau_2\eta_a l_a l_c\rho_c^2+8\tau_3 L^2\|y_d\|^2 \\ & +24\tau_2\eta_a l_a L^2\|y_d\|^2+\tau_1\lambda_{\max}^2(G)\bar{\varepsilon}_a^2+2\tau_1 L^2\|y_d\|^2 \\ & +\frac{6\tau_2^2}{\tau_1}\lambda_{\max}^{-2}(G)L^2\|y_d\|^2+8\tau_3\lambda_{\max}(Q)\rho_a^2 l_a \\ & +3\lambda_{\max}^2(G)l_a\rho_a^2(1+4\tau_2\eta_a l_a)\end{aligned}$$

此外，A_2、A_3 的定义在式 (8.26) 和式 (8.27) 中。

通过选择 $\tau_4\geqslant 4\tau_3$ 和 $\eta_c\leqslant 1/\delta^2 l_c$（见式 (8.29)），可以推出 $A_4>0$ 和 $A_5>0$。进一步，可得

$$\Delta V(k)\leqslant -A_1\|z_n(k)\|^2-2A_2\|\vartheta_a(k)\|^2-A_3\vartheta_c^2(k)+A_6 \tag{8.48}$$

把式 (8.25) 代入 A_1，有 $A_1>0$。考虑式 (8.25)~式 (8.27)，可以推出 $A_2>0$，$A_3>0$。基于李雅普诺夫稳定性理论可知，如果下列不等式至少成立一个：

$$\|z_n(k)\|>\sqrt{A_1/A_6}$$

$$\|\vartheta_a(k)\| > \sqrt{2A_2/A_6}$$

$$\vartheta_c(k) > \sqrt{A_3/A_6}$$

那么，有 $\Delta V(k) < 0$。

因此，跟踪误差 $\|z_n(k)\|$，权重估计误差 $\vartheta_a(k)$ 和 $\vartheta_c(k)$ 是有界的。考虑 $z_i(k) = X_i(k) - y_d(k+i-1)$ $(i = 1, 2, \cdots, n)$，可知 $z_i(k)$ 也是有界的。另外，由于 $\vartheta_a(k)$ 和 $\vartheta_c(k)$ 的有界性，可得 $\hat{\rho}_a(k)$ 和 $\hat{\rho}_c(k)$ 也是有界的。

证毕。

需要注意的是，因为本章应用了两个神经网络，所以在基于增强学习的容错控制中，如何选择神经网络参数很重要。因此，基于李雅普诺夫稳定性分析方法，在定理 8.4.1 中，给出了选取参数的条件。

注释 8.4.1 本章中，式 (8.2) 既定义了突变故障又定义了缓变故障。式 (8.2) 中，一个小的 $\bar{k}_i$ 表示的是缓变故障。缓变故障模型可以表示为 $\left(1 - \mathrm{e}^{-\bar{k}_i \Delta T(k-k_f)}\right) H(X(k), u(k))$，其中，$\bar{k}_i$ 是一个充分小的常数。可见，缓变故障模型中第一项的值在区间 $(0,1)$ 内。在设计的容错跟踪控制机制中，缓变故障可以用式 (8.30) 处理。因此，本章提出的容错跟踪控制方法也可以应用到缓变故障情形。

注释 8.4.2 容错控制理论是控制理论当中针对故障情况研究的一种冗余控制，是一种最基本的保证系统稳定运行的控制方式，没有具体的性能指标的评判。相对照，在自动控制理论中有最优控制理论，却很少涉及最优容错控制理论的研究。本书认为原因可能为：① 故障本身的突发性，给某些具体性能的分析带来理论上或者技术上的障碍；② 从两点式结构 (即愿景到实现) 来简单进行直接容错存在一定的局限性；③ 缺少相应的核心架构和具体方案。因此，本书下面梳理一下控制的多种方式，以便对最优容错控制的研究提供借鉴。

所谓控制，就是一种实施过程，能将给定的任务在既定的约束下完成。针对解决自然科学问题的自动控制理论，主要是根据被控对象的特点，特别是利用电、磁、光、热、力等原理构建的具有规律性特性的动力设备，如电动机、内燃机、变压器等，根据其所受的约束条件和给定的性能要求，设计相应自动控制器来保证整个系统实现安全、高效运行。针对常规的被控对象，如电机、变压器等，因其构造特性和解析特性很清楚且已知，进而基于模型驱动的控制方法就能够实现，相当于通过对被控系统求其逆系统来实现控制器的设计，保证指定参考指令等幅地传输到输出端。逆系统方法的设计思想是从被控系统方程出发，首先设计出被控对象的逆系统方程，将它作为控制律对系统实行非线性反馈控制，从而设计出具有线性传递关系的伪线性系统，然后再用线性系统理论来完成控制系统设计 [339-343]。即使当被控对象模型不能精确已知，具有学习功能和逼近功能的神经网络和模糊逻辑可通过输入输出近似来解决被控对象求逆的过程，进而推进传统逆系统理论的发展。这个变化过程就是简单的控制指令 → 期望输出的等比开环过程或两点式结构，尽管在其间存在若干闭环调节环节，如图 8.3 所示。当被控系统的规模大到一定程度，系统之间的互联非常紧密时，就很难对被控对象建模，即使采用神经网络等人工智能方法建模，也存在难以应付的局面。此时的控制指令 → 期望输出的等比开环调节过程将不再满足，需要从功能结构上改变两点直线的格局。此时，一个伟大的创意 (critic-actor) 评价–执行机制被提出，通过比较实际性能与给定期望性能之间的差距，并将其作用于控制环节，由此实现了有监督的控制过程，即控制指令 → 期望输出 → 评价环节 → 控制作用 → 期望输出，如图 8.4 所示的三角平面结构，功能实现结构如图 8.5 所示。

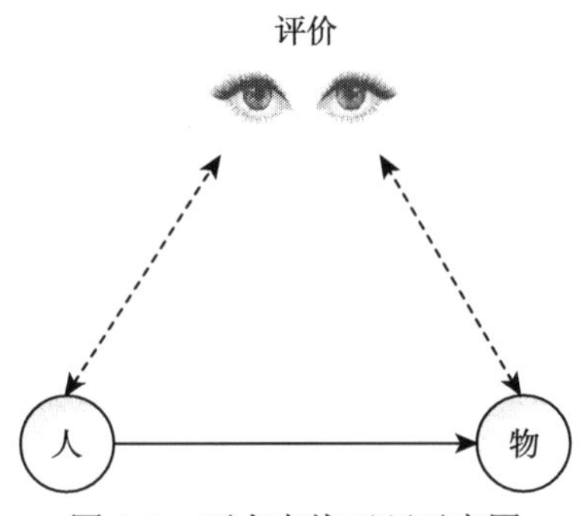

图 8.3　两点直线开环示意图

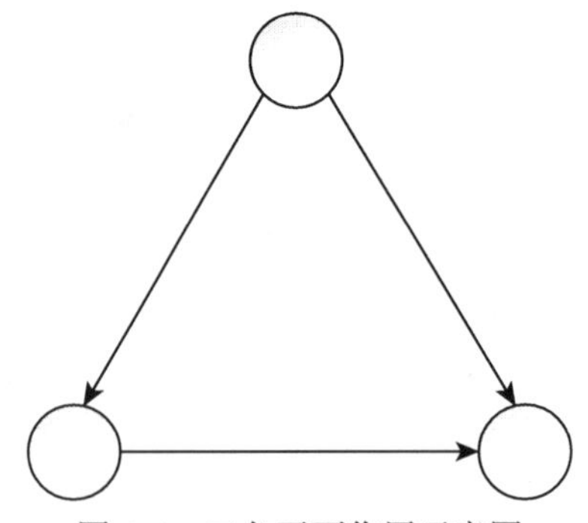
图 8.4　三角平面作用示意图

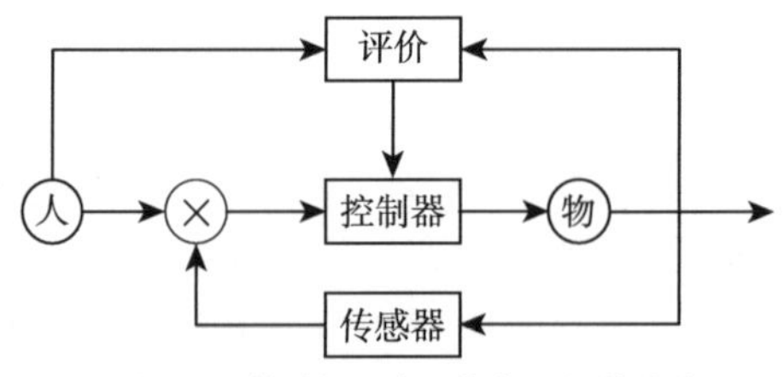

图 8.5　控制–对象–监督平面框图

这些环节的实现，都是借助于具有学习能力的人工智能工具，但整个调控策略和功能架构则是控制理论的分析和综合作用，是控制理论整合了各种功能器件并将它们的功用发挥出来，进而实现了更加复杂对象的自动化。不同的性能指标决定了该设计系统的运行效率和功用，尽管具有同样的评价–执行结构，例如，可实现对多单元的协调、不同功能的协调等，通用的连通示意图如图 8.6 所示（从认知结构拓扑框图上来看，几何学与代数学等数学理论，与本书研究的工程学、管理学等具体设计和规划等问题具有直接的影响，只不过这部分内容和认识都被所谓的专家的专业性给掩盖了。数学的知识，可以涉及任何有规律性认识的领域，只不过表现的规律形式不同而已，需要关注这部分的研究和科普工作，进而促进基础学科的发展）。因此，对于不同性能指标的追求（如果是多性能目标，那么此时的控制律设计和功能结构构建将更加复杂），所设计或塑造的友好人造系统就完成了不同宿主或者愿景的期望。在这些不同的性能指标中，一定存在一个公共因子，由其构成的最基础的性能指标必将是最持久最不耗用能量的，这就是设计者心中期望的愿景。值得拓展的是，这些公共因子也可以看成是不变集或紧集或平衡点集合或连续流形等，每一个具体的公共因子就可以看成是一个平衡点或固定点或极限集。这些公共因子表示的指令作用到实际系统，在精心设计的控制器作用下使得人造系统或人参与的系统也具有这样的平衡点集合或者不变集，进而实现设计初心与现实愿景的同步和谐，完成有序规划。

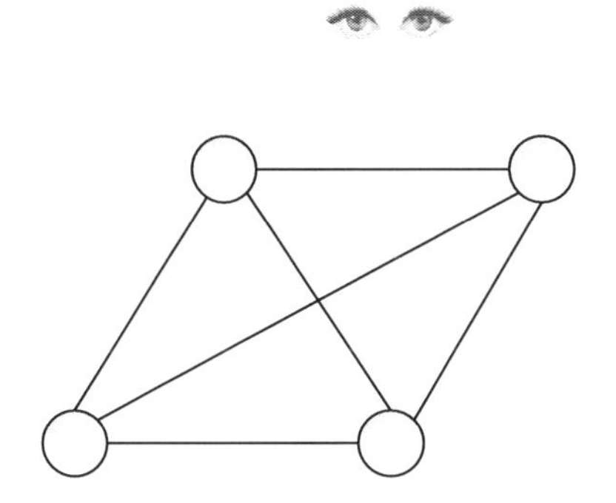

图 8.6 有监督的多边作用示意图

再补充一下，自动化是对人造系统整体功用的评价，由于认识层度的不同，自动化也具有层次性，如高中低、全自动、半自动、集成、分散、远程等。笼统地说，不需要人参与或者人参与很少的活动，都可称为自动化。但是，自动化之所以能减少人的参与，其核心问题在于对各方环节的调节和协调作用。如何协调和调节人、机、物、环境等之间的约束关系，就是要发现这些约束之间的作用关系和运动规律，并依据这些规律来设计相应的对抗生成式作用，即控制律或控制器，对这些约束主体进行统筹指挥部署，进而实现整个控制系统按照既定的设计目标而有序、可靠、稳定、高效地运行。自动化的核心是控制理论，控制理论还需要建模、仿真等一系列反馈校正环节，才能形成自动化技术，再通过工程师或有经验的专家作用到实际系统。控制理论对自动化的作用是显而易见的，是其灵魂和软实力。从自动化学科中分离出了各种学科，如计算机、通信、半导体、电机等这些具体的有形门类，但其控制理论属于无形资产，是固化于自动化学科始终的统帅。相应地，容错控制理论是保证自动化系统安全可靠运行的卫士，通过与各种先进制造设备有机融合，实现人造系统高可靠性运行。最优容错控制就是在此基础上逐渐发展和壮大起来的。针对各种系统、各种故障类型等，不可能有统一的容错模式和实现模型，但是在认知模式上都是一样的。如何不忘容错控制的初心，砥砺前行，不断完善容错控制理论，将需要广大科研学者大力创新和不断进取。

8.5 仿真算例

例 8.5.1　为了说明提出的具有较少学习参数基于增强学习的容错控制方法的有效性，考虑如下多输入多输出系统：

$$\begin{cases} X_1(k+1) = X_2(k) \\ X_2(k+1) = F(X(k)) + G(X(k))u(k) \\ \qquad\qquad +\Phi(k-k_f)H(X(k),u(k)) + d(k) \\ y(k) = X_1(k) \end{cases} \tag{8.49}$$

其中，$X_1(k) = [X_{11}(k), X_{12}(k)]$ 和 $X_2(k) = [X_{21}(k), X_{22}(k)]$ 是系统状态，$u(k) \in \mathbb{R}^2$ 是系统输入，$y(k) = [y_1(k), y_2(k)] \in \mathbb{R}^2$ 是系统输出，$d(k) = [d_1(k), d_2(k)]$ 是随机干扰，取值在区间 [0,1] 内。定义非线性内部动态 $F(X(k))$ 为

$$F(X(k)) = \begin{bmatrix} 0.4X_{11}(k) / \left(1 + X_{21}^2(k)\right) \\ (0.1 + 0.05\cos(X_{12}(k)))X_{22}(k) \end{bmatrix}^{\mathrm{T}}$$

增益矩阵 $G(X(k)) = [2\ \ 0, 0\ \ 2]$。定义跟踪误差 $e_{1i}(k) = y_i(k) - y_{di}(k)$，其中，$i = 1, 2$。

在此仿真中，主要目的是为系统式 (8.49) 设计一个具有较少学习参数基于增强学习的容错控制器，使得

(1) 输出 $y(k)$ 能跟踪参考信号 $y_d(k)$ 到一个很小的有界紧集，参考信号 $y_d(k)$ 定义如下：

$$y_d(k) = \begin{bmatrix} y_{d1}(k) \\ y_{d2}(k) \end{bmatrix} = \begin{bmatrix} 0.3\sin(0.5k\pi/50 + \pi/4) \\ 0.2\cos(0.5k\pi/50 - \pi/4) \end{bmatrix}$$

（2）闭环系统所有信号都有界。

假设系统故障发生在第 $k_f = 500$ 步。给定故障动态为

$$\varPhi_1(k-k_f)H_1\left(X\left(k\right),u(k)\right)=\begin{cases}0, & k<k_f\\ 0.78\left(1-\mathrm{e}^{-0.15(k-k_f)}\right)X_{11}\left(k\right), & k\geqslant k_f\end{cases} \tag{8.50}$$

$$\varPhi_2(k-k_f)H_2\left(X\left(k\right),u(k)\right)=\begin{cases}0, & k<k_f\\ 0.42\left(1-\mathrm{e}^{-0.11(k-k_f)}\right)X_{12}\left(k\right), & k\geqslant k_f\end{cases} \tag{8.51}$$

仿真中，执行网的宽度和节点数分别是 3 和 15，评判网的宽度和节点数分别是 3 和 25。执行网输入变量 $S_a\left(k\right)=\left[X_1^{\mathrm{T}}\left(k\right),X_2^{\mathrm{T}}\left(k\right),y_d^{\mathrm{T}}\left(k\right),y_d^{\mathrm{T}}\left(k+n\right)\right]^{\mathrm{T}}$，评判网输入变量 $X\left(k\right)=\left[X_1^{\mathrm{T}}\left(k\right),X_2^{\mathrm{T}}\left(k\right)\right]^{\mathrm{T}}$。选择状态 $X(k)=[X_1^{\mathrm{T}}(k),\ X_2^{\mathrm{T}}(k)]^{\mathrm{T}}\in\mathbb{R}^{2\times2}$ 的初值为 $X_1\left(0\right)=[-1,1]$ 和 $X_2\left(0\right)=[-0.5,1]$。选择自适应律的初始条件为 $\hat{\rho}_a\left(1\right)=[0.2,0.25]^{\mathrm{T}}$ 和 $\hat{\rho}_c\left(1\right)=0.1$。另外，给定设计参数 $\eta_a=0.05$，$\eta_c=0.02$，$\delta=0.3$，对角矩阵 $\varGamma=\mathrm{diag}\{0.2,0.2\}$，$\varLambda=\mathrm{diag}\{0.02,0.02\}$，$Q=\mathrm{diag}\{0.5,0.5\}$。

为了说明所提出方法的有效性，共考虑了下面三种情况。

情况 1：在此例子中应用文献 [275] 中的传统直接自适应控制方法（反步法）。

情况 2：在此例子中应用文献 [312] 中的传统增强学习算法，文献中的执行网和评判网没有减少学习参数。

情况 3：对比情况 2，在此例子中应用本章提出的基于增强学习的容错控制方法。其中更新的是神经网络权重向量的范数。

图 8.7 和图 8.8 给出的是对应情况 1 的仿真结果。在这种情况下，只需要一个神经网络。可以看出，$y_1(k)$ 和 $y_{d1}(k)$ 以及 $y_2(k)$ 和 $y_{d2}(k)$ 的跟踪轨迹都不理想。同时，相应的控制器 $u_1(k)$ 和 $u_2(k)$ 分别由图 8.7 和图 8.8 给出。注意，情况 1 中的神经网络与情况 2 和情况 3 中的执行网完全相同，且初值也相同。

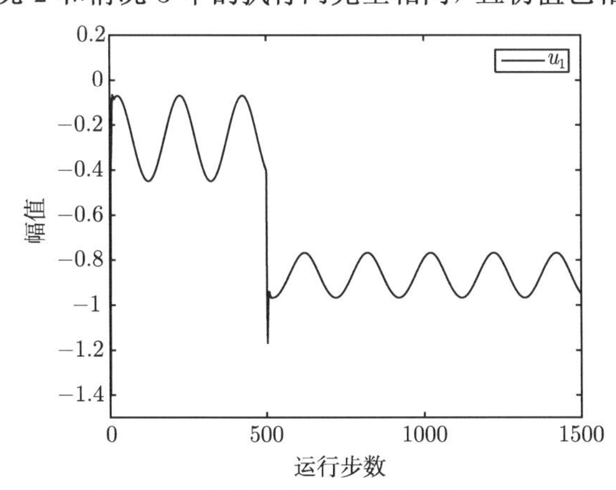

图 8.7 应用文献 [275] 中传统自适应控制的控制信号 $u_1(k)$ 的轨线

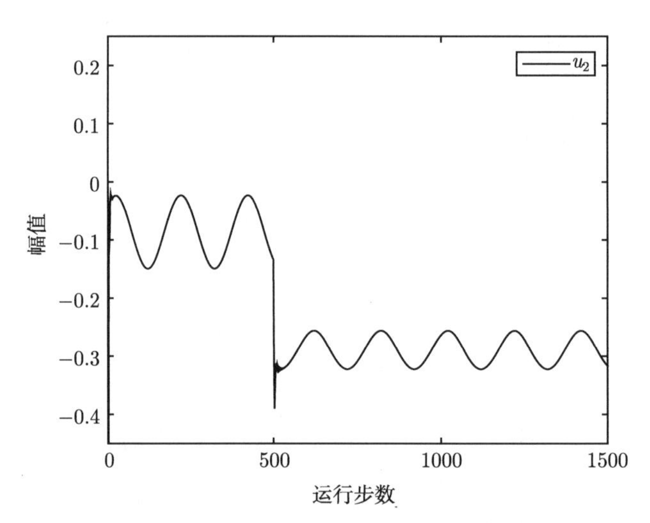

图 8.8　应用文献 [275] 中传统自适应控制的控制信号 $u_2(k)$ 的轨线

情况 2 下的仿真结果由图 8.9~图 8.12 给出。图 8.9 展现的是 $X_{11}(k)$ 和 $y_{d1}(k)$ 的跟踪轨迹，以及跟踪误差 $e_{11}(k)$ 的轨线。图 8.10 给出的是 $X_{12}(k)$ 和 $y_{d2}(k)$ 的跟踪轨迹，以及跟踪误差 $e_{12}(k)$ 的轨线。图 8.11 和图 8.12 分别给出了基于传统增强学习算法的控制信号。从这些图中可见，跟踪效果也不令人满意。

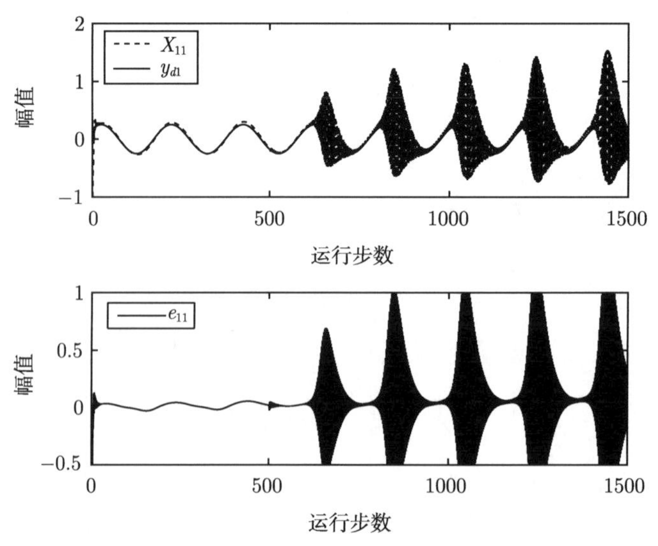

图 8.9　应用文献 [312] 中传统增强学习算法的 $y_{d1}(k)$、$X_{11}(k)$ 和 $e_{11}(k)$ 的轨线

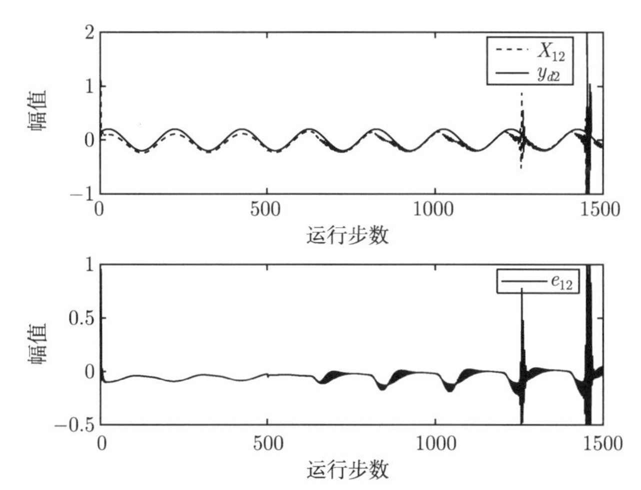

图 8.10 应用文献 [312] 中传统增强学习算法的 $y_{d2}(k)$、$X_{12}(k)$ 和 $e_{12}(k)$ 的轨线

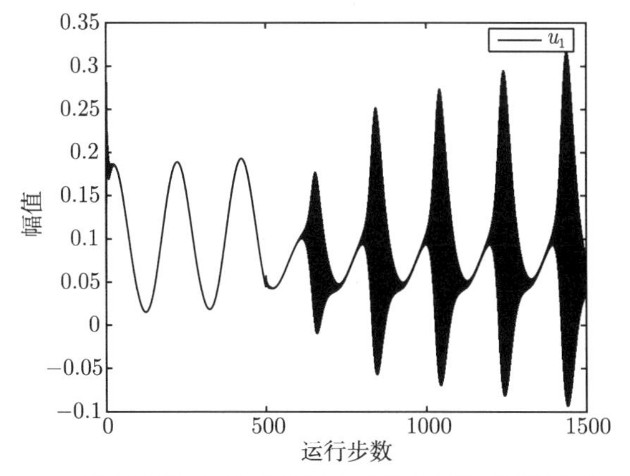

图 8.11 应用文献 [312] 中传统增强学习算法的控制器 $u_1(k)$

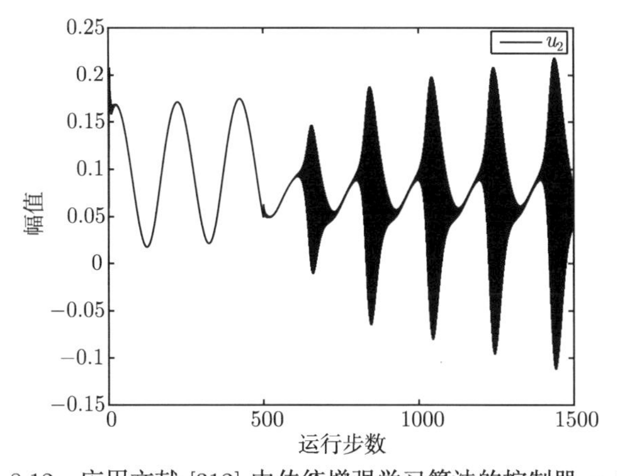

图 8.12 应用文献 [312] 中传统增强学习算法的控制器 $u_2(k)$

图 8.13~图 8.16 描述的是情况 3 所对应的仿真结果。图 8.13 给出的是 $X_{11}(k)$ 和 $y_{d1}(k)$ 的跟踪轨迹。图 8.14 展现的是 $X_{12}(k)$ 和 $y_{d2}(k)$ 的跟踪轨迹。第 500~550 步的波动是正常的，这是因为容错过程需要一定的时间。图 8.15 和图 8.16 分别描绘的是基于增强学习具有较少学习参数容错控制器 $u_1(k)$ 和 $u_2(k)$。观察图 8.13~图 8.16，可以发现本章所提方法关于 $y_1(k)$ 和 $y_2(k)$ 的跟踪性能较好，跟踪误差 $e_{11}(k)$ 和 $e_{12}(k)$ 的值几乎等于零。

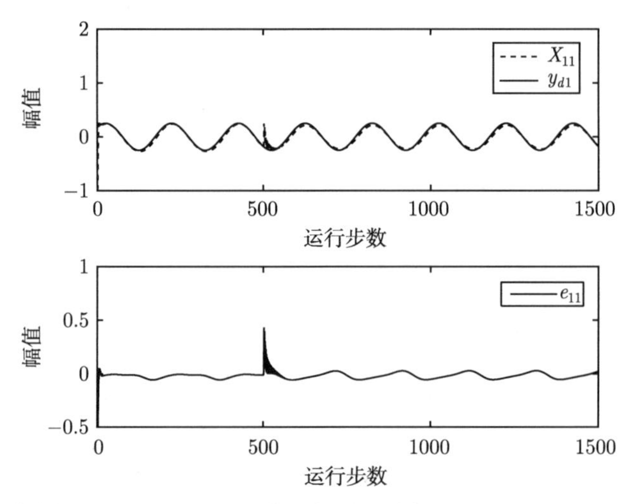

图 8.13　应用本章提出的基于增强学习容错控制方法的 $y_{d1}(k)$、$X_{11}(k)$ 和 $e_{11}(k)$ 的轨线

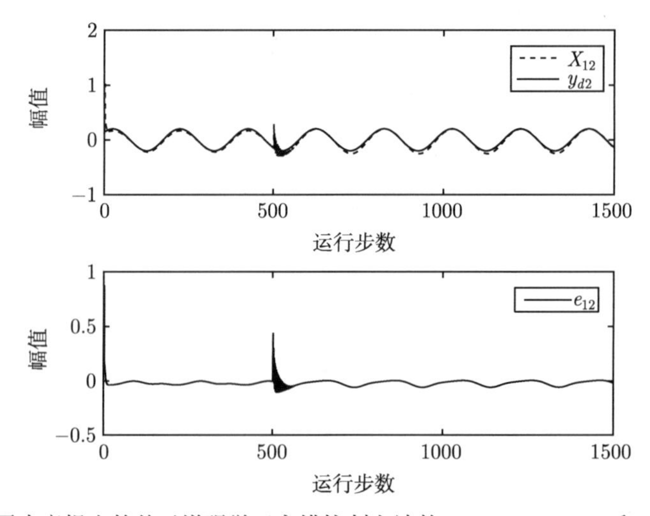

图 8.14　应用本章提出的基于增强学习容错控制方法的 $y_{d2}(k)$、$X_{12}(k)$ 和 $e_{12}(k)$ 的轨线

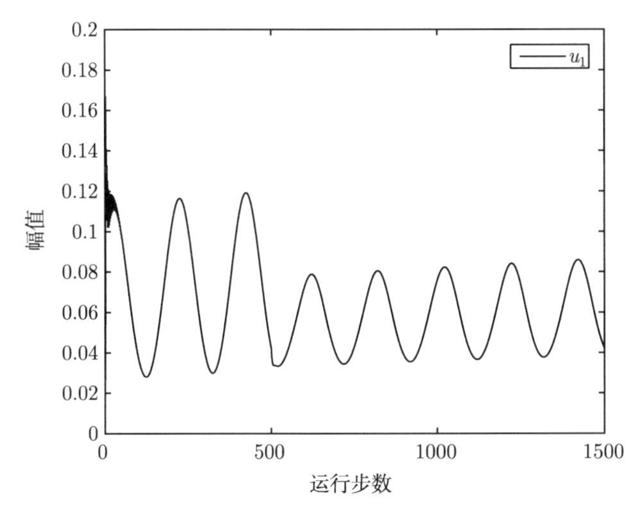

图 8.15 应用本章提出的基于增强学习容错控制方法的 $u_1(k)$ 的轨线

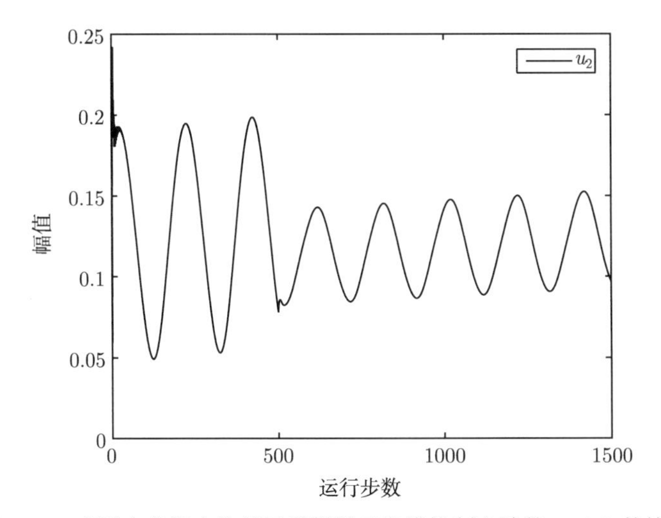

图 8.16 应用本章提出的基于增强学习容错控制方法的 $u_2(k)$ 的轨线

比较以上三种情况，情况 3 中的跟踪性能最好。通过观察图 8.7、图 8.8、图 8.11、图 8.12 以及图 8.15 和图 8.16 可见，情况 3 中的控制信号 $u_1(k)$ 和 $u_2(k)$ 要比情况 1 和情况 2 的小。

另外，计算了前 1500 步的总花费 $P^2(X(k))+z_n^{\mathrm{T}}(k)\Lambda z_n(k)+u^{\mathrm{T}}(k)Qu(k)$。情况 1 和情况 3 所对应的值分别为 46.5304 和 37.0362。而情况 2 下，其值为 81.8627。很明显，情况 3 的值最小。同时，三种情况下的运行时间也都计算出来了（参见表 8.1）。根据表 8.1 中的数据，可知情况 3 中的在线计算时间要比情况 1 和情况 2 的都小。

表 8.1　三种情况的性能对比

性能	情况 1	情况 2	情况 3
总成本值	46.5304	81.8627	37.0362
要求的神经网络数量	1	2	2
每步的学习参数	15	15+25	1+1
仿真程序运行时间/s	0.771	1.548	0.354

例 8.5.2　为了进一步验证本章提出的方法，下面考虑一个二阶机械臂系统 [324]：

$$\begin{bmatrix} D_{11}(q_1) & D_{12}(q_1) \\ D_{12}(q_1) & D_{22}(q_1) \end{bmatrix}\begin{bmatrix} \ddot{q}_2 \\ \ddot{q}_1 \end{bmatrix} = \begin{bmatrix} F_{12}(q_1)\dot{q}_1^2 + 2F_{12}(q_1)\dot{q}_2\dot{q}_1 \\ -F_{12}(q_1)\dot{q}_2^2 \end{bmatrix} + \begin{bmatrix} b_1(q_2,q_1)g \\ b_2(q_2,q_1)g \end{bmatrix} + \begin{bmatrix} u_1 \\ u_2 \end{bmatrix} \tag{8.52}$$

其中，$D_{11}(q_1) = (m_1+m_2)(r_1)^2 + 2m_2r_1r_2\cos(q_1) + J_1 + m_2(r_2)^2$，$D_{12}(q_1) = m_2(r_2)^2 + m_2r_1r_2\cos(q_1)$，$D_{22}(q_1) = J_2 + m_2(r_2)^2$，$b_1(q_2,q_1) = -\cos(q_1+q_2)m_2r_2 - (m_1+m_2)r_1\cos(q_2)$，$b_2(q_2,q_1) = -m_2r_2\cos(q_1+q_2)$。

图 8.17 给出的是二阶机械臂系统结构图。在实际机械臂系统中，重力加速度为 $g = 9.8\text{m/s}^2$，质点质量是 $m_1 = 0.8\text{kg}$ 和 $m_2 = 6\text{kg}$。臂长是 $r_1 = 0.9\text{m}$ 和 $r_2 = 1.2\text{m}$。q_1 和 q_2 表示转动角，这里是系统状态。控制输入 u_1 和 u_2 对应实际系统中的转矩。运用文献 [324] 中的离散化方法将系统式 (8.52) 离散化，采样步长为 $\Delta T = 0.05\text{s}$。

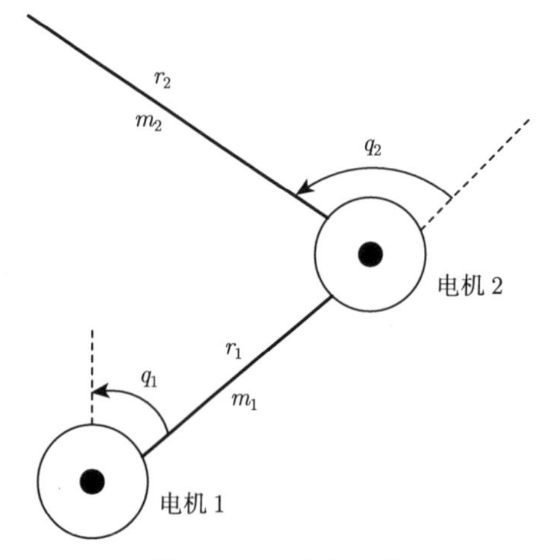

图 8.17　二阶机械臂

弹簧压力可能过大或过小，螺母可能松动，机械臂可能磨损或变形，因此，在这个二阶机械臂系统中可能会发生故障（转动角发生变化）。这个故障只与状态相关。假设故障发生在第 $k_f = 500$ 步，给定故障动态为

$$\varPhi_1 H_1 = \begin{cases} 0, & k < k_f \\ 1.4\left(1 - \mathrm{e}^{-0.2(k-k_f)}\right) q_1(k), & k \geqslant k_f \end{cases} \tag{8.53}$$

$$\varPhi_2 H_2 = \begin{cases} 0, & k < k_f \\ 0.18\left(1 - \mathrm{e}^{-0.11(k-k_f)}\right) q_2(k), & k \geqslant k_f \end{cases} \tag{8.54}$$

理想转动角轨迹为 $q_{1d}(k) = 2.04 + 0.08(\cos(k/(100\pi)) + 0.05)$ 和 $q_{2d}(k) = 1.32 + 0.012(\sin(k/(100\pi)))$。选择初值为 $q_1(0) = q_2(0) = 0.1$，给定参数 $J_1 = 4, J_2 = 5$。应用例 8.5.1 情况 3 中的设计方法，神经网络参数也选取与其一样的。

所得的仿真结果分别展现在图 8.18～图 8.20 中。观察图 8.18，可知跟踪误差收敛到原点附近的一个小邻域内。图 8.19 给出的是 q_2 和 q_{2d} 的跟踪轨迹以及跟踪误差的轨线。可见，跟踪性能很好。控制器 u_1 和 u_2 的轨迹由图 8.20 给出。很容易知道，它们都是有界的。

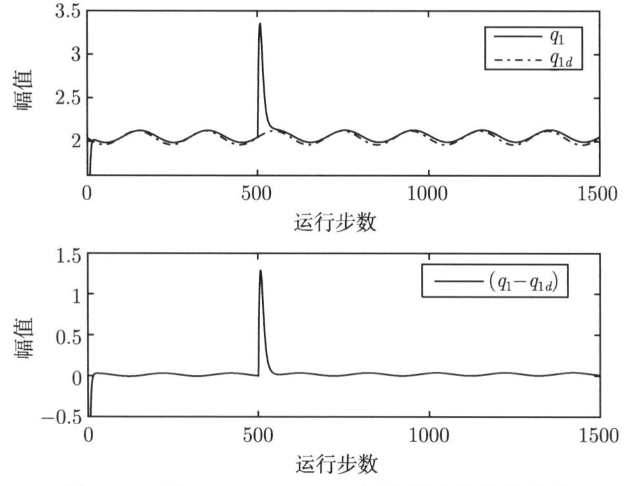

图 8.18 例 8.5.2 中 q_1、q_{1d} 以及跟踪误差的轨迹

例 8.5.3 为了突出基于增强学习容错控制方法对缓变故障的有效性，再次考虑例 8.5.1 的系统式 (8.49)。假设非线性内部动态 $F(X(k))$、$G(X(k))$ 以及参考信号 $y_d(k)$ 都与例 8.5.1 中的一样。

假设系统中的缓变故障发生在第 $k_f = 480$ 步。定义 $\varPhi(k - k_f)$ 为

$$\varPhi_1(k - k_f) = \begin{cases} 0, & k < k_f \\ 1 - \mathrm{e}^{-0.0075(k-k_f)}, & k \geqslant k_f \end{cases} \tag{8.55}$$

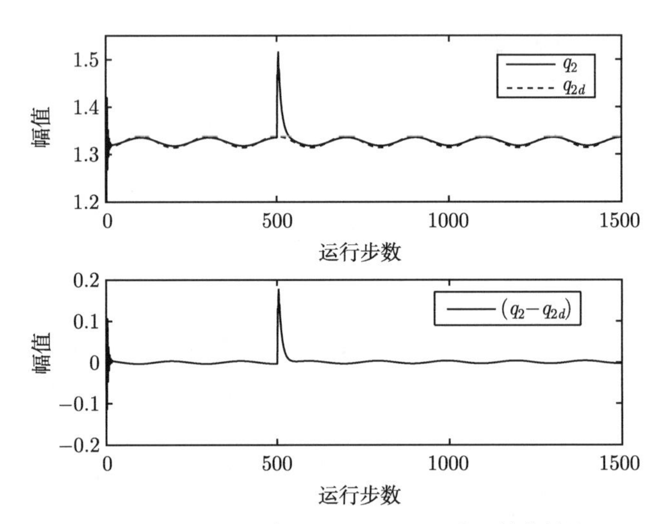

图 8.19　例 8.5.2 中 q_2、q_{2d} 以及跟踪误差的轨迹

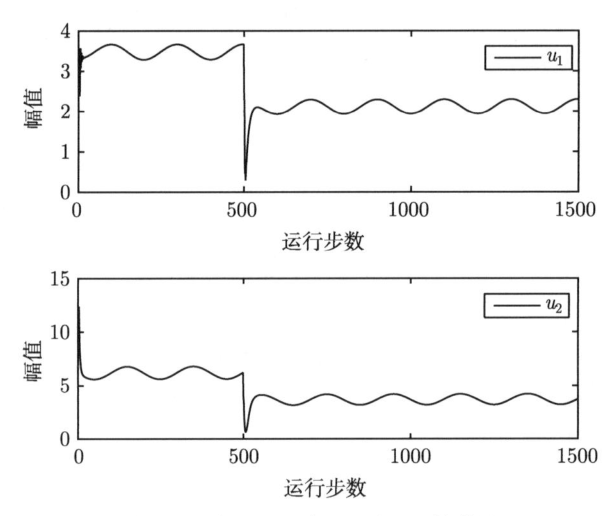

图 8.20　例 8.5.2 中 u_1 和 u_2 的轨迹

$$\Phi_2(k-k_f)=\begin{cases}0, & k<k_f\\ 1-\mathrm{e}^{-0.006(k-k_f)}, & k\geqslant k_f\end{cases}\tag{8.56}$$

故障函数表示为

$$H_1(\cdot)=\begin{cases}0, & k<k_f\\ X_{11}(k)X_{12}(k)+|X_{11}(k)|, & k\geqslant k_f\end{cases}\tag{8.57}$$

$$H_2(\cdot)=\begin{cases}0, & k<k_f\\ X_{21}^2(k)X_{22}(k)+X_{22}(k), & k\geqslant k_f\end{cases}\tag{8.58}$$

此仿真中，初值、执行网、评判网以及设计参数都与例 8.5.1 中情况 3 的选择一样。因为在实际系统中通常存在干扰，所以这里也将干扰考虑在内。干扰 $d(k) = [d_1(k), d_2(k)]$ 在区间 [0,0.1] 内随机选择。

图 8.21 和图 8.22 描述的是相应的仿真结果。观察图 8.21 可知，跟踪误差收敛到原点附近的一个小邻域内。图 8.22 展示的是 y_{d2} 和 X_{12} 的跟踪轨迹以及跟踪误差的轨迹。可见，得到了一个好的跟踪性能。因为容忍缓变故障的过程需要一定时间，所以第 480~650 步的波动现象是合理的。

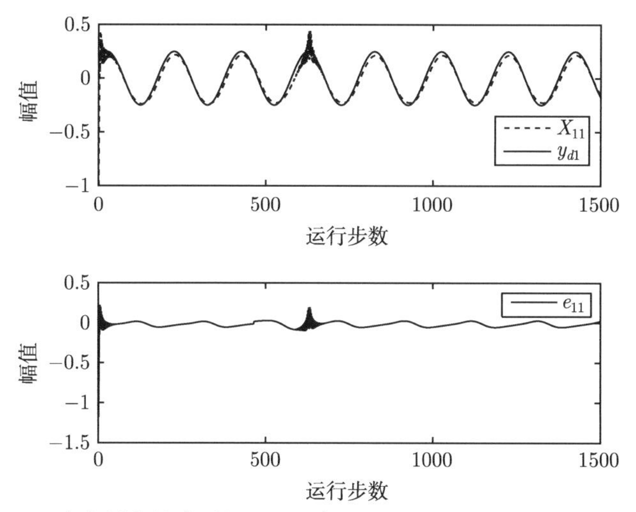

图 8.21 存在缓变故障时例 8.5.3 中 $y_{d1}(k)$、$X_{11}(k)$ 和 $e_{11}(k)$ 的轨迹

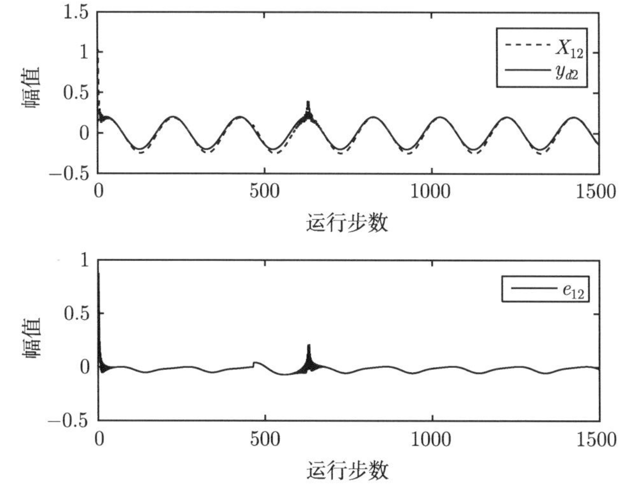

图 8.22 存在缓变故障时例 8.5.3 中 $y_{d2}(k)$、$X_{12}(k)$ 和 $e_{12}(k)$ 的轨迹

8.6 小　　结

本章研究了一类非线性多输入多输出离散系统的容错控制问题，提出了一种基于增强学习和具有较少学习参数的自适应容错控制方法。基于神经网络的万能逼近性，分别用执行网和评判网逼近近似最优控制器和长期花费函数（性能指标）。通过调节未知权重的范数减少了学习参数的数量，同时也减少了在线计算时间。最后，运用三个仿真算例证实所提方法的有效性。

第9章 基于数据的无模型系统的容错控制

9.1 引 言

第 5~8 章的容错控制都是基于模型的。然而，基于模型的控制方法的实现，都需要默认假设系统过程动态的建模是先进的或者精确的，而且要求运行环境良好。当系统的建模不够精确时，就不能得到满意的效果或性能。事实上，在处理超复杂强非线性的工业过程时，经常不能得到系统精确的模型。反之，基于数据驱动的控制方法可以避免这些问题。词汇“数据驱动”首次出现在计算机科学和技术领域。该方法最近几年才被引入控制领域。“数据驱动控制”的首次提出，可能追溯到 Ziegler-Nichols 过程的 PID 控制调节。自此，很多学者都在不同的角度对该方法加以利用，详见文献 [344]~[346]。由于只有输入输出（input/output，I/O）数据可以用在控制器的设计中，避免了辨识误差、未建模动态以及建模过程的相关假设的出现。

理论研究本身也是一个自闭系统。针对同一个问题，可以有多种解决方式，每种方式或技术的背后都有一定的理论认识，即理论基础。这样，不同技术和理论之间就会形成一种隔行如隔山的距离感。距离产生美，美是一种神秘、一种超越、一种自然，是一种外在的称谓或评价，也是科学追求的目标之一。若是距离超出一定的限度，那就只有神秘而没有感觉了；若是距离缩小到零，那就融二为一了，看不出所在研究的美质。所以，美也是一定条件下的度量。对模型驱动的控制理论的普及，使得在事物机理上提升了人们的认识，但是在具体应用中遇到的一些问题却无能为力，对模型驱动的控制方法自然产生分歧和距离，需要一种能够更加有效、接地气的实用技术。这样，关于非模型的处理方法又被重新认识，用以弥补模型驱动的不足。由于认知模型、关系模型、结构模型等多为经验表述，故而用研究对象的信息 —— 数据来概括之，故命名为数据驱动或基于数据的控制。在基于数据驱动的研究方面，还没有像经典控制理论和现代控制理论那样有着系统的理论基础，因此还没有形成相应的控制理论，尚处于科学研究的初级阶段。与数据驱动概念相适应，另一种伟大的创新就是无模型控制，其与解析模型相对，本质上是对数据驱动的一种反映，是跨接模型驱动和数据驱动两大主流控制方法的纽带。无模型控制解决了模型驱动控制方法中控制器设计依赖精确对象模型的不足，并利用神经网络或模糊逻辑等的逼近能力特点，能够抽取出相应的输入输出数据关系，进而采用类似于时间序列分析的结构，形成了独树一帜的研究方向。不论模型驱动、无模型驱动还是数据驱动控制理论，都是探寻事物的内在运行关系，进而发现规律并加以利用，形成实用技术以实现人机系统自动化的目的。模型驱动、无模型驱动以及数据驱动控制之间总是存在一定距离，并由此形成各领风骚的研究局面，体现一种和谐的美。

无模型自适应控制（model-free adaptive control，MFAC）方法是由北京交通大学的侯忠生教授在 20 世纪 90 年代首次提出的。受该开创性工作的影响 [347]，离散系统的 MFAC 方法得到了系统化的研究 [348-350]。一般而言，该方法主要是利用伪偏导数/伪梯度方法、最优判据和偏格式/紧格式/全格式动态线性化方法，来得到系统的稳定性控制。然而，当系统发生故障时，这些方法将会产生容错问题。由于只有 I/O 数据可得，也就是说，能够用到的系统信息相当有限，两个主要的问题自然就会产生：①如何建立一个有效的故障检测机制来有效判断无模型系统是否发生故障？②当故障被检测出来以后，是否能提出一种统一的容错控制器设计框架？这两点目前还没有人研究，促使作者在本章中研究该问题。

随着容错控制技术的日臻成熟，很多学者提出了多种容错控制方案，如基于模型的容错控制 [351-355] 和基于数据的容错控制 [356-361]。基于模型的容错控制在前文都有详细介绍。而基于数据的容错控制基本上可以分为多元统计分析法、迭代学习控制法、子空间辅助法等，感兴趣的人可以参阅综述性论文 [361]。然而，至今为止，针对无模型多变量系统，仍然没有相关的容错研究。事实上，无模型系统对传感器故障的鲁棒性研究是个关键性问题。因此，当无模型系统发生传感器故障时，很有必要建立一套完整的故障检测和估计以及容错控制机制。

综上所述，本章尝试在数据驱动的无模型离散系统里融入故障检测、估计和容错思想，集中讨论数据驱动的多变量系统的自适应无模型容错控制技术。首先，建立一种基于估计器的故障检测方法来判断故障是否发生。其次，利用回声状态网（echo state network，ESN）来在线近似未知的故障动态。基于回声状态网强大的学习能力，给出回声状态网的具体训练算法。再次，根据最优准则和重设机制，提出新的容错控制方法。然后，给出闭环系统的稳定性证明，同时，输出信号能尽可能地跟踪上给定信号。最后，仿真实例以及对比研究验证所提 FDE 和容错控制的有效性。

9.2　问题描述和预备知识

本章将考虑如下带有传感器故障的非线性无模型离散系统：

$$y(k+1) = y(k) + \phi^{\mathrm{T}}(k)\Delta u(k) + f_s(k) \tag{9.1}$$

其中，$y(k) \in \mathbb{R}$ 是系统输出，$\Delta u(k) = u(k) - u(k-1)$，$u(k) \in \mathbb{R}^{n\times 1}$ 是控制输

入，$\phi^{\mathrm{T}}(k)\in\mathbb{R}^{1\times n}$ 是未知伪梯度向量，$f_s(k)$ 表示传感器故障。当无故障时，标称系统为

$$y_N(k+1)=y_N(k)+\phi_N^{\mathrm{T}}(k)\Delta u_N(k) \tag{9.2}$$

注意，式 (9.2) 只需要输入输出数据和一个未知参数 $\phi_N(k)$。这是一个面向控制器设计的数据模型，受到了广泛的研究 [349, 362]。式 (9.2) 所示系统等价于如下基于数据的非线性多输入单输出系统：

$$y_N(k+1)=f_N\Big(y_N(k),\cdots,y_N(k-\tau_y),u_N^{\mathrm{T}}(k),\cdots,u_N^{\mathrm{T}}(k-\tau_u)\Big) \tag{9.3}$$

其中，$f_N(\cdot)$ 是未知函数，τ_y 和 τ_u 是正常数。事实上，通过使用紧格式动态线性化机制 [348]，一般的非线性离散标称系统式 (9.3) 可以转化为时变动态数据模型式 (9.2)。在此情况下，原系统所有复杂的因素（如强非线性、时变结构等）都可以简化成一个单时变参数向量 $\phi_N(k)$。在等价数据模型式 (9.2) 的帮助下，无模型系统的自适应控制相关问题将等同于解决基于紧格式动态线性化数据模型 [350]。下面将建立动态线性化系统式 (9.2) 的故障检测机制并设计容错控制器。

若系统没有发生传感器故障，假设此时的控制及输出均有界，即标称系统是输入输出有界稳定的。这在实际工业应用中是有验证的 [363]。

需指出的是，文献 [364]、[365] 在处理非线性函数时，给出如下假设：对于任意给定的实连续函数 $f_{i,j}(x_{i,j})$, $f_{i,j}(0)=0$, 当采用连续函数分离技术和神经网络逼近技术时，有

$$f_{i,j}(x_{i,j})=\xi_{i,j}(x_{i,j})W_{i,j}x_{i,j}+\epsilon_{i,j}$$

其中，$\xi_{i,j}$ 是神经网络的基函数向量，$\epsilon_{i,j}$ 是逼近误差，$W_{i,j}$ 是权值矩阵。显然，该假设与神经网络或模糊逻辑在紧集上的万能逼近性原理相似。基于类似的推演可以看出，本节针对带有传感器故障的非线性无模型离散系统式 (9.1) 的考虑也是合理的。只要偏差超出一定的范围，就可以看做故障的发生。

假设 9.2.1[348] 考虑的多变量系统是广义 Lipschitz 的，$f_N(\cdot)$ 关于当前控制信号 $u(k)$ 的偏导数是连续的。

假设 9.2.2[350] 对于所有 k 和 $\Delta u(k)=u(k)-u(k-1)\neq 0$，伪梯度向量是不变的。换句话说，$\phi(k)>\underline{\phi}>0$（或者 $\phi(k)<-\underline{\phi}$）总成立，其中，$\underline{\phi}$ 是一个正常数。

本章的主要控制目标是为无模型多变量离散系统式 (9.2) 或式 (9.3) 设计一个故障检测估计器来检测是否有传感器故障发生。然后，基于回声状态网近似未知传感器故障函数。最后采用容错控制方法容忍传感器故障，同时保证闭环系统所有信号都有界。

9.3　故障检测机制

本节将基于估计器和时变阈值方法为多输入单输出无模型系统建立故障检测机制。

下面基于非线性估计器提出了故障检测方法。此方法参考了之前工作 [362] 的经验。在文献 [362] 中，提出了一个基于多估计器且基于数据的自适应控制方法，然而并没考虑发生故障的情形。

定义 $\varsigma(k)$ 作为 $y(k)$ 的估计。基于此，设计如下故障检测估计器:

$$\varsigma(k+1)=\varsigma(k)+\hat{\phi}_N^{\mathrm{T}}(k)\Delta u_N(k)+\varrho z(k) \tag{9.4}$$

其中，ϱ 是反馈增益，$z(k)$ 是估计误差，其定义为 $z(k)=y_N(k)-\varsigma(k)$。

综合式 (9.2) 和式 (9.4)，可得

$$\begin{aligned} z(k+1)&=z(k)+\tilde{\phi}_N^{\mathrm{T}}(k)\Delta u_N(k)-\varrho z(k)\\ &=(1-\varrho)z(k)+\tilde{\phi}_N^{\mathrm{T}}(k)\Delta u_N(k) \end{aligned} \tag{9.5}$$

进一步，有

$$\begin{aligned} z(k+1)=&\tilde{\phi}_N^{\mathrm{T}}(k)\Delta u_N(k)+(1-\varrho)\Big((1-\varrho)z(k-1)\\ &+\tilde{\phi}_N^{\mathrm{T}}(k-1)\Delta u_N(k-1)\Big)\\ =&(1-\varrho)^2z(k-1)+(1-\varrho)\tilde{\phi}_N^{\mathrm{T}}(k-1)\Delta u_N(k-1)\\ &+\tilde{\phi}_N^{\mathrm{T}}(k)\Delta u_N(k)\\ &\vdots\\ =&(1-\varrho)^kz(1)+(1-\varrho)^{k-1}\tilde{\phi}_N^{\mathrm{T}}(1)\Delta u_N(1)\\ &+(1-\varrho)^{k-2}\tilde{\phi}_N^{\mathrm{T}}(2)\Delta u_N(2)+\cdots+\tilde{\phi}_N^{\mathrm{T}}(k)\Delta u_N(k) \end{aligned} \tag{9.6}$$

在文献 [350] 中（参见第 5 章），证明了标称系统中的信号 $\tilde{\phi}_N^{\mathrm{T}}(1)$，$\tilde{\phi}_N^{\mathrm{T}}(2)$，$\cdots$，$\tilde{\phi}_N^{\mathrm{T}}(k)$，$\Delta u_N(1)$，$\cdots$ ，$\Delta u_N(k)$ 的有界性。主要思想是运用杨氏不等式、几何级数以及盖氏圆盘定理使得参数估计误差 $\tilde{\phi}_N^{\mathrm{T}}(k)$ 和控制信号 $u_N(k)$ 都是有界的。这里借鉴文献 [350] 的思想，推出类似的结果，即存在正常数 $\bar{\phi}_N>0$ 和 $\bar{\varDelta}>0$ 使得

$$\bar{\phi}_N\bar{\varDelta}=\max\Big\{|\tilde{\phi}_N^{\mathrm{T}}(1)\Delta u_N(1)|,|\tilde{\phi}_N^{\mathrm{T}}(2)\Delta u_N(2)|,\cdots,|\tilde{\phi}_N^{\mathrm{T}}(k)\Delta u_N(k)|\Big\} \tag{9.7}$$

考虑式 (9.7)，可将式 (9.6) 重写为

$$\begin{aligned}|z(k+1)| \leqslant & |(1-\varrho)|^{k}|z(1)|+|(1-\varrho)|^{k-1}|\tilde{\phi}_{N}^{\mathrm{T}}(1)\Delta u_{N}(1)| \\ & +|(1-\varrho)|^{k-2}|\tilde{\phi}_{N}^{\mathrm{T}}(2)\Delta u_{N}(2)|+\cdots+|\tilde{\phi}_{N}^{\mathrm{T}}(k)\Delta u_{N}(k)| \\ \leqslant & |1-\varrho|^{k}|z(1)|+\left(|1-\varrho|^{k-1}+|1-\varrho|^{k-2}+\cdots+1\right)\bar{\phi}_{N}\bar{\Delta} \\ \leqslant & |1-\varrho|^{k}|z(1)|+\frac{1-|1-\varrho|^{k}}{1-|1-\varrho|}\bar{\phi}_{N}\bar{\Delta}\end{aligned} \tag{9.8}$$

若选择反馈增益 ϱ 满足 $-1<1-\varrho<1$，则可得

$$|z(k)| \leqslant |z(1)|+\frac{1}{1-|1-\varrho|}\bar{\phi}_{N}\bar{\Delta}$$

在这种情况下，故障检测阈值为

$$d_{f}=|z(1)|+\frac{1}{1-|1-\varrho|}\bar{\phi}_{N}\bar{\Delta} \tag{9.9}$$

因此，给出传感器故障的判定方法如下：当估计误差超出相应的阈值时（阈值由式 (9.9) 给出），可以判定有传感器故障发生。也就是说，根据如下形式检测传感器的故障发生：

$$|z(k)|>d_{f}, \quad \text{故障发生} \tag{9.10}$$

因此，满足条件 $z(T_f)>d_f$ 的时刻即是故障检测时刻 T_f。

注释 9.3.1 如式 (9.4) 所示的传感器故障检测估计器，若无论何时都有 $z(T_f)>d_f$ 成立，则暗示该系统发生故障。然而，其逆命题不成立。也就是说，当 $z(T_f)\leqslant d_f$ 时，并不能说明系统没有故障。为了准确检测出故障，本章所提出的检测阈值是在考虑到最坏的情景下计算得出。与已有文献 [351, 352] 对比（在这些方法里面，检测阈值都是根据专家经验或者专家知识选取的），本节的阈值是计算出来的。在文献 [351]、[352] 中，是定性的选择，但是在本节是定量的计算。虽然在文献 [299]、[318] 中，也通过基于李雅普诺夫稳定性分析的方法计算出阈值，但是，本节只用了纯数学的分析法算出阈值。本节阈值的计算方法没有过多的设计参数，但是在文献 [299]、[318] 中有很多参数需要慎重选取。

9.4 基于回声状态网的容错控制

当传感器故障在 9.3 节被检测出来后，在本节中，将建立基于回声状态网的容错控制机制。在重构容错控制器之前，先用回声状态网来近似地估计未知故障动态。然后，被近似的故障函数将融入容错控制器的重构中实现故障调节。

9.4.1　基于回声状态网的故障估计

回声状态网给递归神经网络提供了一个监督式学习准则。图 9.1 展示了回声状态网的基本结构。它共由三部分组成：输入单元、内部单元（包含大量神经元）以及输出单元。内部单元的权重，即储备网络，在学习过程中是不变的。然而，为了计算理想输出信号，输出层的权重是需要调节的。

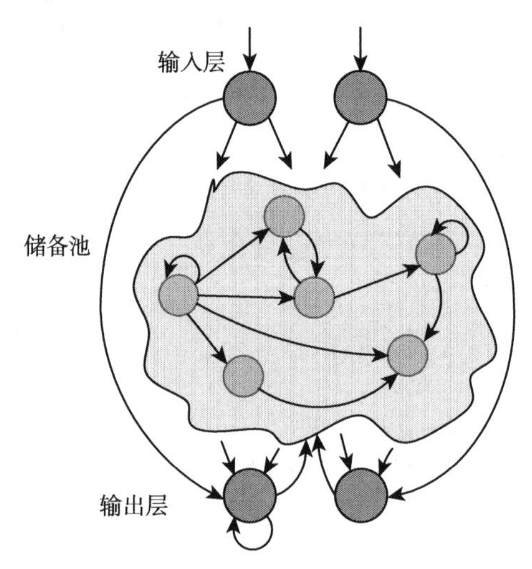

图 9.1　回声状态网的基本结构

传统的神经网络很容易陷入局部最小值，而回声状态网则不容易陷入局部最小值 [366]。另外，当提前设定好恰当的储备池权值向量的谱半径之后，其稳定性可以得到保证。而且，在回声状态网里，可以避免求偏导数。这意味着其训练过程将会更简单。基于以上讨论，引入回声状态网来近似未知传感器故障函数。

回声状态网的内部单元和输出单元的描述如下：

$$x_{nn}(k+1)=f\left(\theta^i u_{nn}(k+1)+\theta x_{nn}(k)+\theta^b y_{nn}(k)\right) \tag{9.11}$$

$$y_{nn}(k+1)=f^o\left(\theta^o\big(u_{nn}(k+1),x_{nn}(k+1),y_{nn}(k)\big)\right) \tag{9.12}$$

其中，$x_{nn}(k)$ 是储备池的神经元，$f(\cdot)$ 是隐藏层的激活函数，$\theta^i\in\mathbb{R}^{N\times K}$ 是输入层到隐藏层的输入矩阵，$u_{nn}(k)$ 是回声状态网的输入，$\theta\in\mathbb{R}^{N\times N}$ 是储备池的权值矩阵，$\theta^b\in\mathbb{R}^{N\times L}$ 是输出层到隐藏层的反馈矩阵，$y_{nn}(k)$ 是输出层的神经元，$f^o(\cdot)$ 是输出层的神经元激活函数，$\theta^o\in\mathbb{R}^{L\times(N+K)}$ 是隐藏层到输出层的权值矩阵。在本章中，激活函数 $f(\cdot)$ 和 $f^o(\cdot)$ 均选为双曲正切函数 $\tanh(\cdot)$。

计算隐藏层权重的目的是用回声状态网逼近故障动态。其主要目的可以看成是计算权重 θ^o 使得如下训练误差最小：

$$z_{nn}(k)=f_s(k)-f^o\left(\theta^o\big(u_{nn}(k),x_{nn}(k).y_{nn}(k-1)\big)\right) \tag{9.13}$$

在一个典型的回声状态网中，权重 θ^i、θ 和 θ^b 是随机给定的。本章的基本思想是用 θ^i 和 θ^b 激发储备池的神经元，使储备池产生回声振动，回声状态网在短时间内记住历史信息，进而使得其输出能逼近传感器故障函数。在应用回声状态网方法中，θ^o 的计算是一个线性回归的过程。训练算法大概如下：

（1）随机生成权重 θ^i、θ 和 θ^b。确定权重维数。

（2）初始化回声状态网。选择 $x_{nn}(0)=0$，$f_s(0)=0$。通过计算下列过程，启动回声状态网：

$$x_{nn}(k+1)=f\left(\theta^i u_{nn}(k+1)+\theta x_{nn}(k)+\theta^b f_s(k)\right)$$

（3）定义矩阵 $\mathcal{M}$ 和 $\mathcal{N}$ 并确定其维数。计算 $(u_{nn}(k),x_{nn}(k),y_{nn}(k))$ 的值，将其以行向量的形式并入 $\mathcal{M}$。

（4）计算伪逆 $\mathcal{M}^{-1}$。设计更新律 $\theta^o=\mathcal{M}^{-1}\mathcal{N}$。

（5）根据下式计算回声状态网的输出：

$$y_{nn}(k+1)=f^o\left(\theta^o\big(u_{nn}(k+1),x_{nn}(k+1),f_s(k)\big)\right)$$

（6）重复第（1）步。

简言之，当训练误差式 (9.13) 最小时，本章传感器故障近似形式如下：

$$f_s(k+1)=f^o\left(\theta^o\big(u_{nn}(k+1),x_{nn}(k+1),f_s(k)\big)\right) \tag{9.14}$$

构造更新律如下：

$$\theta^o=\mathcal{M}^{-1}\mathcal{N} \tag{9.15}$$

注释 9.4.1 在以上的基于回声状态网的故障估计环节，有三点值得强调：①以上的回声状态网需要满足回声状态特性。换言之，权值 θ 必须是稀疏矩阵且其谱半径满足 $|\rho(\theta)|<1$；② 列向量 $\mathcal{N}$ 中的每一项都是由反双曲正切函数 $\operatorname{arctanh}(f_s(k))$ 组成；③ 定义均方根误差（RMSE）为

$$\delta_{\text{RMSE}}=\sqrt{\frac{1}{k}\sum_{i=1}^{k}\left[\operatorname{arctanh}\Big(f_s(i)\Big)-\operatorname{arctanh}\Big(y_{nn}(i)\Big)\right]^2}$$

当该均方根误差 δ_{RMSE} 最小时，传感器故障函数就被回声状态网近似出来了。

9.4.2 容错控制器设计

检测出传感器故障后，接下来，需要设计容错控制器。本节主要的目的就是设计容错控制器 $u(k)$ 来镇定原始系统式 (9.1)。

考虑如下判别函数：

$$F_c\left(u(k)\right)=|y_d(k+1)-y(k+1)|^2+\sigma_1\|u(k)-u(k-1)\|^2 \tag{9.16}$$

其中，$y_d(k+1)$ 表示理想参考信号，$y(k+1)$ 在式 (9.1) 中已给出，$\sigma_1>0$ 是加权因子。

定义跟踪误差为

$$e(k+1)=y_d(k+1)-y(k+1)$$

于是，式 (9.16) 可以重写为

$$F_c\left(u(k)\right)=|e(k+1)|^2+\sigma_1\|u(k)-u(k-1)\|^2 \tag{9.17}$$

将判别函数 $F_c\left(u(k)\right)$ 对控制信号 $u(k)$ 求偏微分，可得

$$\frac{\partial F_c\left(u(k)\right)}{\partial u(k)}=2y_d(k+1)\phi(k)-2y(k+1)\phi(k)+2\sigma_1(u(k)-u(k-1)) \tag{9.18}$$

由于 $y(k+1)=y(k)+\phi^{\mathrm{T}}(k)\Delta u(k)+f^o\left(\theta^o(k)\right)$，所以，可以把式 (9.18) 改写为

$$\begin{aligned}\frac{\partial F_c\left(u(k)\right)}{\partial u(k)}=&2\big(y_d(k+1)-y(k)\big)\phi(k)+\phi^{\mathrm{T}}(k)\Delta u(k)\phi(k)\\&+2\sigma_1\Delta u(k)-f^o\left(\theta^o(k)\right)\phi(k)\end{aligned} \tag{9.19}$$

运用最优性准则，即 $\dfrac{\partial F_c\left(u(k)\right)}{\partial u(k)}=0$，可以推出：

$$\Delta u(k)=\frac{\phi(k)}{\sigma_1+\|\phi(k)\|^2}\left[y_d(k+1)-y(k)-f^o\left(\theta^o(k)\right)\right]$$

进一步，可以推导出

$$u(k)=u(k-1)+\frac{\eta_1\phi(k)}{\sigma_1+\|\phi(k)\|^2}\omega(k) \tag{9.20}$$

其中

$$\omega(k)=y_d(k+1)-y(k)-f^o\left(\theta^o(k)\right)$$

$\eta_1\in(0,1)$ 是步长常数。

然而，根据式 (9.1) 和式 (9.20)，伪梯度向量$\phi(k)$ 在实际应用中是不可得的。因此，引入其估计 $\hat{\phi}(k)$。定义估计误差为 $\tilde{\phi}(k)=\hat{\phi}(k)-\phi(k)$。设计如下自适应律：

$$\hat{\phi}(k)=\hat{\phi}(k-1)+\frac{\eta_2\chi(k)}{\sigma_2+\|\Delta u(k-1)\|^2}\Delta u(k-1) \tag{9.21}$$

其中

$$\chi(k)=\Delta y(k)-\hat{\phi}^{\mathrm{T}}(k-1)\Delta u(k-1)-f^o\left(\theta^o(k-1)\right)$$

$\eta_2\in(0,1)$ 是步长常数，$\sigma_2>0$ 是加权因子。

实际上，$\hat{\phi}(k)$ 的自适应律用以上类似的方法也能得到，具体步骤如下。

（1）定义判别函数 $Q_c\big(\hat{\phi}(k)\big)=\sigma_2\big[\hat{\phi}(k)-\hat{\phi}(k-1)\big]^2+\big[\Delta y(k)-\hat{\phi}(k)\Delta u(k-1)-f^o\left(\theta^o(k)\right)\big]^2$。

（2）计算判别函数关于 $\hat{\phi}(k)$ 的偏导数：$\partial Q_c\big(\hat{\phi}(k)\big)/\partial\hat{\phi}(k)$。

（3）令 $\partial Q_c\big(\hat{\phi}(k)\big)/\partial\hat{\phi}(k)=0$。运用数学方法计算 $\sigma_2+\|\Delta u(k-1)\|^2$。

（4）在第（3）步同时加上和减去 $\hat{\phi}(k-1)\|\Delta u(k-1)\|^2$，可得 $\hat{\phi}(k)$ 的自适应律。

综合以上的设计过程式 (9.16)~ 式 (9.21)，可得如下容错控制器和自适应律：

$$u(k)=u(k-1)+\frac{\eta_1\hat{\phi}(k)}{\sigma_1+\|\hat{\phi}(k)\|^2}\omega(k) \tag{9.22}$$

$$\hat{\phi}(k)=\hat{\phi}(k-1)+\frac{\eta_2\chi(k)}{\sigma_2+\|\Delta u(k-1)\|^2}\Delta u(k-1) \tag{9.23a}$$

$$\hat{\phi}_i(k)=\hat{\phi}_i(1),\quad |\hat{\phi}_i(k)|\leqslant\varepsilon,\quad \operatorname{sgn}\left(\hat{\phi}_i(k)\right)\neq\operatorname{sgn}\left(\hat{\phi}_i(1)\right) \tag{9.23b}$$

其中，$\hat{\phi}_i(k)(i=1,2,\cdots,n)$ 是向量 $\hat{\phi}(k)$ 的第 i 个分量，ε 是一个小的正常数，具体值由设计者决定。

注释 9.4.2 注意到在式 (9.23b) 中，建立了一种重置机制。当伪偏导数 $\hat{\phi}_i(k)$ 足够小时，本节所提出的基于回声状态网的故障估计方法的调节能力可能下降。将其重置到初始值的目的就是增加其调节能力。另外，该方法保证了伪偏导数的方向始终不变。如果伪偏导数的方向不能提前知道，将很难确认控制行为的运行方向。因此，本节的重置方法很有必要。

定理 9.4.1 考虑非线性无模型系统式 (9.1)，基于假设 9.2.1 和假设 9.2.2。传感器故障由回声状态网估计，估计形式如式 (9.14) 所示。构造容错控制器如式 (9.22) 所示。设计式 (9.23) 的伪梯度向量自适应律。于是，参数估计 $\hat{\phi}(k)$、跟踪误差 $e(k)$ 和容错控制器 $u(k)$ 是有界的。

证明 整个证明过程分为主要的三部分。首先，证明伪梯度向量的有界性。其次，保证跟踪误差 $e(k)$ 的有界性。最后，说明容错控制器 $u(k)$ 是有界的。

第 1 步：若式（9.23b）满足，则可知当选择初值 $\hat{\phi}(1)$ 有界时，$\hat{\phi}(k)$ 是有界的。定义伪梯度向量估计误差为 $\tilde{\phi}(k)=\hat{\phi}(k)-\phi(k)$。由 $\phi(k)$ 的有界性（证明见文献 [349] 附录 A），可以保证 $\tilde{\phi}(k)$ 是有界的。

对于满足式（9.23a）的情况，下面将给出具体证明。

在式（9.23a）两侧同时减去 $\phi(k)$，可得

$$\tilde{\phi}(k)=\hat{\phi}(k-1)-\phi(k)+\frac{\eta_2\chi(k)}{\sigma_2+\|\Delta u(k-1)\|^2}\Delta u(k-1) \tag{9.24}$$

在式 (9.24) 的右侧同时加上和减去 $\phi(k-1)$，有

$$\tilde{\phi}(k)=\tilde{\phi}(k-1)+\phi(k-1)-\phi(k)+\frac{\eta_2\chi(k)}{\sigma_2+\|\Delta u(k-1)\|^2}\Delta u(k-1) \tag{9.25}$$

进一步可以计算出

$$\tilde{\phi}(k)=-\frac{\eta_2\tilde{\phi}^{\mathrm{T}}(k-1)\Delta u(k-1)}{\sigma_2+\|\Delta u(k-1)\|^2}\Delta u(k-1)+\tilde{\phi}(k-1)+\phi(k-1)-\phi(k) \tag{9.26}$$

对于理想的伪梯度向量 $\phi(k)$，存在一个正常数 α，使得 $\|\phi(k)\|\leqslant\alpha$，从而可以推出

$$\|\phi(k-1)-\phi(k)\|\leqslant 2\alpha$$

计算式 (9.26) 的范数，可得

$$\begin{aligned}\|\tilde{\phi}(k)\|=&\left\|-\frac{\eta_2\tilde{\phi}^{\mathrm{T}}(k-1)\Delta u(k-1)}{\sigma_2+\|\Delta u(k-1)\|^2}\Delta u(k-1)\right.\\&\left.+\tilde{\phi}(k-1)\right\|+\|\phi(k-1)-\phi(k)\|\end{aligned} \tag{9.27}$$

进一步，有

$$\begin{aligned}\|\tilde{\phi}(k)\|=&\left\|-\frac{\eta_2\tilde{\phi}^{\mathrm{T}}(k-1)\Delta u(k-1)}{\sigma_2+\|\Delta u(k-1)\|^2}\right.\\&\left.\times\Delta u(k-1)+\tilde{\phi}(k-1)\right\|+2\alpha\end{aligned} \tag{9.28}$$

对于式 (9.28) 右侧第一项, 可以计算出其平方为

$$\begin{aligned}&\left\|\tilde{\phi}(k-1)-\frac{\eta_2\tilde{\phi}^{\mathrm{T}}(k-1)\Delta u(k-1)}{\sigma_2+\|\Delta u(k-1)\|^2}\Delta u(k-1)\right\|^2\\=&-2\eta_2\frac{\|\tilde{\phi}^{\mathrm{T}}(k-1)\|^2\|\Delta u(k-1)\|^2}{\sigma_2+\|\Delta u(k-1)\|^2}\\&+\frac{\eta_2^2\tilde{\|}\phi^{\mathrm{T}}(k-1)\|^2\|\Delta u(k-1)\|^4}{\left(\sigma_2+\|\Delta u(k-1)\|^2\right)^2}+\|\tilde{\phi}(k-1)\|^2\end{aligned} \tag{9.29}$$

提取公共因子，可得

$$\begin{aligned}\left\|\varPhi(k-1)\right\|^2 =&\|\tilde{\phi}(k-1)\|^2+\eta_2\frac{\|\tilde{\phi}^{\mathrm{T}}(k-1)\|^2\|\Delta u(k-1)\|^2}{\sigma_2+\|\Delta u(k-1)\|^2}\\&\times\left[-2+\eta_2\frac{\|\Delta u(k-1)\|^2}{\sigma_2+\|\Delta u(k-1)\|^2}\right]\end{aligned} \tag{9.30}$$

其中

$$\varPhi(k-1)=\tilde{\phi}(k-1)-\frac{\eta_2\tilde{\phi}^{\mathrm{T}}(k-1)\Delta u(k-1)}{\sigma_2+\|\Delta u(k-1)\|^2}\Delta u(k-1)$$

因为 $\sigma_2>0$ 和 $\eta_2\in(0,1)$，所以有

$$0<\eta_2\frac{\|\Delta u(k-1)\|^2}{\sigma_2+\|\Delta u(k-1)\|^2}<1 \tag{9.31}$$

从而可得

$$-2+\eta_2\frac{\|\Delta u(k-1)\|^2}{\sigma_2+\|\Delta u(k-1)\|^2}<0 \tag{9.32}$$

因此，存在 $0<\beta<1$，使得

$$\left\|\varPhi(k-1)\right\|\leqslant\beta\|\tilde{\phi}(k-1)\| \tag{9.33}$$

把式 (9.33) 代入式 (9.28)，可得

$$\begin{aligned}\|\tilde{\phi}(k)\| \leqslant&\beta\|\tilde{\phi}(k-1)\|+2\alpha\\ \leqslant&\beta[\beta\|\tilde{\phi}(k-2)\|+2\alpha]+2\alpha\\ &\vdots\\ \leqslant&\beta^{k-1}\tilde{\phi}(1)+\frac{2\alpha(1-\beta^{k-1})}{1-\beta}\end{aligned} \tag{9.34}$$

因为 $\tilde{\phi}(1)=\hat{\phi}(1)-\phi(1)$，其中，$\hat{\phi}(1)$ 是 $\hat{\phi}(k)$ 的初值，所以可以保证 $\tilde{\phi}(1)$ 的有界性。又因为 $0<\beta<1$，所以伪梯度向量估计误差 $\tilde{\phi}(k)$ 是有界的。同时，$\hat{\phi}(k)$ 也是有界的。

第 2 步：证明跟踪误差 $e(k)$ 的有界性。

定义 $e(k)=y_d(k)-y(k)$。由于 $y(k+1)=y(k)+\phi^{\mathrm{T}}(k)\Delta u(k)+f_s(k)$，可以推导出

$$e(k+1)=y_d(k+1)-y(k)-\phi^{\mathrm{T}}(k)\Delta u(k)-f_s(k) \tag{9.35}$$

考虑式 (9.22)，式 (9.35) 可以重写为

$$
\begin{aligned}
e(k+1) = & y_d(k+1) - \frac{\eta_1 \phi^{\mathrm{T}}(k)\hat{\phi}(k)}{\sigma_1 + \|\hat{\phi}(k)\|^2}[y_d(k+1) \\
& - y(k) - f^o(\theta^o)] - y(k) - f_s(k)
\end{aligned} \tag{9.36}
$$

又因为 $y(k) = y_d(k) - e(k)$，所以有

$$
\begin{aligned}
e(k+1) = & \left[1 - \frac{\eta_1 \phi^{\mathrm{T}}(k)\hat{\phi}(k)}{\sigma_1 + \|\hat{\phi}(k)\|^2}\right][y_d(k+1) - y_d(k) \\
& + e(k)] + \frac{\eta_1 \phi^{\mathrm{T}}(k)\hat{\phi}(k)}{\sigma_1 + \|\hat{\phi}(k)\|^2} f^o(\theta^o) - f_s(k)
\end{aligned} \tag{9.37}
$$

根据式 (9.37)，可以推出

$$
e(k+1) = \left[1 - \frac{\eta_1 \phi^{\mathrm{T}}(k)\hat{\phi}(k)}{\sigma_1 + \|\hat{\phi}(k)\|^2}\right][y_d(k+1) - y_d(k) + e(k) - f^o(\theta^o)] \tag{9.38}
$$

对式 (9.38) 两侧同时取绝对值，可得

$$
|e(k+1)| \leqslant \left|1 - \frac{\eta_1 \phi^{\mathrm{T}}(k)\hat{\phi}(k)}{\sigma_1 + \|\hat{\phi}(k)\|^2}\right| \left[|f^o(\theta^o)| + |e(k)| + |y_d(k+1) - y_d(k)|\right] \tag{9.39}
$$

基于式（9.23b）的重置算法和假设 9.2.2，有 $\phi^{\mathrm{T}}(k)\hat{\phi}(k) \geqslant 0$ [349] 成立。如果适当选择参数 η_1 和 σ_1，则存在常数 $\beta_0 < 1$ 使得 [350]

$$
\left|1 - \frac{\eta_1 \phi^{\mathrm{T}}(k)\hat{\phi}(k)}{\sigma_1 + \|\hat{\phi}(k)\|^2}\right| \leqslant \beta_0 \tag{9.40}
$$

同时，总可以选取一个理想输出使得 $y_d(k) < \alpha_0$，其中，α_0 是一个正常数。另外，根据现有结果文献 [367] 和 [368]，可以知道式 (9.15) 所示的回声状态网的自适应律是有界的。由于基函数（双曲正切函数）的有界性，可知 $f^o(\theta^o)$ 是有界的。假设 $|f^o(\theta^o)| + |y_d(k+1) - y_d(k)| \leqslant \bar{\alpha}$。

综合式 (9.38)～式 (9.40)，可得

$$
\begin{aligned}
|e(k)| & \leqslant \beta_0 [e(k-1) + \bar{\alpha}] \\
& \leqslant \beta_0 [\beta_0 [e(k-2) + \bar{\alpha}] + \bar{\alpha}] \\
& \quad \vdots \\
& \leqslant \beta_0^{k-1} e(1) + \beta_0^{k-1}\bar{\alpha} + \beta_0^{k-2}\bar{\alpha} + \cdots + \beta_0 \bar{\alpha}
\end{aligned} \tag{9.41}
$$

运用等比数列求和，式 (9.41) 可以重写为

$$|e(k)| \leqslant \beta_0^{k-1} e(1) + \frac{1-\beta_0^{k-1}}{1-\beta_0}\beta_0\bar{\alpha} \tag{9.42}$$

由于 $e(1)$ 的有界性以及 $0<\beta_0<1$，可知跟踪误差 $e(k)$ 是有界的。又因为参考信号 $y_d(k)$ 有界，所以系统输出 $y(k)$ 也是有界的。

第 3 步：证明容错控制器 $u(k)$ 的有界性。

考虑式 (9.22) 并在其右侧同时加上和减去 $y_d(k)$，可以推导出

$$\Delta u(k) = \frac{\eta_1\hat{\phi}(k)}{\sigma_1+\|\hat{\phi}(k)\|^2}\left[y_d(k+1)+y_d(k)-y(k)-y_d(k)-f^o\left(\theta^o(k)\right)\right] \tag{9.43}$$

计算 $\Delta u(k)$ 的范数，可得

$$\begin{aligned}\|\Delta u(k)\| &= \left\|\frac{\eta_1\hat{\phi}(k)}{\sigma_1+\|\hat{\phi}(k)\|^2}\left[y_d(k+1)-y_d(k)+e(k)-f^o\left(\theta^o(k)\right)\right]\right\| \\ &\leqslant \left\|\frac{\eta_1\hat{\phi}(k)}{\sigma_1+\|\hat{\phi}(k)\|^2}\right\|\left[\left|f^o\left(\theta^o(k)\right)\right|+|y_d(k+1)-y_d(k)|+|e(k)|\right]\end{aligned} \tag{9.44}$$

类似式 (9.41)，如果适当选取参数 η_1 和 σ_1，则存在常数 β_c 使得

$$\left\|\frac{\eta_1\hat{\phi}(k)}{\sigma_1+\|\hat{\phi}(k)\|^2}\right\| \leqslant \beta_c \tag{9.45}$$

定义

$$\Pi(k) = \left|f^o\left(\theta^o(k)\right)\right| + |y_d(k+1)-y_d(k)| + |e(k)|$$

基于 $|f^o(\theta^o)|+|y_d(k+1)-y_d(k)| \leqslant \bar{\alpha}$，可得

$$\Pi(k) \leqslant \bar{\alpha} + |e(k)| \tag{9.46}$$

把式 (9.45) 和式 (9.46) 代入式 (9.44)，有

$$\|\Delta u(k)\| \leqslant \beta_c[\bar{\alpha}+|e(k)|] \tag{9.47}$$

事实上，有如下等式成立：

$$\begin{aligned}u(k) &= u(k)-u(k-1)+u(k-1)-u(k-2)+\cdots+u(1) \\ &= \Delta u(k)+\Delta u(k-1)+\cdots+\Delta u(2)+u(1)\end{aligned}$$

进一步，可得

$$
\begin{aligned}
\|u(k)\| \leqslant & \|\Delta u(k)\|+\|\Delta u(k-1)\| \\
& +\cdots+\|\Delta u(2)\|+u(1)
\end{aligned}
\tag{9.48}
$$

根据式 (9.47)，可以推出

$$
\|u(k)\| \leqslant u(1)+\sum_{i=2}^{k}(\bar{\alpha}+|e(k)|) \tag{9.49}
$$

再考虑式 (9.42) 和式 (9.49)，有

$$
\|u(k)\| \leqslant u(1)+\sum_{i=2}^{k}\left(\bar{\alpha}+\beta_0^{k-1} e(1)+\frac{1}{1-\beta_0} \beta_0 \bar{\alpha}\right) \tag{9.50}
$$

对几何级数求和，可得

$$
\|u(k)\| \leqslant u(1)+\frac{\beta_0}{1-\beta_0} e(1)+\frac{\bar{\alpha}}{1-\beta_0} \tag{9.51}
$$

因为 $u(1)$ 的值由设计者给定的且信号 $e(1)$ 有界，所以 $u(k)$ 是有界的。

证毕。

注释 9.4.3　与侯忠生教授所提的无模型自适应控制方法对比，本节有以下三点值得强调：

(1) 本节是首次针对多变量无模型离散系统研究其故障检测、估计和容错控制问题。当故障发生时，已有的文献 [348-350,363] 里的方法很难维持系统的完整性能，特别是对于现代无模型大规模工业过程（材料的过度反应或者失效或者焦化）。本节针对无模型系统，提出了新的故障检测机制来判断故障是否发生。

(2) 将回声状态网引入无模型系统，来建立新颖的故障检测机制。由于回声状态网拥有短暂的记忆历史信息的功能，使其学习过程变得很快。因此，故障估计的相应时间将变短。另外，本节给出了回声状态网融入故障估计环节的详细算法。

(3) 在文献 [348]~[350] 和 [363] 里，其参考输出必须是常数。由于很多实际被控系统都需要跟踪一个时变的函数，该条件使得其应用范围相对比较狭窄。反之，在本章里，其参考信号只需要满足有界即可。该条件在工业现场是一个基本的需求。因此，本书扩大了以上文献的实际应用范围。

9.5　仿 真 算 例

本节的仿真结果将用来说明基于回声状态网的故障检测机制以及容错控制策略的有效性。

考虑如下多输入单输入离散非线性系统 [350]:

$$y(k+1)=\frac{5y(k)+2u_1(k)-3u_2^2(k)+2u_1^2(k)}{5+u_1(k)+5u_2(k)}+f_s(k) \tag{9.52}$$

其中，$y(k)$ 是系统输出，$u_1(k)$ 和 $u_2(k)$ 是系统输入。定义传感器故障动态如下:

$$f_s(k)=0.5\sin^2(2\pi k)+0.2\sin y(k)+\frac{f_s(k-1)}{0.5+f_s^2(k-1)} \tag{9.53}$$

选择参考信号为

$$y_d(k)=5\sin(0.1\pi k/50)+2\cos(0.1\pi k/20) \tag{9.54}$$

本章主要目的是为带有执行器故障式 (9.53) 的系统式 (9.52) 设计容错控制器式 (9.22)，使得:

（1）系统输出 $y(k)$ 能尽快跟踪上式 (9.54) 的理想输出信号 $y_d(k)$;

（2）在整个过程中，控制器和自适应律都有界。

系统输入输出信号的初值分别为 $u_1(1)=0.01$，$u_2(1)=0.01$ 和 $y(1)=0.01$。选取自适应律初值为 $\hat{\phi}_1(1)=0.2$，$\hat{\phi}_2(1)=0.4$。给定设计参数 $\varepsilon_1=0.01$，$\varepsilon_2=10^{-4}$，$\eta_1=1$, $\eta_2=1$，$\sigma_1=1$，$\sigma_2=6$。

首先，给出传感器故障的检测。故障检测阈值为 $d_f=1.8$。假设传感器故障发生在第 500 步。图 9.2 给出了对应的检测仿真结果。由图 9.2 可见，故障被成功检测出来。

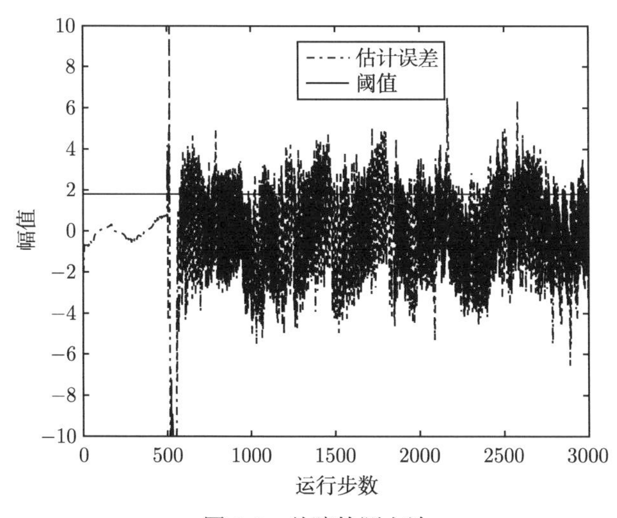

图 9.2 故障检测方法

其次，当故障被检测出后，需要对故障函数进行估计。本仿真中，运用回声状态网来估计传感器故障动态。获取稀疏矩阵 $\theta \in \mathbb{R}^{20\times 20}$ 如下：

$$\begin{aligned}
&(10,1)\ -0.0303,(19,1)\ 0.5326,(20,1)\ -1.1293,\\
&(17,2)\ 0.7549,(20,4)\ -0.0048,(20,6)\ 1.3627,\\
&(19,7)\ 0.4597,(11,8)\ -0.1613,(9,14)\ -0.9281,\\
&(13,14)\ 0.4337,(17,14)\ -0.6638,(20,14)\ -0.4731,\\
&(4,15)\ 0.7870,(6,15)\ 0.8750,(2,16)\ -0.1816,\\
&(3,17)\ -0.3511,(19,19)\ -1.0000,(16,20)\ 0.6205
\end{aligned} \tag{9.55}$$

其他元素均为零。式 (9.55) 中的数对 $(a,b)\ c$ 表示矩阵 θ 第 a 行的第 b 个元素是 c。例如：$(10,1)\ -0.0303$ 表示矩阵 θ 第 10 行的第 1 个元素是 -0.0303。随机生成权重 θ^i 和 θ^b。选取 $x_{nn}(1)=0$。基于回声状态网的故障估计仿真结果由图 9.3 给出。从中可以得出结论：故障函数被估计得很好。

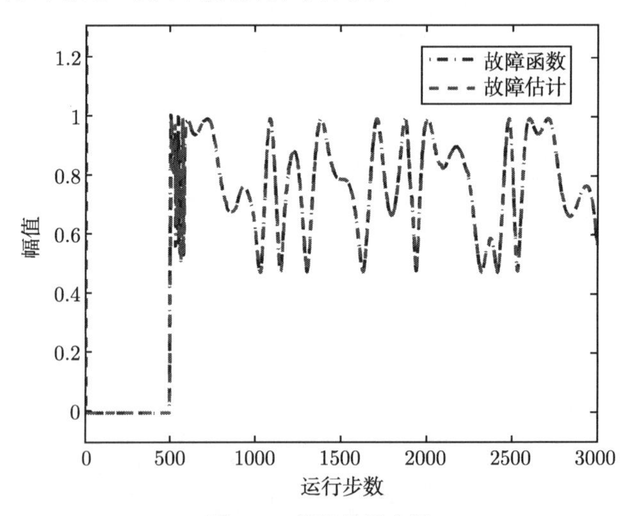

图 9.3　故障估计方法

再次，在故障被很好地估计之后，将应用容错控制器。图 9.4~ 图 9.8 展示了所得的仿真结果。图 9.4 给出了跟踪性能，可见，本章所提方法跟踪性能很好。图 9.5 和图 9.6 分别描绘的是容错控制器 $u_1(k)$ 和 $u_2(k)$ 的轨线。自适应律 $\hat{\phi}_1(k)$ 和 $\hat{\phi}_2(k)$ 的轨线分别由图 9.7 和图 9.8 给出，由这些图可以观察出，控制器和自适应律都是有界的。

最后，为了突出本章的创新点，作为对比，研究了文献 [348] 中的无模型自适应控制方法。图 9.9 中是对应的跟踪轨迹。从图 9.9 可以看出执行器故障发生后，

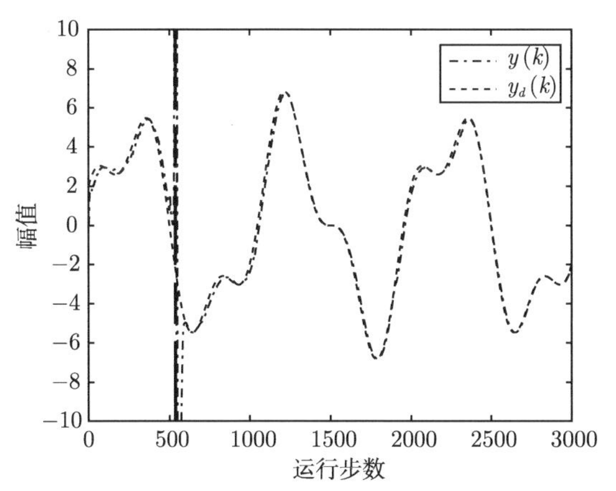

图 9.4 本章所提方法的跟踪性能

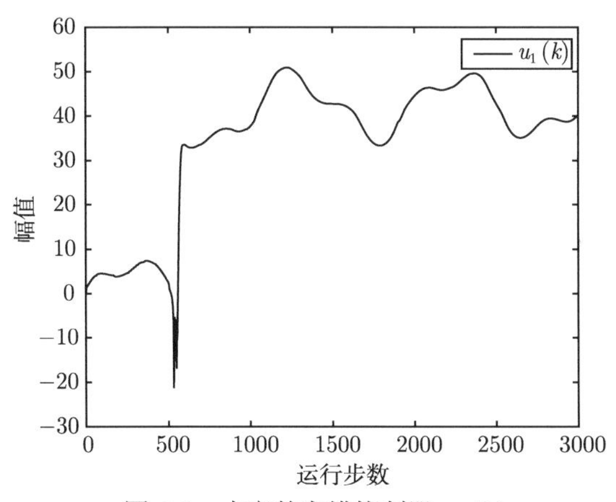

图 9.5 本章的容错控制器 $u_1(k)$

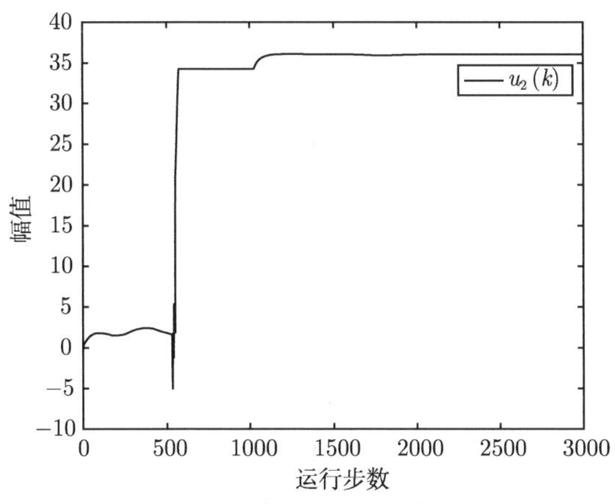

图 9.6 本章的容错控制器 $u_2(k)$

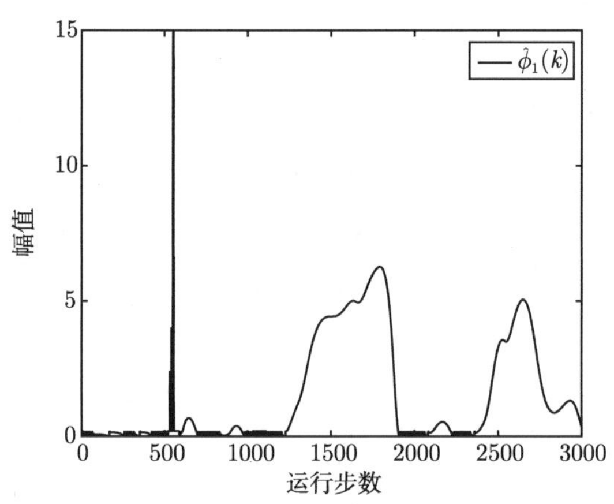

图 9.7　自适应律 $\hat{\phi}_1(k)$ 的轨线

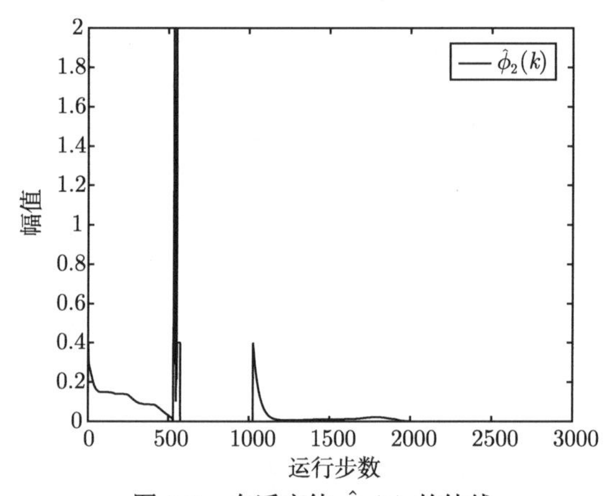

图 9.8　自适应律 $\hat{\phi}_2(k)$ 的轨线

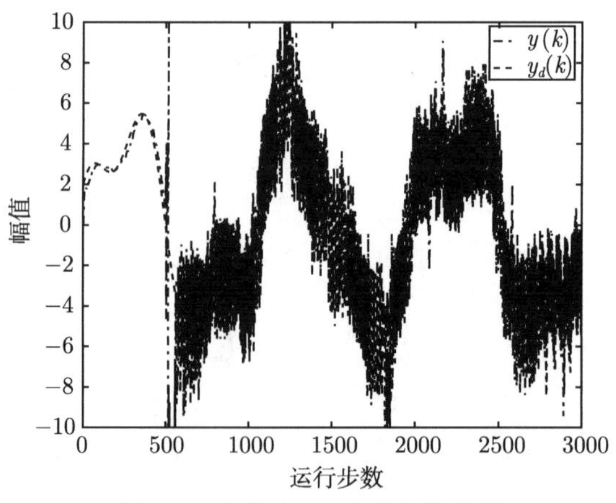

图 9.9　文献 [348] 中的跟踪性能

跟踪效果很差。图 9.10 和图 9.11 分别给出了文献 [348] 中控制器 $u_1(k)$ 和 $u_2(k)$ 的轨迹。观察图 9.10 和图 9.11，发现随着步数的增加，控制信号轨线变得发散，因此，可以推断控制信号是无界的。

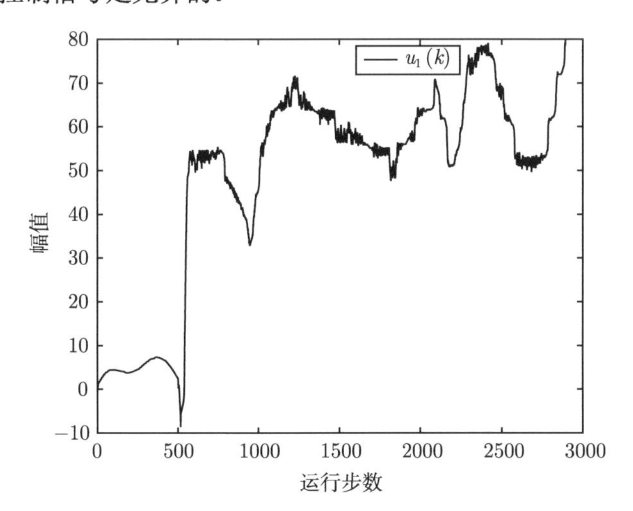

图 9.10　文献 [348] 中的控制信号 $u_1(k)$

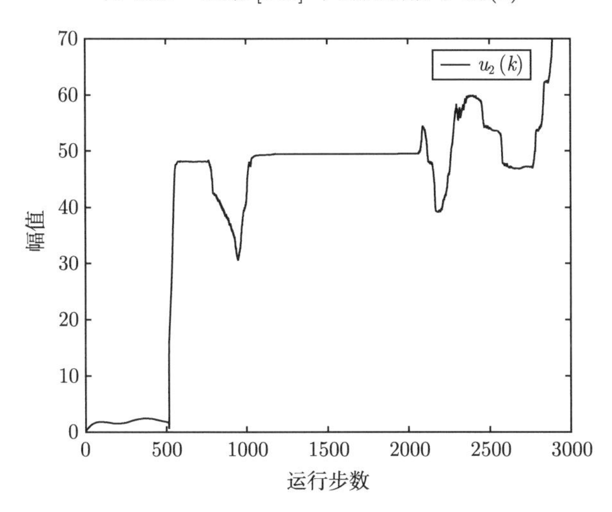

图 9.11　文献 [348] 中的控制信号 $u_2(k)$

9.6 小　　结

基于回声状态网，本章研究了一类多输入单输出离散无模型系统的传感器故障检测、估计以及容错控制问题。综合伪偏导数法以及紧格式动态线性化方法，初始系统可以转变成一个特殊的等价模型。然后，提出一种新颖的故障估计器来检测故障。当估计误差超过其相应的检测阈值时，断定系统发生了故障。当故障被回声状态网估计出后，基于最优准则，提出了一种容错控制方案。此外，闭环系统所有的信号都被证明是有界的。最后，仿真算例验证了所提的故障检测、估计及容错方法的有效性。

第 10 章　问题与展望

故障诊断和容错控制理论，作为控制系统理论的一个重要组成部分，在学术界研究中日益得到大量关注，不仅因为故障诊断和容错控制技术对实际工业界具有保驾护航的直接作用，也因为各种控制方法和控制认识的不断交互，在故障诊断系统中能够找到相应的问题所在。随着被控对象不断被互联、不断的信息交互作用、不断的异质异构连接，复杂非线性特性日益增强，因此传统的基于还原论的单系统分析理论和方法将不再适用，必须要结合当下的复杂对象提升和改造原有的系统理论体系，以便能够与时俱进，解决当前所面临的问题。这样，经典的故障诊断和容错控制理论的研究就有几种可行性：针对传统理论的不完备处继续进行纵向深入研究；针对一类常规的非线性系统，不断提出新的故障诊断和容错控制设计方法；针对不同的故障类型，继续在简单系统的模型结构上提出新的方法。控制系统的底层设计之初，对各个环节都有严格的数学模型描述，进而基于数学模型的分析方法显示出了强大优势。但是在系统综合的顶层设计的当下，控制系统大厦已经建成，如何优化协调各系统之间的作用关系成为矛盾的重点，顶层所收集的信息都是各方汇总的不同数据，进而基于模型的故障诊断和容错控制方法将不再适用这种情形，基于数据驱动的故障诊断、无模型系统的故障诊断、智能故障诊断等理论和方法将不断出现，以便适应外界不断变化的研究对象。理论总是随着问题走，并为问题的解决提供技术方案。在目前追求绿色、环保、节能、高效等综合指标的驱动下，优化容错控制就成为必然，各种优化方法在故障诊断领域将不断得到重视，进而逐渐实现了控制理论在故障诊断研究中的完全融合，体现了故障诊断和容错控制的多学科性和强交叉性。还原论分析有其自身的优势，系统论综合也有其自身的特点，但两种方法若用得其所，必能发挥优势，研究故障诊断和容错控制问题时，到底是采用哪种范式，也都要兼顾这一道理，这样在研究问题中就不会迷茫，无所适从。

针对本书中研究的各章内容，仍旧有很多问题有待研究，现列举一二，以便大家参考。

(1) 针对 Lipschitz 非线性系统的故障诊断和容错控制研究，尽管有关其各方面的理论研究已经很多，但是在如何放松 Lipschitz 假设条件，如针对扇区条件、磁滞饱和约束等，都有很多控制问题、故障诊断问题需要研究；针对相应的采样系统，如何实现多采样率、不均匀采样率情况下的故障诊断和观测器设计，也有待研究；基于信号传输不连续、多开关状态下的情况，如何研究故障诊断以及优化容错控制问题；等等。

（2）针对奇异双线性系统，除了用快慢系统的分解方法来进行研究外，如何进行系统整体设计和研究，进而将各系统之间的耦合约束统一集中在一个表达式下进行综合分析和设计？如何结合奇异系统理论的当下研究现状，来考虑具有切换特征、跳变特征的奇异故障系统的动态行为，并为之设计快速高效的诊断系统，也是可以探究的问题。

（3）复杂互联系统的故障诊断和容错控制问题，一直是控制理论长期关注的课题。由于受系统认识和技术手段的限制，在 20 世纪以来，这方面的研究一直进展很慢。进入 21 世纪以来，随着复杂网络、多智能体等概念、理论和技术的发展，对复杂互联系统的认识有了很大的飞跃，进而也极大促进了故障诊断和容错控制理论的发展。需要深入研究的内容仍旧是如何通过整体系统行为进行各个子系统的故障检测、定位和估计、容错控制、故障预测以及健康管理等问题，只不过研究的方法和手段将会采用机理分析、数据挖掘、模式识别、图像处理等多信息融合的手段进行联合研究，这样才能够充分反映复杂系统的变化特性。

（4）工业过程控制理论的研究主要是面向底层设计的，以实际现场工业对象及其组成的过程控制系统为研究主体。如何提高底层设计的高效性、实用性、可靠性和安全性，一直是工业控制界和现场工程师的研究课题。基于数据驱动的控制，或更确切地说是基于数据驱动的管理，则是面向上层或者顶层设计的，着重以提高整个综合系统集群的经济指标、技术指标和安全指标等为目的，综合利用各方面的文本决策信息、调度指令信息、传感器模拟和数字检测信息、控制器采样数字化信息等，对各职能部门和执行单元等发送信息，由此构成综合知识自动化。这是一种属于大系统优化调度理论研究的内容，目前仍旧在不断发展中。针对实际的工业过程，由于年久损耗、保养维护不到位等原因，控制系统的性能将会下降，最初设计的各个环节的数学模型已经不再准确。此时，利用专家经验和知识挖掘等方法就可以针对固有的控制系统进行自学习改造设计，以便发挥更大的效能。无模型控制理论就是一种很好的、大有前景的实用控制理论，方兴未艾。进一步，基于数据驱动的故障检测和故障诊断以及容错控制，关于其诊断机理和容错运行机制的研究，目前研究成果尚不多见，仍有待深入研究。

（5）不论是传统的单环控制系统、多回路控制系统还是复杂互联非线性系统，随着网络化、通信化、模块化、集成化的发展，物联网、智联网、能源互联网等复杂网络系统相继出现，这些系统都将呈现各种前所未有的特点，进而网络化互联系统的故障诊断和容错控制、事件驱动的故障诊断和容错控制、结构冗余的容错调节、多目标约束下的满意容错控制、有限时间或固定时间内的故障检测观测器的设计和容错控制器的设计等，都将是继续深入研究的课题。

（6）随着人工智能大发展，神经网络、模糊逻辑、进化算法等都发挥了显著优势，如何将这些方法高效地嵌入复杂非线性系统中去，以期实现既定设计的目标，尚有很多问题要做：一是控制结构的设计，二是协调优化算法的设计，三是性能指标的评判。以往的控制结构都是主从式的，或者是模型参考平形式的，很难处理高性能要求的复杂系统。网络控制结构目前已经从主从式发展到主从式+性能评判的复合式，如近几年发展迅猛的近似/自适应动态规划的管理模式。在协调优化算法上，也有很多值得研究的内容，各种仿生、进化算法以及相应的各种组合形式，都将针对某类特定问题有着特定的专效。在性能指标的评判中，需要借鉴博弈的理念，并利用具有逼近能力的各种手段来实现多方决策的利益均衡。

（7）目前的容错控制方法主要是针对连续非线性系统展开的，如何针对离散的大规模系统在一定的合理假设约束下给出适中的冗余方案，也是很有意义的研究内容。同时，为了追求在线调节的快速性，如何实现学习参数最少的自动调节律，也是一个有意义的问题。为了追求某些性能指标的最优性，如何将各种增强学习算法融入容错控制律中，以此实现最优容错控制，也是很不错的研究内容。常规的容错控制中，利用状态反馈的信息控制策略居多，如何利用系统的输出数据、历史数据或者专家经验等已知或先验信息，来实现突发或缓变故障下的自适应容错控制。

总之，理论的发展是适应具体问题变化的，并在变化当中寻求不变的成分，进而抓住规律，实现问题的有效解决。目前，随着对控制系统动态性能和经济性能等指标的要求不断提高，如何满足这一日益变化的需求为脑力工作者提供了巨大的动力和问题来源。大脑是无限的资源，各种变换皆系一念之间，创新的灵感就孕育其中。故障的出现给控制理论带来了无限生机，进而也在挑战人类的大脑极限。故障的检测以及容错控制的启动，二者就像是一种博弈或者跟踪，一旦检测到故障就采取容错控制，争取将故障抑制在发生的初期，这便是故障诊断和健康管理理论的一个目标。防患于未然是大本，日常维护巡检是重点。但故障一旦发生，就应启动相应的故障预案机制，及时处理和协调，保证故障带来的损失降低至最小。因此，健康维护、故障诊断和容错控制是一个系统工程，不能割裂研究。遵循系统论和还原论的观点看问题，并借鉴于人文、科技、生理、心理等综合知识，对故障诊断和容错控制理论的了解和认识将会大有裨益，进而会不自觉地感应出多种诊断方法和容错机制，强力推动故障诊断、安全运行和容错控制学科的发展。

参 考 文 献

[1] Ding S X. Model-Based Fault Diagnosis Techniques-Design Schemes, Algorithms and Tools. Berlin: Springer-Verlag, 2008.

[2] 周东华, 叶银忠. 现代故障诊断与容错控制. 北京: 清华大学出版社, 2000.

[3] 姜斌, 冒泽慧, 杨浩, 等. 控制系统的故障诊断与故障调节. 北京: 国防工业出版社, 2009.

[4] 杨光红, 王恒, 李胥剑. 基于模型的线性控制系统的故障检测方法. 北京: 科学出版社, 2009.

[5] 武力兵. 基于自适应技术的鲁棒容错控制方法研究 [博士学位论文]. 沈阳: 东北大学, 2016.

[6] Beard R V. Failure Accommodation in Linear Systems through Self-Reorganization[Ph.D. Thesis]. Cambridge: Massachusetts Institute of Technology, 1971.

[7] Niederlinski A. A heuristic approach to the design of linear multivariable interacting control systems. Automatica, 1971, 7(6): 691-701.

[8] 葛建华, 孙优贤. 容错控制系统的分析与综合. 杭州: 浙江大学出版社, 1994.

[9] 周东华, 孙优贤. 控制系统的故障检测与诊断技术. 北京: 清华大学出版社, 1994.

[10] 闻新, 张洪钺, 周露. 控制系统的故障诊断和容错控制. 北京: 机械工业出版社, 1998.

[11] 胡昌华, 许化龙. 控制系统的故障诊断和容错控制分析和设计. 北京: 国防工业出版社, 2001.

[12] 王仲生. 智能故障诊断与容错控制. 西安: 西北工业大学出版社, 2005.

[13] 周东华, 李钢, 李元. 数据驱动的工业过程故障诊断技术: 基于主元分析与偏最小二乘的方法. 北京: 科学出版社, 2011.

[14] Du D S, Jiang B, Shi P. Fault Tolerant Control for Switched Linear Systems. Berlin: Springer-Verlag, 2015.

[15] Yang H, Jiang B, Cocquempot V. Fault Tolerant Control Design for Hybrid Systems. Berlin: Springer-Verlag, 2010.

[16] Zhang K, Jiang B, Shi P. Observer-Based Fault Estimation and Accomodation for Dynamic Systems. Berlin: Springer-Verlag, 2013.

[17] Sobhani-Tehrani E, Khorasani K. 非线性系统故障诊断的混合方法. 胡莺庆, 胡雷, 秦国军, 等译. 北京: 国防工业出版社, 2014.

[18] 高学金, 齐咏生, 王普. 生物发酵过程的建模优化与故障诊断. 北京: 科学出版社, 2016.

[19] 何章鸣, 王炯琦, 周海银, 等. 数据驱动的非预期故障诊断理论及应用. 北京: 科学出版社, 2017.

[20] Ding S X. 故障诊断与容错控制系统的数据驱动设计. 贾继红, 郭雪琪, 王力影, 译. 北京: 国防工业出版社, 2017.

[21] Alwi H, Edwards C, Chen P T. 基于滑模理论的故障检测与容错控制. 周浩, 叶慧娟, 吴茂林, 译. 北京: 国防工业出版社, 2014.

[22] 王占山. 基于神经网络的故障诊断和容错控制方法研究 [硕士学位论文]. 抚顺: 抚顺石油学院, 2001.

[23] 王占山, 李奇安, 李平. 不确定时滞线性系统的鲁棒容错控制. 石油化工高等学校学报, 2001, 14(2): 74-78.

[24] 王占山, 李平, 任正云, 等. 非线性系统的故障诊断技术. 自动化与仪器仪表, 2001, (5): 8-10.

[25] 袁侃. 复杂系统的故障诊断及容错控制研究 [博士学位论文]. 南京: 南京航空航天大学, 2010.

[26] Frank P M. Analytical and qualitative model-based fault diagnosis—a survey and some new results. European Journal of Control, 1996, 2(1): 6-28.

[27] Isermann R. Supervision, fault-detection and fault-diagnosis methods-an introduction. Control Engineering Practice, 1997, 5(5): 639-652.

[28] MacGregor J, Cinar A. Monitoring, fault diagnosis, fault-tolerant control and optimization: Data driven methods. Computers and Chemical Engineering, 2012, 47(52): 111-120.

[29] Russell E L, Chiang L H, Braatz R D. Data-Driven Methods for Fault Detection and Diagnosis in Chemical Processes. London: Springer-Verlag, 2000.

[30] 王慧敏. 仿射 T-S 模糊系统的鲁棒控制与故障诊断研究 [博士学位论文]. 沈阳: 东北大学, 2016.

[31] Reietr R. A theory of diagnosis form tirst principles. Artificial Intelligence, 1987, 32(l): 57-95.

[32] Dvorak D, Kuipers B J. Process monitoring and diagnosis: A model-based approach. IEEE Expert, 1991, 6(3): 67-74.

[33] Astrom K J, Wittenmark B. Adaptive Control. Mineola: Dover Publications, 2008.

[34] Chen B, Liu X P, Tong S C. Adaptive fuzzy output tracking control of MIMO nonlinear uncertain systems. IEEE Transactions on Fuzzy Systems, 2007, 15(2): 287-300.

[35] Salehi S, Shahrokhi M. Adaptive fuzzy backstepping approach for temperature control of continuous stirred tank reactors. Fuzzy Sets and Systems, 2009, 160(12): 1804-1818.

[36] Li Z J, Cao X Q, Ding N. Adaptive fuzzy control for synchronization of nonlinear teleoperators with stochastic time-varying communication delays. IEEE Transactions on Fuzzy Systems, 2011, 19(4): 745-757.

[37] Chen B, Liu X. Fuzzy approximate disturbance decoupling of mimo nonlinear systems by backstepping and application to chemical processes. IEEE Transactions on Fuzzy Systems, 2005, 13(6): 832-847.

[38] Chen W S, Jiao L C. Adaptive tracking for periodically time varying and nonlinearly parameterized systems using multilayer neural networks. IEEE Transactions on Neural Networks, 2010, 21(2): 345-351.

[39] Wang T, Gao H J, Qiu J B. A combined adaptive neural network and nonlinear model

predictive control for multirate networked industrial process control. IEEE Transactions on Neural Networks and Learnong Systems, 2016, 27(2): 416-425.

[40] Chen W S, Li J M. Decentralized output-feedback neural control for systems with unknown interconnections. IEEE Transactions on Systems, Man, and Cybernetics—Part B: Cybernetics, 2008, 38(1): 258-266.

[41] Mohanty A, Yao B. Indirect adaptive robust control of hydraulic manipulators with accurate parameter estimates. IEEE Transactions on Control Systems Technology, 2011, 19(3): 567-575.

[42] Zhang J, Ge S S, Lee T H. Output feedback control of a class of discrete MIMO nonlinear systems with triangular form inputs. IEEE Transactions on Neural Networks, 2005, 16(6): 1491-1503.

[43] Qi R, Brdys M A. Stable indirect adaptive control based on discrete-time T-S fuzzy model. Fuzzy Sets and Systems, 2008, 159(8): 900-925.

[44] Li Y M, Sun Y Y, Hua J, et al. Indirect adaptive type-2 fuzzy impulsive control of nonlinear systems. IEEE Transactions on Fuzzy Systems, 2015, 23(4): 1084-1099.

[45] Yu W S, Wu T S, Chao C C. An observer-based indirect adaptive fuzzy control for rolling cart systems. IEEE Transactions on Control Systems Technology, 2011, 19(5): 1225-1235.

[46] Sun Y, Su M, Li X, et al. Indirect four-leg matrix converter based on robust adaptive back-stepping control. IEEE Transactions on Industrial Electronics, 2011, 58(9): 4288-4298.

[47] Goodwin G C, Leal R L, Mayne D Q, et al. Rapprochement between continuous and discrete model reference adaptive control. Automatica, 1986, 22(2): 199-207.

[48] Yucelen T, Haddad W M. Low-frequency learning and fast adaptation in model reference adaptive control. IEEE Transactions on Automatic Control, 2013, 58(4): 1080-1085.

[49] Ortega R, Panteley E, Bobtsov A. Comments on “comparison of architectures and robustness of model reference adaptive controllers and L1-adaptive controllers”. International Journal of Adaptive Control and Signal Processing, 2016, 30(1): 125-127.

[50] Gruenwald B C, Wagner D, Yucelen T, et al. Computing actuator bandwidth limits for model reference adaptive control. International Journal of Control, 2016, 89(12): 2434-2452.

[51] Dydek Z T, Annaswamy A M, Lavretsky E. Adaptive control of quadrotor UAVs: A design trade study with flight evaluations. IEEE Transactions on Control Systems Technology, 2013, 21(4): 1400-1406.

[52] Cardenas R, Espina E, Clare J, et al. Self-tuning resonant control of a seven-leg back-to-back converter for interfacing variable-speed generators to four-wire loads. IEEE Transactions on Industrial Electronics, 2015, 62(7): 4618-4629.

[53] 王占山, 关焕新. 智能控制及其在电力系统中的应用. 沈阳：东北大学出版社, 2015.
[54] 斯坦尼斯拉夫斯基. 演员自我修养. 李志坤, 陈亚祥, 译. 北京：台海出版社, 2017.
[55] Teh Y W, Welling M, Osindero S, et al. Energy-based models for sparse over complete representations. Journal of Machine Learning Research, 2004, 4(8): 1235-1260.
[56] Osadchy M, LeCun Y, Miller M L. Synergistic face detection and pose estimation with energy-based models. Journal of Machine Learning Research, 2006, 8(1): 1197-1215.
[57] LeCun Y, Chopra S, Hadsell R, et al. A Tutorial on Energy-Based Learning//Bakir G, Hofman T, Scholkopf B, et al. Predicting Structured Data. Cambridge: MIT Press, 2006.
[58] 王占山. 复杂神经动力网络的稳定性和同步性. 北京：科学出版社，2014.
[59] 王占山, 单麒赫, 季策. 动力系统基础及其稳定特性分析. 沈阳：东北大学出版社，2015.
[60] Wang Z S, Liu Z W, Zheng C D. Qualitative Analysis and Control of Complex Neural Networks with Delays. Beijing: Science Press, 2016.
[61] Wan Y, Cao J D, Wen G H, et al. Robust fixed-time synchronization of delayed Cohen-Grossberg neural networks. Neural Networks, 2016, 73: 86-94.
[62] Polyakov A, Efimov D, Perruquettib W. Finite-time and fixed-time stabilization: Implicit Lyapunov function approach. Automatica, 2015, 51: 332-340.
[63] 王雨田. 控制论信息论系统科学与哲学. 北京: 中国人民大学出版社, 1986.
[64] 金观涛, 华国凡. 控制论与科学方法论. 北京: 新星出版社, 2005.
[65] 万百五. 正在形成控制论新分支的帅博客学的研究进展 (评述). 控制理论与应用, 2016, 33(9): 1129-1138.
[66] 侯忠生. 非参数模型及其自适应控制理论. 北京: 科学出版社, 1999.
[67] 侯忠生, 许建新. 数据驱动控制理论及方法的回顾和展望. 自动化学报, 2009, 35(6): 650-667.
[68] Hou Z S, Jin S T. Model Free Adaptive Control: Theory and Applications. Berlin: Springer-Verlag, 2012.
[69] 池荣虎, 侯忠生, 黄彪. 间歇过程最优迭代学习控制的发展: 从基于模型到数据驱动. 自动化学报, 2017, 43(6): 917-932.
[70] 张化光. 递归时滞神经网络的综合分析与动态特性研究. 北京: 科学出版社, 2008.
[71] 王占山. 连续时间时滞递归神经网络的稳定性. 沈阳：东北大学出版社, 2007.
[72] Ham F M, Kostanic I. 神经计算原理. 叶世伟, 王海娟, 译. 北京: 机械工业出版社, 2007.
[73] Haykin S. 神经网络与机器学习. 申富饶, 徐烨, 郑俊, 等译. 北京: 机械工业出版社, 2011.
[74] 史忠植. 神经计算. 北京: 电子工业出版社, 1993.
[75] 赵冬斌, 邵坤, 朱圆恒, 等. 深度强化学习综述: 兼论计算机围棋的发展. 控制理论与应用, 2016, 33(6): 701-717.
[76] Mnih V, Kavukcuoglu K, Silver D, et al. Human-level control through deep reinforcement learning. Nature, 2015, 518(7540): 529-533.
[77] Silver D, Huang A, Maddison C J, et al. Mastering the game of go with deep neural

networks and tree search. Nature, 2016, 529(7587): 484-489.

[78] Zhang H G, Zhang X, Luo Y H, et al. An overview of research on adaptive dynamic programming. Acta Automatica Sinica, 2013, 39(4): 303-311.

[79] Besançon G. Nonlinear Observers and Applications. Berlin: Springer-Verlag, 2007.

[80] Besancon G, Ticlea A. An immersion-based observer design for rank-observable nonlinear systems. IEEE Transactions on Automatic Control, 2007, 52(1): 83-88.

[81] Thau F E. Observing the state of nonlinear dynamic systems. International Journal of Control, 1973, 17(3): 471-479.

[82] 朱芳来, 韩正之. 基于 Riccati 方程解的非线性降维观测器. 控制与决策, 2002, 17(4): 427-430.

[83] Rajamani R. Observer for Lipschitz nonlinear systems. IEEE Transactions on Automatic Control, 1998, 43(3): 397-401.

[84] Rajamani R, Cho Y M. Existence and design of observer for nonlinear systems: Relation to distance to unobservability. International Journal of Control, 1998, 69(5): 717-731.

[85] Raghavan S, Hedrick J K. Observer design for a class of nonlinear systems. International Journal of Control, 1994, 59(2): 515-528.

[86] Zhu F L, Han Z Z. A note on observers for Lipschitz nonlinear systems. IEEE Transactions on Automatic Control, 2001, 47(10): 1751-1753.

[87] Besançon G, Hammouri. On uniform observation of non uniformly observable systems. System & Control Letters, 1996, 29(9): 9-19.

[88] 申铁龙. H_∞ 控制理论及应用. 北京: 清华大学出版社, 1996: 136-164.

[89] Ding Z T. Global stabilization and disturbance suppression of a class of nonlinear systems with uncertain internal model. Automatica, 2003, 39(3): 471-479.

[90] Su S W, Anderson B D O, Brinsmead T S. Use of integrator in nonlinear H_∞ design for disturbance rejection. Automatica, 2002, 38(11): 1951-1957.

[91] 张化光, 黎明. 基于 H_∞ 观测器原理的模糊自适应控制器设计. 自动化学报, 2002, 28(6): 969-973.

[92] Rambeaux F, Hamelin F, Sauter D. Robust residual generation via LMI. Proceedings of the 14th IFAC World Congress, Beijing, 1999: 241-246.

[93] Frank P M, Ding S X, Köppenselider B. Current develops in the theory of FDI. Proceedings of IFAC Safeprocess, Budapest, 2000: 16-27.

[94] Hammouri H, Kinnaert M, Yaagoubi E H. Observer based approach to fault detection and isolation for nonlinear systems. IEEE Transactions on Automatic Control, 1996, 44: 1879-1884.

[95] Medvedev A. Fault detection and isolation by a continuousparity space method. Automatica, 1995, 31(7): 1039-1044.

[96] 张颖伟, 王剑, 张嗣瀛. 一类组合大系统的容错控制. 东北大学学报 (自然科学版), 2000,

21(4): 351-353.

[97] Blanke M, Frei C, Kraus F, et al. What a fault-tolerant control. Proceedings of IFAC Safeprocess, Budapest, 2000: 40-51.

[98] Ding X C, Frank P M. An adaptive observer based fault detection scheme for nonlinear systems. Proceedings of 12th IFAC World Congress, Sydney, 1993: 307-312.

[99] Jiang B, Wang J L, Soh Y C. An adaptive technique for robust diagnosis of fault with independent effects on systemoutput. International Journal of Control, 2002, 75(11): 792-802.

[100] Saif M. Reduced order proportional integral observer withapplication. Journal of Guidance, Control and Dynamics, 1993, 16(5): 985-988.

[101] Patton R J, Chen J. Observer based fault detection and isolation: Robustness and applications. Control Engineering and Practice, 1997, 5(5): 671-682.

[102] 贾明兴, 王福利, 何大阔. 基于 RBF 神经网络的传感器非线性故障诊断. 东北大学学报(自然科学版), 2004, 25(8): 719-722.

[103] Jiang B, Staroswiecki M. Adaptive observer design for robust fault estimation. International Journal of System Science, 2002, 33(9): 767-775.

[104] Wang H, Daley S. Actuator fault diagnosis: An adaptive observer-based technique. IEEE Transactions on Automatic Control, 1996, 41(7): 1073-1078.

[105] Luenberger D G. Observing the state of a linear system. IEEE Transactions on Military Electronics, 1964, 8(2): 74-80.

[106] Bakhshande F, Soffker D. Proportional-integral-observer: A brief survey with special attention to the actual methods using ACC benchmark. IFAC-PapersOnLine, 2015, 48(1): 532-537.

[107] Shafai B, Beale S, Niemann H H. LTR design of discrete time proportional-integral observers. IEEE Transactions on Automatic Control, 1996, 41(6): 1056-1062.

[108] Morals A, Alvarez-Ramirez J. A PI observer for a class of nonlinear oscillators. Physics Letters A, 2002, 297(3-4): 205-209.

[109] 李振营, 沈毅, 胡恒章. 具有未知输入干扰的观测器设计. 航空学报, 2000, 21(5): 471-473.

[110] Aguilar R, González J, Barrón M, et al. Robust PI2 controller for continuous bioreactors. Process Biochemistry, 2001, 36(10): 1007-1013.

[111] Aguilara R, González J, Alvarez-Ramirez J, et al. Control of a fluid catalytic cracking unit based on proportional-integral reduced order observers. Chemical Engineering Journal, 1999, 75(2): 77-85.

[112] Besançon G. High-gain observation with disturbance attenuation and application to robust fault detection. Automatica, 2003, 39(6): 1095-1102.

[113] Chilali M, Gahinet P. H_∞ design with pole placement constraints: An LMI approach. IEEE Transactions on Automatic Control, 1996, 41(3): 358-367.

[114] 俞立. 鲁棒控制线性矩阵不等式处理方法. 北京: 清华大学出版社, 2002.

[115] Isermann R. Process fault diagnosis based on modeling and estimation methods—a survey. Automatica, 1984, 20(4): 387-404.

[116] Frank P M. Fault diagnosis in dynamic systems using analytical and knowledge based redundancy: A survey of some new results. Automatica, 1990, 26(3): 459-474.

[117] Frank P M, Ding X. Survey of robust residual generation and evaluation methods in observer-based fault detection systems. Journal of Process Control, 1997, 7(6): 403-424.

[118] Venkatasubramanian V, Rengaswamy R, Yin K W, et al. A review of process fault detection and diagnosis. Part I: Quantitative model-model based methods. Computers and Chemical Engineering, 2003, 27(2): 293-311.

[119] Claudio B, Andrea P, Lorenzo M. Fault tolerant control of the ship propulsion system benchmark. Control Engineering Practices, 2003, 11(4): 483-492.

[120] Wang H, Huang Z J, Daley S. On the use of adaptive updating rules for actuator and sensor fault diagnosis. Automatica, 1997, 33(2): 217-225.

[121] Zhang X D, Polycarpou M M, Parisini T. Fault tolerant control of a class of nonlinear systems. Proceedings of the 15th IFAC World Cobgress, Barcelona, 2002: 1713-1718.

[122] Zhang X D, Polycarpou M M, Parisini T. A robust detection and isolation scheme for abrupt and incipient faults in nonlinear systems. IEEE Transactions on Automatic Control, 2002, 47(4): 576-593.

[123] Zasadzinski M, Magarotto E, Rafaralahy H, Ali H S. Residual generator design for singular bilinear systems subjected to unmeasurable disturbances: An LMI approach. Automatica, 2003, 39(4): 703-713.

[124] Lu G P, Ho D W C. Continuous stabilization controllers for singular bilinear systems: The state feedback case. Automatica, 2006, 42(2): 309-414.

[125] Zhang X H, Zhang Q L. Design of switched controllers for discrete singular bilinear systems. Journal of Control Theory and Applications, 2007, 5(3): 312-316.

[126] Kantor J C. A finite dimensional nonlinear observer for an exothermic stirred-tank reactor. Chemical Engineering Science, 1989, 44(11): 1503-1509.

[127] Zak S H. On the stabilization and observation of nonlinear and uncertain dynamic systems. IEEE Transactions on Automatic Control, 1990, 35(3): 604-607.

[128] Garcia E A, Frank P M. Deterministic nonlinear observer-based approaches to fault diagnosis: A survey. Control Engineering and Practices, 1997, 5(5): 663-670.

[129] Shim H, Seo J H, Teel A R. Nonlinear observer design via passivation of error dynamics. Automatica, 2003, 39(7): 885-892.

[130] Yu D L, Shield D N. A bilinear observer fault detection observer. Automatica, 1996, 32(11): 1597-1602.

[131] Lewis F L. A survey of linear singular systems. Circuits, Systems and Signal Process-

ing, 1986, 5(1): 3-36.

[132] 张庆灵, 杨冬梅. 不确定广义系统的分析与综合. 沈阳: 东北大学出版社, 2003.

[133] Shield D N. Observer design and detection for nonlinear descriptor systems. International Journal of Control, 1997, 67(2): 153-168.

[134] Shield D N. Observers for descriptor systems. International Journal of Control, 1991, 55(1): 249-256.

[135] Demetriou M A, Polycarpou M M. Incipient fault diagnosis of dynamical systems using online approximators. IEEE Transactions on Automatic Control, 1998, 43(11): 1612-1617.

[136] Kabore P, Wang H. Design of fault diagnosis filters and fault-tolerant control for a class of nonlinear systems. IEEE Transactions on Automatic Control, 2001, 46(11): 1805-1810.

[137] Staroswiecki M, Comtet-Varga G. Analytical redundancy relations for fault detection and isolationin algebraic dynamic systems. Automatica, 2001, 37(5): 687-699.

[138] 华向明. 双线性系统建模与控制. 上海: 华东化工学院出版社, 1990.

[139] Bruni C, DiPillo G, Koch G. Bilinear systems: An appealing class of "nearly linear" systems in theory and applications. IEEE Transactions on Automatic Control, 1974, 19(4): 334-348.

[140] Shield D N. Observer for descriptor systems. International Journal of Control, 1992, 55(1): 240-256.

[141] Jiang B, Wang J L. Actuator faults diagnosis for a class of bilinear systems with uncertainty. Journal of the Franklin Institute, 2002, 339(3): 361-374.

[142] Kinnaert M. Robust fault detection based on observers for bilinear systems. Automatica, 1999, 35(11): 1829-1842.

[143] 王占山, 张化光, 王智良. Lipschitz 非线性系统的鲁棒干扰抑制能力. 东北大学学报 (自然科学版), 2004, 25(5): 457-459.

[144] Michel A N, Miller R K. Qualitative analysis of large scale dynamic systems. New York: Academic Press, 1977.

[145] Zhang K, Jiang B, Shi P. Fast fault estimation and accommodation for dynamical systems. IET Control Theory and Application, 2009, 3(2): 189-199.

[146] Park T G, Ryu J S, Lee K S. Actuator fault estimation with disturbance decoupling. IEE Proceedings of Control Theory and Applications, 2000, 147(5): 501-508.

[147] 王占山, 张化光. 一类非线性系统的鲁棒故障估计. 控制与决策, 2005, 20(12): 1423-1425.

[148] Yan X G, Edwards C. Fault estimation for single output nonlinear systems using an adaptive sliding mode estimator. IET Control Theory and Application, 2008, 2(10): 841-850.

[149] Gao Z W, Shi X Y, Ding S X. Fuzzy state/disturbance observer design for T-S fuzzy

systems with application to sensor fault estimation. IEEE Transactions on Systems, Man and Cybernetics—Part B: Cybernetics, 2008, 38(3): 875-880.

[150] Wang Z. Unknown input observer based fault class isolation and estimation. Proceedings of the 29th Chinese Control Conference, Beijing, 2010: 3963-3968.

[151] Chen W, Chowdhury F N. A synthesized design of sliding-mode and Luenberger observers for early detection of incipient faults. International Journal Adaptive Control and Signal Process, 2010, 24(12): 1021-1035.

[152] Zhong M Y, Ding S X, Han Q L, et al. Parity space-based fault estimation for linear discrete time-varying systems. IEEE Transactions on Automatic Control, 2010, 55(7): 1726-1731.

[153] Ru J F, Li X R. Variable-structure multiple-model approach to fault detection, identification, and estimation. IEEE Transactions on Control Systems Technology, 2008, 16(5): 1029-1038.

[154] Yang G H, Wang H, Xie L H. Fault detection for output feedback control systems with actuator stuck faults: A steady-state-based approach. International Journal of Robust and Nonlinear Control, 2010, 20(15): 1739-1757.

[155] Tank D W, Hopfield J J. Simple neural optimization networks: An A/D converter, signal decision circuit, and a linear programming circuit. IEEE Transactions on Circuits and Systems, 1986, 33(5): 533-541.

[156] Zhang H G, Wang Z S, Liu D R. Global asymptotic stability of recurrent neural networks with multiple time-varying delays. IEEE Transactions on Neural Networks, 2008, 19(5): 855-873.

[157] Khalil H K. Nonlinear Systems. 2nd ed. New Jersey: Prentice Hall, 1996.

[158] 司昕, 安燮南. 优化计算的神经网络模型. 电路与系统学报, 1999, 4(1): 58-63.

[159] Hopfield J J. Neurons with graded response have collective computational properties like those of two-state neurons. Proceedings of the National Academy of Sciences, 1984, 81(10): 3088-3092.

[160] White D A, Sofge D A. Handbook of Intelligent Control: Neural, Fuzzy, and Adaptive Approaches. New York: Van Nostrand Reinhold, 1992.

[161] Hinton G E, Osindero S, Teh Y W. A fast learning algorithm for deep belief nets. Neural Computation, 2006, 18(7): 1527-1554.

[162] Chen J, Patton R J. Robust model-based fault diagnosis for dynamic systems. Boston: Kluwer Academic Publishers, 1999.

[163] Narasimhan S, Biswas G. Model-based diagnosis of hybrid systems. IEEE Transactions on Systems, Man, and Cybernetics—Part A: Systems and Humans, 2007, 37(3): 348-361.

[164] Stoustrup J, Niemann H H. Fault estimation—a standard problem approach. You have full text access to this content. International Journal of Robust and Nonlinear

Control, 2002, 12(8): 649-673.

[165] Basile F, Chiacchio P, Tommasi G D. An efficient approach for online diagnosis of discrete event systems. IEEE Transactions on Automatic Control, 2009, 54(4): 748-759.

[166] Meskin N, Khorasani K. Robust fault detection and isolation of time-delay systems using a geometric approach. Automatica, 2009, 45(6): 1567-1573.

[167] Yang Q M, Sun Y X. Automated fault accommodation for discrete-time systems using online approximators. Proceedings of the 30th Chinese Control Conference, Yantai, 2011: 4264-4269.

[168] Ferrari R, Parisini T, Polycarpou M. Distributed fault diagnosis of large-scale discrete-time nonlinear systems: New results on the isolation problem. The 49th IEEE Conference on Decision and Control, Atlanta, 2010: 1619-1626.

[169] Yang H, Jiang B, Cocquempot V. Supervisory fault-tolerant regulation for nonlinear systems. Nonlinear Analysis: Real World Applications, 2011, 12(2): 789-798.

[170] Samy I, Postlethwaite I, Gu D W. Survey and application of sensor fault detection and isolation schemes. Control Engineering Practice, 2011, 19(7): 658-674.

[171] Patton R J, Frank P M, Clark R N. Fault Diagnosis in Dynamic Systems: Theory and Application. New Jersey: Prentice Hall, 1989.

[172] Blanke M, Kinnaert M, Lunze J, Staroswiecki M. Diagnosis and Fault-Tolerant Control. Berlin: Springer-Verlag, 2006.

[173] Gertler J. Survey of model-based failure detection and isolation in complex plants. IEEE Control Systems Magazine, 1988, 8(6): 3-11.

[174] Jiang B, Staroswiecki M, Cocquempot V. Fault accommodation for nonlinear dynamic systems. IEEE Transactions on Automatic Control, 2006, 51(9): 1578-1583.

[175] Langbort C, Chandra R, D'Andrea R. Distributed control design for systems interconnected over an arbitrary graph. IEEE Transactions on Automatic Control, 2004, 49(9): 1502-1519.

[176] Ferrari R M G, Parisini T, Polycarpou M M. Distributed fault diagnosis with overlapping decompositions: An adaptive approximation approach. IEEE Transactions on Automatic Control, 2009, 54(4): 794-799.

[177] Zhang H G, Yang D D, Chai T Y. Guaranteed cost networked control for T-S fuzzy systems with time delay. IEEE Transactions on Systems, Man, and Cybernetics—Part C: Applications and Reviews, 2007, 37(2): 160-172.

[178] Wang Z D, Wang Y, Liu Y R. Global synchronization for discrete-time stochastic complex networks with randomly occurred nonlinearities and mixed time delays. IEEE Transactions on Neural Networks, 2010, 21(1): 11-25.

[179] Li Z, Chen G R. Global synchronization and asymptotic stability of complex dynamical networks. IEEE Transactions on Circuits and Systems II: Express Briefs, 2006,

53(1): 28-33.

[180] Ding D R, Wang Z D, Shen B, et al. H_∞ state estimation for discrete-time complex networks with randomly occurring sensor saturations and randomly varying sensor delays. IEEE Transactions Neural Networks and Learning Systems, 2012, 23(5): 725-726.

[181] Wang X F, Chen G R. Complex networks: Small-world, scale-free, and beyond. IEEE Circuits and Systems Magazine, 2003, 3(1): 6-20.

[182] Liu Y R, Wang Z D, Liang J L, et al. Synchronization and state estimation for discrete-time complex networks with distributed delays. IEEE Transactions Systems, Man, and Cybernetics—Part B: Cybernetics, 2008, 38(5): 1314-1325.

[183] Wang Z S, Zhang H G, Jiang B. LMI-based approach for global asymptotic stability analysis of recurrent neural networks with various delays and structures. IEEE Transactions on Neural Networks, 2011, 22(7): 1032-1045.

[184] Zhang H G, Gong D W, Wang Z S, et al. Synchronization criteria for an array of neutral-type neural networks with hybrid coupling: A novel analysis approach. Neural Processing Letters, 2012, 35(1): 29-45.

[185] Gong D W, Zhang H G, Wang Z S, et al. Novel synchronization analysis for complex networks with hybrid coupling by handling multitude Kronecker product terms. Neurocomputing, 2012, 82(4): 14-20.

[186] Jin X Z, Yang G H. Adaptive synchronization of a class of uncertain complex networks against network deterioration. IEEE Transactions on Circuits and Systems I: Regular Papers, 2011, 58(6): 1396-1409.

[187] Jin X Z, Yang G H, Che W W. Adaptive pinning control of deteriorated nonlinear coupling networks with circuit realization. IEEE Transactions on Neural Networks and Learning Systems, 2012, 23(9): 1345-1355.

[188] Wang Y W, Xiao J W, Wang H O. Global synchronization of complex dynamical networks with network failures. International Journal of Robust and Nonlinear Control, 2010, 20(15): 1667-1677.

[189] Zhang K, Li L. Robust adaptive decentralized control for a class of networked large-scale systems with sensor network failures. Proceeding of Chinese Control and Decision Conference, Mianyang, 2011: 2366-2370.

[190] Zhang H G, Quan Y B. Modeling, identification and control of a class of nonlinear system. IEEE Transactions on Fuzzy Systems, 2001, 9(2): 349-354.

[191] Polycarpou M M, Helmicki A J. Automated fault detection and accamodatian: A learning systems approach. IEEE Transactions on Systems, Man, and Cybernetics, 1995, 25(11): 1447-1458.

[192] Vemuri A T, Polycarpou M M. Robust nonlinear fault diagnosis in input-output systems. International Journal of Control, 1996, 68(2): 343-360.

[193] Trunov A B, Polycarpou M M. Automated fault diagnosis in nonlinear multivariable systems using a learning methodology. IEEE Transactions on Neural Networks, 2000, 11(1): 91-101.

[194] Vemuri A T. Sensor bias fault diagnosis in a class of nonlinear systems. IEEE Transactions on Automatic Control, 2001, 46(6): 949-954.

[195] Li X, Jin Y Y, Chen G R. Complexity and synchronization of the world trade web. Physica A: Statistical Mechanics and Its Applications, 2003, 328(1-2): 287-296.

[196] Wang X F, Chen G R. Pinning control of scale-free dynamical networks. Physica A: Statistical Mechanics and Its Applications, 2002, 310(3-4): 521-531.

[197] Porfiri M, di Bernardo M. Criteria for global pinning-controllability of complex networks. Automatica, 2008, 44(12): 3100-3106.

[198] Koo J H, Ji D H, Won S C. Synchronization of singular complex dynamical networks with time-varying delays. Applied Mathematics and Computation, 2010, 217(8): 3916-3923.

[199] Gau R S, Lien C H, Hsieh J G. Novel stability conditions for interval delayed neural networks with multiple time-varying delays. International Journal of Innovative Computing, Information and Control, 2011, 7(1): 433-444.

[200] Zheng S, Wang S G, Dong G G, et al. Adaptive synchronization of two nonlinearly coupled complex dynamical networks with delayed coupling. Communications in Nonlinear Science and Numerical Simulation, 2012, 17(1): 284-291.

[201] Zhou J, Lu J A, Lu J H. Adaptive synchronization of an uncertain complex dynamical network. IEEE Transactions on Automatic Control, 2006, 51(4): 652-656.

[202] Zhang Q J, Lu J A, Lu J H, et al. Adaptive feedback synchronization of a general complex dynamical network with delayed nodes. IEEE Transactions on Circuits and Systems II: Express Briefs, 2008, 55(2): 183-187.

[203] Osipov G V, Sushchik M M. The effect of natural frequency distribution on cluster synchronization in oscillator arrays. IEEE Transactions on Circuits and Systems I: Fundamental Theory and Applications, 1997, 44(10): 1006-1010.

[204] McGraw P N, Menzinger M. Clustering and the synchronization of oscillator networks. Physical Review E, 2005, 72(1): 015101.

[205] Yoshioka M. Cluster synchronization in an ensemble of neurons interacting through chemical synapses. Physical Review E, 2005, 71(6): 061914.

[206] Franović I, Todorović K, Vasović N, et al. Cluster synchronization of spiking induced by noise and interaction delays in homogenous neuronal ensembles. Chaos, 2012, 22(3): 033147.

[207] Ricii F, Tonelli R, Huang L, et al. Onset of chaotic phase synchronization in complex networks of coupled heterogeneous oscillators. Physical Review E, 2012, 86(2): 027201.

[208] Kawamura Y, Nakao H, Arai K, et al. Phase synchronization between collective

rhythms of globally coupled oscillator groups: Noiseless nonidentical case. Chaos, 2010, 20(4): 043110.

[209] Fries P. Neuronal Gamma-band synchronization as a fundamental process in cortical computation. Annual Review of Neuroscience, 2009, 32(32): 209-224.

[210] Ivancevic V G, Ivancevic T T. Quantum Neural Computation, Intelligent Systems, Control and Automation: Science and Engineering. Berlin: Springer-Verlag, 2010.

[211] Uhlhaas P J, Singer W. Neuronal dynamics and neuropsychiatric disorders: Toward a translational paradigm for dysfunctional large-scale networks. Neuron, 2012, 75(6): 963-980.

[212] Uhlhaas P J, Roux F, Rodriguez E, et al. Neural synchrony and the development of cortical networks. Trends in Cognitive Sciences, 2010, 14(2): 72-80.

[213] Zheleznyak A L, Chua L O. Coexistence of low-and high-dimensional spatio-temporal chaos in a chain of dissipatively coupled Chua's circuits. International Journal of Bifurcation and Chaos, 1994, 4(3): 639-672.

[214] Perez-Munuzuri V, Perez-Villar V, Chua L O. Autowaves for image processing on a two-dimensional CNN array of excitable nonlinear circuits: Flat and wrinkled labyrinths. IEEE Transactions on Circuits and Systems I: Fundamental Theory and Applications, 1993, 40(3): 174-181.

[215] Perez-Munuzuri A, Perez-Munuzuri V, Perez-Villar V, et al. Spiral waves or a 2-D array of nonlinear circuits. IEEE Transactions on Circuits and Systems I: Fundamental Theory and Applications, 1993, 40(11): 872-877.

[216] Murray J D. Mathematics Biology. Berlin: Springer-Verlag, 1989.

[217] Chua L O, Yang L. Cellular neural networks: Applications. IEEE Transactions on Circuits and Systems, 1988, 35(10): 1273-1290.

[218] Hoppensteadt F C, Izhikevich E M. Pattern recognition via synchronization in phase-locked loop neural networks. IEEE Transactions on Neural Networks, 2000, 11(3): 734-738.

[219] Zhang Y F, He Z Y. A secure communication scheme based on cellular neural networks. Proceedings of IEEE International Conference on Intelligent Processing Systems, Beijing, 1997: 521-524.

[220] Chen G R, Zhou J, Liu Z R. Global synchronization of coupled delayed neural networks and applications to chaos CNN models. International Journal of Bifurcation and Chaos, 2004, 14(7): 2229-2240.

[221] Earl M G, Strogatz S H. Synchronization in oscillator networks with delayed coupling: A stability criterion. Physical Review E, 2003, 67(2): 036204.

[222] Li C G, Xu H B, Liao X F, et al. Synchronization in small-world oscillator networks with coupling delays. Physica A: Statistical Mechanics and its Applications, 2004, 335(4): 359-364.

[223] Li C G, Chen G R. Synchronization in general complex dynamical networks with coupling delays. Physica A: Statistical Mechanics and Its Applications, 2004, 343(15): 263-278.

[224] Li C P, Sun W G, Kurths J. Synchronization of complex dynamical networks with time-delays. Physica A: Statistical Mechanics and Its Applications, 2006, 361(1): 24-34.

[225] Porfiri M, Stilwell D J. Consensus seeking over random weighted directed graphs. IEEE Transactions on Automatic Control, 2007, 52(9): 1767-1773.

[226] Balthrop J, Forrest S, Newman M E J, et al. Technological networks and the spread of computer viruses. Science, 2004, 304(5670): 527-529.

[227] Zhao Y Y, Jiang G P. Fault diagnosis for a class of output-coupling complex dynamical networks with time delay. Acta Physica Sinica, 2011, 60(11): 110206.

[228] Zhao J C, Lu J A, Zhang Q J. Pinning a complex delayed dynamical network to a homogenous trajectory. IEEE Transactions on Circuits and Systems II: Express Briefs, 2009, 56(6): 514-518.

[229] Guo W L, Austin F, Chen S H, et al. Pinning synchronization of the complex networks with non-delayed and delayed coupling. Physics Letters A, 2009, 373(17): 1565-1572.

[230] Yu W W, Chen G R, Lu J H. On pinning synchronization of complex dynamical networks. Automatica, 2009, 45(2): 429-435.

[231] Li Z, Chen G R. Robust adaptive synchronization of uncertain dynamical networks. Physics Letters A, 2004, 324(2-3): 166-178.

[232] Chen G R, Lewis F L. Distributed adaptive tracking control for synchronization of unknown networked lagrangian systems. IEEE Transactions on Systems, Man, and Cybernetics—Part B: Cybernetics, 2011, 41(3): 805-816.

[233] Yu W W, DeLellis P, Chen G R, et al. Distributed adaptive control of synchronization in complex networks. IEEE Transactions on Automatic Control, 2012, 57(8): 2153-2158.

[234] Cui L Y, Kumara S, Albert R. Complex networks: An engineering view. IEEE Circuits and Systems Magazine, 2010, 10(3): 10-25.

[235] 刘磊. 基于神经网络的多变量离散系统的自适应容错控制 [博士学位论文]. 沈阳：东北大学, 2017.

[236] Gao Z F, Jiang B, Shi P, et al. Passive fault tolerant control design for near space hypersonic vehicle dynamical system. Circuits Systems and Signal Processing, 2012, 31(2): 565-581.

[237] Shi P, Boukas E K, Nguang S K, et al. Robust disturbance attenuation for discrete-time active fault tolerant control systems with uncertainties. Optimal Control Applications and Methods, 2003, 24(2): 85-101.

[238] Xu Y F, Jiang B, Tao G, et al. Fault accommodation for near space hypersonic vehicle

with actuator fault. International Journal of Innovative Computing, Information and Control, 2011, 7(5(A)): 2187-2200.

[239] Shumsky A, Zhirabok A, Jiang B. Fault accommodation in nonlinear and linear dynamic systems: Fault decoupling based approach. International Journal of Innovative Computing, Information and Control, 2011, 7(B): 4535-4550.

[240] Henry D. Structured fault detection filters for LPV systems modeled in an LFR manner. International Journal of Adaptive Control and Signal Processing, 2012, 26(3): 190-207.

[241] Blesa J, Puig V, Saludes J. Identification for passive robust fault detection using zonotope-based set-membership approaches. International Journal of Adaptive Control and Signal Processing, 2011, 25(9): 788-812.

[242] Gayaka S, Yao B. Accommodation of unknown actuator faults using output feedback-based adaptive robust control. International Journal of Adaptive Control and Signal Processing, 2011, 25(11): 965-982.

[243] Du D S, Jiang B, Shi P. Sensor fault estimation and compensation for time-delay switched systems. International Journal of Systems Science, 2012, 43(4): 629-640.

[244] Gao Z F, Jiang B, Shi P, et al. Active fault tolerant control design for reusable launch vehicle using adaptive sliding mode technique. Journal of the Franklin Institute, 2012, 349(4): 1543-1560.

[245] Jiang B, Gao Z F, Shi P, et al. Adaptive fault-tolerant tracking control of near-space vehicle using Takagi-Sugeno fuzzy models. IEEE Transactions on Fuzzy Systems, 2010, 18(5): 1000-1007.

[246] Wu X Q. Synchronization-based topology identification of weighted general complex dynamical networks with time-varying coupling delay. Physica A: Statistical Mechanics and Its Applications, 2008, 387(4): 997-1008.

[247] Li H J. Synchronization stability for discrete-time stochastic complex networks with probabilistic interval time-varying delays. International Journal of Innovative Computing, Information and Control, 2011, 7(2): 697-708.

[248] Angeli D, Bliman P A. Convergence speed of unsteady distributed consensus: Decay estimate along the settling spanning-trees. SIAM Journal on Control and Optimization, 2009, 48(1): 1-32.

[249] Pecora L M, Carroll T L. Synchronization in chaotic systems. Physical Review Letters, 1990, 64(8): 821-824.

[250] Eryurek E, Upadhyaya B R. Fault-tolerant control and diagnostics for large-scale systems. IEEE Control Systems, 1995, 15(5): 34-42.

[251] Sun J S, Wang Z Q, Hu S S. Decentralized robust fault-tolerant control for a class uncertain large-scale interconnected systems. The Fifth World Congress on Intelligent Control and Automation, Hangzhou, 2004, 2: 1510-1513.

[252] Cao J D, Yu W W, Qu Y Z. A new complex network model and convergence dynamics for reputation computation in virtual organizations. Physics Letters A, 2006, 356(6): 414-425.

[253] Li X B, Zhou K M. A time domain approach to robust fault detection of linear time-varying systems. Automatica, 2009, 45(1): 94-102.

[254] Yang G H, Wang H. Fault detection for a class of uncertain state feedback control systems. IEEE Transactions on Control Systems Technology, 2010, 18(1): 201-212.

[255] Persis C D, Isidori A. A geometric approach to nonlinear fault detection and isolation. IEEE Transactions on Automatic Control, 2001, 46(6): 853-865.

[256] Cacccavale F, Pierri F, Villani L. Adaptive observer for fault diagnosis in nonlinear discrete-time systems. ASME Journal of Dynamic Systems, Measurement, and Control, 2008, 130(2): 1-9.

[257] Thumati B T, Jagannathan S. A model based fault detection and prediction scheme for nonlinear multivariable discrete-time systems with asymptotic stability guarantees. IEEE Transactions on Neural Networks, 2010, 21(3): 404-423.

[258] Huo B Y, Tong S C, Li Y M. Observer based adaptive fuzzy fault-tolerant output feedback control of uncertain nonlinear systems with actuator faults. International Journal of Control, Automation and Systems, 2012, 10(6): 1119-1128.

[259] Thumati B T, Feinstein M A, Jagannathan S. A model-based fault detection and prognostics scheme for takagi-sugeno fuzzy systems. IEEE Transactions on Fuzzy Systems, 2014, 22(4): 736-748.

[260] Wang W, Wen C Y. Adaptive actuators failure compensation for uncertain nonlinear systems with guaranteed transient performance. Automatica, 2010, 46(12): 2082-2091.

[261] 张庆灵. 广义大系统的分散控制和鲁棒控制. 西安: 西北工业大学出版社, 1997.

[262] Wang Z S, Li T S, Zhang H G. Fault tolerant synchronization for a class of complex interconnected neural networks with delay. International Journal of Adaptive Control and Signal Processing, 2015, 28(10): 859-881.

[263] Zhang Y W, Zhou H, Qin S J, et al. Decentralized fault diagnosis of large-scale processes using multiblock kernel partial least squares. IEEE Transactions on Industrial Informatics, 2010, 6(1): 3-10.

[264] Huang S N, Tan K K, Lee T H. Decentralized control design for large-scale systems with strong interconnections using neural networks. IEEE Transactions on Automatic Control, 2003, 48(5): 805-810.

[265] 孙丽丽. 互联系统分散式自适应迭代学习控制及应用研究 [博士学位论文]. 杭州: 浙江大学, 2014.

[266] Seto D, Annaswamy A M, Baillieul J. Adaptive control of nonlinear systems with a triangular structure. IEEE Transactions on Automatic Control, 1994, 39(7): 1411-1428.

[267] Li T S, Wang D, Chen N. Adaptive fuzzy control of uncertain MIMO nonlinear systems in block-triangular forms. Nonlinear Dynamics, 2011, 63(1): 105-123.

[268] Zhang T P, Yi Y. Adaptive fuzzy control for a class of MIMO nonlinear systems with unknown dead-zones. Acta Automatica Sinica, 2007, 33(1): 96-99.

[269] Ge S S, Wang C. Adaptive neural control of uncertain MIMO nonlinear systems. IEEE Transactions on Neural Networks, 2004, 15(3): 674-692.

[270] Xu A P, Zhang Q H. Nonlinear system fault diagnosis based on adaptive estimation. Automatica, 2004, 40(7): 1181-1193.

[271] Li T S, Li R H, Li J F. Decentralized adaptive neural control of nonlinear interconnected large-scale systems with unknown time delays and input saturation. Neurocomputing, 2011, 74(14-15): 2277-2283.

[272] Zhang H G, Luo Y H, Liu D R. Neural-network-based near-optimal control for a class of discrete-time affine nonlinear systems with control constraints. IEEE Transactions on Neural Networks, 2009, 20(9): 1490-1503.

[273] Zhang H G, Cui L L, Zhang X, et al. Data-based robust approximate optimal tracking control for unknown general nonlinear systems using adaptive dynamic programming method. IEEE Transactions on Neural Networks, 2011, 22(12): 2226-2236.

[274] Ge S S, Li G Y, Lee T H. Adaptive NN control for a class of strict-feedback discrete-time nonlinear systems. Automatica, 2003, 39(5): 807-819.

[275] Ge S S, Zhang J, Lee T H. Adaptive neural network control for a class of MIMO nonlinear systems with disturbances in discrete-time. IEEE Transactions on Systems, Man, and Cybernetics—Part B: Cybernetics, 2004, 34(4): 1630-1645.

[276] 王占山, 张化光. 一类自适应观测器的故障估计性能. 东北大学学报 (自然科学版), 2004, 25(12): 1134-1137.

[277] Wang Z S, Zhang H G. Design of a bilinear fault detection observer for singular bilinear systems. Journal of Control Theory and Applications, 2007, 5(1): 28-36.

[278] Tang X D, Tao G, Joshi S M. Adaptive actuator fault compensation for nonlinear MIMO systems with an aircraft control application. Automatica, 2007, 43(11): 1869-1883.

[279] Liu L, Wang Z S, Zhang H G. Adaptive NN fault-tolerant control for discrete-time systems in triangular forms with actuator fault. Neurocomputing, 2015, 152: 209-221.

[280] Mahmoud M. Stochastic stability and stabilization for discrete time fault tolerant control system with state delays. American Control Conference, Seattle, 2008: 1040-1045.

[281] Jiang B, Zhang K, Shi P. Integrated fault estimation and accommodation design for discrete-time Takagi-Sugeno fuzzy systems with actuator faults. IEEE Transactions on Fuzzy Systems, 2011, 19(2): 291-304.

[282] Zhang D, Yu L. Fault-tolerant control for discrete-time switched linear systems with

time-varying delay and actuator saturation. Journal of Optimization Theory and Applications, 2012, 153(1): 157-176.

[283] Peng C, Tian Y C, Yue D. Output feedback control of discrete-time systems in networked environments. IEEE Transactions on Systems, Man and Cybernetics—Part A: Systems and Humans, 2011, 41(1): 185-190.

[284] Khalil H K. Nonlinear Systems. 3rd ed. New Jersey: Prentice-Hall, 2002.

[285] Kaddissi C, Kenne J P, Saad M. Indirect adaptive control of an electro-hydraulic servo system based on nonlinear backstepping. IEEE International Symposium on Industrial Electronics, 2006, 4(6): 1171-1177.

[286] Hu C X, Yao B, Wang Q F. Integrated direct/indirect adaptive robust contouring control of a biaxial gantry with accurate parameter estimations. Automatica, 2010, 46(4): 701-707.

[287] Jiang J, Zhang Y M. Accepting performance degradation in fault-tolerant control system design. IEEE Transactions on Control Systems Technology, 2006, 14(2): 284-292.

[288] Zhang H, Shi Y, Mehr A S. Robust static output feedback control and remote PID design for networked motor systems. IEEE Transactions on Industrial Electronics, 2011, 58(12): 5396-5405.

[289] Yang C G, Ge S S, Xiang C, et al. Output feedback NN control for two classes of discrete-time systems with unknown control directions in a unified approach. IEEE Transactions on Neural Networks, 2008, 19(11): 1873-1886.

[290] Wang Z S, Zhang H G, Li S X. Robust fault diagnosis for a class of nonlinear systems with time delay. Journal of Harbin Institute of Technology: New Series, 2007, 14(6): 884-888.

[291] Tong S C, Wang T, Li Y M. Fuzzy adaptive actuator failure compensation control of uncertain stochastic nonlinear systems with unmodeled dynamics. IEEE Transactions on Fuzzy Systems, 2014, 22(3): 563-574.

[292] Shen Q K, Jiang B, Cocquempot V. Adaptive fuzzy observer-based active fault-tolerant dynamic surface control for a class of nonlinear systems with actuator faults. IEEE Transactions on Fuzzy Systems, 2014, 22(2): 338-349.

[293] Ge S S, Yang C G, Lee T H. Adaptive predictive control using neural network for a class of pure-feedback systems in discrete time. IEEE Transactions on Neural Networks, 2008, 19(9): 1599-1614.

[294] Qiao W, Harley R G, Venayagamoorthy G K. Fault-tolerant indirect adaptive neurocontrol for a static synchronous series compensator in a power network with missing sensor measurements. IEEE Transactions on Neural Networks, 2008, 19(7): 1179-1195.

[295] Liu Y J, Tang L, Tong S C, et al. Reinforcement learning design-based adaptive tracking control with less learning parameters for nonlinear discrete-time MIMO systems.

IEEE Transactions on Neural Networks and Learning Systems, 2014, 26(1): 165-176.

[296] Zhang H G, Cai L L. Nonlinear adaptive control using the Fourier integral and its application to CSTR systems. IEEE Transactions on Systems, Man, and Cybernetics—Part B: Cybernetics, 2002, 32(3): 367-372.

[297] Liu X P, Jutan A, Rohani S. Almost disturbance decoupling of MIMO nonlinear systems and application to chemical processes. Automatica, 2004, 40(3): 465-471.

[298] Ye D, Yang G H. Adaptive fault-tolerant tracking control against actuator faults with application to flight control. IEEE Transactions on Control Systems Technology, 2006, 14(6): 1088-1096.

[299] Zhang X D, Parisini T, Polycarpou M M. Adaptive fault-tolerant control of nonlinear uncertain systems: An information-based diagnostic approach. IEEE Transactions on Automatic Control, 2004, 49(8): 1259-1274.

[300] Li H Y, Gao H J, Shi P, et al. Fault-tolerant control of Markovian jump stochastic systems via the augmented sliding mode observer approach. Automatica, 2014, 50(7): 1825-1834.

[301] Liu M, Shi P, Zhang L X, et al. Fault-tolerant control for nonlinear Markovian jump systems via proportional and derivative sliding mode observer technique. IEEE Transactions on Circuits and Systems I: Regular Papers, 2011, 58(11): 2755-2764.

[302] Reppa V, Polycarpou M M, Panayiotou C G. Decentralized isolation of multiple sensor faults in large-scale interconnected nonlinear systems. IEEE Transactions on Automatic Control, 2015, 60(6): 1582-1596.

[303] Zuo Z Q, Zhang J, Wang Y J. Adaptive fault tolerant tracking control for linear and Lipschitz nonlinear multi-agent systems. IEEE Transactions on Industrial Electronics, 2015, 62(6): 3923-3931.

[304] Tan C, Tao G, Qi R Y. A discrete-time parameter estimation based adaptive actuator failure compensation control scheme. International Journal of Control, 2013, 86(2): 276-289.

[305] Ferrari R M G, Parisini T, Polycarpou M M. Distributed fault detection and isolation of large-scale discrete-time nonlinear systems: An adaptive approximation approach. IEEE Transactions on Automatic Control, 2012, 57(2): 275-290.

[306] Ramirez-Trevino A, Ruiz-Beltran E, Rivera-Rangel I, et al. Online fault diagnosis of discrete event systems. A Petri net-based approach. IEEE Transactions on Automation Science and Engineering, 2007, 4(1): 31-39.

[307] Jiang B, Chowdhury F N. Fault estimation and accommodation for linear MIMO discrete-time systems. IEEE Transactions on Control Systems Technology, 2005, 13(3): 493-499.

[308] Zhong M Y, Ding S X, Ding E L. Optimal fault detection for linear discrete time-varying systems. Automatica, 2010, 46(8): 1395-1400.

[309] Li X B, Liu H H T. Characterization of H_∞ index for linear time-varying systems. Automatica, 2013, 49(5): 1449-1457.

[310] Efimov D, Zolghadri A. Optimization of fault detection performance for a class of nonlinear systems. International Journal of Robust and Nonlinear Control, 2012, 22(17): 1969-1982.

[311] Yen G G, DeLima P G. Improving the performance of globalized dual heuristic programming for fault tolerant control through an online learning supervisor. IEEE Transactions on Automation Science and Engineering, 2005, 2(2): 121-131.

[312] Yang Q M, Vance J B, Jagannathan S. Control of nonaffine nonlinear discrete-time systems using reinforcement-learning-based linearly parameterized neural networks. IEEE Transactions on Systems, Man, and Cybernetics - Part B: Cybernetics, 2008, 38(4): 994-1001.

[313] Xu B, Yang C G, Shi Z K. Reinforcement learning output feedback NN control using deterministic learning technique. IEEE Transactions on Neural Networks and Learning Systems, 2014, 25(3): 635-641.

[314] He P, Jagannathan S. Reinforcement learning-based output feedback control of nonlinear systems with input constraints. IEEE Transactions on Systems, Man, and Cybernetics—Part B: Cybernetics, 2005, 35(1): 150-154.

[315] Lewis F L, Vamvoudakis K G. Optimal adaptive control for unknown systems using output feedback by reinforcement learning methods. The 8th IEEE International Conference on Control and Automation, Xiamen, 2010: 2138-2145.

[316] Lewis F L, Vamvoudakis K G. Reinforcement learning for partially observable dynamic processes: Adaptive dynamic programming using measured output data. IEEE Transactions on Systems, Man, and Cybernetics—Part B: Cybernetics, 2011, 41(1): 14-25.

[317] Wei Q L, Liu D R. A novel iterative θ-adaptive dynamic programming for discrete-time nonlinear systems. IEEE Transactions on Automation Science and Engineering, 2014, 11(4): 1176-1190.

[318] Panagi P, Polycarpou M. Distributed fault accommodation for a class of interconnected nonlinear systems with partial communication. IEEE Transactions on Automatic Control, 2011, 56(12): 2962-2967.

[319] Bertsekas D P. Dynamic programming and optimal control. Belmont: Athena Scientific, 1995.

[320] Meng L, Jiang B. Backstepping-based active fault-tolerant control for a class of uncertain SISO nonlinear systems. Journal of Systems Engineering and Electronics, 2009, 20(6): 1263-1270.

[321] Shen Q K, Jiang B, Cocquempot V. Fault-tolerant control for T-S fuzzy systems with application to near-space hypersonic vehicle with actuator faults. IEEE Transactions

on Fuzzy Systems, 2012, 20(4): 652-665.

[322] Lewis F L, Vrabie D, Vamvoudakis K G. Reinforcement learning and feedback control: Using natural decision methods to design optimal adaptive controllers. IEEE Control Systems, 2012, 32(6): 76-105.

[323] Liu D R, Zhang Y, Zhang H G. A self-learning call admission control scheme for CDMA cellular networks. IEEE Transactions on Neural Networks, 2005, 16(5): 1219-1228.

[324] Yang Q M, Jagannathan S. Reinforcement learning controller design for affine nonlinear discrete-time systems using approximators. IEEE Transactions on Systems, Man, and Cybernetics—Part B: Cybernetics, 2012, 42(2): 377-390.

[325] Zhang H G, Wei Q L, Luo Y H. A novel infinite-time optimal tracking control scheme for a class of discrete-time nonlinear systems via the greedy HDP iteration algorithm. IEEE Transactions on Systems, Man, and Cybernetics—Part B: Cybernetics, 2008, 38(4): 937-942.

[326] Goupil P, Zolghadri A, Gheorghe A, et al. Advanced model-based fault detection and diagnosis for civil aircraft structural design optimization. Proceedings of 2013 IEEE Conference on Control and Fault-Tolerant Systems, Nice, 2013: 43-48.

[327] Ahmadzadeh S R, Leonetti M, Carrera A, et al. Online discovery of AUV control policies to overcome thruster failures. Proceedings of 2014 IEEE International Conference on Robotics and Automation, Hong Kong, 2014: 6522-6528.

[328] Zhou Q, Shi P, Lu J J, et al. Adaptive output-feedback fuzzy tracking control for a class of nonlinear systems. IEEE Transactions on Fuzzy Systems, 2011, 19(5): 972-982.

[329] Yang Y S, Ren J S. Adaptive fuzzy robust tracking controller design via small gain approach and its application. IEEE Transactions on Fuzzy Systems, 2003, 11(6): 783-795.

[330] Li T S, Tong S C, Feng G G. A novel robust adaptive-fuzzy-tracking control for a class of nonlinear multi-input/multi-output systems. IEEE Transactions on Fuzzy Systems, 2010, 18(1): 150-160.

[331] Panagi P, Polycarpou M M. Decentralized fault tolerant control of a class of interconnected nonlinear systems. IEEE Transactions on Automatic Control, 2011, 56(1): 178-184.

[332] Panagi P, Polycarpou M M. A coordinated communication scheme for distributed fault tolerant control. IEEE Transactions on Industrial Informatics, 2013, 9(1): 386-393.

[333] Polycarpou M M, Vemuri A T. Learning methodology for failure detection and accommodation. IEEE Control Systems, 1995, 15(3): 16-24.

[334] Zhang X D, Polycarpou M M, Parisini T. Adaptive fault diagnosis and fault-tolerant control of MIMO nonlinear uncertain systems. International Journal of Control, 2010, 83(5): 1054-1080.

[335] Yoo S J. Fault detection and accommodation of a class of nonlinear systems with unknown multiple time-delayed faults. Automatica, 2014, 50(1): 255-261.

[336] Xu Y Y, Tong S C, Li Y M. Prescribed performance fuzzy adaptive fault-tolerant control of non-linear systems with actuator faults. IET Control Theory and Applications, 2014, 8(6): 420-431.

[337] Chen T R, Wang C, Hill D J. Small oscillation fault detection for a class of nonlinear systems with output measurements using deterministic learning. Systems and Control Letters, 2015, 79: 39-46.

[338] Liu D R, Javaherian H, Kovalenko O, et al. Adaptive critic learning techniques for engine torque and air-fuel ratio control. IEEE Transactions on Systems, Man, and Cybernetics—Part B: Cybernetics, 2008, 38(4): 988-993.

[339] 李春文, 冯元琨. 多变量非线性控制的逆系统方法. 北京: 清华大学出版社，1991: 19-41.

[340] 李春文, 苗原. 非线性系统控制的逆系统方法 (I): 单变量控制理论. 控制与决策, 1997, 12(5): 529-535.

[341] 李春文, 苗原. 非线性系统控制的逆系统方法 (II): 多变量控制理论. 控制与决策, 1997, 12(6): 625-630.

[342] 李春文, 张平. 一种基于逆系统方法的化学反应器改进控制方案. 控制与决策, 1998, 13(5): 577-580.

[343] Tan S H，Vandewalle J. Inversion of singular systems. IEEE Transactions on Circuits Systems, 1988, 35(5): 583-587.

[344] Yin S, Huang Z H. Performance monitoring for vehicle suspension system via fuzzy positivistic C-means clustering based on accelerometer measurements. IEEE/ASME Transactions on Mechatronics, 2015, 20(5): 2613-2620.

[345] An H, Liu J X, Wang C H, et al. Approximate back-stepping fault-tolerant control of the flexible air-breathing hypersonic vehicle. IEEE/ASME Transactions on Mechatronics, 2016, 21(3): 1680-1691.

[346] Saxen H, Gao C H, Gao Z W. Data-driven time discrete models for dynamic prediction of the hot metal silicon content in the blast furnace–a review. IEEE Transactions on Industrial Informatics, 2013, 9(4): 2213-2225.

[347] 侯忠生. 非线性系统参数辨识、自适应控制及无模型学习自适应控制 [博士学位论文]. 沈阳: 东北大学, 1994.

[348] Hou Z S, Jin S T. Data-driven model-free adaptive control for a class of MIMO nonlinear discrete-time systems. IEEE Transactions on Neural Networks, 2011, 22(12): 2173-2188.

[349] Hou Z S, Jin S T. A novel data-driven control approach for a class of discrete-time nonlinear systems. IEEE Transactions on Control Systems Technology, 2011, 19(6): 1549-1558.

[350] 侯忠生, 金尚泰. 无模型自适应控制 —— 理论与应用. 北京: 科学出版社, 2013.

[351] Yang G H, Wang H M. Fault detection and isolation for a class of uncertain state-feedback fuzzy control systems. IEEE Transactions on Fuzzy Systems, 2015, 23(1): 139-151.

[352] Gao Z W, Liu X X, Chen M Z Q. Unknown input observer-based robust fault estimation for systems corrupted by partially decoupled disturbances. IEEE Transactions on Industrial Electronics, 2016, 63(4): 2537-2547.

[353] Tong S C, Huo B Y, Li Y M. Observer-based adaptive decentralized fuzzy fault-tolerant control of nonlinear large-scale systems with actuator failures. IEEE Transactions on Fuzzy Systems, 2014, 22(1): 1-15.

[354] Shen Q K, Jiang B, Shi P, et al. Cooperative adaptive fuzzy tracking control for networked unknown nonlinear multiagent systems with time-varying actuator faults. IEEE Transactions on Fuzzy Systems, 2014, 22(3): 494-504.

[355] Wang Z S, Liu L, Zhang H G, et al. Fault-tolerant controller design for a class of nonlinear MIMO discrete-time systems via online reinforcement learning algorithm. IEEE Transactions on Systems, Man and Cybernetics: Systems, 2016, 46(5): 611-622.

[356] Song Q, Song Y D. Data-based fault-tolerant control of high-speed trains with traction/braking notch nonlinearities and actuator failures. IEEE Transactions on Neural Networks, 2011, 22(12): 2250-2261.

[357] Yoon S K, MacGregor J F. Fault diagnosis with multivariate statistical models part I: Using steady state fault signatures. Journal of Process Control, 2001, 11(4): 387-400.

[358] Russell E L, Chiang L H, Braatz R D. Fault detection in industrial processes using canonical variate analysis and dynamic principal component analysis. Chemometrics and Intelligent Laboratory Systems, 2000, 51(1): 81-93.

[359] Wang Y Q, Zhou D H, Gao F R. Iterative learning reliable control of batch processes with sensor faults. Chemical Engineering Science, 2008, 63(4): 1039-1051.

[360] Mohammadpour A, Mishra S, Parsa L. Fault-tolerant operation of multiphase permanent-magnet machines using iterative learning control. IEEE Journal of Emerging and Selected Topics in Power Electronics, 2014, 2(2): 201-211.

[361] Wang Y L, Ma G F, Ding S X, et al. Subspace aided data-driven design of robust fault detection and isolation systems. Automatica, 2011, 47(11): 2474-2480.

[362] Xu D Z, Jiang B, Shi P. A novel model-free adaptive control design for multivariable industrial processes. IEEE Transactions on Industrial Electronics, 2014, 61(11): 6391-6398.

[363] Xu D Z, Jiang B, Shi P. Adaptive observer based data-driven control for nonlinear discrete-time processes. IEEE Transactions on Automation Science and Engineering, 2014, 11(4): 1037-1045.

[364] Li T S, Wang D, Li J F, et al. Adaptive decentralized NN control of nonlinear interconnected time-delay systems with input saturation. Asian Journal of Control, 2013,

15(3): 1-10.

[365] Lin W, Qian C J. Adaptive control of nonlinearly parameterized systems: The smooth feedbackcase. IEEE Transactions on Automatic Control, 2002, 47(8): 1249-1266.

[366] Li D C, Han M, Wang J. Chaotic time series prediction based on a novel robust echo state network. IEEE Transactions on Neural Networks and Learning Systems, 2012, 23(5): 787-799.

[367] Park J, Lee B, Kang S, et al. Online learning control of hydraulic excavators based on echo-state networks. IEEE Transactions on Automation Science and Engineering, 2017, 14(1): 249-259.

[368] Jaeger H. Adaptive nonlinear systems identification with echo state network. Proceedings in Advances in Neural Information Processing Systems, 2002: 609-616.

索　引